SEM FÔLEGO

DAVID QUAMMEN

Sem fôlego
A corrida científica para derrotar um vírus mortal

Tradução
Laura Teixeira Motta
Pedro Maia Soares

Copyright © 2022 by David Quammen
Publicado mediante acordo com Simon & Schuster, Inc.
Todos os direitos reservados.

Grafia atualizada segundo o Acordo Ortográfico da Língua Portuguesa de 1990, que entrou em vigor no Brasil em 2009.

Título original
Breathless: The Scientific Race to Defeat a Deadly Virus

Capa
Felipe Sabatini e Nina Farkas/ Gabinete Gráfico

Imagem de capa
narvikk/ iStockphoto

Preparação
Cacilda Guerra

Índice remissivo
Luciano Marchiori

Revisão
Jane Pessoa
Camila Saraiva
Angela das Neves

Dados Internacionais de Catalogação na Publicação (CIP)
(Câmara Brasileira do Livro, SP, Brasil)

Quammen, David
  Sem fôlego : A corrida científica para derrotar um vírus mortal / David Quammen ; tradução Laura Teixeira Motta, Pedro Maia Soares. — 1ª ed. — São Paulo : Companhia das Letras, 2022.

  Título original : Breathless : The Scientific Race to Defeat a Deadly Virus.
  ISBN 978-65-5921-160-9

  1. Coronavírus (covid-19) 2. Coronavírus (covid-19) – Pandemia 3. Doenças infecciosas 4. Doenças transmissíveis I. Título.

22-127334   CDD-614.4

Índice para catálogo sistemático:
1. Covid-19 : Pandemia : Vírus : Medicina   614.4
Cibele Maria Dias – Bibliotecária – CRB-8/9427

[2022]
Todos os direitos desta edição reservados à
EDITORA SCHWARCZ S.A.
Rua Bandeira Paulista, 702, cj. 32
04532-002 — São Paulo — SP
Telefone: (11) 3707-3500
www.companhiadasletras.com.br
www.blogdacompanhia.com.br
facebook.com/companhiadasletras
instagram.com/companhiadasletras
twitter.com/cialetras

*a todos aqueles que perderam
entes queridos nesta pandemia*

Sumário

Nota do autor.. 9

I. Os cidadãos não precisam entrar em pânico.................. 11
II. Os avisos... 34
III. Mensagem numa garrafa.................................... 81
IV. Dinâmica de mercado....................................... 131
V. Variáveis e constantes..................................... 164
VI. Quatro tipos de magia..................................... 196
VII. Os leopardos de Mumbai................................... 236
VIII. Ninguém sabe tudo....................................... 297

Créditos.. 321
Notas... 373
Referências bibliográficas.................................. 385
Índice remissivo.. 411

Nota do autor

Sobre métodos. Ao contrário de outros livros que escrevi, e por razões que você entenderá, este abrange uma pesquisa feita sem o benefício de viajar para lugares remotos e testemunhar um árduo trabalho de campo; sem andar pelas selvas seguindo os passos de biólogos corajosos, visitar laboratórios, escalar penhascos, atravessar telhados e penetrar em cavernas; sem ver pesquisadores no encalço de gorilas com armas tranquilizantes ou tirando sangue de morcegos. O frisson aqui, se houver, vem em outras formas. Evitei aeroportos por mais de dois anos após a explosão da covid-19 e passei o ano de 2020 com um único tanque de gasolina. A literatura científica foi inestimável para mim. Meus diários de viagens anteriores ajudaram um pouco. Também sou muitíssimo grato ao Zoom.

Sobre citações. Todas as citações de falas demarcadas por aspas são textuais, selecionadas de gravações transcritas ou notas tomadas no momento, sem correção cosmética de gramática ou melhoria de fluxo. Seja comunicando-se em sua primeira ou quarta língua, as pessoas não se expressam com frases e parágrafos gramaticalmente perfeitos, e meu objetivo foi representar a fala real de pessoas reais. O fato de eu ter preservado ocasionais erros gramaticais deve ser tomado como prova de meu respeito pelo que é dito pelas pessoas e meu desejo de ouvi-las, e fazer com que você as ouça atentamente. Removi com moderação tiques como "hum", "sabe" e "tipo", mas não com frequência, e não mais do que isso. Em não ficção, palavras faladas são dados, e compartilho com os cientistas o respeito pela sacralidade dos dados.

Sobre nomes. A convenção chinesa coloca o sobrenome em primeiro lugar, o prenome em segundo, como em Yuen Kwok-Yung ou Zhang Yong-Zhen. Mas quando cientistas chineses publicam trabalhos em periódicos de língua inglesa, a convenção ocidental costuma ser observada: primeiro nome, depois sobrenome. Em favor da simplicidade, porque escrevo principalmente sobre cientistas e quero que os autores das pesquisas publicadas sejam reconhecidos por elas, sigo aqui a segunda convenção.

Sobre honoríficos. Quase todos os profissionais citados ou referidos neste livro têm título de doutor, professor, ou ambos. Omiti esses títulos em favor de uma informalidade respeitosa.

1. Os cidadãos não precisam entrar em pânico

1

Para algumas pessoas, o advento desta pandemia não foi surpreendente, apenas chocante, da maneira como uma inevitabilidade lúgubre pode chocar. As pessoas que não se surpreenderam foram os cientistas que estudam doenças infecciosas. Há décadas eles viam tal evento chegando, como um pequeno ponto escuro no horizonte do oeste de Nebraska, vindo em nossa direção com velocidade e força indetermináveis, como um caminhão de frangos desgovernado ou um caminhão de dezoito rodas carregado de aço laminado. Eles sabiam que o agente da próxima catástrofe seria quase certamente um vírus. Não uma bactéria, como a da peste bubônica, nem um fungo comedor de cérebros, nem um protozoário complexo, do tipo que causa a malária. Não, um vírus — e, mais especificamente, seria um vírus "original", o que significa que não seria novo para o mundo, mas recém-reconhecido como causa de infecção em seres humanos.

Mas se era novo para os humanos, de onde emanaria um vírus "original"? Boa pergunta. Tudo vem de algum lugar, e novos vírus em seres humanos vêm de animais silvestres, às vezes por meio de um animal doméstico que funciona como intermediário. Esse tipo de transferência, de hospedeiro não humano para humano, é conhecido como *spillover*. Os vírus desse tipo, como o Marburg, o da raiva, o Lassa e o da varíola dos macacos, causam moléstias que são chamadas de zoonoses — ou doenças zoonóticas. A maioria das doenças infecciosas humanas é zoonótica, causada por patógenos de origem animal que nos atingem repetidamente (o vírus Nipah, espalhado por morcegos frugívoros em Bangladesh), ou que nos atingiram no passado (HIV-1 grupo M, a cepa pandêmica da aids, transmitida uma vez por um chimpanzé). Alguns são nossos velhos conhecidos (a bactéria da peste, o vírus da febre amarela) e odiosamente familiares; outros são tão surpreendentemente novos e ferozes (vírus Ebola) quanto o alienígena predador de um filme.

Um vírus original pode ser devastador se não tivermos vacinas para desviá-lo, remédios para combatê-lo e um histórico de exposições passadas a algo semelhante que possa nos dar imunidade adquirida. Um vírus original, se tiver sorte e nós não, pode atravessar a população humana como uma bala de alto calibre atravessa um lombo bovino marmorizado.

Esses cientistas, especializados em doenças infecciosas e com experiência em zoonoses, previram ainda que o vírus causador da próxima pandemia provavelmente seria de um tipo específico — um vírus com um certo tipo de genoma que permitisse uma evolução acelerada, com capacidade de se modificar e se adaptar com rapidez. Esse genoma seria escrito em RNA, não em DNA. Ou seja, uma molécula informativa de fita simples, bastante frágil, não a dupla hélice do DNA. Não importa, por enquanto, o que é o RNA, como ele funciona ou por que um genoma de RNA de fita simples pode ser especialmente mutável e adaptável. Basta dizer que entre esses tipos rápidos estão os vírus influenza e os coronavírus, duas famílias de patógenos virais que costumam ser danosas para seres humanos. Nos anos anteriores a 2019, a palavra "coronavírus" não era familiar para a maioria das pessoas, mas já carregava um caráter sinistro entre os cientistas de doenças infecciosas.

Um desses cientistas é Yize (Henry) Li, virologista e imunologista nascido na China, agora professor assistente da Universidade Estadual do Arizona, em Tempe. Yize Li é um jovem de rosto redondo com óculos estilosos de lentes retangulares e franja preta cobrindo a testa. Fez seu doutorado no Instituto Pasteur, em Shanghai, sob a orientação de um professor francês, e adotou o nome Henry por conveniência nos ambientes de língua francesa e inglesa em que viveu desde então. Ele veio para os Estados Unidos em 2013, a fim de fazer um pós-doutorado com Susan R. Weiss, virologista veterana da Escola de Medicina Perelman, da Universidade da Pensilvânia. Weiss é uma autoridade em coronavírus, entre eles o SARS-CoV, causador do terrível, mas abreviado, surto internacional de síndrome respiratória aguda grave (*severe acute respiratory syndrome*, SARS) em 2003, que infectou cerca de 8 mil pessoas e matou uma em cada dez. Seu laboratório também estuda o coronavírus da síndrome respiratória do Oriente Médio (*Middle East respiratory syndrome*, MERS), reconhecido pela primeira vez como patógeno humano em 2012, quando uma enxurrada de casos surgiu na península Arábica; a MERS tem uma taxa de mortalidade consideravelmente maior que a SARS, cerca de 35% entre os casos confirmados. O próprio Li trabalhou com Weiss tanto no vírus da MERS quanto em um coronavírus menos dramático, que causa hepatite em camundongos.

Ele estava na Filadélfia durante os últimos dias de dezembro de 2019 quando viu uma matéria no site de notícias chinês DiYiCaiJing, com sede em Shanghai. O texto descrevia uma nota de alerta, segundo constava confidencial, que havia circulado recentemente para funcionários de um hospital de Wuhan e talvez em outros. Dizia-se que o aviso vinha da Comissão Municipal de Saúde de Wuhan. O repórter do site tivera de algum modo acesso a ele e entrou em contato com a entidade, que confirmou sua origem. A nota alertava para um surto de um "patógeno desconhecido" que estava levando pacientes de pneumonia a vários hospitais da cidade. Li fez prontamente o que as pessoas fazem com fofocas interessantes: postou a nota nas redes sociais.

O WeChat é um aplicativo chinês de uso geral que combina as funções de Facebook, Instagram, WhatsApp e Zoom. Tem mais de 1 bilhão de usuários ativos, entre eles Henry Li e muitos outros graduados e estudantes do Instituto Pasteur de Shanghai. Ele usou o aplicativo para se comunicar com amigos na China. Quando levantou o tema de Wuhan no WeChat, alguns de seus contatos disseram: "Sim, isso é boato"; outros disseram: "Sim, é verdade". Então um deles jogou um trunfo, postando um relatório de sequenciamento verdadeiro que continha fragmentos dos genomas de vários micróbios, entre os quais bactérias e vírus, de várias amostras clínicas. As amostras — um *swab* da garganta aqui, um *swab* do nariz ali, quem sabe — haviam sido processadas, o RNA fora extraído, esse RNA fora convertido em DNA (para ter estabilidade), e depois o DNA passara por uma máquina de sequenciamento em algum laboratório. As amostras estavam "sujas", como em geral estão, com manchas e borrões de vários genomas que refletiam a diversidade microbiana presente nas superfícies da mucosa humana. Mas em meio a essa diversidade perturbadora, em pelo menos uma dessas amostras havia um fragmento de dados relevantes. Esse fragmento era uma sequência linear de cerca de mil letras, uma fração de um genoma, mas suficiente para ser revelador. Eram dados de contrabando. Para você ou para mim, essa sequência teria sido apenas um balbucio sem sentido — *attaaaggtttatacc* ao longo de mil letras —, mas para cientistas como Henry Li ou Susan Weiss ela falava com uma clareza assustadora. "Fiquei pasmo", disse-me Li mais tarde, ao ver que era "muito, muito semelhante a um coronavírus da SARS".

Weiss estava de licença sabática em La Jolla, Califórnia, naquele momento, e falava com Li e outros membros de seu laboratório em reuniões semanais pelo Zoom. Durante uma dessas ligações, no final de dezembro, tanto quanto ela se lembra, Li mencionou que "algo estava mesmo acontecendo" em Wuhan, China. "Ele provavelmente me disse", relembrou Weiss quando falei com ela mais de um ano depois, "'ei, há esse coronavírus circulando.'" Mas o próprio termo "coronavírus" não estava circulando em dezembro de 2019, ao menos além dessas redes específicas de conhecimento viral.

Weiss retornou à Filadélfia em 2 de janeiro e de imediato sua equipe começou a encomendar mais máscaras N95, do mesmo tipo que vinham usando no estudo do vírus da MERS (propriamente conhecido como MERS-CoV). Outros itens de equipamento de proteção individual (EPI), como luvas e aventais, já estavam encomendados. Depois, seriam acrescentados ao conjunto respiradores purificadores de ar, parecidos com capacetes espaciais, sem os trajes. Eles estavam se preparando. Ela e seus jovens colegas decidiram que deveriam trabalhar nesse novo coronavírus e sabiam que precisariam de proteção.

2

Marjorie Pollack é uma campainha de alarme altamente sensível numa das principais redes internacionais de alerta sobre doenças infecciosas. Dito de outro modo: ela é editora adjunta do ProMED-mail.

O ProMED (como em geral é conhecido) é um serviço de e-mail com cerca de 80 mil assinantes, dedicado a detectar, coletar e divulgar informações confiáveis sobre casos de doenças que acontecem a cada momento em qualquer lugar do mundo. Teve início em 1994, com a assinatura de quarenta pessoas, e agora é administrado pela Sociedade Internacional de Doenças Infecciosas, um grupo de cientistas e profissionais de saúde. É gratuito. É independente e apolítico. É incansável, enciclopédico e, às vezes, esotérico. Se você está inscrito no ProMED, pode acordar com três ou quatro e-mails enviados por ele numa determinada manhã, um informando sobre dermatite nodular contagiosa (uma doença viral) entre búfalos do Laos, outro relatando shigelose (diarreia bacteriana) em crianças que visitaram um parque de safári no Kansas, um terceiro com atualizações sobre o mais recente surto de Ebola na República Democrática do Congo. Pollack faz parte dessa operação desde 1997.

Nova-iorquina, ela se formou pela Universidade de Nova York (NYU) naquela época tensa, logo após a década de 1960, que terminou na violência do concerto dos Rolling Stones no autódromo de Altamont, em Tracy, Califórnia, e no protesto com mortes na Universidade Estadual de Kent, em Ohio. Seu semblante é suave até se tornar frio. Formada em medicina, agora com 45 anos de experiência em epidemiologia médica, ela faz seu trabalho no ProMED com a acuidade cética de um editor de jornal da velha guarda de Chicago: "Se sua mãe disser que te ama, procure uma segunda fonte". Chamar Pollack de campainha de alarme, como acabei de fazer, é um pouco injusto, porque ela canaliza seus relatórios sem barulho ou fanfarra indevidos. Ela é mais como uma luz no painel que você pode ignorar até brilhar em vermelho, sugerindo fortemente que você preste atenção e, talvez, comece a se preocupar. Mas seu trabalho era disseminar informações, não causar preocupação.

Na noite de segunda-feira, 30 de dezembro de 2019, depois de jantar com o marido em sua casa de fim de semana em Long Island, Pollack voltou ao computador, como de costume, para verificar os e-mails. Ela encontrou uma mensagem de um colega de Taiwan, alertando-a para uma declaração da Comissão Municipal de Saúde de Wuhan, captada nas mídias sociais daquela cidade da China continental. A declaração — provavelmente a mesma nota de advertência sobre a qual Henry Li havia lido no DiYiCaiJing — mencionava alguns casos de pneumonia inexplicáveis. "O e-mail que recebi desse colega", disse Pollack, "era basicamente 'Sabemos alguma coisa sobre isso?'" Não, ainda não, mas ela estava muitíssimo curiosa, então passou as próximas duas horas e meia on-line, escrevendo para seus contatos e vasculhando a web.

"O que fizemos, todos nós, foi pesquisar, 'nós' sendo o colega em Taiwan e os colegas do colega", contou, "procurando na mídia por uma segunda fonte." Um colega encontrou essa segunda fonte: um relatório da Sina Finance, um respeitável serviço de mídia em chinês, que citava um "aviso urgente sobre o tratamento de pneumonia de causa desconhecida" da Comissão Municipal de Saúde de Wuhan.[1] E não era um caso único de pneumonia misteriosa; eram "pacientes", no plural. Pelo menos um desses pacientes estava ligado ao que esse relatório chamava de Mercado de Frutos do Mar do Sul da China. Um repórter telefonara para a comissão de saúde pela linha direta e confirmara que o aviso era real.

O que fazer? "Os editores de texto saem por volta das nove da noite, horário da Costa Leste, e pegam novamente na manhã seguinte", disse Pollack. O ProMED tem um sistema editorial escalonado para se manter criterioso e preciso, e a própria Pollack, ao longo de mais de vinte anos, havia galgado a maioria desses degraus: pesquisadora voluntária na web, moderadora de área temática, editora de ligação para as redes regionais, editora assistente, moderadora superior rotativa, editora adjunta. Acima dela estava o editor, Larry Madoff, professor da Escola de Medicina da Universidade de Massachusetts, que, de Boston, supervisionava essa rede de profissionais de mente crítica. Mas agora era tarde da noite de segunda-feira e Pollack estava praticamente sozinha. "Em geral, não postamos coisas que não foram editadas", contou, "mas temos o ocasional *Urgente, vamos divulgar imediatamente.*" Ela se comunicou com Madoff e com o principal moderador de plantão, alertando-os sobre a situação. Redigiu uma postagem sob o título "PEDIDO DE INFORMAÇÕES",[2] para sinalizar o caráter provisório do que tinha em mãos. Fez uma tradução automática do artigo da Sina Finance, com sua declaração sobre "pneumonia de causa desconhecida", e incluiu o detalhe de que alguns casos estavam ligados a um mercado em Wuhan. Faltando um minuto para a meia-noite, depois que Pollack apresentou o relatório para postagem, o principal moderador clicou em ENVIAR. No mesmo instante a mensagem foi mandada para 80 mil assinantes do ProMED, eu entre eles.

O dia seguinte era véspera de Ano-Novo. Pollack e o marido, como de costume, estavam passando a temporada de férias em Water Mill, uma pequena vila em Mecox Bay, perto do extremo leste de Long Island, onde têm seu lugar de refúgio. Eles alugam a casa no verão, para evitar a muvuca dos Hamptons, que decididamente não é a cena deles, e a usam no inverno. Sua celebração de Ano-Novo é geralmente jantar em Water Mill, em seu restaurante preferido, o Plaza Café, depois ir para casa e assistir pela TV à queda da bola na Times Square. Mas aquela noite não era normal, nem mesmo para uma véspera de Ano-Novo.

Entre o aperitivo e o prato principal, o telefone dela tocou. "Recebo uma ligação, então vou lá para fora." Era Peter Daszak, presidente da EcoHealth Alliance, uma organização de pesquisa e conservação cuja missão é proteger a vida selvagem e os seres humanos de doenças infecciosas. Daszak e alguns de seus colegas tinham boas relações com certos cientistas na China, com os quais haviam trabalhado na busca da origem do vírus da SARS depois de 2003 e em outras iniciativas para identificar vírus perigosos da vida selvagem e alertar sobre eles nos anos seguintes.

Pollack havia falado com Daszak mais cedo naquele dia, quando ele compartilhou uma importante notícia recebida de suas fontes chinesas, baseada no sequenciamento completo do genoma do novo vírus, não apenas um fragmento. "Que era do tipo SARS", Pollack me disse. Ser do tipo SARS sugeria que era transmissível entre humanos e potencialmente bastante letal. Isso era sinistro, e agora, enquanto Pollack estava do lado de fora do restaurante no final da noite de dezembro, Daszak trazia uma atualização desconcertante. "Estou de suéter, faz três graus abaixo de zero", lembrou ela, "e estou andando de um lado para outro porque não peguei meu casaco, e estou falando com Peter, conversando com Peter, não sei quanto tempo fiquei lá fora." Por fim, o garçom veio lhe dizer que seu prato principal estava na mesa. A conversa continuou. Ela queria mais informações, queria outra fonte. Daszak não podia ajudá-la nisso, não naquela hora. "Peter me contou basicamente que houve um desligamento total da comunicação com as pessoas na China naquele momento." Depois do jantar, comido frio, ela e o marido voltaram para casa e, no lugar do show da Times Square, ela retornou ao trabalho. Encontrou outro relatório da Sina Finance e, com a ajuda de outra tradução automática desajeitada, ela o converteu numa postagem em inglês que começava assim: "Pacientes com pneumonia de causa desconhecida em Wuhan foram isolados de vários hospitais".[3] Em seguida, a parte destinada a tranquilizar: "Se é ou não SARS ainda não foi esclarecido, e os cidadãos não precisam entrar em pânico".

3

Entre os primeiros pacientes com pneumonia estava um entregador de 65 anos que trabalhava no que a tradução automática de Marjorie Pollack chamou de Mercado de Frutos do Mar do Sul da China. O nome do estabelecimento, 武汉华南海鲜批发市场, também é traduzido para o inglês como Huanan Seafood Wholesale Market [Mercado Atacadista de Frutos do Mar de Huanan], e o local é famoso agora como o foco inicial de onde o vírus se disseminou: as palavras "Mercado de Frutos do Mar" são enganosas, em qualquer ordem e em qualquer idioma, porque entre os produtos à venda havia muito mais do que frutos do mar: aves, carne de gado e várias formas de vida silvestre, algumas vivas, outras mortas e congeladas.

O entregador deu entrada no Hospital Central de Wuhan em 18 de dezembro de 2019. Seu estado piorou rapidamente. Em 24 de dezembro, os médicos retiraram fluido de seus pulmões e enviaram uma amostra para uma empresa privada de sequenciamento de genoma, a Vision Medicals, na cidade de Guangzhou. A pergunta para a Vision Medicals era básica: que espécie de bicho fervia naquele bocado de sofrimento humano líquido? Pelo procedimento de praxe, a empresa teria enviado de volta os resultados, mas, dessa vez, alguém de lá telefonou e falou com um médico chamado Su Zhao, chefe de medicina respiratória do hospital. "Eles acabaram de ligar e disseram que era um novo coronavírus", disse Zhao à agência de notícias Caixin, com sede em Beijing.[4]

A preocupação da empresa foi além do telefonema. Vários dias depois, executivos da Vision Medicals teriam vindo de Guangzhou, mil quilômetros ao sul, para discutir os resultados genômicos com o pessoal do hospital e autoridades do controle de doenças em Wuhan. De acordo com um relato — uma postagem em mídia social que, acredita-se, foi feita por um funcionário anônimo da Vision Medicals —, o hospital reconheceu ter "muitos pacientes semelhantes"[5] e iniciou-se "uma investigação intensiva e confidencial". Enquanto isso, o entregador era transferido para outro hospital, onde mais tarde morreu.

Logo após o primeiro sequenciamento, alguém do Hospital Central colheu amostras de outro paciente, dessa vez um homem de 41 anos sem nenhuma conexão relatada com o mercado. Essas amostras foram enviadas para um laboratório diferente, o CapitalBio MedLab, em Beijing. Os primeiros resultados desse laboratório identificaram o agente infeccioso como SARS--CoV, o coronavírus da SARS tal como visto em 2003, com uma taxa de mortalidade de 10%. Tratava-se de um falso positivo para o vírus da SARS, preciso demais, certo demais, falho devido aos limites de especificidade nas ferramentas de teste ou à técnica descuidada. Era de fato um coronavírus do tipo SARS, mas não familiar. Mas antes que o erro pudesse ser corrigido, esse equívoco atravessou como um raio as redes privadas que conectavam médicos de vários hospitais de Wuhan e chegou, entre outros, a Wenliang Li, um jovem oftalmologista que trabalhava no Hospital Central. Já ouvimos falar dele. Ele se tornou o famoso denunciante mártir que alertou algumas pessoas para o perigo. No dia 30 de dezembro, às 17h43, hora de Wuhan, Li postou no WeChat para um grupo privado de seus colegas da escola de medicina: "Sete casos confirmados de SARS foram relatados no Mercado de Frutos do Mar de Huanan".[6] Dentro de uma hora, ele tinha informações melhores e corrigiu o post para dizer "infecções por coronavírus" e que "a cepa exata do vírus" ainda não havia sido identificada. Que eles avisassem seus entes queridos para se protegerem, escreveu Li a seus amigos, um ato corajoso que corria o risco de ser punido pelas autoridades, embora ele não estivesse tentando alertar o mundo em geral. De fato, ele escreveu: "Não circulem essa informação fora do grupo".[7]

No dia seguinte — novamente, era véspera de Ano-Novo —, a Comissão Municipal de Saúde de Wuhan divulgou um comunicado na Weibo, outra plataforma de mídia social, em que reconhecia que um surto de pneumonia viral mandara 27 pessoas para os hospitais de Wuhan, mas desconsiderava o boato de que eram casos de SARS. "Outra pneumonia grave é mais provável."[8]

O sequenciamento posterior de amostras de pacientes enviadas a outra empresa privada esclareceu que não se tratava do vírus da SARS, mas que tinha um genoma cerca de 80% semelhante letra por letra. Esses resultados chegaram à Comissão Municipal de Saúde de Wuhan, quando então as autoridades provinciais intervieram. Em 1º de janeiro, de acordo com Caixin, a comissão de saúde da província de Hubei instruiu as empresas de sequenciamento a "parar com os testes e destruir todas as amostras".[9] Ainda não está claro se essa ordem se destinava a conter um vírus perigoso ou informações perigosas.

4

Os rumores chegaram a Hong Kong, independentemente de qualquer ordem governamental, na velocidade da luz. Hong Kong vive sintonizada com quaisquer notícias do continente, mas sobretudo com as más notícias.

Como região administrativa especial (RAE) da República Popular da China, desde que o domínio colonial britânico terminou, em 1997, o que chamamos de Hong Kong abrange não só a ilha de Hong Kong, mas também Kowloon e os Novos Territórios, ambos na costa continental. Com ativistas lutando pela democracia e o ideal contraditório de "um país, dois sistemas" desaparecendo à medida que Beijing aperta seu controle, há uma relação ambivalente com a metrópole. Embora grande parte do terreno dos Novos Territórios ainda seja verde e montanhosa, preservada como um parque, a RAE de Hong Kong é uma das áreas mais densamente povoadas da Terra, e está repleta de cientistas eminentes e jornalistas famintos, bem como tensões políticas, bilionários, diversidade étnica e simples seres humanos. Em 31 de dezembro, o *South China Morning Post* (*SCMP*), seu principal jornal, publicou uma matéria sobre a preparação, pelas autoridades de saúde de Hong Kong, de medidas de emergência — já — contra o misterioso surto de pneumonia em Wuhan, a mil quilômetros de distância.

Hong Kong estava nervosa porque se lembrava de seu surto de gripe aviária em 1997, um pequeno mas aterrorizante encontro com um vírus que era fatal em um caso humano a cada três, e do SARS-CoV em 2003, o primeiro coronavírus assassino conhecido pela ciência, que surgiu em Guangdong, no continente, chegou a Hong Kong e explodiu dali para o mundo. O novo vírus ainda não havia chegado, mas as equipes médicas foram alertadas, segundo o *SCMP*, e postas em prontidão para isolar os casos.

O jornal também citava Kwok-Yung Yuen, um veterano microbiologista da Universidade de Hong Kong. Yuen, informado por sua longa história de pesquisa sobre vírus perigosos, observou certas semelhanças entre as notícias de Wuhan e os sustos de 1997 e 2003: ligação com mercados de alimentos, alta taxa de infecção.

"Mas não há necessidade de pânico", disse ele ao *SCMP*.[10] A vigilância e o controle de infecções haviam melhorado desde 2003, acrescentou Yuen, assim como os medicamentos antivirais.

As informações ainda eram escassas. Em Beijing, naquele momento, até o diretor-geral do Centro Chinês de Controle e Prevenção de Doenças (Chinese Center for Disease Control and Prevention, CCDC), um virologista formado em Oxford chamado George Fu Gao, tinha apenas relatórios on-line para orientá-lo. "Eu ouvi falar disso na noite de 30 de dezembro", contou Gao. "A China é um país tão grande. Se alguns médicos... se identificarem qualquer pneumonia de etiologia desconhecida, eles devem relatar ao meu instituto, o CCDC. Mas eles não fizeram isso. Desde o início, acharam que era gripe."

O próprio Gao é especialista nos vírus influenza, bem como no SARS-CoV, no MERS-CoV, no vírus da chikungunya e em outros vírus zoonóticos. Sua especialidade são os mecanismos pelos quais esses vírus se agarram e entram nas células humanas. "Este vírus desde o início parece gripe." Sim, ele quis dizer, se você fosse um clínico num hospital, como os médicos da linha de frente em Wuhan, mas não se você fosse um virologista molecular lendo seu genoma ou um microscopista eletrônico olhando para partículas virais coroadas com espículas. "Há alguns rumores, eu ouvi alguns rumores. Mas vi a notícia na mídia da internet no dia 30." Então, até ele deu alguma atenção à conversa on-line sobre a doença. Mas não conseguiu saber muito. Aqueles poucos dias de atraso antes que o CCDC fosse notificado diretamente, causado pela cautela equivocada entre a cidade de Wuhan e as autoridades provinciais de Hubei, custaram caro.

Gao alertou seus chefes no nível ministerial. "E no dia seguinte enviamos toda a nossa equipe de especialistas para Wuhan. Àquela altura percebemos, ok, isso pode ser um problema."

Em 1º de janeiro, a Organização Mundial da Saúde (OMS) também ainda não havia sido notificada. Profissionais de resposta a surtos na sede da entidade em Genebra tinham visto as postagens do PROMED e outros relatórios on-line e tomaram a iniciativa de entrar em contato com a Comissão Nacional de Saúde da China. *O que está acontecendo?* Por dois dias a OMS não obteve resposta. Então veio uma atualização frustrantemente vaga da China: agora temos 44 casos de pneumonia não especificada, não 27.

O primeiro dia do ano foi também a data em que as autoridades de Wuhan fecharam o mercado de Huanan para "saneamento e renovação".[11] A higienização foi realizada por técnicos de uma empresa privada de desinfecção, ao mesmo tempo que cientistas do governo, entre os quais a equipe de George Gao, do CCDC, coletavam amostras ambientais dos drenos de escoamento do estabelecimento, de barracas, portas e algumas carcaças de animais congeladas, deixadas para trás por comerciantes que desocuparam o lugar às pressas. Essa coleta começou na manhã do dia do fechamento e se prolongaria por dois meses. A variedade de superfícies e animais amostrados incluía latas de lixo, carrinhos de transporte, gaiolas para animais, banheiros públicos e gatos de rua. A "renovação" do mercado ficou na imaginação.

Dois dias depois, outro conjunto de amostras chegou a outro virologista, Yong-Zhen Zhang, professor do Centro Clínico de Saúde Pública de Shanghai, afiliado à Universidade Fudan. Esses *swabs*, entre os quais um daquele paciente de 41 anos sem conexões conhecidas com o mercado de Huanan, foram colocados num tubo de ensaio, embalados em gelo seco dentro de uma caixa de metal e enviados de trem de Wuhan. Zhang e seu grupo trabalharam sem parar por quase dois dias e duas noites, para extrair o RNA, convertê-lo em DNA, sequenciá-lo em fragmentos e juntar os dados numa sequência completa do genoma do coronavírus. O genoma desse vírus, que ainda não tinha nome, chegava a cerca de 30 mil letras. "Levamos menos de quarenta horas, muito, muito rápido", disse Zhang mais tarde, durante uma rara entrevista a um repórter da *Time*.[12] "Então percebi que esse vírus está intimamente relacionado ao SARS, provavelmente 80%. Então, certamente, era muito perigoso."

Imediatamente ele ligou para Su Zhao, chefe do setor de medicina respiratória do Hospital Central de Wuhan, o mesmo homem que recebera o desconcertante telefonema preliminar da empresa privada de sequenciamento. Zhang alertou Zhao de que havia motivo para preocupação e cautela, porque se tratava de um coronavírus do tipo SARS — não o próprio SARS-CoV, com sua taxa de mortalidade de um em dez casos, mas um novo vírus do mesmo grupo e mais perigoso que o influenza. Implícita nessa analogia, "do tipo SARS", e na multiplicidade de casos ligados ao mercado de Huanan, estava uma coisa que ainda não fora dita publicamente: talvez o vírus fosse capaz de transmissão entre seres humanos. A transmissão respiratória de qualquer novo vírus virulento, de pessoa para pessoa, aumenta a possibilidade de um grande surto. Logo após a ligação, para dar mais ênfase ao que dissera, Zhang viajou a Wuhan e conversou com autoridades de saúde locais, aconselhando-as a tomar medidas de emergência para proteger seus cidadãos e começar a desenvolver tratamentos antivirais.

A sequência do genoma seria crucial para esse esforço de identificar novos medicamentos antivirais ou utilizar os antigos, e também para a preparação de testes de diagnóstico que pudessem dizer quem estava infectado e quem não estava. Zhang e sua equipe tinham a sequência e a enviaram discretamente a um banco de dados internacional de acesso aberto, o GenBank; mas ela ainda não havia sido divulgada ao público em geral.

De acordo com um relato, a Comissão Nacional de Saúde emitiu ordens secretas que proibiam os laboratórios de divulgar resultados sobre o vírus sem autorização oficial. Pelo menos duas outras equipes na China também tinham agora a sequência, ou uma versão dela, com apenas pequenas diferenças em relação à de Zhang devido a variações metodológicas: o grupo de Zhengli Shi, em Wuhan, e o grupo de George Gao, no CCDC, em Beijing. "Conseguimos os materiais, fizemos o teste de todo o genoma", disse-me Gao. "Três dias depois, em 3 de janeiro, obtivemos um sequenciamento completo do genoma e descobrimos que é um coronavírus original." Eles também o viram por microscopia eletrônica, que mostrou a coroa de espículas de proteína que se projetavam como cravos num presunto assado, e que dá nome a essa família viral. "Nós vimos o vírus!", contou. "Parece que é um coronavírus — vê-se a coroa na superfície. Então, em 7 de janeiro, já está confirmado." Gao falou diretamente com Tedros Adhanom Ghebreyesus, diretor-geral da OMS, conhecido mundialmente como dr. Tedros. "E no mesmo dia, o dr. Tedros conversou com nosso ministro da Saúde." Gao coordenou seu grupo e outros, e no final da noite de 9 de janeiro, UTC (Coordinated Universal Time/Temps Universel Coordonné, ou Tempo Universal Coordenado, o que antes chamávamos de Horário de Greenwich), o adjunto de Gao enviou por e-mail — de acordo com um relato que tenho de uma fonte diferente — sequências genômicas completas de três amostras para o banco de dados Gisaid, com sede em Munique. Os dados foram rapidamente revisados e duas dessas sequências, publicadas na plataforma da organização, de acordo com minha fonte, disponíveis para qualquer pessoa nela registrada com credenciais de usuário. O UTC do fim da noite equivale ao início da manhã do dia seguinte em Beijing. Então, em 10 de janeiro, disse Gao, "a OMS, todo mundo, sabe que é um coronavírus". De qualquer modo, muitos cientistas sabiam, embora ainda não houvesse uma sequência divulgada publicamente — dependendo de como se define "publicamente".

Na manhã seguinte, 11 de janeiro, Yong-Zhen Zhang foi ao aeroporto Hongqiao, em Shanghai, a fim de pegar um voo para Beijing, onde se reuniria com altos funcionários do governo, como Gao. Em algum momento durante o processo de embarque, seu telefone tocou.

5

Era Edward C. Holmes, ligando de Sydney, Austrália.

Holmes é um biólogo evolucionista britânico da Universidade de Sydney e o único membro não chinês da equipe de Zhang para o sequenciamento, montagem e análise do genoma do novo vírus. Ele é especialista na evolução molecular de vírus, particularmente dos vírus de RNA e, mais particularmente, aqueles que infectam pessoas, como HIVs, influenzas, do sarampo, do Ebola, da hepatite C, os vírus da dengue, o da febre amarela e os coronavírus. O RNA é a linguagem de codificação da pandemia humana, e Holmes é um de seus principais tradutores.

A título de introdução a Holmes, devo falar um pouco mais sobre essa molécula formidável, o RNA, pois ela é muito importante para entender esses vírus e está no centro de seu trabalho e do trabalho de Zhang e seus colegas. As iniciais significam ácido ribonucleico, uma macromolécula que desempenha várias funções em células e vírus, como codificar informações genéticas, transmitir informações codificadas no DNA e regular a expressão gênica, o processo de transformar essas informações em maquinaria molecular. O principal componente estrutural do RNA é uma fita de quatro tipos diferentes de subunidades, conhecidas como bases nucleotídicas: adenina, citosina, guanina e uracila. Cada nucleotídeo consiste numa base e mais duas outras moléculas — mas podemos esquecer essas outras duas, no que diz respeito à codificação genética. As bases são os elementos de codificação que venho chamando de "letras", porque são representadas pelas letras A, C, G e U. O arranjo sequencial dessas bases é o que constitui os genes. Três bases em um tripleto ordenado codificam um determinado aminoácido (há vinte aminoácidos diferentes, de acordo com a biologia) e aminoácidos ligados de ponta a ponta constituem proteínas. É assim que a vida é construída. O DNA também é um conjunto linear de bases, com a diferença de que a timina substitui a uracila, e a forma usual do DNA consiste em duas fitas unidas, em espiral como uma hélice. O RNA tende a sofrer mutações com mais frequência do que o DNA em uma dupla hélice; falta-lhe a estabilidade. Isso é parte do que torna os vírus de RNA tão mutáveis e adaptáveis. A partir daqui, vou me referir indistintamente às "bases" ou às "letras" que compõem uma sequência genômica. O RNA é uma molécula fascinante e, para alguém como Holmes, que conhece tão bem seu vocabulário e sua gramática, é uma linguagem de significados profundos.

Holmes é altamente respeitado não só como especialista de consultoria e coautor de muitos artigos publicados em periódicos influentes, mas também por seu livro *The Evolution and Emergence of RNA Viruses* [A evolução e o surgimento dos vírus de RNA], de 2009, um compêndio confiável, mas conciso. Para um texto que mergulha com tanta profundidade nas valas e ravinas da evolução molecular, o livro é estranhamente claro, incisivo e legível. Dois outros traços memoráveis de Holmes são sua cabeça careca e bem arredondada, que parece quase polida como motivo de orgulho, e o fato de todos o chamarem de Eddie. Fale com virologistas moleculares em qualquer lugar do mundo e diga: "Mas, espere, Eddie não disse..." isso ou aquilo, e eles podem não concordar com a afirmação, mas saberão a quem você se refere. Nesse campo há apenas um Eddie.

Meu primeiro encontro com Eddie Holmes aconteceu há doze anos, quando ele ocupava uma cátedra na Universidade Estadual da Pensilvânia, onde me recebeu num escritório pequeno e despojado que continha uma mesa, um computador, algumas cadeiras, alguns livros e não muito mais, exceto dois pôsteres na parede. Um deles anunciava a "Virosfera", a vasta dimensão da Terra composta de vírus, e o outro era uma versão cômica da pintura *Nighthawks*, de Edward Hopper, com Homer Simpson no papel de um cliente no balcão, devorando donuts. Por que Homer Simpson?, perguntei. "Porque ele se parece comigo", disse Eddie.

Desde que se mudou para Sydney em 2012, Holmes colaborou em vários projetos com colegas chineses, equipes lideradas por Yong-Zhen Zhang e outras figuras importantes, e essas interações foram facilitadas em parte por ele estar a apenas dois fusos horários de Shanghai e Beijing. E-mail é e-mail, com palavras em tipo frio e a conveniência de ser respondível no momento em que é lido, não obstante os fusos horários, mas alguns cientistas chineses, entre eles Zhang, preferem o imediatismo em tempo real e a discrição do WeChat para voz. Assim, na manhã de domingo, 5 de janeiro de 2020, quando Holmes e sua família se preparavam para um passeio na praia, ele recebeu um e-mail de Zhang que dizia: "Ligue-me imediatamente!". Isso foi apenas algumas horas depois que o laboratório de Zhang tinha reunido o genoma completo e visto que a perigosa novidade era um coronavírus do tipo SARS.

Seis dias antes, Holmes havia notado o mesmo que muitos outros: o post de Ano-Novo de Marjorie Pollack no PROMED, ligando vários casos de uma pneumonia inexplicável ao mercado de Huanan. "Ah, merda, que interessante", pensou ele. Aquilo chamou sua atenção porque ele mesmo visitara o tal mercado em 2014, numa excursão de campo com Zhang e alguns colegas do CDC de Wuhan (um centro regional, distinto, mas vinculado ao CCDC, em Beijing). Ele tinha visto os becos estreitos cheios de gente, animais silvestres em gaiolas, o abate de carne e peixe, sangue e tripas fluindo por valas abertas. "Você não pode pensar num lugar melhor para um evento zoonótico acontecer", disse-me Holmes recentemente. Ele se lembrava de ter visto um vendedor matar um tipo de mamífero silvestre, talvez um cão-guaxinim. Recordou que o mercado ficava bem no meio de uma cidade de 11 milhões de pessoas.

No dia seguinte, 1º de janeiro, Holmes enviara um e-mail para Zhang e George Gao. "Li sobre isso", contou a eles. "Você está trabalhando nisso? Posso ajudar de alguma forma?" Gao, pelo visto sobrecarregado, mandou-lhe uma resposta concisa: "Estamos trabalhando nisso. Feliz Ano-Novo". Zhang respondeu que não, ele não estava trabalhando naquilo — ainda não. A semana avançou, outras distrações surgiram, e então, na manhã de domingo, veio a mensagem urgente de Zhang: "Ligue-me imediatamente!". Holmes falou com ele enquanto levava a família para a praia. É um milagre que não tenha batido o carro.

"Precisamos escrever um artigo sobre isso", disse Zhang. Um novo coronavírus, parecendo quase o retorno da SARS — notícias científicas. "Espere, não", disse Holmes, "há algo mais urgente do que um artigo de revista." "A primeira coisa que você tem de fazer, Zhang", disse ele, tal como me relatou, "é contar às autoridades de saúde pública AGORA. Você tem de dizer a eles exatamente do que se trata, e tem de divulgar o máximo de informação que puder." Significado da informação: o próprio genoma, a análise de que era do tipo SARS, a probabilidade de transmissão respiratória. Zhang concordou, alertando prontamente a Comissão Nacional de Saúde.

"Então, no *mesmo* dia em que ele conseguiu a sequência", Holmes enfatizou para mim, "ele contou às autoridades o que estava acontecendo." Holmes está bem ciente das acusações de que cientistas chineses — não só autoridades chinesas — ocultaram fatos e atrasaram uma resposta oportuna.

Nos dias seguintes, eles escreveram um artigo, em alta velocidade, conferenciando por telefone e compartilhando rascunhos por e-mail; Holmes editou o texto em inglês e contribuiu com suas opiniões sobre o genoma. Ele também entrou em contato com um editor da *Nature*, uma das revistas científicas mais importantes do mundo, para avaliar o interesse. O interesse da revista era alto, mas eles queriam a sequência do genoma para publicar junto com o artigo. A equipe de Zhang enviou à *Nature* um rascunho do artigo em 7 de janeiro, velocidade alucinante para um texto tão complexo e delicado. Mas por razões que envolvem a situação de Zhang na China e as pressões ao seu redor, o sequenciamento foi um ponto de discórdia. Nos dois dias seguintes, mais relatórios começaram a surgir dizendo o que era óbvio para os outros, bem como para o grupo de Zhang, a partir das iniciativas de sequenciamento: que a coisa era um coronavírus, de algum modo parecido com o da SARS. A *Nature* queria os dados genômicos, além das palavras, e o próprio Holmes ainda não tinha visto a sequência completa. Ele ainda estava pressionando Zhang a ir a público com tudo o que eles tinham. Então chegamos à manhã de sábado, 11 de janeiro, e num fim de semana em que a família Holmes *não* estava indo para a praia.

"Ligo para Zhang e ele está num avião", contou Holmes, "e eu digo: 'Zhang, TEMOS DE divulgar isso! TEMOS DE divulgar o sequenciamento, certo? Todo mundo quer.'"

Eles conversaram por alguns minutos, e a essa altura Zhang já estava em seu assento, com o cinto de segurança afivelado. "Pedi que Eddie me desse um minuto para pensar", relembrou para a *Time*.[13] "Então eu disse tudo bem." Após essa ligação, ele instruiu um de seus colegas de pós-doutorado a enviar o sequenciamento a Holmes. O avião decolou e, enquanto Zhang esteve no ar por duas horas, 10 mil metros acima do nordeste da China, Holmes o recebeu.

O genoma chegou por e-mail, do pós-doutorado, na forma de um arquivo FASTA anexado, um formato de texto útil para representar sequências genômicas. "Nenhuma mensagem. Apenas o arquivo FASTA", contou Holmes. "Direto." Sem detalhes, velocidade máxima e discrição. Ele abriu o arquivo e mal olhou para o sequenciamento, impresso em seis colunas, dez letras em cada coluna, linha após linha, página após página, quase 30 mil letras representando quase 30 mil bases, nada além de *a*, *t*, *c* e *g* em combinações que pareciam sem sentido. Estava escrito em DNA porque o RNA é muito instável; o RNA genômico é rotineiramente transformado em seu equivalente em DNA para sequenciamento. "Eu nem verifico que diabos é. Pode ser o DNA de um maldito vaga-lume." Estamos falando de um homem capaz de escanear um genoma com uma olhadela, apertar algumas teclas, estabelecer algumas comparações e ver coisas invisíveis para os outros. Mas ele não fez isso. "Sinto-me sob *enorme* pressão para divulgá-lo o mais rápido possível." O próximo passo estava previamente combinado, e ele o deu de imediato.

À espera em Edimburgo estava Andrew Rambaut, outro eminente virologista evolucionista e amigo de Holmes havia trinta anos. Rambaut é o fundador e líder orientador do site Virological (virological.org), que serve como nexo de comunicação para comentários, respostas e pensamentos profissionais que ainda não tomaram a forma de artigo de periódico. "Eddie me ligou, acho que na manhã anterior", relembrou Rambaut mais tarde. "Só para dizer, sabe, que ele estava trabalhando com Zhang e esperava ter uma sequência em breve." Sydney está onze horas à frente de Edimburgo, e sábado de manhã para Holmes e Zhang era madrugada para Rambaut. "Por volta de uma da manhã do dia 11, acho, ele por fim me enviou um e-mail e disse: 'Ok, vamos postar. Obtive permissão.'" Anexado, estava o mesmo arquivo FASTA que continha o sequenciamento.

Por sugestão de Rambaut, eles redigiram uma pequena declaração introdutória em que davam crédito às fontes na China, citavam Yong-Zhen Zhang como contato sênior e acrescentavam: "Sinta-se à vontade para baixar, compartilhar, usar e analisar esse [sic] dados".[14] Ambos sabem usar o plural, mas estavam com pressa. A postagem ainda pode ser encontrada no Virological, intitulada "Novel 2019 coronavirus genoma" e datada de "10 de janeiro de 2020", embora a memória de Holmes e a de Rambaut digam que ela aconteceu à uma da manhã, horário de Edimburgo, no dia 11. A discrepância não é importante, exceto por refletir a sensação de pressa sem fôlego para tornar o genoma público. "Eu cronometrei", contou Holmes. "Acho que o tive em minha posse por 52 minutos, desde a chegada do e-mail até o momento em que foi publicado on-line."

6

"Qual foi a decisão mais importante que você tomou em 2020?", perguntei a Tony Fauci.

"Decisão mais importante?" Ele pensou por um momento. "Há uma decisão científica e uma decisão política." Depois de décadas na direção do Instituto Nacional de Alergia e Doenças Infecciosas (National Institute of Allergy and Infectious Diseases, Niaid), com grande experiência na defesa de políticas de saúde e pesquisa no Capitólio, ele estava agora mais profunda e conspicuamente envolvido na política como membro da Força-Tarefa da Casa Branca para o Coronavírus, de Donald Trump. Sua maior decisão política em 2020? Foi "falar contra o presidente, o que levou a muitas outras coisas", entre as quais ameaças de morte, assédio à sua família e a hashtag #FireFauci [Demita Fauci] nas redes sociais. Se pesquisar no Google as palavras "Fauci contradiz Trump", como fiz recentemente, você também pode obter 58 400 resultados. Um exemplo inicial dessa franqueza imprudente, mas gentil, ocorreu durante uma entrevista coletiva na Casa Branca, em 20 de março de 2020, quando o presidente divulgou o medicamento hidroxicloroquina como um tratamento para a covid-19 e Fauci observou que esses relatórios eram "anedóticos", não científicos. "Não tenho grande prazer em estar em conflito público com o presidente dos Estados Unidos", disse-me ele. Mas se não tivesse feito isso, teria comprometido sua integridade e a importante mensagem de que a ciência ainda é o caminho que precisamos seguir.

E a decisão científica?

"Dizer *imediatamente* que precisamos desenvolver uma vacina e dar à minha equipe todo o apoio necessário para fazê-la." Por "imediatamente" ele queria dizer logo após o primeiro sequenciamento se tornar disponível através de Zhang e Holmes. Sua "equipe" nessa frente incluía John Mascola, diretor do Centro de Pesquisa de Vacinas (Vaccine Research Center, VRC), que faz parte do Niaid, e Barney Graham, cientista sênior e vice-diretor do VRC, que havia trabalhado durante anos na arrojada ideia de usar RNA mensageiro (mRNA, uma molécula portadora de informação dentro das células) em vacinas. Esse trabalho de prova de conceito atingira maturidade suficiente para ser aplicado.

Quando os rumores sobre a pneumonia inexplicável vazaram da China em dezembro, Fauci e seus colegas notaram os aspectos semelhantes ao SARS-CoV. "Estamos todos dizendo: 'Isso cheira a coronavírus'", contou ele, "mas não sabemos o que é. E me lembro de Barney Graham dizendo: 'Rapaz, apenas me dê um sequenciamento. Estamos prontos para partir.'" (Barney Graham também se lembra desse momento, mas com palavras diferentes. "Eu não teria dito 'rapaz'", disse ele. "Provavelmente eu teria dito algo mais parecido com 'Se pudermos obter as sequências, sabemos o que fazer.'") Na noite de 10 de janeiro, no fuso horário da Costa Leste, graças a Zhang e Holmes, eles conseguiram os dados do sequenciamento.

Outros estavam a postos e também sabiam o que fazer. Nicole Lurie, médica e profissional de saúde pública com profunda experiência governamental em preparação e reação a emergências de doenças, ingressara na Coalizão para Inovações em Preparação para Epidemias (Coalition for Epidemic Preparedness Innovations, Cepi), uma iniciativa relativamente nova com sede em Oslo, como consultora estratégica e líder de planejamento. Seu papel previa, entre outras coisas, encontrar maneiras de atrair desenvolvedores que estavam pesquisando outras vacinas. Lurie fez a Cepi começar a trabalhar no caso do novo vírus três dias antes de o sequenciamento de Zhang ser divulgado. "Em 7 de janeiro, parecia muito claro que era algo com enorme potencial pandêmico", disse ela. "Havia muitos rumores circulando entre pessoas ligadas ao CDC da China, e outras, de que se tratava de um coronavírus original." A entidade entrou em contato com desenvolvedores de vacinas, alguns dos quais da Universidade de Oxford, que estavam trabalhando numa vacina contra a MERS usando uma abordagem diferente — não o mRNA —, que viria a ser a vacina Oxford-AstraZeneca. O pedido urgente da Cepi, como relembrou Lurie, era que eles estivessem prontos para redirecionar seu trabalho para o novo vírus assim que seu sequenciamento fosse publicado. Eles seriam contratados para esse trabalho rapidamente.

Emma Hodcroft fazia pós-doutorado na Suíça, trabalhando num projeto chamado Nextstrain, uma colaboração entre a Universidade de Basileia e o Centro de Pesquisas sobre Câncer Fred Hutchinson, em Seattle, com o objetivo de criar uma plataforma on-line para rastrear a divergência genômica de patógenos virais e bacterianos. O rastreamento da divergência genômica permite que epidemiologistas mapeiem as rotas de transmissão da doença. Esse mapeamento, por sua vez, ajuda cientistas e autoridades de saúde pública a entender surtos e epidemias, preveni-los no futuro e acabar com eles. O rastreamento da divergência também possibilita aos pesquisadores identificar mutações que se tornam bem-sucedidas e se disseminam por toda a população, e que às vezes se agregam a outras mutações, em buquês que agora chamamos de variantes. As variantes representam um vírus evoluindo, às vezes em velocidade formidável, para derrotar nossas defesas contra ele. Mas, segundo me contou Hodcroft, grande parte do trabalho feito antes de 2020 por ela e seus colegas não chegou às manchetes. "Ou seja, olhar como os vírus mudam, como eles pulam para os humanos, como se adaptam aos humanos. Isso não necessariamente é o tipo de coisa que está no radar da maioria das pessoas." Ao menos, não era.

O novo vírus é diferente. "Lembro-me de quando a sequência se tornou conhecida, porque foi realmente uma coisa muito importante", disse Hodcroft. O post no Virological circulou com rapidez pelo mundo dela. De uma forma pavorosa, com apostas terríveis, foi um acontecimento emocionante e impressionante. "Nunca tivemos um vírus completamente desconhecido que foi da primeira menção ao primeiro sequenciamento num período tão curto", disse ela. O Nextstrain tomou nota e, nos dias seguintes, à medida que mais sequenciamentos se tornavam disponíveis, começou a desenhar uma árvore genealógica. Ninguém poderia prever quantos ramos e galhos brotariam dela.

7

Kwok-Yung Yuen, que dissera ao *South China Morning Post* em 31 de dezembro que "não havia necessidade de entrar em pânico", também ficou mais preocupado doze dias depois, em 11 de janeiro. Mas essa nova preocupação não derivava do sequenciamento do genoma que Eddie Holmes acabara de postar. Ele tinha notícias sinistras de uma fonte mais próxima e mais humana.

Yuen, catedrático de doenças infecciosas do Departamento de Microbiologia da Faculdade de Medicina da Universidade de Hong Kong (HKU), dividia seu tempo entre pesquisa e ensino, e entre Hong Kong e o continente. Ele atuava como supervisor sênior e professor no Hospital Hong Kong-Shenzhen, na cidade de Shenzhen, a menos de trinta quilômetros de distância, na província de Guangdong. Graças a esse vínculo, recebeu imediatamente a notícia por meio de canais pessoais, quando o hospital atendeu dois membros de uma família, em 10 de janeiro, e logo depois outros dois da mesma família, que estavam sofrendo de uma pneumonia inexplicável depois de uma viagem a Wuhan.

Nenhuma dessas pessoas havia visitado o mercado de Huanan. Outra integrante da família, uma avó que não viajara e permanecera em casa em Shenzhen, também adoeceu e precisou de hospitalização. Todos os cinco testaram positivo para o novo vírus. Isso significava, como Yuen logo percebeu, que esse coronavírus não estava apenas se espalhando e sendo transmitido de humano para humano, mas também de cidade para cidade. Mais preocupante ainda era o fato de que um neto de dez anos também testou positivo, apresentando lesão pulmonar visualizada através de uma tomografia computadorizada, sem ter sentido nenhum sintoma. "Esses casos enigmáticos de pneumonia ambulante", declarou o grupo de Yuen num artigo escrito rapidamente e publicado on-line dentro de duas semanas em uma importante revista científica britânica, *The Lancet*, "podem servir como uma possível fonte para propagar o surto."[15]

Yuen se formou em cirurgia antes de se dedicar a doenças infecciosas e virologia. Ele fez parte da equipe que primeiro isolou e descreveu o vírus da SARS em 2003. Para comunicações informais, usa suas iniciais, K. Y. É um homem franco, às vezes quase imprudente, e não ficou em silêncio por essas duas semanas. "Eu disse ao governo: 'Devemos usar máscara!'", contou. "O uso universal de máscara é muito importante, porque há pessoas sem sintomas espalhando vírus!" O menino de dez anos sugerira essa probabilidade, e mais provas disso surgiriam em breve.

"Você estava dizendo isso ao governo de Hong Kong?", perguntei. Havia também o governo nacional chinês, um dragão muito maior, a ser considerado.

"Sim", disse ele, "sim."

"E eles acataram essa advertência?"

"Não!"

Mas ele era um cientista eminente e logo foi atraído para o grupo consultivo nacional. Em 19 de janeiro, viajou para Wuhan como participante de um painel de especialistas de alto nível que incluía George Gao, Nanshan Zhong (uma figura reverenciada, um pneumologista sênior, considerado herói por sua gestão do evento da SARS de 2003) e vários outros, para avaliar a situação no marco zero. Lá eles ficaram sabendo, por funcionários do CDC de Wuhan, que o número de casos aumentara de maneira acentuada, chegando agora a 198, com 35 dessas pessoas gravemente doentes e nove em estado crítico. Pior ainda, catorze profissionais de saúde de um hospital de Wuhan tinham sido infectados por um único paciente neurocirúrgico. Os pesquisadores do CDC de Wuhan estavam agora chamando essa doença de NCIP, "nova pneumonia infectada por coronavírus" (*novel coronavirus-infected pneumonia*),[16] e rotulando o próprio vírus de 2019-nCoV. Ambos os nomes, desajeitados, logo seriam substituídos por outros, mais duradouros, embora não muito menos desajeitados.

Um dia em Wuhan foi suficiente. Yuen foi a Beijing com os outros conselheiros seniores e lá, em 20 de janeiro, numa entrevista coletiva no prédio da Comissão Nacional de Saúde, eles anunciaram que, sim, esse vírus estava sendo transmitido de pessoa para pessoa. Já havia se disseminado além de Wuhan para Beijing, Shanghai e Shenzhen, e para a Tailândia, a Coreia do Sul e o Japão.

Yuen retornou a Hong Kong e se encontrou com a chefe do Executivo, aconselhando-a a controlar as fronteiras da RAE, exigir uma quarentena de catorze dias para os viajantes que chegassem e, de novo — como ele havia advertido antes —, fazer com que todos usassem máscara. Em 24 de janeiro, Yuen e um grupo de colegas da HKU e do Hospital Hong Kong-Shenzhen publicaram seu importante (mas pouco notado na época) artigo na revista *The Lancet*, descrevendo o agrupamento familiar de casos em Shenzhen, com a mensagem explícita de que estes forneciam indícios de transmissão de pessoa para pessoa. Havia também nesse artigo outra mensagem, ainda mais sinistra, e implícita no caso do menino de dez anos. Além de testar positivo para o vírus e mostrar danos nos pulmões visualizados numa tomografia computadorizada, ele "estava espalhando vírus sem ter sintomas". Se tal infecção assintomática era possível, a *disseminação* assintomática do vírus também era. Isso tornaria esse novo coronavírus muito mais perigoso do que o vírus original da SARS ou qualquer outro vírus na memória recente.

O Ano-Novo Lunar chinês, marcado pela lua nova em 25 de janeiro de 2020, seria comemorado com o Festival da Primavera, com duração de quinze dias. Por toda a China, as pessoas viajariam para passar o feriado com parentes — a migração para se reunir, conhecida como *Chunyun* — e dar boas-vindas ao Ano do Rato. Elas se reuniriam em grupos grandes, próximos e festivos, e compartilhariam panelas quentes, bolinhos, pato laqueado, macarrão e germes. Circunstâncias perfeitas para um vírus, se fosse fortuitamente adaptado, com tendências respiratórias, e talvez até com a capacidade de transmissão assintomática, para explorar novos habitats em traqueias e pulmões humanos. K. Y. Yuen conseguiu perceber o que estava por vir e entendeu que o pânico seria ineficiente e inútil.

11. Os avisos

8

Algumas pessoas remontam os avisos à SARS que atingiu Singapura, Toronto, Beijing, Bangcoc e Hanói em 2003. Mas houve outros avisos, ainda mais antigos: a peste bubônica no século XIV, causada por uma bactéria transportada em pulgas de ratos, que chegou à Europa pelas rotas comerciais do Oriente; a Grande Gripe de 1918-9, a última pandemia viral anterior à era em que os vírus pudessem ser vistos e identificados, e que talvez tenha matado 50 milhões de pessoas; o primeiro surto conhecido de Ebola, desconcertante e terrível, na Missão Yambuku, no Zaire, em 1976, que veio de um animal ainda não identificado; ou o HIV-1 (a cepa pandêmica do HIV), com efeito mais lento e mais sutil que o do Ebola, muito mais significativo em seu número de mortos, que se tornou visível em 1981, décadas depois de sua transmissão de um chimpanzé para um ser humano, em algum lugar do sudeste de Camarões ou próximo dele. Foram todos eventos admonitórios, variados e proeminentes, mal compreendidos em seu tempo, mas que ofereciam lições para o futuro.

Outros alertas foram mais silenciosos e específicos. Um deles ocorreu em novembro de 1997, quando um homem chamado Donald S. Burke deu uma palestra numa agência da Sociedade Americana de Microbiologia, em Atlanta.

Tratava-se da Chapman Binford Memorial Lecture, batizada em homenagem a um ilustre médico e patologista especializado em hanseníase. Binford e Burke tinham pouco em comum além do fato de ambos trabalharem em doenças infecciosas para o governo dos Estados Unidos — Binford no Serviço de Saúde Pública, Burke nas Forças Armadas. Burke viajou de Baltimore para dar sua palestra. Ele se mudara para lá recentemente, tendo aceitado uma cátedra na Universidade Johns Hopkins como civil, depois de décadas de pesquisa sobre o HIV e outros patógenos em missão no Exército americano. Podemos conhecer a essência do que ele disse naquele dia porque publicou, no ano seguinte, uma versão que compunha um capítulo de um obscuro volume de vários autores. Seu título era "Evolvability of Emerging Viruses" [Evolucionabilidade de vírus emergentes].[1]

Era preciso ter cuidado com os vírus de RNA, escreveu Burke, porque eles são altamente evolutivos, mudam e se adaptam com rapidez. Ele explicou o que queria dizer, a mecânica biológica básica, da mutação à adaptação e ao *spillover*. Os vírus só conseguem se replicar dentro de células vivas (eles não são células), e todos sofrem mutações durante a replicação — ou seja, cometem pequenos erros ao copiar seus genomas para produzir descendentes. Os vírus de RNA sofrem mutações mais rápido do que quase qualquer outro tipo de criatura na Terra. Na verdade, disse Burke, eles sofrem mutações cerca de mil vezes mais rápido que os animais: por volta de um erro em cada 10 mil bases do genoma. Embora os genomas dos vírus de RNA sejam relativamente curtos, apenas alguns milhares ou 20 mil ou 30 mil bases (em comparação com 3 bilhões de bases do genoma humano), essa taxa de erro é suficiente para introduzir pelo menos uma mutação em cada novo vírion (cada partícula viral) do vírus de RNA típico. Resultado: cada um desses novos vírions será provavelmente diferente, por pelo menos uma mutação, de seu pai.

As mutações não constituem adaptação, mas são a matéria-prima a partir da qual ela pode ser moldada. A seleção natural faz a moldagem. As mutações são mudanças aleatórias. A maioria dessas mudanças é prejudicial ou insignificante para as perspectivas do vírus de gerar sua prole e, se for prejudicial o suficiente, o vírus *não* terá descendentes. A linhagem mutante chega a um beco sem saída. Mas algumas mutações, por mero acaso, acabam sendo úteis, vírion por vírion. Elas melhoram uma linhagem viral, coletivamente. Essas linhagens são as mais aptas e sobrevivem.

Tudo isso, como é provável que você reconheça, é Darwin para iniciantes. Mas alguns vírus de RNA têm um truque adicional que aumenta ainda mais sua capacidade de evoluir. Eles podem se *recombinar*, trocando seções de um genoma viral para outro, como trens trocando de vagões em um desvio. (Os coronavírus, por exemplo, se recombinam. Os vírus da gripe têm sua própria versão, chamada *rearranjo*, em que as trocas ocorrem em pontos regulares ao longo de seus genomas segmentados.) Isso ocorre por uma espécie de interrupção molecular durante o processo de replicação de seus genomas dentro da mesma célula. A recombinação, explicou Burke, "serve tanto para hibridizar variantes altamente ajustadas quanto para substituir genes defeituosos e incompetentes".[2] Vagões de carga vazios deixados para trás, elegantes vagões Pullman acrescentados. Em outras palavras, a recombinação dá aos vírus novas opções importantes e limpa os detritos genéticos. Isso permite que eles evoluam por grandes pedaços, bem como por pequenos incrementos de mutação.

Isso pode soar vagamente familiar também, para quem se lembra das aulas de biologia do ensino médio, porque a recombinação de um tipo diferente ocorre em animais, inclusive humanos, durante a produção de óvulos e espermatozoides. Para simplificar (e poupar você de uma recapitulação da meiose), os cromossomos em criaturas complexas trocam de seções em um momento crucial, que reorganiza os genes recebidos de cada pai em novas combinações de genes para a prole.

Esse processo é chamado de sexo. Seu valor em termos evolutivos é produzir descendentes que diferem geneticamente de seus pais e também (exceto no caso de gêmeos idênticos) de seus irmãos. Em outras palavras, ele acrescenta variação entre os indivíduos de uma população. A variação permite que as populações evoluam. Os vírus de RNA são incapazes de sexo, então atingem o mesmo fim por um tipo diferente de recombinação: trocando seções de RNA com outros vírus enquanto envolvidos no ato delicado e puro da replicação do genoma.

Parte do propósito de Burke, na palestra e na versão publicada, era descrever uma descoberta feita por ele e alguns colegas, também cientistas militares, no campo da inteligência artificial e aprendizado de máquina. Os colegas eram cientistas da computação do Centro de Pesquisa Aplicada em Inteligência Artificial da Marinha. Eles eram os magos modeladores; Burke era o cara do conceito. Outro trabalho dos modeladores da Marinha era ensinar torpedos a perseguir outros torpedos. O objetivo comum dessa colaboração envolvia ensinar um vírus a evoluir e sobreviver — ou, mais precisamente, criar um modelo bem-sucedido de como isso poderia acontecer, a fim de entender como isso provavelmente acontece. Junto com Burke, esses companheiros inteligentes da Marinha criaram um "vírus virtual", um modelo computacional para simular a evolução viral, ocorrendo por meio de iterações de mudança e desafio num computador.

Como fazer isso? Eles codificaram várias versões de seu vírus virtual com diferenças em três parâmetros essenciais: a taxa de mutação, a capacidade de recombinar ou não, e, caso a recombinação fosse permitida, a questão de se era uma troca de seção por seção — isto é, regiões análogas do genoma, com funções similares, mas detalhes diferentes, como trocar uma locomotiva por outra, um vagão por outro — ou totalmente aleatória. A aleatoriedade significa que se pode ter um vagão em ambas as extremidades e nenhuma locomotiva, o que não conduz ao sucesso ferroviário. O que eles descobriram foi que um vírus idealizado no computador, com uma taxa de mutação como a de um vírus de RNA, e com recombinação análoga também à de um vírus de RNA, evoluiria "com eficiência quase ideal".[3] Era o cenário de atributos perfeito para uma rápida evolução viral em um novo ambiente. E por "novo ambiente" se poderia entender: um novo hospedeiro. Até mesmo uma nova espécie de hospedeiro.

A lição que Burke tirou disso, que ele quis transmitir com urgência ao seu público em Atlanta e aos seus leitores posteriores, era que novos vírus de RNA apresentam alto risco de causar pandemias. Por quê? Porque eles são extremamente capazes de se adaptar a novos hospedeiros. Eles conseguem dar o grande salto e conseguem prosperar. Era importante, argumentou Burke, tentar prever e prevenir tais catástrofes. Então, ele propôs três critérios que poderiam ajudar a identificar quais tipos de vírus, família por família, poderiam representar um risco maior para a população humana global.

Seu primeiro critério era o mais óbvio: a família de vírus inclui patógenos notórios que causaram pandemias na história humana recente? A família que contém os vírus da gripe, sim. A família que contém o HIV, sim.

Segundo critério: os vírus de uma determinada família causam doenças generalizadas entre animais não humanos? A família que inclui os vírus da gripe, novamente sim, considerando-se não só os vírus da gripe aviária, que matam muitas aves, mas também o da doença de Newcastle (uma enfermidade altamente contagiosa em galinhas) e o da cinomose (que se espalha por meio de espirros e pode matar mamíferos não caninos — furões, gambás, guaxinins, texugos —, assim como cães). E, ah, a família dos coronavírus, que inclui um coronavírus bovino, um coronavírus felino, um coronavírus canino, um coronavírus de camundongo, um coronavírus de rato, um coronavírus de cavalo, um coronavírus de peru e uma coisa chamada vírus da diarreia epidêmica suína (*porcine epidemic diarrhea virus*, PEDV). Este último ataca as células do intestino delgado de suínos, matando a maioria dos leitões recém-nascidos que infecta. Transmite-se sobretudo pela via fecal-oral, como a poliomielite humana, mas também é capaz de transmissão fecal-nasal, passando pelo ar de um porco para outro, possivelmente até de uma fazenda para outra. O próprio nome deixa clara sua capacidade de contágio: é epidêmico.

O terceiro critério de Burke, que se valia de seu projeto de inteligência artificial, era a evolucionabilidade intrínseca. Com que rapidez um vírus sofre mutação? Com que prontidão e facilidade ele troca pedaços de seu genoma? Vírus com alta capacidade de evolução, observou o pesquisador, têm um potencial especial para emergir de seus hospedeiros animais, entrar em seres humanos e causar pandemias. Por exemplo? Novamente, uma lista seleta: a família dos vírus da gripe, a família HIV, uma família de vírus que causam encefalite e meningite e os coronavírus. Lembrem-se: estávamos em 1997 quando ele deu aquela palestra em Atlanta.

Em 2011, conversei com Don Burke sobre tudo isso — sua modelagem computacional, sua ideia de evolucionabilidade, seus três critérios para definir um vírus perigoso. Um grande evento ocorrido nesse meio-tempo, entre a palestra em Atlanta e meu telefonema para ele, foi a SARS em 2003: o surto e a rápida disseminação internacional de um coronavírus letal, como ele havia alertado.

"Qual é a possibilidade de prevermos a próxima pandemia?", perguntei. "De onde ela virá e como será."

"Eu dei um palpite feliz", disse ele.[4]

9

A carreira de Burke no trabalho com doenças infecciosas foi tortuosa, mas não incomum na guilda desse tipo de cientista, pois envolvia os militares dos Estados Unidos. Ele cresceu em Cleveland, garoto inteligente, com boas notas no ensino médio, jogador de basquete, representante de turma, e começou a se interessar por pesquisa biológica quando era estudante de graduação na Western Reserve University, sob a orientação de um mentor. Naquele período de meados da década de 1960, com o choque do *Sputnik* ainda recente e o governo ansioso por melhorar a capacidade americana em ciência e engenharia, Burke teve como apoio uma bolsa de treinamento da Fundação Nacional de Ciência. Ele estudou impulsos elétricos em hidras (pequenas criaturas marinhas com tentáculos, parentes distantes das águas-vivas) durante um verão no Laboratório de Biologia Marinha de Woods Hole. Depois foi para a Escola de Medicina da Universidade Harvard, embora sempre com o objetivo de fazer pesquisa, não de praticar a medicina. No início dos anos 1970, com a Guerra do Vietnã em chamas, ele estava fazendo residência e havia a possibilidade de ser convocado — os militares precisavam de médicos no campo de batalha —, de modo que se antecipou e se ofereceu para participar de um projeto do Departamento de Defesa que lhe daria alguma escolha. "Eu sabia que queria trabalhar com doenças infecciosas", disse ele. "Eu também sabia que não queria examinar hérnias em Fort Huachuca." Forte Huachuca, sua metonímia para o Exército, era uma antiga guarnição no deserto do sudeste do Arizona, um lugar considerado tão árido que você poderia desertar e durante três dias os guardas ainda poderiam vê-lo indo embora.

Burke evitou Huachuca e o tratamento de hérnias indo de carro para Fort Detrick, em Maryland, onde conseguiu um cargo no Instituto de Pesquisas Médicas de Doenças Infecciosas do Exército Americano (U. S. Army Medical Research Institute of Infectious Diseases, USAMRIID). Era um posto notoriamente sério, onde pesquisadores do Exército estudavam doenças tropicais complicadas, como a febre hemorrágica boliviana e a febre de Lassa, em laboratórios de segurança máxima. "Eu nunca fui para o treinamento básico", contou. Ele terminou sua residência no Hospital Boston City num dia "e apareci em Fort Detrick no dia seguinte". Começou a aprender virologia de laboratório. Contando o tempo no USAMRIID, um período de seis anos na Tailândia, um período como chefe de pesquisa de HIV/aids para todas as forças militares dos Estados Unidos e outros trabalhos sobre ameaças de doenças emergentes, permaneceu no Exército por 23 anos, tendo saído no posto de coronel.

Burke aprendeu muito sobre vírus durante essa carreira e na segunda carreira à qual veio a se dedicar, a de professor de epidemiologia e depois diretor da Escola de Saúde Pública da Universidade de Pittsburgh, cargo que ainda ocupava quando o encontrei. No topo da lista de suas conclusões estava a ligação entre a recombinação, em vírus de RNA, e a capacidade de se adaptar rápido e mudar de hospedeiro. "O fato de que as doenças infecciosas emergentes mais importantes são altamente recombinantes", explicou, "é o que leva à forte hipótese de que não é apenas a mutação — que é a troca de genes — que é uma característica crítica da emergência." Ele falou por alto, bem ciente de que são porções de genes, não genes inteiros, que em geral são trocados. E os coronavírus, ele sabia, são mestres da recombinação.

"Eu não tenho a pretensão de ser vidente", acrescentou Burke. "Previsão é uma palavra forte demais." Ele preferia termos menos dramáticos. "'Aperfeiçoar a base científica para aperfeiçoar a prontidão' pode ser uma maneira melhor de pensar sobre isso."

"Estamos fazendo isso? Isso está acontecendo?"

Essa conversa ocorreu em novembro de 2011, quando o governo de George W. Bush deu lugar ao de Barack Obama, e ambos reconheciam a necessidade de preparação para uma pandemia. A Agência dos Estados Unidos para o Desenvolvimento Internacional (United States Agency for International Development, Usaid) lançara um projeto de 200 milhões de dólares chamado Predict, para a descoberta e identificação de vírus animais que pudessem pôr em perigo os seres humanos. A Agência de Projetos de Pesquisa Avançada de Defesa (Defense Advanced Reasearch Projects Agency, Darpa) montou seu próprio programa de doenças, o Profecia, dedicado a prever a taxa, a direção e o resultado de mutações virais. Outra agência federal fora fundada recentemente, a Autoridade de Pesquisa e Desenvolvimento em Biomedicina Avançada (Biomedical Advanced Research and Development Authority, Barda), por disposição de uma lei chamada Lei de Preparação para Pandemias e Todos os Riscos, destinada a trabalhar no desenvolvimento e armazenamento de vacinas, terapias medicamentosas, ferramentas de diagnóstico e outras medidas para lidar com emergências de saúde pública. Cientistas de todo o mundo também estavam ocupados com estudos de campo e de laboratório de vírus animais que podiam pôr as pessoas em perigo. Naquele momento da história política e científica, Burke achou que a preparação para a ameaça da pandemia estava "ficando muito melhor".

Ele fez uma distinção, que em grande parte passou despercebida por mim na época, e que nos últimos anos se tornou um ponto de forte desacordo entre cientistas de doenças. Refere-se à questão de estratégia e prioridade de financiamento para ameaças pandêmicas: previsão e prevenção versus vigilância e reação. O programa Predict, como diz o nome, adotou a primeira abordagem. Alguns virologistas eminentes, entre os quais Eddie Holmes, defendem a segunda, argumentando que a previsão é impossível ou impraticável no caso de vírus emergentes, e que o dinheiro deve ir para vigilância e reação. (Holmes também discorda de alguns pontos de vista de Burke sobre recombinação.) E antever qual vírus de qual hospedeiro pode entrar em seres humanos é muito difícil — não tão fácil, digamos, quanto antever a trajetória de um asteroide, detectado por telescópio a milhões de quilômetros de distância e talvez, ou talvez não, rumando direto para a Terra. Por que o surgimento de doenças é tão difícil de prever? Porque eventos ecológicos como o *spillover* envolvem algo infinitamente mais complexo e caprichoso do que trajetórias de asteroides calculadas a partir da física newtoniana: o comportamento de indivíduos vivos. A abordagem de vigilância e reação é reativa, não preditiva, mas pretende ser *rápida* e *forçosamente* reativa. Ela implica a existência de redes de pessoas treinadas em todos os lugares, nas cidades e em regiões remotas, conectadas na velocidade do e-mail ou do WeChat com virologistas especializados, centros de comunicação, sistemas de saúde pública e órgãos reguladores internacionais, para que os surtos sejam detectados precocemente, quando são pequenos, e medidas drásticas sejam implantadas de imediato para contê-los e acabar com eles.

"Acho que a ideia que está vencendo é que devemos avançar na abordagem de previsão e prevenção", disse-me Burke na época, "em vez de vigilância e reação." Ele observou que sempre precisaremos de ambas, é claro. O desafio era equilíbrio e prioridade. O desafio era a finitude do dinheiro. E então ele disse uma coisa que, vista com a perspectiva de hoje, o faz parecer presciente.

"Se eu fosse rei, investiria em diagnósticos de coronavírus", disse Burke. "Estaria investindo em estudos melhores de vacinas contra coronavírus."

10

Ali Khan é outro especialista que viu o pequeno ponto escuro no horizonte. Quando o conheci, em 2006, ele era vice-diretor do Centro Nacional de Doenças Zoonóticas, Transmitidas por Vetores e Entéricas (National Center for

Zoonotic, Vector-Borne and Enteric Diseases, NCZVED), que faz parte do Centro de Controle e Prevenção de Doenças (Centers for Disease Control and Prevention, CDC) dos Estados Unidos, e, portanto, estava encarregado de ter pesadelos pandêmicos à luz do dia. Khan é formado em medicina, como Don Burke, e epidemiologista de carreira. É também um homem de jocosidade franca e irreverente. Ele estava com um suéter de uniforme com dragonas naquele primeiro encontro em seu escritório no CDC, porque era também contra-almirante do Serviço de Saúde Pública dos Estados Unidos, que é organizado em fileiras como as da Marinha. Mas sob o suéter não havia pomposidade.

O NCZVED (pronuncia-se "NC Zved", como um nome russo) ficava num discreto prédio cinzento, atrás de portões e portas trancados no complexo do CDC na Clifton Road, a dez quilômetros do centro de Atlanta. Durante uma visita de dois dias naquele ano, percorri os corredores para entrevistar cientistas que sabiam tudo sobre os vírus Ebola (sim, há mais de um) e seu primo letal, o vírus Marburg; sobre o vírus do Nilo Ocidental no Bronx e o vírus Sin Nombre no Arizona; sobre o espumavírus símio, que é transportado por macacos dos templos em Bali que sobem nos turistas, e o vírus da varíola dos macacos, que chegou a Illinois em ratos gigantes da Gâmbia, vendidos como animais de estimação; sobre o vírus Junín na Argentina e o vírus Machupo, que causa a febre hemorrágica boliviana; sobre o vírus Lassa na África Ocidental, o vírus Nipah na Malásia, o vírus Hendra na Austrália e o da raiva em todos os lugares. Todos esses vírus passam ou são suspeitos de passar de animais para seres humanos. As doenças que causam são zoonoses. A maioria, depois que entra no corpo humano, causa grandes estragos. (Uma exceção: o espumavírus símio, apesar do nome assustador, nunca foi acusado de agente de doença.) Alguns também se transmitem bem entre seres humanos, explodindo em surtos locais que matam centenas de pessoas. Cada um deles, não muito tempo atrás, era um "vírus original".

Esses vírus ainda são relativamente novos para a ciência e para o sistema imunológico humano. Surgem de maneira inesperada e são difíceis de tratar. Podem ser especialmente perigosos, como indica o nome do setor, dentro do NCZVED, encarregado de estudá-los: Patógenos Especiais. Por essas razões, alguns cientistas e profissionais de saúde pública, entre eles Ali Khan, os consideram um desafio irresistível.

"É porque eles nos mantêm alertas", disse ele.

No segundo dia de minha visita, no meio de outra longa agenda de entrevistas intrigantemente sombrias, Khan me levou para almoçar num restaurante de sushi. Ele me surpreendeu com sua jovial informalidade. "Então, Quammen", disse, "você ouviu toda a conversa do nosso pessoal. Qual dessas doenças é a sua preferida?"

Minha *preferida*? Bem, o Ebola era muito interessante, respondi. Foi uma resposta óbvia, uma resposta de principiante, como se tivessem me pedido para recomendar um autor de romances de terror brilhante mas subvalorizado e eu dissesse: Stephen King.

"Aaah", Khan disse com desdém, "eu gosto do Ebola tanto quanto de qualquer outra" — humor negro: ele havia feito um trabalho epidemiológico de linha de frente durante o surto de Ebola de 1995 em Kikwit, Zaire, quando organizou medidas de controle, investigou a transmissão, rastreou o surto até o paciente zero, arriscando a vida para ajudar a acabar com um rolo compressor de miséria e morte —, "mas, do meu ponto de vista, a SARS é especial."

SARS? Eu só sabia que essa era uma doença viral grave que, em 2003, saiu do sul da China e matou pessoas em Toronto e em algumas outras cidades. Eu sabia que a sigla significava "síndrome respiratória aguda grave", doença que pode incluir pneumonia letal. Eu conhecia os números — cerca de 8 mil infecções, cerca de oitocentas mortes — e sabia que naquela ocasião o surto, por algum motivo, se interrompeu. O vírus desapareceu. Fim da história. Não tão sinistro quanto o Ebola nem tão cheio de consequências quanto uma gripe pandêmica. "Por que a SARS?", perguntei.

Porque era muito contagiosa e letal, disse ele, e tivemos muita sorte em detê-la.

Isso foi numa hora do almoço há quinze anos, eu deixara meu notebook de lado, então não posso jurar que Khan mencionou a outra coisa mais relevante a respeito da SARS: que era causada por um coronavírus.

11

Ali Khan é agora diretor da Faculdade de Saúde Pública do Centro Médico da Universidade de Nebraska, em Omaha. Ele parece um habitante improvável da cidade. Filho de pais imigrantes paquistaneses, nasceu e se criou no Brooklyn, frequentou o Brooklyn College e depois o Centro Médico Downstate, da Universidade Estadual de Nova York (também no Brooklyn). "E então fiz essa loucura de sair do Brooklyn", disse-me ele recentemente. Pareceu loucura, ao menos para sua família, "porque tenho tios e tias que nunca saíram do Brooklyn para ir à cidade". Do Brooklyn a Manhattan ("a cidade") dá meia hora de metrô.

Seu pai, Gulab Deen Khan, era um self-made man do tipo épico, mais aventureiro do que os tios e tias: quando era um camponês pobre, o adolescente Gulab viajou da Caxemira a Bombaim (Mumbai), mentiu sobre sua idade e conseguiu trabalho num navio, engraxando motores. Seus amigos o chamavam de Dini, como um diminutivo, porque ele era baixinho. Depois de se mudar para os Estados Unidos, Dini Khan passou a alimentar com carvão caldeiras de aquecimento de edifícios de apartamentos no Brooklyn até economizar o suficiente para comprar um prédio. Ele ganhou dinheiro — o que parecia uma fortuna. Antes de perdê-lo, em outra especulação, decidiu que o filho, Ali, deveria aprender sobre a cultura, a religião e a língua de sua família. Mandou-o para o Paquistão, para cursar o ensino fundamental e médio. Por engano, escolheu um clássico internato britânico em Lahore, um lugar melhor para o filho aprender críquete do que o urdu ou o islamismo. Agora em seus cinquenta e poucos anos, Ali Khan me contou essa história, pontuada por risadas, quando o contatei para uma atualização de dados. Pude ver pelo monitor que seu cabelo e sua barba estavam um pouco grisalhos, mas ele parecia em forma e sua voz era jovial. Falou de Omaha como um garoto-propaganda da Câmara de Comércio: grande cidade, segura, modo de vida despretensioso, cheia de bilionários, como Warren Buffett, que moram em suas antigas casas de família, dirigem seus Buicks e preenchem cheques de 1 milhão de dólares para a comunidade.

"Adoro ser diretor", disse ele. "É muito divertido."

Supõe-se que seja também um pouco menos tenso do que sua última ocupação em Atlanta. Ele foi para Omaha em 2014, deixando o posto ao qual havia ascendido, de diretor do Escritório de Preparação e Resposta da Saúde Pública do CDC, que incluía supervisionar o Estoque Nacional Estratégico de suprimentos médicos de emergência, supervisionar oitocentos funcionários, ajudar a montar uma estratégia de biodefesa nacional contra ameaças pandêmicas e muito mais. "No fim da minha carreira no CDC, eu geria um orçamento de 1,5 bilhão de dólares, então eram pessoas e dinheiro."

Antes de ascender a esse ninho de águia burocrático, ele tinha viajado pelo mundo em respostas a surtos, do Wyoming a Bangladesh, no papel às vezes chamado de "caubói da doença". Durante uma missão no sul do Chile, para investigar um surto de hantavírus, ele visitou aldeias remotas, às vezes a cavalo, para capturar roedores a fim de determinar qual espécie deles carregava o vírus. "Aprendemos rapidamente que havia um monte de roedores", contou. Depois de trabalhar na febre do Vale do Rift na Arábia Saudita, em 2001, o ministro da Saúde saudita lhe deu uma réplica em acrílico de uma espada de decapitação como sinal de gratidão. Num momento arriscado no centro do Zaire, durante um surto de varíola dos macacos, ele e sua equipe ficaram sabendo da chegada iminente de dois grupos de combatentes da guerra civil em curso — os guerrilheiros de Laurent Kabila e as forças opostas, do presidente Mobutu. "Eles provavelmente levarão seus veículos e equipamentos", avisou um contato da embaixada americana por telefone via satélite. "Mas eles provavelmente não vão matá-los." O grupo de Khan fez as malas rápido e pegou um pequeno avião, que subiu direto para uma tempestade devastadora. "O cara à minha esquerda estava rezando", relatou Khan em *The Next Pandemic* [A próxima pandemia], um livro cheio de animadas aventuras de campo e advertências sérias, publicado em 2016.[5] "Olhei e vi que o médico francês sentado ao meu lado estava escrevendo um bilhete de despedida para a família. O que me fez refletir." Seu pensamento: essa era uma profissão arriscada, e o trabalho tinha de valer a vida de uma pessoa.

Por mais de duas décadas no CDC, é evidente que valeu. Em 1995, ele fez aquele trabalho em Kikwit, no Zaire, sobre o Ebola. No ano seguinte, esteve no sultanato de Omã para ajudar na luta contra a febre hemorrágica da Crimeia-Congo. Uganda em 2001, para o Ebola de novo. O Chade ainda lutava para eliminar a pólio em 2008, e Khan foi para lá. Talvez com mais consequências, pela perspectiva dele de longo prazo, veio a SARS em 2003, durante a qual trabalhou em Singapura.

Porém, no final de seu mandato no CDC, como burocrata de alto nível, Khan era responsável por orquestrar, não investigar. A ciência era uma pequena fatia de sua função. "Agora é quase tudo ciência", ele me contou alegremente de Omaha. Virologia, epidemiologia, ecologia e outros aspectos da ciência das doenças fornecem a substância de sua missão, que é "educar a próxima geração de profissionais de saúde pública".

Curioso sobre seu habitat imediato, pedi que ele pegasse seu laptop e me mostrasse seu gabinete. A decoração eclética de seu escritório atual inclui micrografias eletrônicas de vários patógenos penduradas como retratos numa galeria de bandidos, duas esculturas de mosquitos do tamanho de corvos, um relógio de *Guerra nas estrelas*, um robô de brinquedo de *Operação Big Hero 6*, cartões enviados por crianças de todo o mundo, lembranças e presentes de suas viagens — um incensário congolês, a espada saudita de decapitação — e um quadro branco no qual ele registra o que chama de "minhas métricas". Suas métricas preciosas: medidas de progresso em direção às metas acadêmicas de sua escola, metas científicas, metas filantrópicas para apoiar o trabalho. "Sou baseado em evidências e guiado por evidências", disse ele.

Perguntei-lhe sobre a covid-19. O que deu tão desastrosamente errado? Onde estava a preparação da saúde pública que ele supervisionara no CDC? Por que a maioria dos países — e em especial os Estados Unidos — estava tão despreparada? Era falta de informação científica ou falta de dinheiro?

"Foi falta de imaginação", disse Khan. E, é óbvio, a imaginação é informada pela história.

12

A história do SARS-CoV começou no final de 2002, quando uma "pneumonia atípica" de origem e agente causal desconhecidos começou a se disseminar por cidades do delta do rio das Pérolas, no sudeste da China, entre as quais Guangzhou, que juntas constituem uma das maiores aglomerações urbanas do planeta. Em janeiro de 2003, essa pneumonia chegou a um hospital de Guangzhou no corpo de um comerciante de frutos do mar obeso que estava com uma crise respiratória. Naquele hospital e, depois, numa unidade respiratória para a qual foi transferido, o peixeiro tossiu, engasgou, vomitou e cuspiu, principalmente durante a entubação, infectando dezenas de profissionais de saúde. Ele ficou conhecido entre a equipe médica de Guangzhou como o Rei do Veneno. Em retrospecto, os cientistas de doenças lhe aplicaram um rótulo diferente, chamando-o de supertransmissor.

Um médico nefrologista do hospital apresentou sintomas semelhantes aos da gripe, mas depois, sentindo-se melhor, fez uma viagem de ônibus de três horas a Hong Kong para comparecer ao casamento do sobrinho. Hospedado no quarto 911 do hotel Metropole, um estabelecimento três estrelas situado no bairro de Kowloon, o médico adoeceu novamente e espalhou a doença pelo corredor do nono andar. Nos dias seguintes, outros hóspedes desse andar viajaram de volta para Singapura e Toronto, levando a doença com eles. Os casos começaram a surgir nessas cidades e também em Hanói, sobretudo entre profissionais de saúde, o que era um indicador alarmante de que o agente, qualquer que fosse, era transmissível entre seres humanos. Em 12 de março, a OMS emitiu um alerta global sobre essa nova e grave doença respiratória. Em 15 de março, a organização já relatava 150 novos casos em todo o mundo e chamava a coisa de SARS.

Dois mistérios assomaram, um urgente e outro assustador: qual era a causa? Um novo vírus? Se sim, de que tipo? O primeiro mistério foi logo resolvido por uma equipe liderada por Malik Peiris, um médico do Sri Lanka que havia feito doutorado em microbiologia em Oxford antes de se transferir para a Universidade de Hong Kong. Peiris e outros membros da equipe se especializaram em influenza, e primeiro suspeitaram que um vírus da gripe pudesse ser o agente infeccioso. Uma possibilidade preocupante era o H5N1, causador da gripe aviária, problemática em aves e muitas vezes letal nas raras ocasiões em que atinge pessoas, mas que, tanto quanto se sabe, não é transmissível entre seres humanos. Apenas um mês antes, esse vírus havia matado um homem de Hong Kong de 33 anos depois que ele o pegou, evidentemente por contato direto com alguma ave, talvez uma galinha ou um pato, durante uma visita de Ano-Novo ao continente. Se o H5N1 fosse o agente que estava circulando, e se tivesse evoluído para uma forma transmissível entre seres humanos, sua taxa de letalidade poderia ser terrível.

Uma rota para a identificação do vírus da SARS envolvia cultivá-lo dentro de alguma linhagem de células de laboratório e vê-lo destruí-las, mas a princípio a tentativa de cultivo não deu em nada. Na equipe de Peiris, na função de supervisão, estava K. Y. Yuen, a mesma pessoa que, dezessete anos depois, alertaria o governo de Hong Kong sobre a transmissibilidade de um novo vírus, o causador da covid-19. "Estávamos pensando no H5N1", disse Yuen a um jornalista na época e, portanto, a equipe de Peiris usou técnicas de cultivo de vírus específicas para esse vírus.[6] "Por isso, não conseguimos cultivar o verdadeiro vírus da SARS. Foi uma oportunidade perdida, e temos de ser honestos sobre isso." Eles não perceberam que estavam procurando um vírus original, não algo

47

conhecido. O erro custou semanas, tempo crucial na fase inicial de uma epidemia, mas em meados de março eles o tinham corrigido. Encontraram um vírus em amostras de dois pacientes, sequenciaram um fragmento de seu genoma a partir de uma delas, determinaram que a coisa era um coronavírus e, com outras técnicas, confirmaram sua presença em outros 45 pacientes, evidência persuasiva de que se tratava do agente da SARS. Embora a tradição tendesse a nomear novos vírus por associação geográfica — Ebola era um rio no Zaire; Marburg, uma cidade na Alemanha; Nipah, uma vila na Malásia; Hendra, um subúrbio de Brisbane, na Austrália —, prevaleceu uma maior sensibilidade sobre a estigmatização. O patógeno ficou conhecido como SARS-CoV.

Ainda restava o segundo mistério: a origem do vírus. Uma vez que era original e presumivelmente de origem animal, isso significava descobrir a identidade do hospedeiro reservatório, a criatura na qual ele habitava antes de saltar para os humanos. O suspeito inicial foi uma criatura chamada civeta-da--palmeira do Himalaia, um onívoro do tamanho de um gato, parente dos mangustos, que tem a infelicidade de ser bastante valorizado e comercializado no sul da China como alimento. O comércio de animais silvestres atraiu a atenção porque vários dos primeiros casos de SARS, em Shenzhen e numa cidade próxima, Zhongshan, ocorreram em funcionários de restaurantes que preparavam refeições à base desses animais, entre os quais civetas. Amostras retiradas de vários animais enjaulados num mercado de Shenzhen deram resultado positivo para o vírus em quatro civetas e um cão-guaxinim.

Esses indícios talvez fossem tênues, mas em janeiro de 2004, meses após o término da epidemia global de SARS, um segundo surto pequeno ocorreu em Guangzhou, infectando quatro pessoas com uma variante do vírus distinta de todos os vírus sequenciados durante a primeira rodada. Isso sugeria outro *spillover* de animais silvestres, possivelmente civetas ou cães-guaxinins. Uma nova pesquisa, realizada por cientistas de Beijing, Guangzhou e da Universidade de Hong Kong, concentrou-se em civetas-da-palmeira e cães-guaxinins à venda no mercado de animais Xinyuan, em Guangzhou, um grande empório que vendia civetas criadas em fazendas de mais de dez províncias diferentes. O Xinyuan era um lugar lotado e caótico, com vários animais metidos em pequenas gaiolas empilhadas umas sobre as outras, compartilhando seus medos e seus fluidos corporais, enquanto centenas de pessoas trabalhavam, viviam e comiam em meio à confusão, crianças corriam de um lado para outro por entre vísceras de animais abatidos, famílias dormiam em apartamentos minúsculos acima de suas lojas. Nesse estudo, os testes de 91 civetas e quinze cães-guaxinins deram positivo. Os pesquisadores também visitaram 25 fazendas e testaram outras mil civetas, não encontrando vestígios do vírus entre elas. Isso indicava exposição em trânsito, ou seja, as civetas adquiriam sua infecção em algum lugar, de algum modo, ao longo da cadeia de fornecimento de animais vivos para os mercados urbanos, provavelmente pela proximidade forçada com criaturas de outras espécies.

Nenhuma dessas informações salvou as civetas. O governo provincial de Guangdong ordenou um abate generalizado, para a suposta proteção dos consumidores da suposta fonte do vírus, e na manhã de 6 de janeiro de 2004 oficiais de controle de animais usando máscara e jaleco apareceram para começar a apreender as civetas dos vendedores. "Todas serão mortas hoje", disse um funcionário a um repórter do New York Times.[7] Os animais foram levados para serem executados por afogamento e eletrocussão. Pesquisas posteriores confirmariam que a civeta-da-palmeira era apenas um hospedeiro intermediário azarado do vírus, infectada por algum outro animal, e que por sua vez infectara humanos. Que animal? As possibilidades eram amplas, a coleta de amostras era árdua e para resolver esse segundo mistério seriam necessários mais treze anos.

13

Enquanto isso, o surto inicial de SARS se tornava mundial, de forma acanhada, mas alarmante. Ele chegou a Toronto em 23 de fevereiro de 2003, carregado por uma mulher de 78 anos que voltava de uma visita a Hong Kong com o marido. O casal havia passado as últimas noites de sua viagem de duas semanas num quarto do nono andar do hotel Metropole e ela presumivelmente pegara a infecção do nefrologista que levara a doença para a cidade. A mulher adoeceu e morreu em casa no dia 5 de março, na presença de familiares, entre os quais um de seus filhos, que logo apresentou sintomas. Após uma semana respirando com dificuldade, ele foi ao pronto-socorro e lá, sem isolamento, recebeu medicação por meio de um nebulizador, que transforma o líquido em névoa, empurrando-o garganta abaixo do paciente. "Isso ajuda a abrir as vias aéreas", explicou-me Ali Khan — uma ferramenta útil e segura para prevenir, digamos, um ataque de asma. Mas com um vírus altamente infeccioso, é uma imprudência. "Quando expira, você pega todo o vírus que está nos pulmões e o devolve para o ar — no local onde está sendo tratado." Dois outros pacientes do pronto-socorro foram infectados, um dos quais teve um ataque cardíaco e foi logo transferido para uma unidade de cuidados coronários. Lá ele acabou contaminando oito enfermeiras, um médico, três outros pacientes, dois recepcionistas, sua própria esposa e dois técnicos, entre outros. Pode-se chamá-lo de supertransmissor. A permanência no pronto-socorro do filho da mulher que viajara para Hong Kong levou a 128 casos entre pessoas ligadas ao hospital. Dezessete delas morreram.

Em Singapura, o primeiro caso de SARS também se originou de uma pessoa que visitara Hong Kong havia pouco. Duas comissárias de bordo tinham ido até lá para fazer compras e também ficaram num quarto do nono andar do Metropole. Ao voltar para casa, uma delas desenvolveu sinais de doença — febre, dificuldade respiratória — e procurou atendimento no Hospital Tan Tock Seng, um dos maiores da cidade. Ela foi internada numa enfermaria aberta. Os antibióticos não funcionaram. Vários dias depois, com a vida em perigo, ela foi transferida para uma unidade de terapia intensiva. Em algum momento, provavelmente antes dessa transferência, a jovem recebeu visitas e, quando vários desses visitantes voltaram ao hospital como pacientes, os médicos suspeitaram de algo contagioso, talvez relacionado a rumores que tinham ouvido sobre um estranho surto de pneumonia na China. Então quatro enfermeiras da enfermaria onde ela estivera ligaram para o hospital no mesmo dia, dizendo que estavam doentes, uma anormalidade notada por Brenda Ang, a médica que supervisionava o controle de infecções no Tan Tock Seng. "Aquele foi o momento decisivo para mim", disse Ang, uma mulher muito pequena e franca, quando a visitei no hospital, seis anos mais tarde.[8] "Tudo estava se acelerando." O momento decisivo ocorreu na quarta-feira, 12 de março de 2003, o mesmo dia em que a OMS emitiu em Genebra seu alerta global sobre essa "pneumonia atípica", a partir de então conhecida como SARS.

O alerta da OMS, pouco antes de Malik Peiris e seus colegas isolarem o vírus, advertia que o surto não parecia ser de "gripe aviária", mas de outra coisa — algo desconhecido, transmissível de humano para humano, e que, portanto, exigia um isolamento cauteloso dos pacientes. O Ministério da Saúde de Singapura criou uma Força-Tarefa para a SARS, e o Hospital Tan

Tock Seng criou uma Sala de Operações como centro nervoso para a tomada de decisões sobre a nova doença.

Foi por volta desse momento que Ali Khan chegou a Singapura, na qualidade de consultor da OMS (cedido temporariamente pelo CDC) para ajudar a organizar uma investigação e uma resposta. Ele se reunia diariamente com o dr. Suok Kai Chew, epidemiologista-chefe do Ministério da Saúde, e junto com outros especialistas desenvolveram estratégias e táticas, obtendo cooperação governamental por meio da Força-Tarefa para a SARS. A estratégia de saúde pública consistiu em isolamento e quarentena. "Antes desse surto", contou Khan, "não se recorria com frequência a quarentena e isolamento para surtos de doenças infecciosas" — pelo menos não no passado recente. Durante as pestes medievais na Europa, sim, os navios que chegavam aos portos eram às vezes obrigados a ficar ancorados por quarenta (*quaranta*) dias antes do desembarque, e o porto mediterrâneo de Ragusa (hoje Dubrovnik) estabeleceu um *trentino*, um período de isolamento de trinta dias para viajantes que chegavam de zonas assoladas pela peste. Nos Estados Unidos do final do século XIX e início do século XX, durante os surtos de varíola, as pessoas que apresentavam a doença (sobretudo se fossem pobres ou não brancas) podiam ser confinadas em campos de quarentena isolados por cercas altas de arame farpado ou em horríveis "*pesthouses*", não para serem tratadas, mas para a segurança da população em geral. "Tratava-se de um conceito que estava meio que fora de moda", disse Khan secamente. Ele, Chew e seus colegas o reviveram numa versão mais humana.

O Tan Tock Seng passou a ser um hospital para atendimento apenas de casos de SARS, e os demais doentes foram encaminhados para o Hospital Geral de Singapura. Todo caso suspeito ou provável de SARS foi isolado no TTS, e a definição de "suspeito ou provável" foi expandida para além das diretrizes da OMS a fim de incluir qualquer pessoa com febre ou problemas respiratórios. Todos os profissionais de saúde de todas as instituições passaram a usar itens de proteção individual rigorosamente exigidos, entre os quais máscara N95, e foram obrigados a monitorar a própria temperatura ou outros sinais três vezes ao dia. Cada equipe médica também ficou restrita a apenas uma instituição, para que não transportasse o vírus entre hospitais. Durante procedimentos arriscados, como entubar pacientes, os profissionais usavam capacetes respiradores que bombeavam ar purificado. Pacientes com outras doenças, após alta hospitalar, eram postos em quarentena domiciliar por dez dias.

Medidas firmes também foram tomadas para limitar a disseminação na comunidade. Em 27 de março, as escolas fecharam e os corpos daqueles que morriam de SARS eram cremados dentro de 24 horas. Investigadores rastrearam as pessoas que tinham contato próximo com cada novo paciente com a doença, também dentro de 24 horas, e elas foram obrigadas a ficar em quarentena. "Ok, você vai ficar em casa. Haverá uma câmera que estamos montando em sua casa e há um telefone", disse Khan, relembrando as instruções. "Nós ligaremos para você aleatoriamente, e espera-se que você ligue a câmera e esteja lá." Mais de oitocentas pessoas já se encontravam em quarentena. Quem a desrespeitasse teria de usar um rastreador eletrônico, como uma tornozeleira. Mas, segundo Khan, essa quarentena obrigatória trouxe desafios logísticos. "'No momento em que você as refreia, você é dono delas', é o que dizemos." É preciso alimentar essas pessoas, cuidar da saúde geral delas, garantir que estejam alojadas e vestidas. "Quem cuida delas? Quem as custeia?" Se você é o ministério do governo que aplica a quarentena, você é responsável por tudo isso.

"E Singapura é um tipo de lugar muito particular", disse eu. "Quer dizer, e se vocês tivessem tentado isso em Kinshasa [capital da República Democrática do Congo]?"

"Pois é, não teria funcionado."

Singapura é organizada. Singapura é rigorosa e rica. Em 24 de abril, 22 pessoas já haviam morrido, momento em que as penalidades para os infratores da quarentena endureceram: multas maiores, possibilidade de prisão. Motoristas de táxi tinham sua temperatura verificada diariamente. Passageiros que chegavam ao aeroporto Changi também eram examinados, assim como pessoas que viajavam em ônibus e automóveis particulares. Em 20 de maio, onze pessoas foram multadas em trezentos dólares cada uma por cuspir em lugares públicos. Essas medidas funcionaram. Em 13 de julho de 2003, o último paciente com SARS saiu do Tan Tock Seng e a epidemia acabou. Algumas pessoas dizem vagamente que a doença "se extinguiu", tendo matado 774 pessoas em todo o mundo. Ela não se extinguiu. Como disse Khan, ela foi detida.

"Com o que você está mais preocupada agora?", perguntei a Brenda Ang, a responsável pelo controle de infecções, durante minha visita de 2009.

Ela riu com ar frustrado. "Acomodação", respondeu. "E apatia." Medidas simples, mas cruciais, para o controle de infecções, como a lavagem assídua das mãos e a limpeza de maçanetas com álcool, podem ser abandonadas após uma crise. "As pessoas ficam acomodadas. Eles acham que não há novos vírus por aí." E lições maiores, além do surto local, além de Singapura? Além desse coronavírus e — eu poderia ter perguntado a ela, se tivesse previsto — aplicável ao próximo? "Não adianta proteger apenas seu próprio território", disse Ang. "As doenças infecciosas estão muito globalizadas."

Mais tarde, Ali Khan me disse a mesma coisa. "Uma doença em algum lugar é uma doença em qualquer lugar."

14

Outra grande lição não era exclusiva da SARS e não era nova para Ali Khan: o papel desproporcional que um único paciente ou uma única situação pode desempenhar na transmissão de um vírus para muitas outras pessoas. Dito de outra forma: um caso primário responsável por muitos casos secundários. Esse conceito agora é familiar, pois ouvimos epidemiologistas e autoridades de saúde pública falarem de supertransmissores e eventos de supertransmissão. Trata-se de um conceito antigo, um fenômeno reconhecido pelo menos desde a época de Mary Tifoide, uma irlandesa chamada Mary Mallon que infectou 51 pessoas com febre tifoide quando trabalhava como cozinheira em Nova York, no início do século XX, apesar de não mostrar sinais da doença. O termo "supertransmissor" é mais recente e provavelmente foi usado pela primeira vez, conforme Khan me contou, em referência a grandes transmissores de tuberculose, como o sem-teto que infectou 41 pessoas em um bar de Minneapolis em 1992. Para Khan, esse termo tem sido útil desde que ele fez o rastreamento de contatos para a equipe de resposta ao Ebola em Kikwit, Zaire, em 1995, como narrou em artigo publicado quatro anos depois.

Dois dos pacientes de Ebola cujos contatos ele rastreou, ambos com hemorragia gastrointestinal, foram mencionados por muitos outros pacientes. Esse era um forte indício de que os dois haviam desempenhado algum papel de ligação entre os casos. Os dois sozinhos talvez fossem responsáveis por mais de cinquenta transmissões. Isso poderia ter acontecido devido à diarreia sanguinolenta, ou não. "O conceito de 'supertransmissor' ou 'transmissor de alta frequência' é novo para essa febre hemorrágica", escreveram Khan e coautores em 1999, "e o mecanismo dessa transmissão de alta frequência é desconhecido."⁹ Eles não estavam inventando o rótulo "supertransmissor" ou seu conceito, mas estavam tornando seu uso conhecido.

Existiam outros precedentes, não só na tuberculose ou na febre tifoide, mas nas febres hemorrágicas virais, e o artigo de Khan os citava: a febre de Lassa na Nigéria, em 1970, durante a qual uma única pessoa parece ter infectado outras catorze numa enfermaria de hospital; a febre hemorrágica boliviana, causada pelo vírus Machupo, que se disseminou em 1971 a partir de um viajante infectado para outros quatro em Cochabamba, no Altiplano andino, de onde nem o vírus nem seu hospedeiro reservatório (um roedor das planícies) é nativo. Também havia indícios de que bactérias do gênero *Streptococcus*, que causam faringite estreptocócica e escarlatina, entre outras moléstias, são transmitidas com muito mais facilidade por pessoas que carregam no nariz cargas bacterianas especialmente altas do que por outras com cargas nasais mais moderadas, embora seu corpo possa estar cheio da bactéria.

Com a SARS, o significado dos supertransmissores se tornou dolorosamente claro durante as primeiras semanas em Guangzhou, a partir do caso do Rei do Veneno, e depois em Hong Kong, a partir do caso do nefrologista que ocupou o quarto 911 do hotel Metropole. Khan e seus colegas também viram isso em Singapura. "Fui convidado para ajudá-los na investigação", contou, "e quando cheguei lá as coisas ficaram muito mais evidentes." Ele me fez lembrar da comissária de bordo que fora fazer compras com uma amiga em Hong Kong. Isso o havia intrigado, admitiu num comentário paralelo: "Por que alguém que mora em Singapura iria a qualquer outro lugar para fazer compras? Até onde sei, o país inteiro é um shopping". Preços melhores, talvez. De qualquer modo, ela e a amiga tinham voltado infectadas. "O que se aprende muito rapidamente é que existem indivíduos que são *excelentes* em transmitir para um monte de outros indivíduos." A maioria dos casos primários não é responsável por casos secundários. "Ponto-final. Não vão a lugar nenhum. Mas é essa pequena minoria de pessoas que é *tão boa* em transmitir para os outros." A primeira comissária de bordo chamava-se Esther Mok. Sua infecção foi passada para sua mãe, seu pai, sua avó materna, seu tio e o pastor de sua igreja (que a visitara para rezar), todos os quais se tornaram pacientes no Tan Tock Seng e, exceto a avó, faleceram. Esther Mok, inconsciente e inocente, também infectou as quatro enfermeiras cujas faltas ao trabalho por doença chamaram a atenção de Brenda Ang. A própria Mok sobreviveu.

Mas para ser justo com esses pacientes, Khan observou um fator adicional: ecologia. O que ele quis dizer é que as circunstâncias e a natureza das interações, além da pura biologia, desempenham um papel quando essas transmissões ocorrem. No topo da lista de situações perigosas está a hospitalização da pessoa gravemente infectada que não é reconhecida como contagiosa. Entre as interações mais perigosas para os profissionais de saúde envolvidos estão a entubação do paciente, sobretudo se estiver com uma crise respiratória, e a administração de medicamentos por meio de nebulizador. Portanto, o Rei do Veneno em Guangzhou e o filho da mulher idosa que levou a SARS de Hong Kong para Toronto podem ser considerados, de modo mais generoso, não supertransmissores, mas figuras centrais em eventos de supertransmissão. Mary Tifoide escondeu sua doença pulando de emprego em emprego e mudando de nome, mas essas pessoas desafortunadas, não. Outra circunstância perigosa, acrescentou Khan, pode ser a simples popularidade. Esther Mok teve muitas visitas.

Khan fora instado a ver essa distinção entre eventos de supertransmissão e indivíduos supertransmissores por seu colega do CDC Peter Kilmarx, um médico especializado em doenças infecciosas que estava entre seus colegas na equipe de reação ao Ebola em Kikwit, em 1995. "Peter é muito generoso", disse Khan. Kilmarx era sensível à injustiça de estigmatizar alguém com base no conhecimento incerto do que aconteceu, no quarto de hospital do Rei do Veneno ou em qualquer outra situação tão urgente como aquela. "Depende da pessoa? Depende do ambiente?", Khan perguntava a si mesmo e agora a mim. "Depende do vírus?" A certeza é inatingível. A pessoa poderia ser testada, para avaliar a carga de vírus presente no trato respiratório superior, pronta para ser expelida, em comparação com a carga que está causando desconforto no trato inferior. O ambiente poderia ser examinado, máquina por máquina, superfície por superfície. Mas sempre haveria mais para saber sobre o vírus. Qualquer vírus.

Ainda assim, 2003 foi apenas um ensaio. "Escapamos por um triz na SARS", disse-me Don Burke. É verdade que os eventos de supertransmissão aumentaram o sofrimento ao elevar o número de casos e aumentar a quantidade de mortes, mas a coisa toda poderia ter sido muito pior. Se o vírus fosse um pouco mais transmissível em geral, entre todos os pacientes e situações, prosseguiu ele, "isso poderia ter sido um imenso problema". Mas aquele vírus SARS-CoV tinha uma característica, ou a ausência de uma característica, que se interpôs entre ele e um pesadelo global em 2003: "Na maioria das vezes, as pessoas assintomáticas não o transmitiam até ficarem doentes. Então você tinha tempo". Era possível identificar casos, rastrear contatos e determinar quarentena. Ele poderia ser detido por essas razões, e foi. Se o vírus fosse um pouco diferente, "altamente transmissível, com manifestações de doença mais variáveis, se fosse mais difícil descobrir quem era portador silencioso, talvez nunca tivéssemos conseguido conter a SARS".

Ele me disse isso em 2011, não durante nossa conversa recente. Foi presciência, modelagem ou outro palpite feliz?

15

Em 2012, um coronavírus diferente surgiu na península Arábica e deixou claro que a SARS não havia sido um acontecimento anômalo. O primeiro caso reconhecido foi o de um saudita de sessenta anos que procurou ajuda num hospital particular de Jidá em 13 de junho. Ele estava febril, tossia, escarrava e não conseguia respirar direito. O resultado de sua radiografia de tórax não era bom. No dia seguinte, ele foi transferido para a UTI e entubado. Coletaram-se amostras de sangue e catarro. O exame de sangue deu negativo para bactérias; o de catarro deu negativo para H1N1, o subtipo de vírus da gripe que circulara no mundo em 2009. A partir do terceiro dia, outros exames mostraram enfraquecimento dos rins. Oito dias depois, com insuficiência respiratória e renal, o paciente morreu. O hospital não fez nenhum exame post mortem, o que implicava que a causa de sua morte era considerada conhecida. Mas não era.

Um médico do hospital, o virologista egípcio Ali Mohamed Zaki, continuou interessado no caso. Amostras e resultados de exames foram entregues ao Ministério da Saúde saudita, conforme exigido por lei, mas Zaki reteve material suficiente para fazer mais testes. Ele suspeitava que um vírus tivesse matado o homem, talvez algum tipo de paramixovírus. Os paramixovírus são membros da família de vírus de RNA que causam sarampo, caxumba e uma série de outras doenças associadas à bronquite e à pneumonia; eles estão no topo da lista de observação, junto com os vírus da gripe e os coronavírus. Mas não, os testes do homem para paramixovírus deram negativo. Zaki então pensou em coronavírus, por causa da SARS. Cinco coronavírus eram então conhecidos por infectar seres humanos, e quatro deles causavam apenas sintomas leves e semelhantes aos do resfriado. O quinto era o da SARS, e talvez esse homem tivesse morrido por causa disso — ou de algum outro coronavírus com letalidade semelhante à da SARS. Em seu próprio laboratório, Zaki conseguiu cultivar um vírus do escarro. Ele também entrou em contato com um laboratório na Holanda, providenciou o envio de amostras e colaborou com esses cientistas para identificar um coronavírus original. Zaki notificou prontamente o ProMED, antes mesmo de publicar sua descoberta com os coautores holandeses. Em Nova York, Marjorie Pollack, a mesma editora adjunta do ProMED que alertaria o mundo sobre a covid-19, publicou o relatório de Zaki em 20 de setembro de 2012.

Logo ficou claro que o caso do sexagenário saudita, o primeiro, não era o último. Três dias depois, Pollack publicou outro relatório, dessa vez sobre um cidadão catarense de 49 anos, em estado crítico num hospital em Londres, que fora levado do Qatar por ambulância aérea e instalado numa UTI, e que testou positivo para o novo vírus. Ele tinha pelo menos uma coisa em comum com o primeiro homem: estivera recentemente na Arábia Saudita. Pouco depois da postagem sobre esse segundo caso, Pollack soube que um assinante do ProMED que trabalhava com a International SOS, uma empresa de gestão de saúde e risco, se lembrou de ter lido sobre um surto misterioso semelhante de doença respiratória grave que ocorrera cinco meses antes, numa UTI na Jordânia, e afetara onze pessoas, com duas mortes. As amostras desses dois casos teriam testado positivo para o novo vírus, mas a confirmação dos resultados só veio semanas depois. Enquanto isso, mais cinco casos vieram à tona, para um total de nove vítimas do novo vírus, a nova síndrome, até o final de novembro de 2012, e tanto o vírus como a síndrome ainda não tinham nome.

A própria Marjorie Pollack publicou prontamente um artigo, com três coautores, em que reunia esses detalhes do caso e observava que, no momento, havia mais perguntas sobre o novo vírus do que respostas. O que estava acontecendo nesses países afetados? Havia um histórico de viagens que ligasse os casos da Jordânia aos da Arábia Saudita? Por que as vítimas eram predominantemente do sexo masculino?

E depois de notar que cinco dos nove casos confirmados tinham histórico de exposição recente a animais, Pollack e seus coautores perguntaram: "Quais eram os animais?".[10]

16

O veterinário e ecologista Jon Epstein, funcionário da EcoHealth Alliance, estava em casa no Queens num fim de semana do final de outubro de 2012 quando recebeu um telefonema. Isso aconteceu logo após o primeiro estalo de relatórios sobre o novo vírus no Oriente Médio ter sido ouvido por Marjorie Pollack e alguns outros. Ao telefone estava Ian Lipkin, diretor do Centro de Infecção e Imunidade da Escola de Saúde Pública Mailman, da Universidade Columbia. Lipkin é um biólogo molecular brilhante e proeminente que descreve a essência de seu trabalho como "descoberta de patógenos". Epstein e ele colaboravam com frequência na identificação de novos vírus, sobretudo de morcegos, a especialidade do veterinário. Para explicar a colaboração deles em termos mais simples: Epstein vai a lugares distantes, entra em cavernas e escala telhados, captura morcegos grandes e pequenos, lida com eles como qualquer veterinário gentil lidaria com um gatinho e coleta amostras deles, principalmente de sangue, saliva e fezes; Lipkin detecta e identifica vírus nas amostras. "Eu nunca vou esquecer aquele dia", contou Epstein. "Foi meio que a última coisa que eu esperava que ele dissesse."

"O que você vai fazer amanhã?", perguntou Lipkin.

"Não sei. Por quê?"

"Vamos pegar um avião para a Arábia Saudita."

Epstein viaja pelo mundo a trabalho, geralmente não tão em cima da hora, mas Lipkin estava com pressa. Ele tivera notícias do Ministério da Saúde saudita, que queria sua ajuda, e Lipkin queria a de Epstein, porque suspeitava que esse último coronavírus poderia estar associado a morcegos. Por que morcegos? Porque já havia um padrão de novos vírus perigosos emergindo desses animais: o vírus Hendra na Austrália, 1994; o vírus Nipah na Malásia, 1998; o vírus Marburg em Uganda, atribuído a morcegos em 2009. Pensava-se que o vírus Ebola, o primo mais notório do Marburg, também residia em morcegos, embora a prova definitiva não tivesse sido encontrada (e ainda não foi). O vírus da raiva, antigo e perigoso, vinha de morcegos. E o da SARS, outro coronavírus, foi associado de forma bastante persuasiva a morcegos, com base no trabalho realizado por uma equipe de que Epstein participara. Lipkin agora queria sua ajuda para explorar a hipótese do morcego reservatório para essa coisa nova encontrada na Arábia Saudita. Epstein poderia criar um programa de campo para capturar amostras de morcegos ao redor da casa do paciente zero, o sexagenário que morrera no hospital de Jidda.

"O que é preciso providenciar", perguntei a Epstein, "para entrar na Arábia Saudita com apenas 24 horas de antecedência?"

Ele riu. Era factível, explicou, se você tivesse um convite urgente do Ministério da Saúde saudita e a Universidade Columbia providenciasse os vistos. Eles viajaram para Riad, encontraram-se com funcionários do ministério, depois foram para Jidá, cidade de entrada para Meca, e seguiram rumo ao sudeste de carro por cerca de seis horas, até uma cidade chamada Bisha, onde morava o paciente zero. A equipe incluía agora Kevin Olival, colega de Epstein na EcoHealth Alliance com experiência similar no manuseio de morcegos, um técnico do laboratório de Lipkin, que cuidaria das amostras, e Shamsudeen Fagbo, veterinário do ministério, que ajudaria na captura dos animais, uma tarefa delicada, e serviria como elo cultural. Em Bisha, que é o centro de uma área agrícola com bom solo e boa água, famosa por suas palmeiras frutíferas, eles localizaram a casa do paciente zero, que havia sido empresário lá. Na verdade, Epstein se corrigiu, eles identificaram três residências diferentes que o homem possuía e ocupava de várias maneiras, compartilhando com membros da família de cada uma, e a equipe examinou essas casas em busca de provas de infestação de morcegos. Eles também se encontraram com os irmãos do sexagenário. E viram camelos e ovelhas em uma das propriedades.

"Camelos", eu disse. "Mas naquele momento camelos eram apenas mais um animal, certo?"

"Totalmente." Ele e Lipkin discutiram a possibilidade de os animais de criação serem um hospedeiro intermediário do vírus, a ligação direta com os humanos, com o da SARS em mente, devido à maneira como o vírus passou pelas civetas. "Nós simplesmente não sabíamos. Então tudo estava em aberto. Mas nosso foco eram os morcegos." Por via das dúvidas, eles pegaram amostras das ovelhas e dos camelos. E também visitaram uma loja de ferragens que o homem possuía, e descobriram que ela ficava em frente a um jardim e um pomar de tamareiras. Epstein estava bem atento à possível ligação de tamareiras a morcegos e vírus, porque havia pesquisado o vírus Nipah em Bangladesh, onde morcegos gigantes do gênero *Pteropus*, conhecidos como raposas-voadoras, carregam o vírus. As tamareiras de Bangladesh não produzem frutos comestíveis, mas delas se extrai sua seiva doce, da mesma forma que habitantes do estado de Vermont exploram bordos, e há um comércio de rua de seiva fresca, que as pessoas bebem in natura. Morcegos também buscam a seiva, que bebem dos cortes feitos nas árvores por extratores. Mas eles excretam vírus com suas fezes e urina, e quando essas excreções caem nos pequenos potes de barro que os extratores penduram sob os cortes nas palmeiras, o vírus na seiva fresca pode infectar os humanos que a bebem. Detectar essas ligações e tentar interrompê-las, alertando as pessoas sobre os perigos, é o tipo de trabalho que Epstein e a EcoHealth fazem. Mas em Bisha e nos arredores ele não viu nenhuma prova de interação morcegos-humanos. Na verdade, quase não encontrou morcegos.

Aquela era uma paisagem desértica, enfeitada apenas com bosques de palmeiras e inclinada aqui e ali em colinas rochosas, não o tipo de floresta tropical que Epstein conhecia bem. Então a equipe começou a perguntar à população local, tendo Fagbo como intérprete: havia algum morcego por ali? A palavra árabe para morcegos, conforme Epstein se lembrava, soa como "huffa-fish". Assim, lá estavam cinco homens, entre eles o veterinário — que é alto, de cabelos curtos e que, de calça cáqui, poderia passar por um major dos Fuzileiros Navais —, vagando por Bisha, mostrando às pessoas fotos de morcegos e pedindo pistas. Epstein até escalou algumas colinas para observar a paisagem e escaneá-la com seu binóculo, na tentativa de localizar morcegos voando ao anoitecer. Fagbo o advertiu: "Não aponte esse binóculo para a casa de ninguém, porque vão achar que você está olhando para a família deles". Por fim, um homem em um veículo disse: "Sim, venham, vou levá-los até eles".

Eles pularam no carro do homem quase sem pensar. Mais tarde, isso pareceu imprudente. "Se há alguma definição de manual sobre o que não fazer quando você está em outro país", disse-me Epstein, rindo de seu lapso de cautela, "sem nunca ter estado lá antes, sem falar a língua... você não entra em um carro com um completo estranho que diz: 'Sim, vou te mostrar onde estão os morcegos. Eles estão fora da cidade.'" Em especial, você não entra naquele carro se parece um fuzileiro naval fazendo reconhecimento. O homem os conduziu por dez quilômetros no deserto até uma cidade abandonada, um aglomerado de prédios antigos caindo aos pedaços, e alguns deles (Epstein soube mais tarde) com quase um milênio de idade: as ruínas de Bisha. Em uma sala subterrânea de uma construção, eles encontraram centenas de morcegos, empoleirados tranquilamente. "Naquela hora me senti como se estivesse num sítio arqueológico", disse Epstein. "Foi incrível."

Em meio ao calor do deserto, ele e Olival vestiram um EPI completo, ou seja, um macacão de Tyvek para todo o corpo, capacetes respiratórios, botas e luvas. Em seguida, desceram para a sala de teto baixo. Estava sufocante ali dentro, mas os respiradores os protegeriam, assim esperavam, caso o pouco conhecido vírus novo estivesse aerossolizado, flutuando no ar acre da câmara. Um redemoinho de morcegos, agora perturbados, voou ao redor deles. Não eram as grandes raposas-voadoras que poderiam se alimentar entre tamareiras; eram pequenos e insetívoros, principalmente do grupo de morcegos-cauda-de-rato, com membros delgados, dedos curtos e cauda longa e fina. Esses morcegos, nativos de regiões secas da África, do Oriente Médio e do sul da Ásia, se empoleiram em cavernas, fendas, ao longo de paredes rochosas e em túmulos, entre os quais as pirâmides egípcias. Epstein e Olival estenderam lonas plásticas no chão da sala, para pegar as fezes que caíam, e na porta única montaram uma armadilha de harpa, uma ferramenta padrão de captura de morcegos que emaranha os animais delicadamente em sua peneira de finos fios verticais e os coloca num saco de pano. Naquela primeira noite, a equipe capturou trinta ou quarenta morcegos, coletou amostras de sangue, fezes e da garganta ali mesmo num laboratório móvel e os libertou.

Foi uma boa noite de captura para a equipe de Epstein, e eles não foram sequestrados, mas, àquela altura, não tinham como saber se haviam coletado algo além de cocô, saliva e sangue de morcego. As amostras seriam analisadas no laboratório de Lipkin em Nova York, porque o Ministério da Saúde saudita ainda não tinha capacidade para rastrear esse novo coronavírus. O próprio Lipkin, chefe de laboratório e diplomata científico, e não um rastejador de cavernas e porões fétidos, fizera esse arranjo durante reuniões em Riad, depois das quais voltou para casa.

Epstein e sua equipe de campo ficaram três semanas trabalhando nas ruínas e também em meio a alguns prédios abandonados na atual Bisha. Eles capturaram e retiraram amostras de 96 morcegos. Cerca de um terço deles era de morcegos-cauda-de-rato, outro terço era de um tipo conhecido como morcego-tumba egípcio. Eles também coletaram centenas de amostras de excrementos nas lonas plásticas. Ao todo, tinham mais de mil amostras separadas. As amostras, em frascos etiquetados, foram congeladas em nitrogênio líquido e, após o cumprimento das formalidades em Riad, levadas para Nova York.

Na chegada, o contêiner foi aberto por inspetores da alfândega americana e, infelizmente para o estudo, ficou esquecido à temperatura ambiente por 48 horas antes de ser liberado para o laboratório de Lipkin, na Universidade Columbia. As amostras descongelaram, o que comprometeu o plano de extrair o RNA (que pode se degradar com rapidez) e sequenciá-lo, mas não arruinou por completo essa possibilidade. Entre as amostras, o grupo de Lipkin detectou mais de duzentos fragmentos de vários genomas de coronavírus, que puderam ser identificados provisoriamente por comparação com coronavírus já conhecidos, sobretudo de outros morcegos, mas também alguns coronavírus caninos que os morcegos de Bisha haviam de algum modo pegado e aquele memorável agente da infecção porcina, o vírus da diarreia epidêmica suína. A lição aqui é que vírus são criaturas inquietas que vão aonde a oportunidade permite — e os coronavírus, com sua afinidade por mamíferos terrestres, talvez façam isso especialmente. Uma amostra entre as mais de milhares coletadas em torno de Bisha deu positivo para o novo vírus que a equipe estava procurando. Ela veio do reto de um morcego-tumba egípcio capturado nas ruínas. Era um pequeno fragmento de RNA, apenas 190 bases, mas combinava perfeitamente com a sequência equivalente de um gene importante para produzir uma enzima crucial, encontrado dentro do genoma do vírus retirado do sexagenário que havia morrido.

Quando Lipkin e seu grupo publicaram suas descobertas, com coautoria da equipe de campo de Epstein e alguns membros do Ministério da Saúde saudita, esse novo vírus ganhou um nome oficial, MERS-CoV. A doença é a MERS, a segunda das três doenças perigosas causadas por coronavírus a surgir entre seres humanos, até agora, no século XXI.

17

Entre a morte do homem de Bisha e janeiro de 2014, de acordo com uma atualização da OMS feita na época, a MERS atingiu 178 pessoas, matando 76. Esses casos ocorreram principalmente na península Arábica ou em viajantes vindos de lá. Alguns envolveram a transmissão do vírus de humano para humano, entre os quais um surto entre nove pacientes em hemodiálise num único hospital do leste da Arábia Saudita. Para todos os outros casos, a origem do vírus continuou incerta, mas uma pista logo surgiu a partir de vários estudos que encontraram anticorpos contra o MERS-CoV num tipo de animal domesticado que não havia sido associado a zoonoses: o dromedário. Ou seja, o camelo-árabe, de uma corcova.

Um desses estudos, realizado por uma equipe de cientistas holandeses com colegas internacionais, testou o soro sanguíneo de diversos animais domésticos — vacas, ovelhas, cabras, camelos — na península Arábica, nas ilhas Canárias e em outros lugares, e detectou anticorpos específicos para o MERS-CoV apenas em camelos. Essa equipe teve a oportunidade e a inteligência de explorar uma circunstância conveniente no sultanato de Omã: seus integrantes encontraram um grupo de fêmeas de dromedário, animais de corrida aposentados pertencentes a diferentes proprietários, que foram todas postas para reprodução. Devido à preocupação com suas gravidezes, essas fêmeas eram submetidas rotineiramente a exames de sangue para detectar brucelose, uma doença bacteriana infecciosa que pode causar aborto em vacas, ovelhas e alguns outros animais. Camelos são muito suscetíveis a ela, daí o teste para brucelose. Mas da veia jugular de um dromedário se obtém sangue suficiente para mais de um teste. A equipe liderada pelos holandeses obteve soro de sangue de cinquenta dessas corredoras aposentadas de Omã e, bingo, todas elas apresentaram resultados fortemente positivos para a presença de anticorpos contra o MERS-CoV.

De repente, camelos passaram a ser um alvo para caçadores de vírus, e depois desse estudo vieram outros, entre os quais uma iniciativa de acompanhamento na Arábia Saudita organizada por Ian Lipkin. Esse trabalho, liderado em campo pelo jovem cientista saudita Abdulaziz N. Alagaili, encontrou evidências sorológicas de infecção por MERS-CoV ou por um coronavírus semelhante ao da MERS, ou pelo menos de exposição a esse vírus, disseminada entre dromedários em mais de meia dúzia de locais em todo o país. Evidências sorológicas, ou seja, anticorpos. Entre mais de duzentos camelos, quase 75% deram positivo. A equipe de Alagaili detectou anticorpos até em amostras de soro armazenadas que datavam de 1992. Isso sugere que o MERS-CoV podia estar circulando em camelos por duas décadas antes do primeiro caso reconhecido em seres humanos. Se isso significava que camelos eram um hospedeiro intermediário a partir do qual o vírus passou para humanos, ou que humanos com infecções não reconhecidas tinham passado o vírus para camelos, era outra questão.

Outra equipe de estudos tinha pesquisadores da Universidade de Hong Kong, vários dos quais trabalharam de perto no surto original de SARS. Eles encontraram seus camelos numa circunstância especial: aguardando virar carne em abatedouros no Egito. Os pesquisadores coletaram *swabs* nasais de 110 desses animais aparentemente saudáveis, mas condenados, e encontraram não apenas anticorpos, mas, em quatro deles, fragmentos de RNA do MERS-CoV. De um desses quatro, especialmente promissor, eles reuniram fragmentos num genoma quase completo, 99% idêntico ao vírus que matou o homem de Bisha. Isso deu respaldo à hipótese de que, embora o coronavírus da MERS tivesse provavelmente se originado em morcegos, era mais provável que infectasse humanos por intermédio de camelos.

Em 2015, uma cepa muito semelhante do vírus chegou à Coreia do Sul, no corpo de um homem de 68 anos que voltava de uma viagem de negócios na península Arábica. Àquela altura, a MERS já havia sido apelidada de "gripe do camelo",[11] embora não fosse uma gripe. Ninguém sabe se o empresário sul-coreano foi atingido pelo espirro de um camelo em algum momento durante suas paradas no Bahrein, Qatar, Arábia Saudita e Emirados Árabes Unidos, ou se ele pegou sua infecção de uma pessoa. Mas ao que tudo indica essa questão pouco importou para os 186 sul-coreanos que foram infectados por ele, direta ou indiretamente, e ainda menos para os 38 que faleceram.

Eventos de supertransmissão levaram a esse surto, como haviam impulsionado a SARS, mas foram exacerbados por características do sistema de saúde da Coreia do Sul. Como os cidadãos recebem assistência médica barata por meio de um plano de seguro nacional, com poucas restrições sobre a qual hospital podem recorrer, eles costumam "sair às compras" para escolher seus tratamentos. O empresário visitou três hospitais diferentes depois de adoecer e enfim foi internado em um quarto hospital, em Seul, onde recebeu o diagnóstico de MERS. Parte do que atrasou o diagnóstico foi o fato de ele, no início, não ter falado a respeito de sua recente viagem ao Oriente Médio. No fim das contas, ele infectou quase quarenta indivíduos, dos quais dois se tornaram supertransmissores, responsáveis por mais 106 casos. Às vezes, havia quatro ou mais leitos num quarto de hospital, e os pacientes podiam receber visitas, o que contribuiu para a disseminação, bem como a má ventilação, o precário controle de infecção e os critérios limitados de quarentena, de modo que se perdia o rastro das pessoas que contraíam a infecção por contato casual.

"Naquela ocasião", comentou Ali Khan, "eles reconheceram o que acontece com um coronavírus que causa infecções adquiridas em instituições de saúde da comunidade e salta de hospital em hospital." Na Coreia do Sul, a MERS se tornou um exemplo clássico dos erros que podem levar à "disseminação nosocomial" — a transmissão de doenças que ocorre *em decorrência*, e não apesar, das circunstâncias dos cuidados de saúde. Quando a covid-19 chegou cinco anos depois, Khan disse: "Acho que talvez tenha sido doloroso para eles".

Em 3 de janeiro de 2020, a Coreia do Sul reagiu rapidamente às notícias da China, com medidas de triagem e quarentena para viajantes vindos de Wuhan. Graças a essas medidas, o primeiro caso do país foi detectado em 20 de janeiro, numa mulher procedente de Wuhan que desembarcou no Aeroporto Internacional de Incheon. O governo elevou seu nível de alerta de gestão de crises de azul para amarelo e, uma semana depois, de amarelo para laranja. Além disso, em 27 de janeiro autoridades de saúde convocaram representantes de vinte empresas médicas para se reunirem numa estação de trem em Seul e discutirem a criação de ferramentas de reação, entre elas testes de diagnóstico de companhias privadas, com garantias de que esses testes obteriam aprovação regulatória rápida. As autoridades do país levaram esse surto a sério desde o início. Uma reação que contrastou fortemente com o que aconteceu e não aconteceu, por exemplo, nos Estados Unidos, que teve seu primeiro caso confirmado em 19 de janeiro, um dia antes do da Coreia do Sul.

Esse primeiro caso nos Estados Unidos foi o de um homem que voltou para casa em Seattle após uma visita à família em Wuhan e depois apareceu com sintomas numa clínica de atendimento urgente em Snohomish, Washington. Suas amostras de material coletado do nariz foram enviadas durante a noite para o CDC, deram resultado positivo e, em 21 de janeiro, seu sangue também foi coletado. "Cada dia após 22 de janeiro foi um dia perdido pelo governo", disse Khan com alguma frustração. O dia 22 de janeiro era uma quarta-feira. Os dirigentes das agências de saúde americanas poderiam ter ligado para a Becton Dickinson, acrescentou Khan (referindo-se à gigantesca empresa multinacional de tecnologia médica, com sede em Nova Jersey) e dito: queremos capacidade de testes em todo o país pronta na próxima semana. Não aconteceu. Falta de imaginação. "A carência de testes definiu o resto do surto para nós." A Coreia do Sul conseguiu imaginar o pior e agir de imediato, porque se lembrava da SARS e da MERS.

"A Coreia do Sul é um bom exemplo para nós", disse Khan. Essa conversa ocorreu em março de 2020, justamente quando aquele país estava saindo de sua primeira onda, quando sua contagem de casos era de pouco mais de 6 mil e havia sofrido menos de cem mortes, numa população de quase 52 milhões: uma taxa de morte por população de aproximadamente um milésimo da dos Estados Unidos. A fadiga do lockdown na Coreia do Sul, a segunda, a terceira e a quarta ondas e as variantes ainda estavam por vir. Mas pelo menos eles começaram bem, e sua resposta inicial à pandemia evitou sofrimento e salvou vidas. "Eles adotaram uma abordagem muito diferente", disse Khan, "e tudo o que tínhamos de fazer era olhar para o que eles estavam fazendo e dizer 'Vamos fazer a mesma coisa'. Mas não fizemos." Cientistas podiam descrever os riscos, autoridades de saúde pública podiam estabelecer uma resposta, mas os burocratas das agências e a liderança nacional não conseguiram imaginar quão ruim o surto, tornando-se uma pandemia, poderia ser. Dez dias depois da minha conversa com Khan sobre os avisos, Donald Trump disse na televisão: "Ninguém fazia ideia".[12]

18

A SARS tocou os Estados Unidos apenas de leve em 2003 e resultou em 27 casos prováveis, sem eventos de supertransmissão e sem mortes. Esse impacto mínimo se deveu provavelmente à sorte. Ao se lembrar disso, Ali Kahn repetiu a expressão que ouvi de Don Burke. "Escapamos por um triz." Mas ele prosseguiu: "Escapamos por um triz da SARS, mas no fim das contas isso pode ter sido uma coisa ruim, porque acho que poderíamos estar mais bem preparados se não tivéssemos escapado". O Canadá se lembrou da doença por causa das mortes em Toronto, disse ele, e, em consequência, desde o primeiro dia levou a covid-19 mais a sério do que os Estados Unidos.

Do mesmo modo, a Coreia do Sul se lembrou da MERS e de sua experiência dispendiosa e mal administrada de 2015, outra lição sem paralelo nos Estados Unidos. A MERS teve ainda menos impacto do que a SARS na vida e na conscientização dos americanos: dois casos em 2014, ambos em profissionais de saúde que retornavam de períodos na Arábia Saudita, sem disseminação secundária em suas famílias ou outros contatos. O CDC notou, mas quase ninguém mais o fez.

Outros avisos sobre os perigos potenciais dos vírus de RNA de fita simples vieram de outros cientistas e outros eventos no resto do mundo. Algumas pessoas ouviram esses avisos, alguns governos absorveram suas lições, mas muitos outros não. As gripes são sempre perigosas, e os melhores pesquisadores de seus vírus vivem com um olho aberto para o desastre global. Em 1997, como mencionei, uma forma altamente virulenta de gripe aviária atingiu Hong Kong. Ela passou das aves para pessoas e causou dezoito casos, dos quais seis foram fatais. O governo reagiu com firmeza, 1,5 milhão de frangos foram abatidos e o comércio de aves vivas (muito importante em Hong Kong, onde nem todo mundo tem freezer) fechou por sete semanas. Depois, as vendas de aves foram retomadas, mas dali a vários anos a vacinação de frangos em Hong Kong se tornou obrigatória.

O vírus da gripe que circulou pelo mundo em 2009, tendo evoluído em porcos no centro do México, foi fonte de especial preocupação porque era um vírus H1N1, o mesmo subtipo do vírus da pandemia de 1918-9. O vírus Ebola é sempre muito popular entre pessoas ansiosas por se afligir com infecções de grande impacto. Assim, a epidemia de Ebola de 2013-6, que causou um sofrimento terrível e 11 mil mortes em três pequenos países da África Ocidental, também provocou medo e reações de xenofobia nos Estados Unidos e em outros lugares, não em cientistas de doenças, mas entre pessoas comuns e comentaristas públicos imprudentes, que não pararam para pensar que o Ebola, embora terrivelmente virulento, não é altamente transmissível. Ele viaja em líquidos, como sangue e diarreia, não em gases que flutuam no ar durante a expiração. E há o vírus Zika. Antes de 2015, quase ninguém, exceto virologistas, tinha ouvido falar dessa praga, enquanto ele percorria o mundo sem pressa em mosquitos e nas pessoas infectadas que estes picavam, até que começou a causar malformações congênitas no Brasil. O Zika nunca provocou o mesmo grau de ansiedade global de alguns outros vírus, porque aqueles em risco agudo de seu surto de 2015 pertenciam a um setor limitado da população — principalmente mulheres jovens e grávidas que moravam na faixa tropical das Américas ou para lá viajavam. Durante esses eventos ameaçadores, especialistas adotaram amplamente o conselho que Don Burke dera em 1997: cuidado com os vírus influenza, os coronavírus e qualquer outro vírus de RNA que evolua rápido e venha de uma ave ou de um mamífero não humano.

A SARS fornecera o indicador mais relevante da pandemia futura, e uma cientista que deu atenção a essa pista foi a virologista chinesa Zhengli Shi, do

Instituto de Virologia de Wuhan (Wuhan Institute of Virology, WIV). Suas décadas de trabalho sobre coronavírus e seus hospedeiros reservatórios começaram por acaso, quando ela estava na universidade, e acabaram por lhe dar tanto renome internacional nesse campo quanto por colocá-la na berlinda de maneira muito severa durante a covid-19.

Zhengli Shi nasceu numa aldeia da província de Henan, em 1964, e era filha de agricultores, um começo pouco promissor com uma vantagem notável: seu pai sabia ler. Isso valeu a ele uma oportunidade de trabalho na construção de usinas hidrelétricas e levou sua família para a vida urbana numa cidade do interior. Os dois irmãos mais velhos de Shi receberam educação secundária, mas o mais velho morreu jovem, aos 21 anos, e o segundo, embora aspirasse à universidade, não passou no exame de admissão. Quando chegou sua vez, Shi passou. Ela foi para a Universidade de Wuhan, quinhentos quilômetros ao sul, na província vizinha, e se formou em genética. Em vez de retornar a Henan após a formatura, ficou em Wuhan por causa de um namorado e, em pouco tempo, decidiu tentar se qualificar para a pós-graduação. "Eu estava com pressa para me preparar", disse Shi, "então procurei em qual instituto, ou universidade, o exame provavelmente é um pouco mais fácil para mim." Ela riu — uma risada que parecia tanto das tentativas juvenis quanto das contingências da vida. "Depois decidi me inscrever para o exame de admissão no Instituto de Virologia." Ela passou e fez mestrado sobre um vírus que infecta insetos de interesse agrícola para produtores de chá, o tipo de tema que seria atribuído por um orientador pragmático. Talvez esse vírus — assim dizia a lógica esperançosa — pudesse ser usado para controlar o inseto e salvar as árvores de chá. Ela obteve o diploma em três anos e isso foi o suficiente para conquistar um emprego de assistente de pesquisa no instituto.

Dentro de mais alguns anos, Shi foi promovida a cientista pesquisadora e depois trabalhou em outro vírus de interesse econômico, responsável por uma doença chamada síndrome da mancha branca, que ataca o cultivo de camarões. Conhecido como WSSV (*white spot syndrome virus*), ele é altamente contagioso e virulento, capaz de matar todos os camarões de um tanque em dez dias. Além de criar manchas brancas em toda a carapaça do animal, o vírus ataca brânquias, glândulas, tecido nervoso, medula óssea, revestimento intestinal e outras partes do corpo, fazendo com que as células morram e se desintegrem. Se você acha que a peste bubônica e o vírus Ebola são assustadores, fique feliz por não ser um camarão. O wssv era um vírus novo no início dos anos 1990 no que dizia respeito aos criadores de camarão, tendo aparecido recentemente em Taiwan e depois se espalhado de alguma forma para camarões no continente, onde quase destruiu a indústria. Com efeito, era tão original que os taxonomistas virais criaram uma nova família para ele.

Zhengli Shi se tornou especialista no wssv e até continuou a trabalhar no tema quando o governo chinês lhe ofereceu, como estava fazendo com outros jovens cientistas promissores — numa ansiosa tentativa de se emparelhar com o Ocidente, análoga à ansiosa reação dos Estados Unidos ao *Sputnik* —, uma chance de fazer doutorado no exterior. Ela escolheu a Universidade de Montpellier, na França, porque um cientista francês de lá estudava a síndrome da mancha branca. Seu projeto de dissertação envolvia o sequenciamento de genes do wssv. Ela retornou ao Instituto de Virologia de Wuhan numa posição mais alta, como cientista sênior que administrava seu próprio laboratório, e sem dúvida poderia ter feito uma carreira longa e estável nas investigações sobre a síndrome da mancha branca, encontrando talvez uma solução para o problema e ganhando a gratidão silenciosa de criadores de camarão de todos os lugares. Mas então veio a sars, um evento alarmante para a China em termos epidemiológicos e econômicos. Segundo uma estimativa, ela custou à economia chinesa 25 bilhões de dólares, principalmente em turismo perdido.

Shi não participou da reação à sars de 2003, mas se envolveu com o problema em 2004, depois que uma equipe da oms visitou a China e estabeleceu planos com cientistas chineses para a pesquisa sobre a origem do vírus. Sabia-se que civetas haviam desempenhado algum papel, pelo menos de forma passageira, ao transmitir o vírus para seres humanos em algum lugar entre os mercados ou restaurantes de Shenzhen e talvez outras cidades de Guangdong. Mas evidências genéticas sugeriam que as civetas eram intermediárias, não hospedeiras de longo prazo do vírus. Talvez fossem até intermediários necessários — hospedeiros amplificadores, nos quais o vírus se replicava de maneira desenfreada e acumulava cargas enormes, capazes de atingir o limiar para uma dose infecciosa em humanos, ou talvez hospedeiros transicionais, nos quais mudanças evolutivas preparavam o vírus para infectar humanos. Em caso afirmativo, qual animal *era* o hospedeiro reservatório?

Entre os visitantes da oms em 2003 estavam Linfa Wang, biólogo molecular nascido em Shanghai com doutorado na Califórnia, especializado em vírus que causam doenças zoonóticas, que na época trabalhava num grande laboratório de saúde animal de alta contenção na Austrália, e Hume Field, veterinário, cientista ambiental e epidemiologista do Departamento de Agricultura, Pesca e Silvicultura da Austrália (Department of Agriculture, Fisheries and Forestry, DAFF). Wang era profundamente versado nos detalhes genéticos de como os vírus interagem com as células de seus hospedeiros. Field desempenhara papel importante na solução do mistério do hospedeiro reservatório e da transmissão do Hendra, um vírus transmitido por morcegos frugívoros australianos, devastador para cavalos e que às vezes passava de um cavalo moribundo para um treinador ou veterinário que tentava salvá-lo. Os dois haviam trabalhado juntos por quase uma década no vírus Hendra na Austrália e no vírus Nipah na Malásia. Field era o homem de campo e Wang, o do laboratório, em colaboração também com Peter Daszak, do Consortium for Conservation Medicine, organização que se tornaria a EcoHealth Alliance. No lado chinês da colaboração estava Shuyi Zhang, zoólogo de Beijing e especialista em morcegos chineses. Foi através desses dois cientistas, em busca de um virologista para ajudá-los, que Zhengli Shi entrou no reino dos morcegos e dos vírus que eles carregam.

Em março de 2004, uma equipe internacional se reuniu para iniciar a pesquisa de campo. Faziam parte do grupo Jon Epstein e seu chefe, Peter Daszak, bem como Craig Smith, outro australiano do DAFF, substituindo Hume Field, que estava se recuperando de uma cirurgia. Eles partiram para capturar morcegos e coletar amostras, em busca de um vírus semelhante ao SARS-CoV, mas com um propósito concomitante: que os visitantes treinassem seus colegas chineses, neófitos nesse trabalho, nos métodos de captura e amostragem. Começaram com morcegos frugívoros que se empoleiram nas cavernas de duas províncias do sul, Guangdong e Guangxi, porque esses animais eram conhecidos por carregar o vírus Nipah e o vírus Hendra, e talvez, pensava-se, também os coronavírus.

Zhengli Shi se lembrava disso como uma coisa longínqua, da mesma forma que podemos nos lembrar de quando aprendemos a andar de bicicleta. "Minha primeira tentativa foi em Guangxi", contou. "A primeira caverna que visitei." Foi estranho? Foi emocionante? "Acho que senti um pouco de medo." Shi nunca havia tocado num morcego. Ela e os outros usavam máscara e luvas, não o EPI completo, que era o procedimento de precaução padrão para amostragem de morcegos na época e considerado a proteção adequada. Além disso, tratava-se de uma caverna turística movimentada, não muito longe da grande cidade, e alguém havia observado que cientistas em trajes de proteção completos poderiam assustar os turistas. (É um absurdo recorrente nos anais da pesquisa com morcegos, na África e em outros lugares, bem como na China: pesquisadores com equipamentos de proteção capturam animais em cavernas pelas quais turistas passeiam de camiseta e chinelo ou coletores de guano em uniformes de trabalho suados arrastam sua carga. Para ter ideia do despropósito, imagine-se nos primeiros meses de 2021 usando máscara N95 num restaurante lotado de gente que é contra a vacina e acha que a covid é uma farsa.) A equipe capturava morcegos dentro da caverna com redes fixas e também do lado de fora, quando os animais voavam em busca de comida à noite, depois coletavam amostras, tiravam sangue e os soltavam. Manusear um morcego frugívoro pode ser difícil porque alguns deles são grandes e fortes, têm dentes afiados e garras grandes e, em seu fervor compreensível para escapar, eles subirão do seu braço até o rosto se você os segurar da maneira errada. Agora imagine extrair algumas gotas de sangue de uma veia muito pequena ao longo do braço do animal, ou na membrana que se prende à perna. É um trabalho para duas pessoas com uma curva de aprendizagem longa, perigosa tanto para morcegos quanto para humanos. Se for mordida, a pessoa vai querer um reforço de antirrábica imediatamente.

"Mas depois da segunda vez, e daí por diante", contou Shi, "não senti medo quando manuseei morcegos. Até achei alguns deles lindos." Ela emendou: "Acho que a *maioria* dos morcegos é bonita". Isso me deixou curioso sobre que forma singular de rosto de morcego poderia ser necessária para que aquela mulher, depois de quase duas décadas de virologia de quirópteros, *não* achasse o animal bonito.

Mas eles não tiveram sorte na primeira caverna, nem na segunda, e tampouco após repetidas amostragens de campo e exames laboratoriais ao longo de nove meses. Muitas coisas foram encontradas no sangue e na saliva dos animais, muitas outras em suas fezes, mas nenhum indício detectável do vírus da SARS. "Descobrimos que estávamos na direção errada", disse Shi. Eles estavam coletando amostras do tipo errado de morcego — um erro compreensível, já que esses morcegos frugívoros às vezes eram vendidos nos chamados mercados úmidos, que comercializam animais vivos e carne fresca, entre os quais estabelecimentos onde o SARS-CoV fora encontrado — e usando o método errado para rastrear vírus. Método errado: estavam procurando fragmentos de RNA que eram muito específicos para SARS-CoV, com um método conhecido como reação de transcriptase reversa seguida de reação em cadeia da polimerase (*reverse transcription polymerase chain reaction*, RT-PCR) — mas vamos pular a explicação disso e seguir em frente —, o que poderia ter permitido que convertessem o RNA viral em seu equivalente de DNA (para ter estabilidade), e depois amplificassem esses pequenos traços de DNA (usando o processo PCR, reação em cadeia da polimerase) em quantidades viáveis e sequenciar o que estava lá. Essa abordagem talvez não tenha dado certo porque fragmentos de RNA podem desaparecer rapidamente num hospedeiro, à medida que a presença viral aumenta e diminui; ou talvez porque suas sondas moleculares eram específicas *demais* para o vírus da SARS conhecido em seres humanos, diferente de seu progenitor em morcegos; ou talvez por ambos os motivos. "Não encontramos nada de positivo", contou Shi. Foi uma decepção, após oito meses de trabalho. "Precisávamos tomar uma decisão, se continuaremos ou pararemos por aí." Sua decisão foi continuar trabalhando, com uma mudança de método. Eles tentariam um tipo diferente de teste, o Elisa, que detecta anticorpos que tendem a permanecer num hospedeiro, em vez de fragmentos de RNA que tendem a desaparecer. Se o teste de anticorpos ainda desse negativo, disse Shi, "provavelmente desistiríamos do estudo".

  O outro erro deles: estavam trabalhando com amostras quase inteiramente de morcegos frugívoros. Com o novo método, eles se voltaram para morcegos insetívoros menores, entre os quais um grupo diversificado, o de morcegos-de-ferradura. Como outros morcegos insetívoros, esses animais usam a ecolocalização para detectar as presas, e seu nome comum se deve às estruturas grandes e carnudas em forma de ferradura ao redor das narinas, que parecem ajudá-los a focar seus guinchos ecolocalizadores. Esses ajustes no estudo se mostraram corretos e, no final de 2004, Zhengli Shi e seus colegas encontraram anticorpos para vírus muito parecidos com o vírus da SARS em morcegos-de-ferradura de três espécies diferentes. Eles testaram suas amostras positivas usando o método PCR e também obtiveram resultados positivos. Embora não tenham conseguido cultivar nenhum vírus vivo de suas amostras, os resultados de anticorpos e PCR lhes deram sólida convicção de que coronavírus do tipo SARS residem em morcegos-de-ferradura. A partir da amostra fecal de um morcego especialmente rica em RNA de coronavírus, eles montaram um genoma completo. Rotularam aquela pitada de guano de Rp3, indicando que se tratava da terceira amostra de um morcego-de-ferradura de Pearson (*Rhinolo-*

phus pearsonii). O genoma era 92% idêntico ao do vírus da SARS, conforme amostra retirada de um paciente em Toronto.

Foi uma descoberta notável, o suficiente para publicação num grande periódico científico, mas Shi e seus colegas não fizeram isso sozinhos. "Na verdade, havia duas equipes", disse ela. A outra era de Hong Kong e incluía novamente K. Y. Yuen, o microbiologista sem papas na língua que reaparece em muitos pontos interessantes dessa história, novamente em um cargo superior.

Anteriormente, eu também havia perguntado a Yuen sobre a convergência dessa importante descoberta: elas estavam trabalhando juntas, as duas equipes, ou competindo, ou eram totalmente independentes? "Independente. Independente", insistiu ele. "Eu não a vejo de forma alguma como concorrente." Sua equipe atuava sem saber o que Shi e seus colegas estavam fazendo, e o grupo de Shi tampouco sabia a respeito do pessoal de Hong Kong. Shi, Epstein e colegas coletaram suas amostras de morcegos-de-ferradura nas províncias de Guangxi e Hubei, enquanto a equipe de Yuen coletou as suas — também desse tipo de morcego — nos Novos Territórios da grande Hong Kong. A equipe de Yuen publicou seu artigo na *Proceedings of the National Academy of Sciences*, um periódico altamente respeitado com sede nos Estados Unidos, em setembro de 2005, e o grupo de Shi publicou o seu na revista *Science* um mês depois, com Epstein, Daszak, Hume Field, Craig Smith e Shuyi Zhang entre os coautores, o nome de Linfa Wang aparecendo por último, como autor sênior. O título do artigo da *Science*, "Bats Are Natural Reservoirs of SARS-like Coronaviruses" [Morcegos são reservatórios naturais de coronavírus do tipo SARS],[13] poderia facilmente ter sido o título do outro.

Essa publicação quase simultânea de um trabalho semelhante em dois periódicos respeitados sugeriu três coisas: os resultados eram importantes; a solução para o mistério do hospedeiro reservatório era avidamente procurada por vários cientistas; e coronavírus do tipo SARS espreitavam em morcegos-de-ferradura numa grande faixa do sudeste da China.

19

O trabalho de Zhengli Shi sobre os coronavírus estava apenas começando. Dentro de um ano, ela montou mais dois genomas completos, com base em amostras de duas outras espécies de morcegos-de-ferradura, ambos os genomas, de novo, cerca de 90% idênticos ao vírus da SARS. Esse grau de semelhança era suficiente para sugerir um ancestral compartilhado num passado relativamente recente, mas 10% de diferença ainda indicava décadas de divergência evolutiva. O novo artigo de Shi, mais uma vez em coautoria com Linfa Wang e Shuyi Zhang como colaboradores, observou o que parecia ser uma diversidade robusta de vírus do tipo SARS em morcegos-de-ferradura, e todos compartilhavam a ancestralidade comum com o próprio vírus da SARS. Esse artigo, publicado no *Journal of General Virology*, analisou, gene por gene, como esses genomas do tipo SARS poderiam ter evoluído. E dessa vez ela era a autora sênior.

Shi se tornou especialista em coronavírus de morcegos. Deu palestras em encontros internacionais, recebeu apoio financeiro de órgãos governamentais chineses e americanos (por meio de colaborações, uma delas com a EcoHealth Alliance) e apareceu como coautora em mais de quarenta artigos sobre coronavírus publicados nos doze anos seguintes. Em 2008, por exemplo, ela dirigiu um estudo comparativo de como o vírus da SARS humana e alguns desses coronavírus do tipo SARS de morcegos conseguem se agarrar e entrar nas células de seus respectivos hospedeiros. A questão-chave abordada era se esses vírus de morcego do tipo SARS, descobertos por seu grupo e outros pesquisadores, eram capazes de infectar células humanas e, portanto, se espalhar de morcegos para humanos, como o próprio vírus da SARS havia feito, causando surtos de doenças humanas. Para explorar essa questão, o grupo de Shi realizou manipulações de laboratório com partes dos genomas desses vírus, criando o que é chamado de sistema de pseudovírus, uma população de partículas que podem entrar numa célula como vírus, mas não se replicam e explodem. Uma vantagem dessa abordagem é que um pseudovírus é inofensivo; não consegue proliferar e causar uma cadeia de infecções. Portanto, pode ser usado com segurança no laboratório, como substituto para a investigação de determinadas propriedades.

O segmento de interesse era o gene responsável por produzir as proteínas espiculares, as saliências complexas na superfície de cada vírion esférico, que formam uma lanugem semelhante a uma coroa e dão o nome à família. As espículas se projetam do envelope (invólucro externo) do vírion. Cada espícula consiste em três cópias de uma proteína idêntica agrupada como um tripé invertido. É um recurso molecular complexo e tridimensional, que permite que um vírion capture uma molécula receptora no exterior de uma célula, funda seu envelope com a membrana celular e obtenha entrada para o genoma de RNA. Costuma-se ouvir a comparação de que a espícula se encaixa no receptor como uma chave numa fechadura, abrindo a célula. Isso é simplista demais, porque a espícula é muito intrincada e dinâmica, mas capta o fato de que a correspondência exata entre uma espícula e um receptor celular é o que determina quais coronavírus podem infectar quais células em determinado hospedeiro. Portanto, a correspondência de espícula e receptor afeta também a capacidade de troca de hospedeiro. Em uma palavra, *spillover*.

Estudos anteriores, realizados a partir de 2003, estabeleceram que o SARS-CoV usa um receptor chamado ACE2 (o nome não importa), que pende do exterior de certas células humanas, entre elas algumas que revestem os vasos sanguíneos, algumas no intestino delgado, algumas no coração e rins e outros órgãos, e algumas (mais fatais) ao longo da via aérea superior. O ACE2 está lá porque é uma enzima que desempenha funções no metabolismo humano, uma das quais é ajudar a regular a pressão arterial. Mas, além disso, ele torna as células vulneráveis, oferecendo uma oportunidade para certos vírus. A proteína da espícula do SARS-CoV é conhecida simplesmente como S, e a pequena porção da espícula mais interessante para o grupo de Shi era o domínio de ligação ao receptor (*receptor-binding domain*, RBD), um pequeno trecho de aminoácidos (as unidades da proteína) fundamental para a espícula na fixação ao seu receptor de células ACE2. A metáfora adequada aqui poderia ser não chave e fechadura, mas velcro — um velcro no qual o lado dos ganchos requer um calibre específico de lanugem. Poderia essa pequena seção, o RBD, ser crucial para determinar quais coronavírus do tipo SARS podem infectar quais hospedeiros? Os pesquisadores testaram as proteínas S do coronavírus de morcego do tipo SARS, montadas em um pseudovírus, com os receptores ACE2 humanos e descobriram que eles eram incapazes de usar esses receptores para entrar nas células. Testaram a espícula do SARS-CoV com os receptores ACE2 de morcegos e, da mesma forma, não encontraram correspondência funcional. Depois, recortaram o RBD de uma dessas espículas de vírus de morcego e o substituíram pelo RBD do SARS-CoV. Isso faria uma diferença fundamental? (Essa coisa de RBD e ACE2 pode parecer um pouco confusa, mas será útil, algumas páginas adiante, para compreender a controvérsia que surgiu em torno das origens do SARS-CoV-2.) A resposta foi positiva. Os pesquisadores viram indícios, em culturas de células de laboratório, de que um vírus de morcego assim modificado seria provavelmente capaz de infectar humanos.

Eles criaram um novo vírus perigoso? Não. Estavam trabalhando com pseudovírus. E aprenderam algo significativo? Sim. Era concebível, concluiu o grupo de Shi, que esses outros coronavírus que residem em morcegos "podem se tornar infecciosos para humanos"[14] se de algum modo trocarem um pequeno pedaço de genoma que altere seu domínio de ligação ao receptor. Como isso poderia acontecer? Por recombinação, da qual os coronavírus são notoriamente capazes.

Cinco anos depois, após muitas outras viagens de campo para captura e amostragem de morcegos, muitos meses de experimentação e análise em laboratório, os pesquisadores anunciaram a descoberta de um vírus de morcego que *poderia* se ligar ao ACE2 humano. Eles o encontraram numa amostra fecal de um morcego-de-ferradura numa caverna próxima da cidade de Kunming, capital da província de Yunnan, a 1600 quilômetros de Wuhan. O local, conhecido como caverna Shitou, abrigava uma colônia residente de morcegos-de-ferradura-ruivos chineses, e a equipe de Shi havia colhido amostras desses animais várias vezes, a cada estação, por mais de um ano. Eles recuperaram RNA fragmentário suficiente para montar mais duas sequências exclusivas do genoma do coronavírus, mas uma amostra foi especialmente produtiva — uma quantidade abundante de cocô de morcego, do qual eles conseguiram não apenas recuperar o RNA, mas também isolar (ou seja, cultivar) um vírus vivo.

É difícil cultivar vírus a partir de fezes de morcegos, e esse foi o primeiro coronavírus do tipo SARS já cultivado. Eles o chamaram de WIV1, em referência à sigla do Instituto de Virologia de Wuhan. Seu genoma era 95% compatível com o SARS-CoV humano, fazendo dele o parente mais próximo conhecido do vírus da SARS original. No pedaço do genoma para o domínio de ligação ao receptor, o pequeno trecho essencial de velcro dentro da proteína espicular, a correspondência com a SARS humana foi ainda maior, cerca de 96%. Isso por si só constituía uma descoberta robusta, mas o artigo apareceu na *Nature*, sem dúvida a revista científica mais respeitada do mundo, porque provavelmente havia mais. O WIV1, o novo vírus de morcego crepitando em culturas de células no laboratório de Shi, se mostrou bastante capaz de agarrar e penetrar células por meio do ACE2 humano. Isso significava que ele poderia estar pronto para infectar humanos. Talvez não precisasse passar por civetas ou qualquer outro hospedeiro intermediário.

"Nossos resultados oferecem a prova mais forte até o momento",[15] escreveu a equipe de Shi, "de que os morcegos-de-ferradura chineses são reservatórios naturais do SARS-CoV" e que os hospedeiros intermediários podem não ser necessários para que os coronavírus do tipo SARS passem de morcegos para humanos. "Eles também destacam a importância dos programas de descoberta de patógenos direcionados a grupos de vida selvagem de alto risco em centros de doenças emergentes como uma estratégia de prontidão para pandemias." Seis anos antes da pandemia, Zhengli Shi dizia: Pessoal, preparem-se.

20

Em 2012, na mesma época em que trabalhava na caverna Shitou, perto de Kunming, a equipe de Shi também coletou amostras de morcegos numa mina abandonada, distante cerca de três horas mais ao sul. Esse local, numa cidade chamada Tongguan, no condado de Mojiang, província de Yunnan, tinha uma história peculiar que chamou a atenção de Shi por etapas. Os detalhes são importantes porque "a mina de Mojiang" figuraria mais tarde em algumas narrativas sombrias sobre a origem da pandemia.

Shi ouviu falar da mina em algum momento daquele verão, mais ou menos em julho, até onde ela se lembra. A primeira notícia foi apenas um rumor um pouco intrigante vindo de outros pesquisadores, que ouviram de alguém num hospital em Kunming que seis trabalhadores de Mojiang tinham ficado doentes, cinco deles em extremo sofrimento, e foram internados para tratamento de doença respiratória grave. Eram trabalhadores contratados para retirar o guano de morcego da caverna, a fim de que ela pudesse ser reativada para a produção de minério de cobre. Eles haviam trabalhado durante dias no subsolo, cavando guano, respirando sua poeira, e respirando também o que mais pairava no ar da mina. Pelo menos um já havia morrido quando Shi soube da situação. Outros dois morreriam após 48 dias de internação, em um caso, e 109 dias, no outro. Os médicos tentaram tratá-los meio às cegas, porque a causa da doença era desconhecida. Talvez infecção fúngica, talvez um vírus? O diagnóstico descritivo no momento do óbito, para um deles, foi "infecção pulmonar grave; sepse; choque séptico, infecção abdominal; parada cardíaca respiratória".[16] O hospital coletara amostras de soro de quatro dos pacientes, e Zhengli Shi, graças a sua reputação, foi solicitada a testá-las para vírus de morcego.

"Eles nos enviaram a amostra do soro", contou ela, usando a forma abreviada de amostra sorológica. Treze amostras de soro sanguíneo dos quatro pacientes, na verdade, mas nenhuma amostra fecal, nenhum *swab* nasal. "Só tínhamos o soro." Sua equipe de laboratório testou as amostras para os vírus Nipah, Ebola e SARS e não encontrou nada. Mas ela ficou curiosa.

Então Shi levou sua equipe para Mojiang e começou a capturar e coletar amostras de morcegos. Aquele se tornou um local de pesquisa secundário, ao qual ela retornou de modo intermitente nos quatro anos seguintes. "Pegamos amostras — no total, fizemos amostras sete vezes nessa caverna", disse ela. Morcegos de seis espécies diferentes se empoleiravam e se misturavam na mina, duas espécies de morcegos-de-ferradura e outras quatro, e a equipe de Shi encontrou alguns indícios de coronavírus em todas elas. Entre suas 1322 amostras, eles detectaram fragmentos de RNA que representavam uma enorme diversidade de coronavírus — 293 vírus diferentes, dos quais 284 pertenciam aos alfacoronavírus, um gênero que não contém ameaças conhecidas para humanos. Os outros nove vírus, cada um reconhecido por sua sequência de um gene crucial, se enquadram nos betacoronavírus, o mesmo gênero do SARS--CoV e do MERS-CoV. Esses nove, por se assemelharem mais ao vírus da SARS, eram os mais interessantes para Zhengli Shi.

A amostra em que a equipe de Shi encontrou um desses nove, especialmente notável à luz de sua história posterior, recebeu o número 4991. O número da amostra é distinto do rótulo atribuído a qualquer sequência genômica que possa vir dessa amostra, assim como o gaspacho é distinto de um pepino; e a sequência genômica de um vírus é distinta de qualquer vírus vivo que é cultivado, assim como a sequência genômica de um leão é distinta de um leão vivo que possa entrar em seu laboratório, mas essas distinções se perderam em meio a críticas posteriores ao trabalho de Zhengli Shi. A amostra 4991, que veio de um morcego-de-ferradura intermediário (*Rhinolophus affinis*), continha material suficiente apenas para que o grupo de Shi, dois anos depois, quando já contava com equipamento melhor, extraísse e sequenciasse um genoma quase completo. Eles batizaram esse genoma de RATG13 — RA de *Rhinolophus affinis*, TG da cidade de Tongguan, e 13 de 2013, o ano em que a amostra foi coletada. Por que isso tem importância? Porque esses fatos relativamente simples de nomenclatura de variantes trariam mais tarde acusações de obscurecimento sinistro contra Zhengli Shi, e o RATG13 se tornaria o dado mais importante e mais mal compreendido em meio à controvérsia sobre a origem do vírus.

Quando o grupo de Shi publicou esses resultados pela primeira vez, em 2016, o importante não era só a amostra 4991, ou o material genômico que ela continha. O ponto relevante era que tantos coronavírus diferentes coexistiam, circulando entre meia dúzia de tipos diferentes de morcegos, numa mina. Os autores descreveram essa rica mistura de diversidade viral e diversidade de morcegos como "um fenômeno que promove a recombinação e promove o surgimento de novas cepas de vírus. Nossas descobertas destacam a importância dos morcegos como reservatórios naturais de coronavírus e a fonte potencialmente zoonótica de patógenos virais".[17]

O último artigo dessa série, publicado por Shi e seus colegas em 2017, se baseou em cinco anos de trabalho sobre a descoberta de vírus e experimentos de infectividade em laboratório. Embora eles tenham continuado a colher amostras de vários tipos de morcegos em vários locais da China, esse estudo resumia seus achados em um lugar, a caverna Shitou, nos arredores de Kunming, que abrigava principalmente morcegos-de-ferradura. A partir de fragmentos de RNA encontrados nas amostras, eles montaram as sequências genômicas completas de onze novos coronavírus, todos bastante semelhantes ao SARS-CoV. O que tornava esses onze mais esclarecedores foi que, entre eles, havia de forma quase exata todos os elementos genômicos — uma região de gene aqui, uma região de gene ali, um domínio de ligação ao receptor — do próprio SARS-CoV. A análise desses genomas mostrava que a recombinação estava misturando e combinando as partes de um genoma com outro. Cientistas de todo o mundo reconheceram isso como uma prova quase sólida da fonte do vírus da SARS de 2003: os morcegos-de-ferradura, por recombinação, se não naquela mesma caverna, então em outra que continha ingredientes semelhantes. Um comentarista da *Nature* chamou isso de "prova irrefutável".[18] Depois de meros catorze anos, o mistério das origens, ao que tudo indicava, fora resolvido. Mas isso ainda deixava pelo menos uma pergunta sem resposta, como observou outro virologista chinês num comentário enviado à *Nature*: Se o vírus da SARS saíra de um morcego perto de Kunming, como ele tinha ido de lá para Guangzhou, a mais de mil quilômetros de distância, sem deixar um rastro de doentes em seu caminho?

E se essa pergunta soa familiar, é porque céticos perguntaram quase a mesma coisa sobre o SARS-CoV-2. Há várias respostas possíveis, o suficiente para satisfazer e desagradar a todos.

"Este trabalho fornece novas informações sobre a origem e evolução do SARS-CoV", escreveram Shi e seus coautores do estudo de 2017, "e destaca a necessidade de preparação para o surgimento futuro de doenças semelhantes à SARS."[19] A essa altura, os alarmes já vinham soando alto havia muito tempo, e caíam num vazio de desinteresse e surdez.

III. Mensagem numa garrafa

21

Aqueles foram alertas estratégicos: urgentes, mas um tanto generalizados, e distribuídos por mais de duas décadas. Então, começaram os avisos táticos, como os de Marjorie Pollack no ProMED, no final de dezembro de 2019. Com eles vieram as reações, e a falta de reações, ao novo coronavírus, que agora chamamos de SARS-CoV-2.

Na noite de 30 de dezembro, Zhengli Shi estava em Shanghai participando de uma conferência quando seu chefe, o diretor do Instituto de Virologia de Wuhan, a contatou pelo celular. "Por volta das dez horas da noite", conforme Shi me contou mais tarde. "Eu nunca tinha ouvido falar de uma pneumonia desconhecida antes daquela." Agora, ela ouvira. Havia uma forma atípica de pneumonia, manifesta num punhado de casos em toda a cidade, de causa até então desconhecida, com resultados laboratoriais preliminares indicando que um coronavírus podia estar envolvido. Algumas amostras de pacientes tinham acabado de chegar ao WIV e o diretor queria que o laboratório de Shi trabalhasse nelas.

"Me pediram para agir, sim", disse ela. "Para fazer a detecção" — para identificar o vírus de forma mais conclusiva. O horário de Shanghai está treze horas à frente em relação ao de Nova York, então a primeira postagem de Pollack no PROMED ainda não havia sido publicada; a maior parte do mundo ainda estava alheia aos acontecimentos, exceto aqueles, como Henry Li, no laboratório Susan Weiss, na Filadélfia, conectados a Wuhan pelo WeChat ou outras mídias sociais. Na própria Wuhan, a notícia foi divulgada, mas apenas para alguns poucos selecionados. Shi ligou imediatamente para seu laboratório, descobriu que três estudantes notívagos ainda estavam lá e pediu que eles não fossem para casa, mas que esperassem, apesar do adiantado da hora, e recebessem um extrato de RNA viral, extraído de amostras do hospital, que seria enviado, como prometido, de outro laboratório, a qualquer momento. Ela os instruiu a começar a trabalhar, usando dois métodos, para identificar o tipo de vírus. O primeiro método era um amplo teste de PCR (reação em cadeia da polimerase), que detectaria qualquer forma de coronavírus. O segundo método de PCR era mais específico para detectar coronavírus relacionados à SARS.

A própria Shi teve uma reunião na manhã seguinte em Shanghai, mas assim que o compromisso terminou, em 31 de dezembro, ela pegou um trem para voltar a Wuhan. Foi direto para o laboratório e viu os resultados do PCR, que os alunos haviam obtido naquela manhã. "As máquinas leem os dados", disse ela, e a partir disso "sabemos que é um coronavírus relacionado à SARS." Sua equipe ainda não havia sequenciado o genoma completo, mas possuía dados de uma sequência parcial de outro laboratório. "Minha primeira reação é: precisamos comparar a sequência", contou — comparar o genoma do novo vírus, ou seja, com os genomas de coronavírus de morcego detectados em amostras em seu próprio laboratório, para verificar se, por um terrível acaso, havia uma coincidência. "É normal!", disse Shi com alguma veemência, reagindo contra as críticas que recebeu desde então. Se ela tivesse ido "freneticamente" para seus próprios dados, conforme foi relatado, isso não indicaria uma consciência culpada pelo fato de o novo vírus provavelmente ter vazado de seu laboratório? Não, disse ela, isso não acontecera. O que isso significava era um zelo normal num momento importante. E o novo vírus *não* correspondeu a nada existente em seus registros de sequenciamento, se é que se pode acreditar nela (e acho que podemos, embora eu não possa provar). "Então, na tarde de 31 de dezembro, já sei que não tem nada a ver com o que fizemos em nosso laboratório." Ela sentiu um grande alívio. Naquela noite, encontrou-se com autoridades da Comissão Municipal de Saúde de Wuhan e relatou seus resultados laboratoriais.

Então sua equipe mergulhou de volta no trabalho. Em dois dias, eles tinham um rascunho provisório de quase toda a sequência do genoma. Talvez não tenham sido os primeiros, mas estavam *entre* os primeiros a sequenciar um genoma quase completo. Por que não publicaram de imediato? Porque estavam mais preocupados com a precisão do que com a velocidade. O primeiro genoma do vírus da SARS publicado, em 2003, continha erros; a tecnologia de sequenciamento era menos precisa e confiável na época, e a pressa havia vencido a confirmação. Dessa vez, deveria ser diferente. A Comissão de Saúde solicitou que duas outras instituições, além do laboratório de Shi, produzissem sequenciamentos, todas funcionando de forma independente, e então compararam as versões e resolveram as disparidades técnicas. Em 6 de janeiro, ela já tinha um genoma completo, correto e confirmado. Mas ainda assim não o liberou devido à cautela. E assim a versão de Zhang, lançada por Eddie Holmes através do site Virological na madrugada de 11 de janeiro (UTC), e os sequenciamentos apresentados pela equipe de George Gao ao Gisaid no final da noite de 9 de janeiro (UTC) foram os primeiros genomas do SARS-CoV-2 a se tornarem amplamente disponíveis.

Naquele momento, a perda de prioridade não parece ter incomodado Shi. Tampouco o questionamento inicial sobre se esse novo vírus podia ter vazado de seu laboratório. "Acho normal", disse ela sobre esse questionamento. As pessoas iriam especular, fazer acusações, mas fariam isso por desconhecer os meandros dos coronavírus. Shi conseguia ver diferenças, um complexo de características que distinguiam aquele de qualquer outro vírus de morcego que ela sequenciara, quanto mais qualquer coisa que ela tivesse cultivado. "Mas no começo eu penso, ok, não é necessário explicar demais." Talvez. Mas se havia algum atraso nas exigências de explicação, isso não duraria muito.

22

Nas semanas seguintes, Shi e sua equipe estiveram ocupados no laboratório. Além de montar uma sequência completa do genoma do vírus a partir dos fragmentos detectados por PCR, compararam essa sequência com a sequência do SARS-CoV e descobriram que elas eram 79,5% idênticas. Portanto, tratava-se de um vírus semelhante ao da SARS, mas não era o vírus da SARS original, porque 20% de diferença implica muitas décadas de evolução divergente. Eles montaram mais quatro genomas completos, de quatro outros pacientes, e cada um deles era quase idêntico ao primeiro. Isso ajudou a confirmar o que eles estavam vendo. Deram ao vírus o rótulo provisório de nCoV-2019, uma pequena variante do nome pelo qual a OMS começara a chamá-lo; mas ainda era cedo, e o nome era incerto. Por meio de colegas do Hospital Jinyintan, de Wuhan, que tratou muitas das primeiras dezenas de casos, eles obtiveram uma amostra das vias aéreas profundas de um paciente e, a partir disso, criaram um vírus vivo. Testaram esse vírus em células em cultura e descobriram que ele poderia usar o mesmo receptor que o SARS-CoV para entrar nas células, o receptor ACE2. Além disso, ele era capaz de usar o ACE2 do morcego-de-ferradura, da civeta e do porco, bem como do ser humano — ou seja, ao que parecia, tratava-se de um vírus já amplamente adaptado para infectar vários hospedeiros.

Uma parte do trabalho de laboratório de Shi daquelas primeiras semanas de 2020 atrairia atenção contínua, para dizer o mínimo. Na verdade, essa descoberta viria a ser uma espécie de mancha do teste de Rorschach, suscetível a interpretações drasticamente diferentes e subjetivas e, em alguns casos, apaixonadas. (É coincidência que a prancha 5 de Hermann Rorschach se pareça tanto com um morcego, ou é impressão minha?) Tendo notado uma forte semelhança entre uma região do novo genoma e algo angustiantemente familiar, eles examinaram mais de perto a similaridade: recuperaram a sequência completa do genoma de um vírus de morcego da mina de Mojiang, aquele que haviam rotulado de RaTG13, e a compararam com o genoma do Hospital Jinyintan. A similaridade era de 96,2%. Isso fez do RaTG13, pelo menos naquele momento, o parente mais próximo conhecido do vírus pandêmico.

Em 23 de janeiro de 2020, Zhengli Shi e seus colegas anunciaram essas descobertas ao mundo. Fizeram isso na forma de *preprint* (um rascunho de artigo, disponibilizado em site, ainda não revisado por pares e publicado em periódico) postado no repositório de *preprints* bioRxiv (pronuncia-se "bio--archive"), hospedado pelo Laboratório de Cold Spring Harbor, uma instituição de prestígio em Long Island, Nova York. Eles também enviaram o artigo para a *Nature*, onde foi logo revisado por pares e publicado em 3 de fevereiro.

Nesse meio-tempo, o número de casos aumentou rapidamente na China, de 41 casos confirmados em laboratório no Hospital Jinyintan em 2 de janeiro para surtos em outras partes do país em 19 de janeiro, explodindo para 11 791 em 31 de janeiro — e o vírus escapou, por meio de viajantes, para além das fronteiras nacionais. A Tailândia relatou um caso confirmado em 13 de janeiro, numa mulher de Wuhan que fora fazer uma visita em Bangcoc. O Japão confirmou um caso dois dias depois e, em 20 de janeiro, a Coreia do Sul e os Estados Unidos relataram seus primeiros casos reconhecidos. Os primeiros relatórios da Comissão Municipal de Saúde de Wuhan vincularam muitos dos casos ao Mercado Atacadista de Frutos do Mar de Huanan, conforme já mencionado. Essa conexão com um mercado que vendia animais silvestres deu força à narrativa provisória sobre como e de onde esse novo vírus podia ter chegado aos humanos. Mas como o mercado havia sido fechado pelas autoridades de Wuhan e o local fora limpo em 1º de janeiro, seu possível papel nunca foi investigado por completo. Em todo o mundo, cresceu a preocupação à medida que as pessoas percebiam pouco a pouco que aquele micróbio minúsculo poderia se tornar um problema global. Dados fragmentários e histórias de casos isolados alimentaram especulações, hipóteses arriscadas, conclusões precipitadas e confusão, especialmente em relação à origem do vírus. De onde ele viera, como tomara forma e como havia chegado às pessoas? Janeiro foi um mês febril.

Dois trabalhos de pesquisa iniciais exemplificam a ânsia vertiginosa de alguns cientistas de contar uma história cativante. O primeiro, de uma equipe chinesa afiliada à Universidade de Pequim, à Universidade de Medicina Chinesa de Guangxi e a outras instituições, observou certos paralelos entre o genoma do novo vírus e os genomas de serpentes. Esses paralelos envolviam algo chamado uso de códons, em referência às várias maneiras como as letras de um genoma, em grupos de três (chamados códons), podem especificar que um determinado aminoácido seja inserido como o próximo elemento numa proteína em construção. Em outras palavras, o uso de códons na ortografia. Para nossos fins, tudo o que precisamos saber sobre isso é que existem maneiras alternativas possíveis de soletrar a codificação para cada aminoácido — assim como existem maneiras alternativas possíveis de soletrar a palavra inglesa "color". Se estiver escrito "colour", isso dá uma dica: seu autor é britânico. Da mesma forma, esses pesquisadores chineses alegaram ver uma dica no uso de códons do novo coronavírus: serpente. Como o uso de códons no vírus parecia se assemelhar ao uso de códons em algumas cobras, poderia isso significar que o vírus era uma infecção de longa data de cobras? Era um indício tênue.

Os cientistas analisaram dois tipos de serpentes, nativas da província de Hubei (cuja capital é Wuhan): a krait de listras brancas e a naja chinesa. Ambas soletraram alguns de seus aminoácidos com uso de códons semelhante ao uso no novo coronavírus — mais semelhante ao observado em aves, ouriços, marmotas, seres humanos ou morcegos. "As cobras também eram vendidas no Mercado Atacadista de Frutos do Mar de Huanan",[1] observaram os autores, embora eles não pareçam saber quais tipos. É possível que a krait de listras brancas e a naja chinesa estivessem disponíveis no mercado, porque são as preferidas para aquela antiga iguaria cantonesa, a sopa de cobra. Mas os pesquisadores foram cautelosos e sugeriram apenas que sua análise do uso de códons "fornece alguns esclarecimentos para a questão do animal silvestre reservatório" do vírus, "embora exija validação adicional por estudos experimentais em animais".[2] Por exemplo, experimentos para testar se o novo vírus poderia até sobreviver em cobras — experimentos que esses pesquisadores não fizeram. O estudo apareceu no *Journal of Medical Virology*, revista mensal que publica artigos submetidos a revisão por pares, mas não foi calorosamente aceito pela comunidade científica, para dizer o mínimo. Ele virou manchete em tabloides, teve seu momento na CNN, atraiu não cientistas com um certo gosto pelo sensacionalismo, mas a hipótese surgiu e desapareceu com rapidez. Outros cientistas analisaram os indícios, o pouco que havia deles, e essencialmente disseram: bobagem.

O segundo artigo incendiário daquele mês veio de um grupo de cientistas de Nova Delhi, que o publicou como *preprint* no bioRxiv em 31 de janeiro. Os autores diziam ter descoberto quatro trechos "singulares" de aminoácidos na proteína da espícula do novo coronavírus, cada trecho de seis a doze aminoácidos de comprimento, que apresentava uma "semelhança estranha" com os posicionamentos de aminoácidos em proteínas correspondentes no HIV-1, que inclui a cepa pandêmica do vírus da aids. Essa semelhança, alegaram, provavelmente não era "de natureza fortuita".[3] Os autores chamaram esses trechos de "inserções" no coronavírus, sugerindo que ele tinha sido montado em laboratório, possivelmente com o uso de partes do genoma do HIV-1, a fim de torná-lo mais infeccioso para as células humanas. Mas como críticos especialistas logo apontaram, a coincidência "estranha" não era nada estranha. As "inserções" não eram inserções: eram lugares-comuns, assemelhando-se a trechos vistos em muitas outras criaturas (entre elas o vírus de morcego RaTG13).

O artigo inteiro era uma besteira que alardeava uma coincidência tão improvável e suspeita quanto encontrar (como qualquer um pode fazer) as palavras "mischievous", "players", "overcharged" e "countrymen" nas obras completas de Shakespeare. Estava o esperto dramaturgo de Stratford-upon-Avon se gabando maliciosamente de que seus atores travessos haviam cobrado a mais de seus compatriotas? Duvidoso. Igualmente duvidoso era que o novo vírus tivesse capturado pedaços de seu genoma, por alguma forma de recombinação implausível, do HIV-1.

Esse artigo foi logo derrubado e, se você o encontrar on-line agora, verá um grande carimbo cinza em cada página: REMOVIDO. Os autores emitiram uma declaração que dizia: "Para evitar mais interpretações errôneas e confusões em todo o mundo, decidimos retirar a versão atual do *preprint* e retornaremos com uma versão revisada após reanálise, respondendo aos comentários e preocupações".[4] Mas parece que nunca fizeram isso.

"Fiquei com muita raiva", disse Zhengli Shi. A história da serpente e o artigo da "semelhança estranha" são apenas uma amostra das distrações, pistas falsas e mal-entendidos que surgiram na internet no início de 2020. Alguns deles visavam seu laboratório, implícita ou explicitamente. "Então, tentei isolar essa informação, desinformação", disse ela — bloqueá-la para se acalmar, para se concentrar. "E continuar a trabalhar."

23

Kristian Andersen observou tudo isso com intenso interesse de La Jolla, Califórnia. "Eu diria que só fiquei muito preocupado, talvez, depois da primeira semana de janeiro", contou. "Isso meio que só se acelerou desde então."

Andersen é geneticista computacional, o que significa que ele usa modelagem matemática profunda e análise e simulações de computador para investigar os segredos dos genomas. É um homem magro e atlético com um sorriso tímido e controlado. Nascido na Dinamarca, formado em Cambridge e Harvard, é agora professor do Scripps Research Institute. Dedica-se a entender como os vírus evoluem, emergem, evoluem ainda mais e causam problemas em seres humanos. Ele trabalhou no Lassa e no Ebola na África Ocidental, inclusive em Serra Leoa durante a epidemia de Ebola de 2013-6, ajudando a desenvolver testes de diagnóstico e rastrear a disseminação de infecções por sequenciamento genômico, uma disciplina conhecida como epidemiologia genômica.

Não, Andersen me assegurou, ele sem dúvida não cunhou o termo "epidemiologia genômica". Essa disciplina teve início em 2003 (ele era aluno de graduação em Aarhus, Dinamarca), quando possibilitou que cientistas rastreassem, em retrospecto, o movimento de saída do vírus da SARS da província de Guangdong e através de Hong Kong para o mundo. O sequenciamento era trabalhoso e lento no final do século XX, depois se tornou automatizado, mas caro — o primeiro genoma humano custou 2,7 bilhões de dólares —, mas com uma tecnologia cada vez melhor o custo caiu e a velocidade aumentou. O pesadelo do Ebola de 2013-6 foi o primeiro evento epidêmico para o qual a epidemiologia genômica poderia ser uma ferramenta vital na resposta imediata à crise. Na época, Andersen fazia pós-doutorado no laboratório de Pardis Sabeti, uma iraniano-americana incrivelmente brilhante, professora da Universidade de Harvard e membro do Broad Institute. Ele encabeçou uma grande equipe liderada por Sabeti e vários outros pesquisadores seniores, um dos quais era Andrew Rambaut, da Universidade de Edimburgo. Sequenciar cepas do Ebola, com amostras retiradas de pacientes humanos in extremis, em meio a uma catástrofe caótica de saúde pública, é tarefa para pessoas inteligentes com bom coração e nervos de aço. Você faz amigos nos quais pode confiar. Sem dúvida, esse é, em parte, o motivo pelo qual Andersen voltou a se associar a Rambaut nas primeiras semanas de 2020, quando essa nova catástrofe começou, para escreverem juntos um artigo sobre o que a análise genômica do novo vírus poderia sugerir sobre sua provável origem.

"Assim que tivemos talvez dez ou quinze genomas de Wuhan", disse Andersen, "e todos eram basicamente idênticos", ele reconheceu que havia algo errado. O acesso aos genomas dos primeiros casos ocorreu em meados de janeiro, e o pesquisador ficou preocupado ao ver que esses genomas diferiam por poucas, ou nenhuma, mutações. Por quê? "Porque isso diz que ele está provavelmente se transmitindo entre seres humanos." Se um vírus chega a um mercado dentro de animais reservatórios, é provável que se diversifique pelo menos um pouco por mutação entre os diferentes animais e, depois, ao passar muitas vezes para diferentes seres humanos, mostrará esse mínimo de diversidade nas amostras humanas. A falta de diversidade sugere poucos *spillovers* de animais para humanos, dos quais cepas de vírus quase idênticas passaram rapidamente de humano para humano. E uma notável falta de diversidade foi o que Andersen viu nos primeiros genomas. Isso estava de acordo com outros indícios de transmissão de humano para humano, desconhecida para ele na época, como os cinco casos do mesmo grupo familiar em Shenzhen que causaram preocupação a K. Y. Yuen.

"E foi isso que pôs a mim, Eddie, Andrew e Bob a trabalhar na origem proximal", contou Andersen.

"Bob" era Robert F. Garry, virologista da Universidade Tulane, em New Orleans, que Andersen conhecia do trabalho com o Lassa e o Ebola em Serra Leoa, onde Garry havia muito tempo tinha uma associação com um hospital do governo para fazer pesquisa e treinamento sobre vírus. Ele é especialista em biologia estrutural de proteínas virais — como elas se replicam, como funcionam — e é capaz de deduzir coisas sobre essa mecânica de proteínas observando uma sequência de genoma. É um sujeito de setenta anos de Terre Haute, Indiana, com cabelos castanhos, cujas costeletas e o bigode grosso desbotaram em direção ao branco; virologista da velha guarda, que trabalhou no HIV quando este era novidade, que se lembra dos computadores antigos e dos modelos que eles rodavam, e que continua a patrulhar a vanguarda da biologia estrutural usando máquinas melhores e técnicas mais sofisticadas. "Não há muitos de nós que podem olhar para uma sequência de proteínas", disse Garry, "e começar a discernir o que essa proteína pode estar fazendo. Sabe, onde estão as partes perigosas."

Quando viu a sequência do novo coronavírus no site onde Holmes a havia postado, Garry discerniu de imediato o que poderia ser uma parte perigosa. "O que apareceu lá foi um local de clivagem com presença de furina", disse ele. "E isso significou que eu realmente não dormi muito bem naquela noite."

Um local de clivagem com furina é uma espécie de gatilho dentro da proteína espicular do coronavírus (ou uma proteína equivalente em outros vírus) que aumenta a capacidade dele de se prender às células e entrar nelas. Primeiro, a espícula agarra uma proteína receptora no exterior da célula, como o ACE2. Em seguida, o local de clivagem entra em jogo. Ele se localiza na junção entre os dois lóbulos principais da espícula e, quando é acionado, a espícula muda de forma — como um robô Transformer que se metamorfoseia de repente em caminhão —, de modo que a espícula é "fendida", aberta, e permite que se funda com a membrana da célula. Isso possibilita que o genoma viral esguiche para dentro da célula e comece a se replicar. O que dispara o local de clivagem com furina é o toque de uma molécula de furina. Trata-se de uma enzima com funções importantes, não importa quais, encontrada em grande quantidade em nosso corpo. Portanto, o local de clivagem com furina é adequado para desencadear o processo, pela furina corporal, e ajudar o vírus a penetrar nas células.

Alguns vírus possuem locais de clivagem com furina como parte de seu mecanismo de entrada na célula, e esses locais parecem ajudar a torná-los bastante virulentos em humanos. O SARS-CoV não tinha esse local, e aquele vírus, felizmente, não era muito eficiente no contágio. Portanto, a inclusão de um local de clivagem com furina no novo coronavírus causou certa preocupação a Bob Garry, porque poderia tornar a coisa mais capaz de se espalhar.

"Comecei a conversar com alguns colegas virologistas", contou Garry. Um deles era Andersen, que lhe disse que já havia conferenciado com Rambaut e Holmes. Garry previu que quaisquer características notáveis ou anomalias aparentes no genoma do vírus provocariam curiosidade — curiosidade legítima —, suspeitas e teorias, legítimas ou não. Por exemplo, o vírus parecia criado em laboratório? Teria talvez o local de clivagem com furina sido colocado lá por humanos, em vez de por mutação, recombinação (troca natural de seções com outros vírus), evolução? "Parece que às vezes é difícil separar a virologia da política", comentou Garry, "mas mesmo na época, no início de janeiro, quer dizer, havia perguntas do tipo: 'Quem vamos culpar por isso?'"

Eddie Holmes, então na Suíça, numa conferência de virologia, notou apreensão semelhante na mensagem recebida de um velho amigo, Jeremy Farrar, pesquisador médico que dirigia o Wellcome Trust, fundação sediada em Londres dedicada à pesquisa em saúde. "Jeremy Farrar me enviou um e-mail: 'Há uma discussão sobre se isso pode ter saído de um laboratório. Você pode dar uma olhada na sequência?'" Embora Holmes tivesse feito esse sequenciamento para publicação, ele ainda não o havia estudado. Pegou então o *preprint* de Zhengli Shi sobre o vírus de morcego RATG13, aquele que era 96,2% compatível com o novo vírus, e escaneou uma figura que comparava seções dos genomas. Não viu nada que lhe parecesse estranho. Voou de volta para a Austrália. "E então, quase no dia seguinte, Kristian Andersen me enviou um e-mail: 'Eu vi algo muito estranho nessa sequência, você pode dar uma olhada?'" A essa altura, Andersen já estava atento ao local de clivagem com furina, e também notou outra possível anomalia: o RBD, o domínio de ligação ao receptor, aquele trecho de velcro na espícula, tão crucial para a ligação inicial a uma célula. É um arranjo de duas peças, em que o RBD agarra a célula, e o local de clivagem com furina facilita a entrada. O RBD do novo vírus, conforme codificado no genoma, parecia claramente adequado para agarrar os receptores ACE2 do tipo encontrado em seres humanos, furões e alguns outros animais. Ele tinha pouca semelhança com os RBDS do SARS-CoV e do vírus do morcego de Zhengli Shi, o RATG13. Então, de onde diabos tinha vindo? "E eu pensei: Ih, merda", contou Holmes. "Nós alertamos as autoridades."

Uma dessas autoridades era Jeremy Farrar novamente, que o estimulou a reunir suas ideias sobre o genoma, o que este poderia indicar sobre a origem do vírus, e compartilhá-las. "Basta escrever um relatório." Àquela altura, duas outras autoridades estavam no circuito: Tony Fauci, diretor do Niaid, e Francis Collins, diretor dos Institutos Nacionais de Saúde (National Institutes of Health, NIH), do qual o Niaid faz parte. Farrar organizou uma teleconferência segura, marcada para 1º de fevereiro, na qual Andersen, Holmes, Fauci, Collins e alguns outros cientistas seletos espalhados pelo mundo poderiam se reunir para discutir essa questão — o que o genoma podia dizer sobre onde e como se originou o vírus.

Enquanto isso, Andersen e Holmes discutiam a questão também com Andrew Rambaut. "Kristian e Eddie entraram em contato comigo e disseram: 'Estamos analisando o vírus e tentando ver o que podemos descobrir sobre as origens, e há várias características incomuns e interessantes'", contou Rambaut. Eles queriam a ajuda deste devido a sua sabedoria sobre evolução viral, e a de Bob Garry, por sua experiência em modelagem estrutural e seu conhecimento do que pode e não pode ser modificado em laboratório.

Em 31 de janeiro de 2020, quando esse trabalho começou, apareceu um texto na *Science*, do confiável articulista da revista Jon Cohen, sobre o mesmo trabalho geral em que eles estavam engajados. Seu título era "Mining Coronavirus Genomes for Clues to the Outbreak's Origins" [Explorando genomas de coronavírus em busca de pistas sobre as origens do surto].[5] Descrevia o artigo de Zhengli Shi sobre o vírus de morcego RATG13, citava uma análise filogenética de diferentes cepas do novo vírus (representados como árvores genealógicas) coordenada pelo biólogo computacional Trevor Bedford em Seattle, lembrava e descartava a hipótese da serpente. Também citava um biólogo molecular chamado Richard Ebright, crítico de longa data do que considerava ser uma pesquisa sobre vírus inaceitavelmente perigosa, com riscos de escape de laboratório, no sentido de que o novo vírus poderia ter atingido seres humanos por um *spillover* natural, direto de um animal não humano, ou por um acidente de laboratório. A especialidade de pesquisa de Ebright é o processo de transcrição (genes que produzem RNA mensageiro, os projetos para proteínas) em bactérias. Cohen também citou a resposta a Ebright dada por Peter Daszak, da EcoHealth Alliance. "Parece que os seres humanos não conseguem resistir à controvérsia e a esses mitos, mas isso está nos encarando", dizia Daszak.[6] "Existe essa incrível diversidade de vírus na vida selvagem e nós apenas arranhamos sua superfície. Dentro dessa diversidade, haverá alguns que podem infectar pessoas e, nesse grupo, haverá alguns que causam doenças." Cohen estava certo ao colocar Ebright e Daszak como vozes antitéticas na questão das origens do SARS-CoV-2, e eles mantiveram essas posições desde então.

O dia 31 de janeiro de 2020 caiu numa sexta-feira. No início daquela noite, Tony Fauci enviou um e-mail a Kristian Andersen e Jeremy Farrar, chamando a atenção para o artigo de Cohen: "Isso acabou de sair hoje. Vocês podem ter visto. Se não, é de interesse para a discussão atual"[7] — a discussão que continuaria no dia seguinte, na teleconferência. Andersen respondeu dizendo que sim, ele havia lido, e observou educadamente que tanto ele quanto Holmes eram citados por Cohen. (Fauci, um homem ocupado, pode ter notado isso ou não, mas se notou, queria garantir que eles tivessem visto o artigo publicado.) Andersen mencionou então a dificuldade de avaliar características pequenas e inesperadas em um coronavírus de proveniência desconhecida. A recombinação pode inserir isto ou aquilo. Parecia um vírus de morcego, mas havia relativamente poucos genomas de coronavírus de morcego com os quais poderia ser comparado. Ele aludiu ao domínio de ligação ao receptor e ao local de clivagem com furina, duas características inesperadas. Elas eram "incomuns" ou não? "Numa árvore filogenética, o vírus parece totalmente normal." A ramificação próxima com vírus de morcego, acrescentou, sugeria que os morcegos podiam ser o reservatório.

Mas havia um "mas", uma qualificação. "As características incomuns do vírus compõem uma parte muito pequena do genoma" — menos de um décimo de 1%, disse Andersen —, "então é preciso olhar muito de perto todos os sequenciamentos para ver se algumas das características parecem (potencialmente) modificadas."

No dia seguinte, sábado, 1º de fevereiro, eles fizeram a teleconferência, a partir das sete da noite, UTC (para Farrar, em Londres), que equivalia a duas da tarde em Washington (Fauci e Collins), onze da manhã na Califórnia (Andersen) e seis da manhã de domingo para Holmes em Sydney. Também participavam da conversa Rambaut e Garry, bem como Marion Koopmans (uma ilustre virologista holandesa de Rotterdam), Christian Drosten (diretor de um instituto de virologia em Berlim), Patrick Vallance (principal assessor científico do governo do Reino Unido) e vários outros cientistas. Andersen e Holmes fizeram uma breve apresentação sobre o que tinham visto no genoma. O grupo trocou ideias, considerando todos os cenários possíveis de como o vírus poderia ter atingido humanos — *spillover* natural de um animal silvestre, vazamento de laboratório, vírus criado. Koopmans e Drosten argumentaram que o *spillover* natural era a explicação mais provável, de acordo com o relato que Farrar fez sobre essa conversa em seu livro subsequente, *Spike* [Espícula]. Estava correto, disse-me Koopmans, e seu julgamento se baseava na presença de locais de clivagem com furina em outros coronavírus na natureza, bem como em provas adicionais. O próprio Farrar não tinha tanta certeza disso. Logo após a teleconferência, ele afirmou estar a meio caminho entre as opções natural e laboratorial. (Mais tarde, ele também concluiria, com base em dados adicionais, que era mais provável uma origem natural.) A videochamada durou uma hora. Nos dias seguintes, Andersen, Holmes, Garry e Rambaut intensificaram suas deliberações para redigir um documento.

Eles se puseram a lançar ideias de um lado para outro. Conferenciaram por telefone e em videoconferências, e começaram a escrever frases, fragmentos de texto, parágrafos provisórios, compartilhados por meio do Google Docs. A intenção era considerar os vários cenários possíveis de maneira objetiva, manter a mente aberta e deixar que os indícios os guiassem para onde quer que fossem. "Tentar ser agnóstico sobre a coisa toda", na frase de Garry. Eles já sabiam então que estavam escrevendo um artigo científico, não apenas um "relatório" para um público indefinido, e que tentariam primeiro publicá-lo na *Nature*. Já haviam contatado os editores, que estavam interessados em vê-lo.

Enquanto os quatro trabalhavam num primeiro rascunho, o domínio de ligação ao receptor parecia inexplicável. Eles sabiam por modelagem estrutural do tipo que Garry fazia que deveria ser um RBD muito bem otimizado para se ligar ao ACE2 em células humanas. Não era perfeito, mas parecia quase bom demais. E era único. "Nenhum dos outros vírus que havíamos visto antes tinha esse domínio exato de ligação ao receptor", disse Andersen. "Na verdade, isso era muito preocupante." Eles consideraram cuidadosamente "a possibilidade de aquilo ter passado por um laboratório". Deliberaram juntos e compartilharam ideias com alguns colegas.

A troca de e-mails entre Andersen e Fauci, no dia imediatamente anterior à teleconferência, merece atenção nesse contexto, porque mais tarde seria trazida a público, por meio da Lei de Liberdade de Informação, como um dos "e-mails de Fauci", e disseminada como reveladora, fora do contexto. Os defensores de teorias sombrias argumentariam que ela mostrava Andersen e Fauci conspirando para esconder sua crença de que o vírus fora criado em laboratório. Essas acusações foram ainda mais alimentadas pelo comentário adicional de Andersen a Fauci de que, após discussões entre a equipe de análise, pelo menos alguns deles "acham o genoma inconsistente com as expectativas da teoria evolutiva".

O que ele quis dizer? Bem, as expectativas da teoria da evolução não incluíam um RBD e um local de clivagem com furina com pouca semelhança com qualquer coisa vista no SARS-CoV, ou em qualquer coronavírus do tipo SARS até então conhecido em morcegos. "Mas temos que analisar isso muito mais de perto", finalizara Andersen no e-mail, "e ainda há mais análises a serem feitas, então essas opiniões ainda podem mudar." Fenômenos novos com aspectos bem conhecidos — como as tartarugas gigantes de Galápagos eram novas para Charles Darwin, embora sua forma fosse familiar — exigiam uma investigação mais detalhada e um pensamento novo.

"O que o e-mail mostra", postou Andersen mais tarde no Twitter, em resposta às críticas, "é um exemplo claro do processo científico."[8] Eles estavam considerando possibilidades, entre elas vazamento de laboratório, vírus criado artificialmente, *spillover* natural, e ansiavam por mais dados que pudessem apoiar ou negar uma ou outra. "É apenas ciência. Chato, eu sei", escreveu Andersen, "mas é uma coisa bastante útil em tempos de incerteza." Três semanas se passaram, sem resolução, levando o trabalho fevereiro adentro. Então chegaram os pangolins.

24

"Isso para nós é uma evidência enorme, enorme." Andersen me disse que o vírus era natural. O que eles tinham de repente, graças a uma equipe de três cientistas chineses em Kunming e a outros que viram e reanalisaram os dados de Kunming e também fizeram novas descobertas, era uma grande semelhança de um coronavírus silvestre com o domínio de ligação ao receptor do novo vírus. Esse outro vírus foi encontrado em alguns pangolins-malaios, que foram traficados através de Guangdong e confiscados por autoridades da vida selvagem no início de 2019. Um relatório sobre a semelhança do RBD, detectada a partir dos dados acessíveis por cientistas que trabalhavam em Houston, foi postado no site Virological em 30 de janeiro de 2020, e notado alguns dias depois por Andersen e seus colegas, bem a tempo de influenciar o artigo deles. Assim que viram aquilo, contou Andersen, eles perceberam que "essa coisa que achamos realmente incomum já existe na natureza".

Pangolins são animais estranhos e encantadores. A maioria das pessoas do hemisfério ocidental nunca viu um, nem mesmo num zoológico. Eles são vagamente conhecidos como tamanduás escamosos por causa da carapaça que os recobre, da cabeça alongada, da boca desdentada e da dieta, embora não sejam parentes próximos dos verdadeiros tamanduás. Existem oito espécies vivas, quatro nativas da África e quatro da Ásia. O pangolim-malaio (*Manis javanica*, também conhecido como pangolim de Sunda) tem uma distribuição natural de Java e Bornéu até o Sudeste Asiático, e mal atravessa a fronteira chinesa em Yunnan. As oito espécies constituem um grupo muito distinto, uma das ordens de mamíferos mais estranhas, os Pholidota. São semelhantes aos carnívoros por descendência e aos tatus por evolução convergente. Comem cupins e formigas, mas são virtualmente incapazes de ferir qualquer outra forma de criatura viva, exceto em sua própria defesa.

Sua passividade suave os torna desastrosamente suscetíveis à captura por humanos. Quando atacado ou desafiado, o modo padrão de defesa do pangolim é rolar como uma bola, como um ouriço-cacheiro, escamas para fora, partes macias para dentro. O nome pangolim vem de *peng-goling*, que em malaio significa "rolador" ou "aquilo que enrola". Essa defesa funciona bem contra predadores como leopardos, mas não contra um inimigo de duas pernas com um cérebro maior e um par de mãos, capaz de bater nele para desenrolá-lo ou carregá-lo para uma aldeia. Por que alguém faria isso? Porque a carne é desejada como alimento. Por que alguém o levaria para uma aldeia? Talvez para vendê-lo, porque as escamas, assim como a carne, são valorizadas em algumas culturas e circulam em volumes catastróficos através do comércio internacional ilícito de produtos da vida selvagem.

Pangolins são animais solitários, cada um procura comida sozinho e os adultos se juntam por um curto período para procriar. A fêmea carrega seu único filhote nas costas por alguns meses e dorme com ele enrolado ternamente dentro de sua carapaça. Embora os pangolins sejam difíceis de encontrar, outrora devem ter parecido infinitamente abundantes. Entre 1975 e 2000, segundo a bióloga alemã Sarah Heinrich e seus colegas, com base no banco de dados do acordo multinacional conhecido como Convenção sobre Comércio Internacional das Espécies da Flora e Fauna Selvagens em Perigo de Extinção (Convention on International Trade in Endangered Species of Wild Fauna and Flora, Cites), cerca de 776 mil pangolins se tornaram mercadoria negociada legalmente no mercado internacional. Esse fluxo de produtos englobou quase 613 mil carapaças de pangolim, exportadas de países como Indonésia, Tailândia e Malásia.

Escamas de pangolim constituem uma mercadoria distinta, altamente valorizada por sua suposta eficácia em medicamentos tradicionais. Entre 1994 e 2000, quase dezenove toneladas de escamas (representando cerca de 47 mil pangolins) foram exportadas da Malásia para uso na medicina tradicional chinesa (MTC) na China e em Hong Kong. A tradição chinesa, tal como inscrita em textos antigos, afirma que elas, moídas em pó ou queimadas em cinzas, podem ser úteis contra picadas de formigas, histerias da meia-noite, espíritos malignos, malária, hemorroidas e vermes, e para estimular a lactação em mulheres. A ciência não apoia essas alegações — as escamas consistem apenas em queratina, o mesmo material de nossos cabelos e unhas.

"Há muito dedo apontado contra outras culturas", disse-me Sarah Heinrich, de sua casa, perto de Potsdam.[9] O dedo pode apontar em muitas direções. A maior parte das carapaças de pangolim exportadas entre 1975 e 2000 foi para a América do Norte, onde foram transformadas em bolsas, cintos, carteiras e extravagantes botas de caubói. O couro de pangolim era especialmente cobiçado porque a pele do animal tem um atraente desenho de grade de diamante, quase reptiliano. A Lucchese Boot Company, fabricante das botas de Lyndon Johnson, entre outros, produzia botas de couro de pangolim antes de 2000, quando a Cites estabeleceu a cota de exportação para pangolins asiáticos capturados na natureza, tornando o comércio internacional praticamente ilegal.

Naquela época, as populações de pangolins na China e em partes do Sudeste Asiático já haviam sido drasticamente reduzidas, não só para a fabricação de botas de caubói para americanos afetados, mas também pelo consumo local. A certa altura, na China, cerca de 150 mil pangolins eram passados na faca mensalmente, sua carne era comida e suas escamas, usadas na MTC. "Era tamanha a magnitude dessa exploração", escreveram o especialista em pangolins de Oxford Daniel Challender e três coautores, "que ela pelo visto levou à extinção comercial dos pangolins na China em meados da década de 1990."[10] Importar pangolins era mais prático do que caçar os poucos nativos que restavam.

Challender fez parte de seu trabalho de campo de doutorado no Vietnã, realizando pesquisas de mercado, coletando dados de preços de escamas de pangolim, visitando estabelecimentos onde sua carne era servida. "Se você for a um restaurante na cidade de Ho Chi Minh", contou ele, "vai pagar 350 dólares americanos pelo quilo de pangolim."[11] Sua carne pode ser grelhada, ou cozida numa panela com gengibre e cebolinha. Ele se lembrava de estar sentado num restaurante em 2012 e ver três clientes desfrutarem de uma refeição de pangolim de setecentos dólares. Um garçom levou o animal vivo para o restaurante numa sacola velha. Ele estava enrolado em sua postura de defesa, mostrando apenas escamas e garras. "Tiraram um grande rolo de massa e bateram nele até deixá-lo inconsciente", contou Challender. Então "pegaram uma tesoura e usaram suas lâminas para cortar o pescoço". O sangue foi drenado e misturado com álcool para os comensais, e a carne foi cozida.

À medida que as populações asiáticas diminuíam, os pangolins africanos começaram a fluir para o leste em grandes quantidades. Desde os tempos antigos, muitos povos da África subsaariana "colhiam" pangolins, aprisionando-os em armadilhas, rastreando-os com cães ou topando com eles na floresta. Os caçadores tradicionalmente consumiam os animais capturados ou os vendiam em mercados locais de carne de caça. Por fim, a carne se tornou popular também em cidades africanas, como Libreville, no Gabão, e Iaundé, em Camarões, e isso levou ao aumento do preço no início do século XXI. A única vez que vi um pangolim vivo foi em Yokadouma, uma cidade remota no sudeste de Camarões, depois de rodar muitas horas por uma longa estrada não pavimentada que levava à República do Congo.

Essa criatura condenada estava na posse de um jovem do pessoal da cozinha do hotel Elefante, onde eu estava hospedado. Ele acabara de trazê-lo do mercado da cidade e o carregava pela cauda enquanto o animal se balançava, grogue e indefeso. Era marrom-avermelhado, como as árvores à beira da estrada, e pelo mesmo motivo: estava coberto com o pó de argila laterítica que se espalhava pelo ar ao redor de Yokadouma, levantado pelos caminhões madeireiros que vinham das florestas do Congo em direção ao norte. As escamas que cobriam sua cabeça, corpo e cauda pareciam penas de metal enferrujado. O funcionário da cozinha o mergulhou numa galeria de águas pluviais para reanimá-lo, depois o deixou dar alguns passos. Seu focinho era pontudo, essencialmente um dispositivo de mira para sua longa língua parecida com um fio de macarrão. Seus olhos eram pequenas contas escuras, brilhantes, mas incompreensivos. Sua barriga, desprotegida de escamas, era de uma cor creme pálida. Tratava-se de um pangolim-de-barriga-branca, um dos quatro tipos africanos, três dos quais são nativos do sul de Camarões. Ele tentou se esconder, enfiando a cabeça num pequeno buraco no chão perto da parede do hotel. Mas mesmo com suas grandes garras dianteiras e a força e os instintos de escavador, não teve chance de abrir seu caminho para a segurança. "O que você vai fazer com ele?", perguntei ao jovem. "Será comido", disse ele.

Isso foi em maio de 2010. Nos anos seguintes, o turbilhão do mercado internacional pode muito bem ter levado um pangolim como aquele para uma viagem mais longa, mas ainda malfadada, para Iaundé ou mais longe. Ou a carne do animal pode ter sido consumida no local e apenas suas escamas, de transporte mais fácil, traficadas para outros lugares. As escamas de pangolim africanos transitam em quantidade pelos portos e aeroportos de Camarões e da Nigéria para a Ásia, especialmente Vietnã e China.

"Sei que estamos servindo como ponto de trânsito", disse Olajumoke Morenikeji.[12] Ela é zoóloga e fundadora da Associação de Conservação do Pangolim da Nigéria. A julgar pelos milhares de quilos de escamas apreendidos, disse Morenikeji, "não é possível que tudo isso venha da Nigéria".

Luc Evouna Embolo, funcionário da Traffic, uma rede internacional que monitora o comércio de animais silvestres, me fez recentemente um relato semelhante de Iaundé. Cada vez mais, intermediários pagam à população local para coletar pangolins no campo. Os atravessadores vendem para negociantes urbanos que exportam ilegalmente os animais. Um aldeão pode receber 3 mil francos CFA (aproximadamente cinco dólares) por um pangolim que valerá trinta dólares em Douala, capital econômica de Camarões, e muito mais na China. Em 2017, a polícia fez uma apreensão de mais de cinco toneladas de escamas, pela qual dois traficantes chineses foram presos.

No final de 2016, a Cites decidiu tornar ilegal todo o comércio internacional de pangolins e suas partes capturados na natureza, mas o tráfico continuou. Sua amplitude passou a ser medida a partir da fração apreendida por funcionários da alfândega e outras autoridades nacionais de fiscalização, ou detectada por investigadores não governamentais. Segundo uma estimativa, quase 900 mil pangolins foram contrabandeados nas últimas duas décadas. Alguns estavam vivos. Outros estavam mortos, sem escamas e congelados. As escamas estavam escondidas em sacos ou caixas dentro de contêineres, às vezes rotulados como castanhas-de-caju, conchas de ostras ou sucata de plástico. Aqueles que acompanham esse comércio, como Challender e Heinrich, dizem que, pelo visto, pangolins são os animais silvestres mais traficados do mundo.

Na China urbana, há uma moda de *ye wei*, "gostos selvagens" — carnes da vida selvagem, segundo consta impregnadas de propriedades saudáveis e revigorantes. Alguns consumidores valorizam a noção de que comer pangolim é uma tradição nacional reverenciada. Mas essa noção foi recentemente contestada. No início de 2020, o jornalista chinês Wufei Yu publicou um artigo de opinião no *New York Times* destacando textos antigos que desaconselham o consumo de carne de certos animais selvagens, sobretudo cobras, texugos e pangolins. Yu descobriu que no ano 652 (pelo calendário ocidental), durante a dinastia Tang, um alquimista chamado Sun Simiao alertou sobre "doenças à espreita em nosso estômago. Não coma a carne dos pangolins, pois isso pode desencadeá-las e nos fazer mal".[13] Um milênio depois, num compêndio de conhecimento médico e fitoterápico hoje considerado fundamental para a MTC, o médico Li Shizhen advertia que comer pangolim podia levar a diarreia, febre e convulsões. As escamas de pangolim podiam ser úteis para medicamentos, admitia Li Shizhen, mas era preciso ter cuidado com a carne.

Zhou Jinfeng, conhecido conservacionista que dirige a Fundação de Desenvolvimento Verde e Conservação da Biodiversidade da China, em Beijing, acrescentou a isso um comentário cáustico: "Não é uma questão de tradição", disse-me ele. "É uma questão de dinheiro."[14]

E agora, junto com o tráfico de pangolins para a China, surgiu essa nova preocupação: o tráfico de certos vírus. Houve um sinal ignorado em 2019. Em 24 de março daquele ano, o Centro de Resgate da Vida Selvagem de Guangdong, em Guangzhou, assumiu a custódia de 21 pangolins-malaios vivos que haviam sido apreendidos por agentes da alfândega. A maioria dos animais estava com problemas de saúde, com erupções cutâneas e dificuldade respiratória; dezesseis morreram. As necrópsias mostraram um padrão de pulmões inchados contendo um líquido espumoso e, em alguns casos, fígado e baço inchados. Um trio de cientistas de um laboratório governamental de Guangzhou e do zoológico da mesma cidade, liderado por Jinping Chen, coletou amostras de tecido de onze dos animais mortos e procurou evidências genômicas de vírus. Eles encontraram sinais do vírus Sendai, inofensivo para humanos, mas conhecido por causar doenças em roedores. E também encontraram fragmentos de RNA de coronavírus. Mas isso não foi uma grande notícia quando o grupo de Chen publicou seu relatório, em 24 de outubro de 2019 — antes da pandemia. Os cientistas observaram que o Sendai ou um coronavírus podiam ter matado aqueles pangolins, que estudos adicionais poderiam ajudar na conservação desses animais e que tais vírus talvez fossem capazes de passar para outros mamíferos. Eles não disseram nada parecido com os avisos urgentes sobre o possível surgimento de coronavírus vistos nos artigos de Zhengli Shi anteriores a 2019.

Três meses depois, a palavra "coronavírus" carregava um significado muito diferente. O novo vírus havia sido isolado e sequenciado, o mundo estava em alerta, a China tinha 1287 casos de covid-19, nove outros países (agora incluindo França, Vietnã e Singapura) tinham seus primeiros casos confirmados e o grupo de Shi acabara de postar seu artigo sobre o vírus de morcego RaTG13 e sua semelhança de 96,2% com o coronavírus. Tratava-se de um forte indício de que o novo vírus vinha provavelmente de morcegos, mas uma diferença de 4% entre os genomas estava longe de ser uma combinação perfeita. Isso indicava décadas de divergência evolutiva — talvez vinte anos, talvez sessenta, dependendo do método de cálculo e das suposições sobre a taxa de mutação. Onde o novo vírus tinha passado esse tempo — em que população de morcegos ou outros animais — e como evoluíra durante o interlúdio, e como saltara para seu primeiro hospedeiro humano?

Onde, como, como? Com essas questões pendentes, surgiu outro candidato a intermediário. Em 7 de fevereiro, Yahong Liu, reitora da Universidade

Agrícola do Sul da China, declarou numa entrevista coletiva em Guangzhou que uma equipe de sua instituição, em trabalho ainda não publicado, havia encontrado o que podia ser o hospedeiro intermediário do vírus, fazendo a ponte entre morcegos e seres humanos: o pangolim.

De acordo com uma reportagem da Xinhua, a agência de notícias oficial chinesa, o vírus do pangolim que esses pesquisadores tinham investigado era 99% compatível com o novo coronavírus presente nas pessoas. O anúncio exagerava a descoberta dos pesquisadores, mas causou uma enxurrada de manchetes. Até o secretariado da Cites, em Genebra, ecoou a afirmação ao tuitar no dia seguinte que "#Pangolins podem ter espalhado #coronavírus para humanos", adoçando esse tuíte azedo com um vídeo de pangolins fofos — um deles de uma fêmea com o filhote nas costas — subindo em galhos de árvores e fuçando em busca de formigas. A implicação era: esses animais adoráveis carregam vírus letais, então é melhor deixá-los em paz. Quando o estudo da Universidade Agrícola do Sul da China entrou on-line, com suas tabelas, gráficos e linguagem cuidadosamente escolhida, o grande resultado não foi tão grande quanto o reitor Liu havia anunciado, embora ainda dramático. O genoma do coronavírus que esses pesquisadores haviam montado, a partir de amostras de tecido pulmonar de pangolim retiradas de alguns dos animais desamparados que morreram no Centro de Resgate da Vida Selvagem de Guangdong, continha de fato algumas regiões de genes que eram 99% semelhantes a partes equivalentes do genoma do SARS-CoV-2, mas a correspondência geral não era tão próxima. Talvez dois coronavírus tivessem convergido em um único animal, escreveram os pesquisadores, e trocado seções de seus genomas, num evento de recombinação. Esse evento podia até ter sido fatídico, ao emendar uma seção genômica de um coronavírus de pangolim num coronavírus de morcego. Essa seção era o domínio de ligação ao receptor.

Enquanto isso, outras equipes em outras partes do mundo estavam seguindo as mesmas pistas. Isso foi possível, mesmo sem acesso direto a amostras de pangolim, como teve o grupo da Universidade Agrícola, porque na era atual da genômica globalizada os pesquisadores reconhecem o valor, para eles mesmos e para a ciência em geral, de compartilhar dados de genoma de forma rápida e livre, mesmo antes de serem publicados. Eles fazem isso enviando sequências genômicas, parciais ou completas, para bancos de dados de acesso aberto, apoiados por governos nacionais como um serviço científico e conhecidos por biólogos moleculares e geneticistas por seus nomes abreviados, como GenBank, Gisaid, SRA e RefSeq. Vários desses bancos de dados são mantidos, integralmente ou em parceria, pelo Centro Nacional de Informações sobre Biotecnologia (National Center for Biotechnology Information, NCBI), em Bethesda, Maryland. Outros cientistas têm a liberdade de baixar as sequências completas ou segmentos parciais e examiná-los, usando suas próprias ferramentas computacionais, algoritmos e hipóteses.

Uma equipe, liderada por Joseph F. Petrosino, do Baylor College of Medicine, em Houston, fez isso com as sequências do genoma viral coletadas originalmente dos pangolins mortos em Guangzhou pelo grupo de Jinping Chen. O envolvimento dessa equipe teve início quando um jovem bioinformata (analisador e processador de dados biológicos) chamado Matt Wong, funcionário no laboratório de Petrosino, mas com interesses amplos e variados, ficou curioso para saber com que o novo coronavírus de Wuhan poderia ser parecido. Essa pergunta — *Com que ele poderia ser parecido?* — é, naturalmente, uma rampa de acesso às perguntas *De onde ele veio?* e *Como foi feito?*

25

Joe Petrosino é diretor do Departamento de Virologia Molecular e Microbiologia do Baylor College. Ele começou sua carreira como pesquisador de biodefesa, usando a genômica para trabalhar em vacinas contra potenciais agentes de guerra biológica, como o antraz e a bactéria da tularemia. Depois de alguns anos, mudou seu foco para a genômica do microbioma humano, a agregação de todas as criaturas microbianas que habitam nosso corpo, algumas delas potencialmente nocivas, algumas benignas e algumas que prestam serviços valiosos. Em 2007, o NIH, o maior financiador de pesquisas médicas do país, lançou o Projeto de Microbioma Humano, por reconhecer, como disse Petrosino, que esses micróbios "são extremamente importantes para todos os tipos de áreas da saúde humana e prevenção de doenças". E não apenas doenças infecciosas, prosseguiu ele, mas coisas que vão do câncer ao autismo e ao diabetes. Essa comunidade de passageiros — o ecossistema que somos nós — abrange uma grande diversidade de bactérias, mas também vírus, fungos, arqueas (criaturas unicelulares como bactérias, mas distintas delas, desconhecidas até 1977) e protozoários. É uma mixórdia complexa. Para discernir o que está presente e investigar como determinada microbiota pode desencadear esta doença ou prevenir aquela, o laboratório de Petrosino emprega poderosas ferramentas de software para extrair pedaços genômicos relevantes da variedade fervilhante de uma amostra de sangue ou de um borrão de fezes. Usar computadores para captar e interpretar dados biológicos, entre os quais sequências genômicas — é isso que a bioinformática faz, e Petrosino tinha uma equipe inteira de bioinformatas e analistas de genoma em seu laboratório. Matt Wong entrou nessa equipe, encarregado de desenvolver uma ferramenta de software para classificar dados genômicos relevantes a partir da confusão de fragmentos.

Wong não era estudante de pós-graduação. Ele não tinha interesse em fazer doutorado, em parte porque isso exigiria que ficasse obcecado em um único projeto em vez de passar de um para outro. Era um profissional disponível, e aquele era seu terceiro emprego em laboratório desde que se formara na Universidade da Califórnia em Davis com bacharelado em bioquímica. Durante os anos passados em Davis, ele fizera "muitos cursos de programação paralelos" e depois "meio que tropeçou em bioinformática" como profissional. Tinha entrado para o laboratório de Petrosino em 2012 e trabalhado lá, sem ser notado pelo mundo, por oito anos.

"Como você descreveria sua função?", perguntei a Wong quando o peguei pelo Zoom. Ele não estava em Houston na hora; estava em Las Vegas por alguns dias, explicou, porque sua equipe de bilhar havia vencido um campeonato local e ganhara uma viagem gratuita para um torneio no Rio Hotel.

"Eu escrevia pipelines para analisar os FASTQS que saíam da máquina Illumina", disse ele. Depois explicou que diabos isso significava. Uma pipeline é uma série de etapas procedimentais na validação e análise de dados. Uma máquina Illumina é um sequenciador. FASTQS são... deixa pra lá.

Petrosino também explicara o trabalho de Wong, de maneira um pouco mais simples, como a criação de "ferramentas computacionais para poder extrair dados genômicos virais de misturas complexas de dados". Pense numa agulha no palheiro, disse Petrosino. O palheiro é uma amostra biológica. O feno é todo tipo de DNA — de bactérias, de outra microbiota, do hospedeiro humano, mais talvez RNA de vários vírus. A agulha é um vírus de interesse. As ferramentas que Matt Wong ajudou a desenvolver representam um ímã poderoso, que pode atrair e puxar a agulha do feno.

Petrosino então trocou de metáfora. Explicou que no início de 2020 seu laboratório estava trabalhando, como sempre, no microbioma. Eles eram financiados, com dinheiro de subvenções, para trabalhar no microbioma. Mas surgiu esse novo coronavírus de Wuhan. Como é típico de Matt (e de muitos outros bioinformatas com quem tinha trabalhado, disse Petrosino), uma novidade dessas pode levar a um desvio. "É como 'Esquilo!' — e ele disparou." Um esquilo pode ser uma distração irresistível. Todas as manhãs, eu caminho com um jovem e inteligente borzói que também é fascinado por roedores arborícolas, então entendi.

Naquela época, janeiro de 2020, o próprio Petrosino estava em viagem profissional, num encontro com outros chefes de departamentos de microbiologia em Belize. Wong lhe enviou um e-mail, perguntando: "Ei, você consegue pôr as mãos no genoma da cepa Wuhan, para que eu possa usá-lo?". Ele não sabia, nem Petrosino, que Eddie Holmes já havia postado aquele genoma no Virological. Não importava, Wong decidiu. Como um cão de caça atrás de um esquilo, ele mergulhou com prazer nos arbustos. "Eu só queria ver quão bem minha pipeline geraria o genoma sem realmente ter o genoma no banco de dados." Ele queria fazer isso da maneira mais difícil. "Quer dizer, alguém já havia construído o genoma completo. Eu só queria ver se eu conseguiria fazer isso sem saber o que era o genoma." O que ele tinha, o que podia acessar de seu computador em Houston, era um monte de dados brutos, na forma de segmentos curtos de código genômico — humano, viral, microbioma, o que você quiser — extraídos de amostras líquidas liberadas da parte inferior do trato respiratório de um dos primeiros pacientes de Wuhan. Esses segmentos, conhecidos como *reads*, estavam arquivados no banco de dados Sequence Read Archive (SRA), um projeto colaborativo do NCBI e seus equivalentes europeus e japoneses. Usando as leituras do SRA, além de métodos e ferramentas de sua própria criação ("minha pipeline"), Wong montou uma versão do genoma do SARS-CoV-2 que se assemelhava ao genoma, que encontrou num banco de dados, chamado "Vírus de pneumonia do mercado de frutos do mar de Wuhan" — aquele depositado por Yong-Zhen Zhang, Eddie Holmes e seus colegas chineses. Para Matt Wong, isso acabou sendo um exercício de aquecimento. E então, em 26 de janeiro, um helicóptero caiu numa encosta perto de Calabasas, Califórnia.

Nove pessoas morreram, o piloto e todos os passageiros, entre eles o jogador de basquete aposentado Kobe Bryant e sua filha de treze anos. A notícia marcou fortemente Matt Wong, enquanto ele se preparava para ser o apresentador numa das reuniões semanais do laboratório. "Kobe Bryant acabou de morrer e eu estava pensando, tipo, o que estou fazendo da minha vida?" O esquilo ficou maior e mais significativo, mais atraente, como um roedor transformado em leopardo-das-neves. "Até aquele ponto", contou, "eu na verdade não tinha ideia dos coronavírus." Ele nunca os havia estudado. Nunca havia explorado como o genoma de um coronavírus poderia se traduzir em aspectos funcionais da infecção. Nunca se perguntara sobre suas origens. Então resolveu encarar.

Naquele momento, Wong sabia pouco mais do que a maioria de nós ouvira em janeiro de 2020: que o novo vírus viera provavelmente de um morcego e talvez tivesse chegado aos seres humanos depois de passar por algum outro animal. Ele pensou: "Talvez eu possa tentar ajudar a encontrar um hospedeiro intermediário". Começou a baixar conjuntos de dados que pudessem conter alguma coisa relevante — fragmentos genômicos de vírus e outras criaturas em amostras de vários animais do sul da China, entre eles morcegos frugívoros, morcegos-de-ferradura e pangolins. Um deles foi o RaTG13, a sequência de um coronavírus que Zhengli Shi havia encontrado num morcego de Yunnan. Em meio a essa vasta confusão de fragmentos — como as peças de duzentos quebra-cabeças misturadas e jogadas numa secadora de roupas — estavam algumas sequências de coronavírus dos pangolins mortos no Centro de Resgate da Vida Selvagem de Guangdong, dos quais o grupo de Jinping Chen tinha retirado amostras no ano anterior. "Apenas pegar os conjuntos de dados não é suficiente para descobrir de fato o que está acontecendo", disse-me Wong. Seria preciso combinar as informações brutas dos conjuntos de dados com dados sobre vírus conhecidos, levar em conta a mutação viral que altera um pouco alguns fragmentos e avaliar a confiabilidade variada do sequenciamento que fora feito. "Para minha sorte", acrescentou ele, "eu já havia escrito uma pipeline que foi projetada exatamente para essa tarefa." Com suas ferramentas de software rapidíssimas e suas habilidades de nerd brilhante, ele limpou as sequências, montou um genoma e o alinhou com o "vírus da pneumonia do mercado de frutos do mar de Wuhan", para ver o que combinava e o que não combinava.

O mais parecido em geral foi o RaTG13, a sequência de Shi de um morcego-de-ferradura. Mas houve outra equivalência, uma anomalia, que chamou a atenção de Wong. Uma pequena região do genoma do vírus do pangolim se assemelhava muito mais à região correspondente no novo vírus humano. Se você traduzisse as letras do RNA para os aminoácidos que elas significavam, elas somavam cerca de duzentos aminoácidos, de um total de mais ou menos 10 mil. Foi o que ele descreveu em sua apresentação na reunião do laboratório, sem tirar nenhuma conclusão digna de nota. "Eu fiquei, tipo: 'Sim, isso é muito legal. Encontrei um coronavírus aleatório num conjunto de dados de um pangolim que é meio próximo da cepa do surto. Mas esses outros cientistas chineses encontraram um que é ainda mais próximo. Então, sabe, provavelmente veio direto de um morcego." Nenhuma reação memorável do grupo. Ele havia encontrado algo estranho, insignificante e "legal". Mas quase no mesmo instante Wong se perguntou: "E se essa região na verdade significar algo importante?".

Kobe Bryant havia morrido, a vida era curta e ele queria um significado maior para ela. Mergulhou na literatura, baixou "um monte de artigos" sobre coronavírus e leu sobre sua estrutura e funções genômicas. E logo viu que sua região anômala estava dentro de algo chamado proteína espicular. "A proteína espicular — isso parece muito importante", foi como ele recordou seu pensamento para mim. "Então você lê sobre a estrutura da proteína espicular e fica, tipo... espera aí. Domínio de ligação ao receptor! Isso parece *realmente* importante!" Tinha implicações para a resposta imune humana, ele percebeu, e potencialmente para o desenvolvimento de vacinas. Sem um domínio de ligação ao receptor funcional, aquela coisa não conseguiria infectar células humanas. "É assim que você neutralizaria o vírus."

Havia também implicações relativas à origem do vírus. Se veio de um morcego, por que tinha um domínio de ligação ao receptor que se parecia tanto com o RBD de um vírus em pangolins?

Na manhã seguinte, Wong escreveu um breve comunicado, apenas um parágrafo descrevendo o que havia encontrado, e anexou duas figuras que mostravam as comparações entre o RaTG13 e o novo vírus, e sua sequência de vírus de pangolim naquela região do domínio de ligação ao receptor. O RaTG13 era 90% semelhante ao RBD do vírus Wuhan. Seu segmento de pangolim era 97% semelhante. "Este resultado indica um potencial evento de recombinação" que moldou o novo vírus, concluiu ele.[15] Wong postou esse material no Virological, assinando apenas com um nome de usuário sem sentido que ele dera a si mesmo na adolescência, "torptube". O Virological existia para esse tipo de postagem, de acordo com Andrew Rambaut, seu fundador. Rambaut nunca pretendeu que o site fosse um local para rascunhos de papers totalmente redigidos; havia outros, como o bioRxiv, que ofereciam essa possibilidade. Rambaut via o Virological como um fórum para pensamentos especulativos, dados parciais, números interessantes e ideias provisórias, trocados livremente entre cientistas, assim como eles trocavam ideias no bar do hotel durante uma conferência. "Sou bastante resistente a que ele se torne um servidor de *preprints*", disse-me Rambaut, e depois, em tom jocoso: "Talvez seja um servidor *preprint* de *preprint*".

Tendo postado seu pequeno pré-*preprint*, Wong foi para outra reunião do laboratório e encontrou Joe Petrosino, seu chefe, numa discussão com outros membros do departamento. Pelo que Wong se lembra, um deles perguntou a Petrosino se seu laboratório estava fazendo algo a respeito do novo coronavírus. Era uma pergunta natural — laboratórios de virologia em todo o mundo estavam mudando prioridades, deixando de lado outros trabalhos e dando atenção máxima ao novo vírus ameaçador. Petrosino disse: "Não, nada importante no laboratório, mas Matt aqui tem um pequeno projeto paralelo". Ao que Wong disse, bem alto: Sim, ele encontrara algo interessante e acabara de postá-lo no Virological.

"Tenho certeza de que naquele momento Joe levou a mão ao rosto, constrangido", relembrou Wong. Um bioinformata de seu laboratório, um manipulador de dados sem doutorado, acabara de postar no site de virologia mais inteligente do mundo sobre o novo vírus mais assustador do mundo? E se o post estivesse completamente errado? E se fosse ruim? "Ah, não se preocupe", disse Wong ao chefe, "não usei, tipo, meu nome." Não era um anúncio do laboratório de Joseph Petrosino. Era apenas um pequeno PSC [para seu conhecimento] de torptube. A lembrança de Petrosino é um pouco menos vívida, ao mesmo tempo que dá todo o mérito a Wong.

De qualquer modo, Kristian Andersen viu a postagem de torptube no Virological, a qual ajudou a convencê-lo, em um momento crucial, de que o SARS-CoV-2 evoluíra naturalmente.

Joe Petrosino também reconheceu o mérito no que Wong havia encontrado e, nos dias seguintes, ambos, com outros dois coautores, produziram um manuscrito que descrevia a semelhança do RBD e suas possíveis implicações. Eles prontamente o postaram como *preprint* e o enviaram para uma grande revista científica americana. Mas nesta os editores estavam assoberbados com a grande quantidade de artigos sobre a covid-19 a eles encaminhados, de modo que o manuscrito acabou em desvantagem, mofando na fila atrás de papers com relevância clínica; nesse meio-tempo, outros cientistas também notaram a conexão do pangolim e publicaram artigos em outros periódicos importantes. Quando o texto Wong-Petrosino foi analisado, o momento de novidade e prioridade já havia passado. O artigo nunca foi publicado. Mas a breve mensagem do torptube no Virological teve influência fundamental no artigo que Andersen e seus coautores estavam redigindo sobre a origem do vírus.

"Lembro-me de ter uma conversa com Bob, Eddie e Andrew", contou Andersen. "Foi tipo: 'Oh, meu Deus, aí está.'" Eles concluíram, portanto, que o domínio de ligação ao receptor do SARS-CoV-2 não fora criado em laboratório. E não havia sinais de que tivesse sido inserido por algum cientista malévolo ou imprudente. Ele fora projetado por seleção natural e inserido, talvez, por recombinação. Estava lá fora, na natureza, facilitando a infecção por coronavírus de pangolins e talvez de outros animais. Torptube o havia encontrado.

Eles continuaram redigindo o artigo, agora com mais um coautor, Ian Lipkin, da Universidade Columbia. Esse paper foi publicado sem demora como *preprint* no Virological (não obstante a preferência de Rambaut por ponderações pré-*preprint*) em 16 de fevereiro, enquanto avançava com mais vagar pelo processo editorial de um importante periódico. Intitulava-se "The Proximal Origin of SARS-CoV-2" [A origem proximal do SARS-CoV-2].[16] Dizer que ele se tornou um foco de discórdia seria eufemismo.

26

Eles foram francos: o genoma do SARS-CoV-2, tal como surgira em Wuhan, continha codificação para duas características notáveis que exigiam explicação. Essas duas características eram inesperadas, na medida em que não haviam sido vistas antes em outros coronavírus conhecidos do tipo SARS (embora não fossem excepcionais entre coronavírus em geral e também tivessem paralelos em outros vírus). Ambas as características repousam na proteína espicular, a agarradora de células. A primeira era o domínio de ligação ao receptor. A segunda era o local de clivagem com furina, que permitiu que a espícula se fendesse e, assim, se fundisse à membrana celular, em resposta a uma cócega da furina do hospedeiro. O efeito de ambas as características era tornar o vírus mais capaz de infectar seres humanos. Por essa razão, observavam os cinco autores, já houvera na comunidade científica, e fora dela, "considerável discussão" sobre a questão da origem.[17] (Mas quase um murmúrio, comparada ao que viria depois.) Então eles haviam examinado atentamente as duas características e discutido quatro hipóteses concebíveis de como essas características poderiam ter surgido.

A primeira hipótese era a manipulação genética em laboratório. Andersen e seus coautores a descartaram, porque o corpo principal do genoma do SARS-CoV-2 não tinha semelhança com qualquer espinha dorsal de vírus conhecido por ter sido usado na engenharia viral, e porque o RBD era uma mistura anômala da qual a eficácia não poderia ter sido prevista. A juízo deles, apenas uma forma de tentativa e erro poderia tê-la produzido, uma forma que é incansável, cega e infinitamente persistente: a evolução por seleção natural.

Essa era a segunda hipótese: a seleção natural agindo sobre o vírus, dentro de seu hospedeiro animal, antes de se espalhar para os humanos. O coronavírus do pangolim era uma prova importante disso, demonstrando que um RBD quase idêntico ao RBD no SARS-CoV-2 *podia* evoluir — porque *havia* evoluído — num animal silvestre. E, é claro, o comércio transfronteiriço de pangolins vivos para uso como carne e medicamento, com milhares de animais passando de comerciante para comprador, de açougueiro para consumidor, proporcionava muitas oportunidades para que o vírus do animal passasse para alguma pessoa. O local de clivagem com furina era outra questão, e nada parecido havia surgido num vírus de pangolim.

Na terceira hipótese, uma forma progenitora do vírus havia passado por *spillover* de um hospedeiro animal para uma ou mais pessoas e, *depois*, durante um período de transmissão lenta, ineficiente e não reconhecida entre seres humanos, adquiriu seu local de clivagem por etapas evolutivas que melhoraram muito sua medíocre transmissibilidade. Esse período de infecção humana despercebida pode ter acontecido em outubro e novembro de 2019, possivelmente até antes disso. Não havia indícios conhecidos de um prelúdio tão silencioso da pandemia, mas alguns podiam ser encontrados. Amostras de sangue coletadas para outros fins, durante esse período anterior, deviam ser verificadas então quanto a anticorpos contra o vírus, sugeriram os autores. Essa sugestão logo seria seguida por outros cientistas, com resultados ambíguos. (Voltarei a esses estudos ambíguos adiante.) O trabalho feito até agora apenas começou a explorar quaisquer pistas que possam existir em amostras arquivadas. Um valor do soro sanguíneo congelado é que ele pode reter o indício da presença viral por muito mais tempo do que, digamos, uma maçaneta, um botão de elevador ou uma tábua de corte num mercado úmido.

A quarta hipótese era a mais complexa. Supunha que alguma equipe de cientistas realizara experimentos de "passagem" com um coronavírus do tipo SARS — isto é, infectara de maneira intencional uma série de animais de laboratório, com cada animal recebendo o vírus na forma que emergiu de um animal anterior e, assim, convidando o vírus a se adaptar cada vez melhor àqueles animais à medida que avançava. Ou o vírus podia ter sido transmitido de forma semelhante não em animais vivos, mas em células cultivadas, placa de Petri por placa de Petri, usando cepas cativas em laboratório de células anteriormente humanas (ou ao menos de primatas). Isso podia ter permitido que tal RBD evoluísse (mas o RBD do pangolim tornou essa noção desnecessária). E então talvez o vírus tivesse entrado num trabalhador de laboratório por infecção acidental, e a seguir talvez esse trabalhador tivesse tossido perto de outro. Mas tratava-se de uma sequência de improbabilidades fracionárias, e quando elas são multiplicadas, como acontece com qualquer fração, ficam menores e a improbabilidade aumenta. Encontrar adaptações de RBD semelhantes em um vírus selvagem que infecta pangolins, escreveram os autores, "fornece uma explicação muito mais forte e parcimoniosa de como o SARS-CoV-2 os adquiriu por recombinação ou mutação".[18]

O local de clivagem com furina era ainda mais difícil de explicar por essa hipótese de passagem. Trabalhos experimentais (alguns já publicados e outros que viriam a sê-lo) pareciam mostrar que uma estrutura tão complexa e improvável como um local de clivagem com furina simplesmente não surgiria da passagem de um vírus através de células cultivadas, não importava o quanto essas células pudessem se assemelhar a células humanas. Um problema, apenas um, era que certas características do local de clivagem (a maneira como ele parece se proteger dos anticorpos de um hospedeiro) sugerem "o envolvimento de um sistema imunológico".[19] Em outras palavras, a pressão da seleção natural para moldar essa defesa. Gazelas não correriam tão rápido se tivessem evoluído na ausência de leões e guepardos. Tartarugas não teriam cascos se não precisassem de proteção contra raposas e coiotes. Mas uma placa de Petri de células não contém sistema imunológico. Portanto, a passagem de um vírus em cultura de células não oferece pressão de seleção para esculpir defesas contra anticorpos, como as defesas que o SARS-CoV-2 parece ter.

"The Proximal Origin of SARS-CoV-2" foi publicado em 17 de março de 2020. Era a versão final do artigo, mas não era a palavra final sobre o assunto, como reconheceram Andersen e seus coautores. Era provisório, como as explicações científicas, por mais bem fundamentadas que sejam, sempre deveriam ser. Eles acharam a hipótese da origem natural mais "parcimoniosa" do que as alternativas — mais simples, menos cheia de improbabilidades e suposições tênues —, e a parcimônia é outro valor essencial em ciência. Era cedo ainda, eles sabiam; o tempo e mais pesquisas podiam trazer clareza. "Mais dados científicos podem oferecer evidências que favoreçam uma hipótese em detrimento de outra", escreveram.[20] Mais controvérsia também podia mudar posições, mas isso é outra questão.

27

Mais dados científicos surgiram em breve, não sobre a origem do vírus, mas sobre seu comportamento, especialmente a bordo do navio de cruzeiro *Diamond Princess*, nas águas ao largo da China e do Japão. Esse navio se tornou quase um laboratório flutuante para o estudo da infecção e transmissão pelo SARS-CoV-2.

O *Diamond Princess*, navio americano de propriedade e operado pela Princess Cruises, partiu de Yokohama, no Japão, em 20 de janeiro de 2020, para uma viagem ao longo das costas da China, Vietnã e Taiwan. É um transatlântico de luxo, entre os maiores do mundo, especializado em férias nos mares do Japão e do Sudeste Asiático, que atende (como a maioria dos navios de cruzeiro dessa categoria) uma clientela idosa, na maior parte com sessenta anos ou mais. Naquele dia, ele transportava 3711 pessoas, sendo 2666 passageiros e 1045 tripulantes. Um dos passageiros era um honconguês de oitenta anos que fora para o Japão vários dias antes para pegar o navio na partida. Enquanto aguardava o embarque, ele foi acometido de tosse, mas mesmo assim embarcou. Cinco dias mais tarde, desembarcou em Hong Kong quando o navio atracou ali, interrompendo sua curta viagem, evidentemente porque estava passando mal. Sete dias depois disso, foi hospitalizado com febre e testou positivo para o SARS-CoV-2. De acordo com um relatório, esse homem visitara Shenzhen, na China continental, uma semana antes de viajar para Yokohama. O relatório não menciona o que ele fez em Shenzhen, mas infere-se que, de algum modo, ele pegou o vírus lá.

O *Diamond Princess* seguiu para o Vietnã por alguns dias, depois voltou para Keelung, um porto na costa norte de Taiwan, em 31 de janeiro, um dia antes de o octogenário testar positivo. Keelung é uma cidade histórica, a apenas meia hora da capital, Taipei, e a maioria dos passageiros desembarcou para um passeio de um dia. Taiwan registrara seu primeiro caso de covid-19 em 21 de janeiro e um centro de controle epidêmico fora ativado, com alguma responsabilidade pela fiscalização de fronteiras e quarentena. Uma semana depois, vieram as restrições de entrada para estrangeiros vindos de áreas onde o vírus fosse abundante. Mas tal medida pelo visto não foi restritiva o suficiente para impedir o dia de visita dos turistas do *Diamond Princess*. Em 1º de fevereiro, o Departamento de Saúde honconguês anunciou por meio de um site do governo que o homem de oitenta anos com febre era um caso de covid-19. No dia seguinte, Hong Kong notificou o Japão, para onde o navio estava retornando, e, quando essa notícia ecoou de volta em Taiwan, criou "um pânico público temporário sobre a disseminação na comunidade", de acordo com um grupo de cientistas taiwaneses.[21] Os passageiros a bordo do *Diamond Princess* ainda estavam alheios ao que se passava ou despreocupados, aproveitando suas festas dançantes, cassinos e bufês lotados.

O navio retornou a Yokohama um dia antes do previsto, na noite de 3 de fevereiro, mas não foi autorizado a atracar, então ancorou no mar. Uma equipe de quarentena do Ministério da Saúde, Trabalho e Bem-Estar do Japão embarcou e, durante aquela noite, identificou 273 pessoas (principalmente passageiros, alguns membros da tripulação) que apresentavam sintomas semelhantes aos da covid ou relataram contato próximo com o octogenário. Os agentes de saúde começaram a testar os passageiros e tripulantes, com *swabs* da garganta e PCR, mas os resultados demoraram a sair devido a limitações laboratoriais. Do primeiro lote, composto de 31 indivíduos testados, dez deram positivo. Então tudo indicava que o navio estava em chamas com covid. As autoridades declararam que o cruzeiro havia terminado e que todos a bordo ficariam em quarentena por catorze dias. É seguro deduzir que, a essa altura, ninguém mais estava dançando.

Os resultados completos dos testes das 273 pessoas chegaram em 7 de fevereiro, mostrando 61 positivos, ou uma taxa de 22%. Isso foi alarmante o suficiente para que a equipe do ministério tratasse de testar todos nos dez dias seguintes. Já era óbvio havia cerca de um mês que esse novo vírus podia ser transmitido de um ser humano para outro, mas restavam dúvidas sobre com que rapidez, sob quais circunstâncias (dentro de casa, ao ar livre, contato casual ou contato próximo), por quais modos (gotículas respiratórias, vírions, maçanetas, apertos de mãos) e em quais padrões (eventos de propagação uniforme ou supertransmissão). E havia outra pergunta importante, quase sombria demais para ser feita: o vírus poderia se transmitir a partir de casos assintomáticos? Havia transmissores "silenciosos" — pessoas andando por aí, sentindo-se bem, espalhando vírus por onde quer que fossem?

Em 17 de fevereiro, o governo japonês alterou sua ordem de quarentena a bordo a ponto de permitir que outros países evacuassem seus cidadãos por via aérea, a fim de serem postos em quarentena em seus próprios países. Dois aviões, fretados pelo governo americano e com mais de trezentas pessoas, partiram prontamente para os Estados Unidos. Alguns desses passageiros foram levados de avião para Omaha e alojados numa instalação de quarentena numa base da Guarda Nacional às margens do rio Platte, onde membros do corpo docente do Centro Médico da Universidade de Nebraska, onde trabalha Ali Khan, encarregaram-se de seu isolamento, triagem e cuidados adicionais. Dois outros voos transferiram moradores de Hong Kong de volta para lá, onde eles entraram em quarentena num conjunto habitacional público recém-construído e desocupado chamado Chun Yeung, um quinteto de arranha-céus entre as colinas arborizadas dos Novos Territórios. Foi ali que K. Y. Yuen e uma equipe de colegas os pegaram para um estudo.

Yuen reconheceu que o evento do *Diamond Princess* era uma oportunidade científica, uma espécie de experimento natural de contato, contágio e disseminação silenciosa controlados. "Naquela ocasião", contou, "já temos alguns outros dados que nos ajudam a pensar em infecções assintomáticas ou pré-sintomáticas." Esses outros dados, esparsos, mas importantes, incluíam o grupo familiar detectado precocemente pelos colegas de Yuen no hospital de Shenzhen. Um desses familiares, uma criança de dez anos que se recusara a usar máscara quando a família visitou Wuhan, fora confirmado como caso positivo, apesar de não apresentar sinais clínicos. No relatório sobre esse grupo feito em 24 de janeiro, a equipe de Yuen havia alertado que seria crucial "isolar os pacientes e rastrear e colocar em quarentena os contatos o mais cedo possível, porque a infecção assintomática parece possível".[22] Mas essa observação foi captada ao acaso e considerada incidental em comparação com as pessoas no cruzeiro do *Diamond Princess*, cada uma das quais fora testada para covid por profissionais de saúde japoneses antes de sair do navio. "Todos esses casos", disse Yuen, "eles são muito controlados."

Quase quatrocentos residentes de Hong Kong tinham estado a bordo do transatlântico, um décimo do total de passageiros. Setenta e seis deles deram positivo durante a triagem a bordo e foram encaminhados para isolamento hospitalar no Japão. Dois desses pacientes hospitalizados morreram. Quase trezentos outros honcongueses testaram negativo e receberam autorização para desembarcar. Alguns ficaram no Japão, os demais voltaram para permanecer em quarentena no conjunto habitacional Chun Yeung. Os cientistas obtiveram a participação voluntária de 215 adultos, então começaram a testá-los novamente e repetiram os testes a cada quatro dias durante a quarentena de duas semanas. Nove dessas pessoas deram positivo, por várias medidas, entre as quais PCR e anticorpos. Traduzindo: seus corpos continham o vírus e seus sistemas imunológicos sabiam disso e não gostaram. Das nove, seis permaneceram assintomáticas durante todo o período de catorze dias de quarentena.

"Se a epidemia de navios de cruzeiro é um microcosmo do cenário de surto comunitário", concluíram Yuen e seus colegas em seu relatório publicado, "então indivíduos com ou sem pneumonia podem carregar o vírus por um longo período, mas permanecer assintomáticos."[23] E podiam fazer mais do que carregá-lo; podiam transmiti-lo. Para mim, ele disse: "Isso é muito importante. É por isso que você não consegue controlar uma pandemia" — não conseguia controlar *esta* pandemia, pelo menos — "porque há muitos casos assintomáticos espalhando a infecção". Pense nisso, disse Yuen: tinham sido encontrados nove positivos do *Diamond Princess*, seis deles assintomáticos. Tomando isso como um guia muito grosseiro, ele explicou que, para cada caso que se identifica a partir dos sintomas, "há pelo menos mais dois casos" disseminando o vírus de forma invisível através de seu navio, sua cidade, seu país. Na verdade, quando os sintomas aparecem, a carga viral no nariz e na garganta da pessoa já atingiu seu pico.

"Em que momento você soube disso?", perguntei.

No final de março, disse ele, mas não conseguiu se lembrar da data exata.

"Para quem você contou?"

"Bem, é claro, o governo imediatamente." Ou seja, a chefe do Executivo de Hong Kong sabia do perigo, bem como qualquer pessoa que visse o *preprint* que Yuen e seus colegas postaram on-line. Entre os líderes políticos e autoridades de saúde pública em outros lugares, a orientação não mudou: verifique as pessoas quanto à febre, teste aqueles que estão tossindo e o resto de sua população deve estar bem.

Esse foi o primeiro aviso ao mundo sobre transmissão assintomática?

Não, disse Yuen. "O primeiro aviso é em janeiro." Aquela criança assintomática em Shenzhen, aquela que havia se recusado a usar máscara durante a visita a Wuhan — aquela criança foi o primeiro aviso, conforme descrito no artigo que sua equipe publicara em 24 de janeiro. O *Diamond Princess* foi o segundo aviso sobre disseminação assintomática, para quem precisasse de dois.

28

"Quando você é virologista ou alguém envolvido com micróbios", disse-me Tony Fauci, "você tenta..." — ele hesitou, colocando a próxima palavra em itálico tonal cuidadoso — "antropomologizar, acho eu, um vírus." Era seu neologismo para "antropomorfizar", mas eu sabia o que ele queria dizer. Você provavelmente já fez isso, disse ele, em seus escritos anteriores sobre vírus.

"Sim."

"Você o transforma numa metáfora."

"Sim."

"Então, se esse vírus fosse uma pessoa realmente nefasta, ele diria: 'O que eu quero fazer e como posso causar o maior estrago?'. Bem, antes de tudo, 'tenho de ser *extremamente* eficiente na replicação. Mas eu não quero matar todo mundo.'" Ele não explicou a razão para não matar todo mundo: porque ele se importava apenas com o sucesso evolutivo. O cientista de doenças mais confiável do país, com sua sinceridade tranquilizadora e seu sotaque do Brooklyn, pensando em estratégia como um vírus nefasto — era persuasivo. Tony Fauci tem tanto aço na espinha e anticongelante nas veias, esse homem compacto de Bensonhurst, filho de farmacêutico, diretor de uma enorme agência federal de pesquisa (o Niaid) desde 1984, veterano de muitos dias difíceis testemunhando no Congresso, que parece que ele poderia muito bem ter chefiado a família criminosa Gambino, se não fosse tão ético, ou talvez ter sido superior-geral da ordem dos jesuítas. A força de sua vontade e ambição já estava presente no ensino médio quando, com 1,70 metro de altura, ele foi capitão do time de basquete. "'Quero ser um vilão de fato excepcional'", continuou ele, com a voz do vírus. "'Quero ter uma situação em que 40% das pessoas que infecto, nem quero que saibam que estão infectadas. Eu quero que elas sejam completamente assintomáticas.'"

Esqueça as aspas dentro das aspas, ele agora estava transmitindo uma comunicação mediúnica do vírus. "Quero que as infecções sejam transmitidas", disse Fauci, de modo que "50% das infecções sejam transmitidas por pessoas sem sintomas. Assim. Todas essas pessoas jovens e assintomáticas — eu realmente não me importo com elas". Matar não é a questão, ele quis dizer. Matar é irrelevante, então, desde que restem muitos indivíduos suscetíveis para acomodá-lo, o vírus. "Eu não vou me livrar da população. Eu só vou causar muitos danos."

"Hum, hum." *Continue falando*, pensei. Eu não queria quebrar seu ritmo.

"Os idosos. E pessoas com doenças de base." Vítimas colaterais, irrelevantes para a missão viral: proliferar, disseminar, sobreviver.

"Hum, hum."

"Então, ao mesmo tempo", disse ele, no tom paciente de um professor de biologia do ensino médio dirigindo-se a uma classe de calouros medianos — depois de volta à persona viral: "Sou um híbrido. Sou um vírus que causa muito, muito pouco dano, não dá sintomas a muitas pessoas." Altamente capaz de transmissão, leve na maioria das pessoas infectadas, invisível em muitas, portanto, levando a população hospedeira e seus líderes mais apatetados e teimosos à complacência. "Ao mesmo tempo, posso ser absolutamente mortal para um grande número de pessoas, que por acaso são vulneráveis."

"Sim", eu disse com admiração.

"E essa é a natureza nefasta e insidiosa desse vírus."

29

"Nefasta" e "insidiosa" são termos relativos, bem como antropomórficos, é claro. O SARS-CoV-2 é um patógeno humano horrível, hostil à nossa saúde e bem-estar, odioso aos nossos olhos; nefasto e insidioso *para nós*. Mas ainda é "apenas" um vírus, fazendo o que os vírus fazem: obedecendo ao que chamo de três imperativos darwinianos, que governam todas as criaturas que se replicam por meio de genomas variáveis, sejam eles vírus, plantas de erva-doce, ratos, dentes-de-leão ou cangurus. Esses imperativos são: 1) copiar-se o mais abundantemente possível; 2) expandir-se no espaço geográfico; e 3) estender-se no tempo. A maioria das pessoas tende a considerar *todos* os vírus odiosos, como se esses pequenos pacotes autorreplicantes de DNA e RNA não tivessem nenhum papel no planeta, exceto fazer os humanos espirrar, tossir, sangrar, asfixiar-se, sofrer e morrer. Alguns vírus fazem isso, é verdade. A maioria dos vírus famosos o faz, e é por isso que eles são famosos. Mas para entender apenas o que é o SARS-CoV-2, de onde ele vem, como funciona e até *por que* funciona como funciona, uma perspectiva mais ampla é útil — ainda mais ampla do que a perspectiva "Eu, Vírus" de Tony Fauci. Para começar, vamos imaginar a Terra sem nenhum vírus.

Acenamos com uma varinha de condão e todos eles desaparecem. O vírus da raiva some de repente. O da poliomielite também. Assim como o Ebola. Faça isso: todos os seis vírus Ebola, entre eles o vírus Sudão, o vírus Tai Forest, o vírus Bundibugyo e o vírus Reston, acabam. O vírus do sarampo, o vírus da caxumba e os das várias gripes desaparecem. Imediatamente isso traz uma enorme redução de sofrimento e morte humanos. O HIV-1 se vai, de modo que a catástrofe da aids nunca aconteceu, e o HIV-2 também. Os vírus Nipah, Hendra, Machupo e Sin Nombre, com suas terríveis histórias de destruição, se extinguem. Os vírus da dengue somem. Todos os rotavírus desaparecem, uma grande dádiva para as crianças nos países em desenvolvimento que morrem às centenas de milhares a cada ano de diarreia e desidratação. O vírus Zika acaba. O vírus da febre amarela, desaparecido. O vírus do herpes B, transportado por alguns macacos, muitas vezes fatal quando transmitido aos humanos, é extinto. Ninguém mais sofre de catapora, hepatite, herpes-zóster ou mesmo resfriado comum. O agente da varíola? Esse vírus foi erradicado na natureza em 1977, mas agora desaparece dos freezers de alta segurança onde estão armazenadas as últimas assustadoras amostras. O SARS-CoV se vai. O MERS-CoV se vai. Cinco outros coronavírus também conhecidos por infectar humanos, mas que causam apenas sintomas leves, como OC43, desaparecem. Todos os coronavírus transmitidos por morcegos e todos os coronavírus que infectam pangolins se vão. E é claro que o SARS-CoV-2, nefasto, insidioso e catastrófico para nós, desaparece. Você se sente melhor?

Não se sinta.

Esse cenário é mais ambíguo do que você pensa. O fato é que vivemos num mundo de vírus que são insondavelmente diversos, imensamente abundantes e ambivalentes em seus efeitos, mesmo sobre a saúde e o bem-estar humanos. Os oceanos sozinhos podem conter mais vírus do que as estrelas no universo observável. Os mamíferos podem carregar pelo menos 320 mil vírus diferentes. Quando você adiciona os vírus que infectam animais não mamíferos, plantas, bactérias terrestres e todos os outros hospedeiros possíveis, o total chega a... um monte. E além dos números grandes há grandes consequências de um tipo que não esperaríamos: muitos desses vírus trazem benefícios adaptativos, não danos, à vida na Terra, inclusive à vida humana.

Não conseguiríamos continuar sem eles. Não teríamos surgido da lama primordial sem eles. Por exemplo: existem dois comprimentos de DNA que se originaram de vírus e agora residem nos genomas de seres humanos e outros primatas sem os quais — um fato espantoso — uma gravidez bem-sucedida seria impossível. Existe o DNA viral, aninhado entre os genes de animais terrestres, que ajuda a empacotar e armazenar memórias em minúsculas bolhas de proteína. Ainda outros genes cooptados de vírus contribuem para o crescimento de embriões, regulam o sistema imunológico, resistem ao câncer — efeitos importantes que só agora começam a ser compreendidos. A verdade é que os vírus desempenharam papéis cruciais no início das grandes transições evolutivas. Elimine todos os vírus, como no meu experimento mental, e a imensa diversidade biológica que enfeita nosso planeta se desintegraria, como uma bela casa de madeira cujos pregos fossem abruptamente removidos.

Um vírus é um parasita, sim — um parasita genético, para ser mais preciso, que usa os recursos de outros organismos para replicar seu próprio genoma —, mas em alguns casos esse parasitismo é mais parecido com uma simbiose, uma dependência mútua que beneficia tanto o visitante quanto o hospedeiro. Apesar dos horrores, sofrimentos e tristezas infligidos aos humanos pelo SARS-CoV-2, cabe a nós reconhecer e lembrar que os vírus, como o fogo, são um fenômeno que não é ruim em todos os casos, nem bom em todos os casos; eles podem fornecer vantagem ou destruição. São os anjos das trevas da evolução, formidáveis e terríveis. É isso que faz valer a pena entendê-los, em vez de apenas temê-los e deplorá-los.

Para apreciar a multiplicidade dos vírus, é preciso começar com o básico sobre o que eles são e o que não são. É mais fácil dizer o que eles não são. Como observei antes, eles não são células vivas. A célula, do tipo reunido em grande número para compor o corpo humano, o de um polvo ou de uma prímula, contém mecanismos complexos para construir proteínas, empacotar energia e realizar outras funções especializadas, cujos detalhes dependem de essa célula ser de um músculo, de um xilema ou um neurônio. A bactéria também é uma célula, com atributos semelhantes, embora muito mais simples. Assim como um organismo do domínio Archaea: um pouco mais complexo que uma bactéria, também sem núcleo celular, mas capaz de metabolismo e reprodução. Um vírus não é nada disso.

Dizer exatamente o que *é* um vírus tem sido desafiador o suficiente para que as definições tenham mudado nos últimos 120 anos. Martinus Beijerinck, botânico holandês que estudou o vírus do mosaico do tabaco, especulou em 1898 que era um líquido infeccioso. Por um tempo, o vírus foi definido principalmente pelo tamanho de suas partículas, como algo menor que uma bactéria, pequeno demais para ser capturado por um filtro cerâmico de orifícios minúsculos, mas que ainda podia causar doenças. Ainda mais tarde, passou a ser entendido como um agente submicroscópico, com apenas um genoma muito pequeno, que se replica dentro de células vivas — o que estava correto, mas era apenas um primeiro passo para a compreensão dessas coisas.

"Defenderei um ponto de vista paradoxal", escreveu o microbiologista francês André Lwoff em 'The Concept of Virus' [O conceito de vírus], um influente ensaio publicado em 1957, "ou seja, que *vírus são vírus*."[24] Não é uma definição muito útil, apenas outra maneira de dizer "único em si mesmo". Ele estava apenas pigarreando antes de começar uma longa dissertação.

Lwoff sabia que os vírus são mais fáceis de descrever do que de definir. Sabia que cada partícula viral consiste em um trecho de instruções genéticas (escritas em DNA ou RNA) empacotadas dentro de uma cápsula de proteína, conhecida como capsídeo. O capsídeo, em alguns casos, é cercado por um envelope membranoso (como o caramelo de uma maçã caramelada), que o protege e o ajuda a agarrar uma célula. Um vírus só pode copiar a si mesmo entrando numa célula, ou pelo menos injetando seu genoma e requisitando o mecanismo de impressão em 3-D que transforma informações genéticas em proteínas.

Se a célula hospedeira for azarada, muitos novos vírions são fabricados, saltam para fora e ela fica destroçada. Esse tipo de dano — como o que o SARS-CoV-2 causa nas células epiteliais das vias aéreas humanas — é, em parte, como um vírus se torna um patógeno.

Mas se a célula hospedeira tiver sorte, talvez o vírus simplesmente se estabeleça nesse aconchegante posto avançado, fique adormecido ou fazendo engenharia reversa de seu genoma no genoma do hospedeiro, à espera de seu momento. Esse segundo truque é o que retrovírus, como o HIV-1, faz. Isso traz muitas implicações para a mistura de genomas, para a evolução, até para nosso senso de identidade como seres humanos. Oito por cento do genoma humano consiste em DNA viral que foi inserido em nossa linhagem dessa maneira, ao longo de milhões de anos. Essa é uma visão muito diferente do tema do "Eu, Vírus". Tanto você quanto eu, assim como Tony Fauci e todo mundo, somos 8% virais em nossos genomas. E isso nem leva em conta os vírus do microbioma humano, carregados no intestino, na pele e em outros lugares, mas não em nossos genomas como o DNA retroviral.

A noção de vírus como malignos sem exceção, que eles sempre e somente fazem mal, não é exclusiva de pessoas que não são cientistas. O eminente biólogo britânico Peter Medawar, em um livro popular de 1983, escrito em coautoria com sua esposa, Jean, afirmou que "nenhum vírus é *conhecido* por fazer o bem: foi bem dito que um vírus é uma notícia ruim embrulhada numa proteína".[25] Eles estavam errados, assim como muitos cientistas daquela época, porque em 1983 era um pouco cedo demais para encontrar vírus em genomas e discernir sua função. Essa visão continua sendo adotada, compreensivelmente, por qualquer pessoa cujo conhecimento sobre vírus esteja limitado a más notícias como covid-19, aids e gripe. Mas hoje muitos vírus são conhecidos por fazer o bem. O que está embrulhado no capsídeo da proteína é um envio genético — uma mensagem numa garrafa —, e isso pode ser uma boa ou uma má notícia, depende.

De onde vieram os primeiros vírus? Para responder a isso, é preciso olhar para trás quase 4 bilhões de anos, até a época em que a vida na Terra estava apenas emergindo de um cozido incipiente de moléculas longas, compostos orgânicos mais simples e energia.

Digamos que algumas das moléculas longas (provavelmente RNA) começaram a se replicar. Servindo como modelos da individualidade, pegando pequenas moléculas de seu ambiente para se ajustarem onde apropriado, elas fizeram cópias de si mesmas. A seleção natural darwiniana teria começado ali, à medida que essas moléculas — os primeiros genomas — se reproduziram, sofreram mutações e evoluíram. Ao buscar uma vantagem competitiva, algumas delas podem ter encontrado ou criado uma proteção dentro de membranas e paredes, levando às primeiras células. Essas células se reproduziram por fissão, dividindo-se em duas. Elas também se dividiram num sentido mais amplo, diferenciando-se para se tornarem Bacteria e Archaea, dois dos três domínios da vida celular. O terceiro, Eukarya, surgiu algum tempo depois. Este inclui nós e todas as demais criaturas (animais, plantas, fungos, certos micróbios, como amebas e diatomáceas) compostas de células com anatomia interna complexa, como um núcleo que contém o genoma. Esses são os três grandes galhos da árvore da vida como atualmente desenhados: Bacteria, Archaea, Eukarya.

Espere, e os vírus? Onde se encaixam? Eles são um quarto grande galho? Ou são uma espécie de visco, um anexo parasita trazido de outro lugar? A maioria das versões da árvore omite completamente os vírus, porque colocá-los em qualquer lugar é assumir uma posição numa questão ainda mais complexa do que a árvore da vida.

Uma escola de pensamento sustenta que os vírus não devem ser incluídos na árvore porque eles não estão vivos. É um argumento circular e insolúvel, baseado em como se define "vivo". Mais proveitoso é conceder a inclusão de vírus dentro da grande tenda chamada Vida e depois se perguntar como eles entraram.

Existem três hipóteses principais para explicar a origem evolutiva dos vírus, conhecidas pelos cientistas da área como vírus-primeiro, escape e redução. Vírus-primeiro é a ideia de que os vírus surgiram antes das células, de algum modo montando-se diretamente daquele cozido primordial de moléculas autorreplicantes. Já a hipótese do escape postula que genes ou trechos de genomas vazaram das células, ficaram envoltos em capsídeos de proteínas e se desgarraram, encontrando um novo nicho como parasitas. E a hipótese da redução sugere que os vírus se originaram quando algumas células diminuíram de tamanho sob pressão competitiva (é mais fácil se replicar quando se é pequeno e simples) e liberaram genes até serem reduzidas a tal minimalismo que somente parasitando células poderiam se replicar e perpetuar suas linhagens.

Cada uma das três hipóteses tem mérito. Mas em 2003 um fato novo inclinou a opinião dos especialistas para a redução: o vírus gigante.

Ele foi encontrado vivendo (ou "vivendo", se preferir) no interior de amebas. Essas amebas foram coletadas em água retirada de uma torre de resfriamento em Bradford, Inglaterra. Dentro de algumas delas estava essa bolha misteriosa. Era grande o suficiente para ser vista através de um microscópio de luz (acreditava-se que os vírus eram pequenos demais para isso, visíveis apenas por microscópio eletrônico), e parecia uma pequena bactéria. Os cientistas tentaram detectar genes bacterianos em seu interior, mas não encontraram nenhum.

Por fim, uma equipe de pesquisadores em Marselha, na França, convidou a coisa a infectar outras amebas, sequenciou seu genoma, reconheceu o que era e a denominou Mimivírus, porque imitava bactérias, pelo menos em relação ao tamanho. Em diâmetro era enorme, maior que a menor bactéria. Seu genoma também era enorme para um vírus, com quase 1,3 milhão de bases, em comparação com, digamos, 13 mil para um vírus da gripe, 30 mil para um coronavírus ou mesmo 194 mil para o vírus da varíola. Era um vírus "impossível": de natureza viral, mas grande demais em escala, como uma borboleta amazônica recém-descoberta que tivesse uma envergadura de 1,2 metro.

Jean-Michel Claverie era membro sênior dessa equipe de Marselha. A descoberta do Mimivírus, contou, "causou muitos problemas". Por quê? Porque o sequenciamento do genoma revelou quatro genes muito inesperados — genes para codificar enzimas que se acreditava serem exclusivamente celulares e nunca antes vistos em um vírus. Essas enzimas, explicou Claverie, estão entre os componentes que traduzem o código genético para montar aminoácidos em proteínas.

"Então a questão era", prosseguiu ele, "para que diabos um vírus precisa" dessas enzimas sofisticadas, normalmente ativas nas células, "enquanto tem a célula à sua disposição, o.k.?" Com efeito, que necessidade? A inferência lógica é que o Mimivírus as tem como remanescentes porque sua linhagem se originou por redução genômica de uma célula.

O Mimivírus não foi um acaso feliz. Vírus gigantes semelhantes logo foram detectados no mar dos Sargaços, e o nome inicial se tornou um gênero, *Mimivirus*, contendo vários gigantes. Em seguida, a equipe de Marselha descobriu mais dois mastodontes — novamente, ambos parasitas de amebas —, um retirado de sedimentos marinhos rasos na costa do Chile, outro de uma lagoa na Austrália. Até duas vezes maiores que um Mimivírus, ainda mais anômalos, esses vírus foram atribuídos a um grupo separado, que Claverie e seus colegas chamaram de Pandoravírus, evocando a caixa de Pandora, como explicaram em 2013, por causa das "surpresas esperadas de seu estudo posterior".[26]

A coautora sênior de Claverie daquele artigo foi sua esposa, a virologista e bióloga estrutural Chantal Abergel. Sobre o grupo de Pandoravírus, disse-me Abergel, com uma risada cansada: "Eles eram altamente desafiadores. São meus bebês". Ela explicou como havia sido difícil dizer o que eram aquelas criaturas — tão diferentes das células, diferentes também dos vírus clássicos, carregando muitos genes que não se pareciam com nada visto antes. "Tudo isso os torna fascinantes, mas também misteriosos." Por um tempo ela os chamou de NFV: *nova forma de vida*. Mas ao observar que eles não se replicavam por fissão, como fazem as bactérias e as arqueas, Abergel e seus colegas perceberam que eram vírus — os maiores e mais desconcertantes encontrados até então.

Essas descobertas sugeriram ao grupo de Marselha uma variante ousada da hipótese de redução. Talvez os vírus tenham se originado por redução de células antigas, mas células de um tipo que não está mais presente na Terra. Isto é, não dos domínios Bacteria ou Archaea, ou mesmo de qualquer ancestral celular que esses dois compartilhassem, mas da Linhagem Microbiana X, ainda outro domínio da vida que foi extinto... exceto por sua forma remanescente, os vírus. Isso é um pouco como o divertido lembrete do paleontólogo: *Os dinossauros não foram completamente extintos; eles ainda estão aqui, mas nós os chamamos de aves*. Abergel e Claverie não falam da Linhagem Microbiana X. Eles se referem, em seus artigos, a uma espécie de "protocélula ancestral" que pode ter sido diferente — e competidora — do ancestral comum universal de todas as células conhecidas hoje.[27] Talvez essas protocélulas tenham perdido essa competição e tenham sido excluídas de todos os nichos disponíveis para seres de vida livre. Talvez tenham sobrevivido como parasitas em outras células, reduzido o tamanho de seus genomas e se tornado o que chamamos de vírus. Desse reino celular desaparecido, talvez restem apenas vírus, como os corvos nas árvores, com seus resquícios genéticos profundos do *Tyrannosaurus rex*.

30

"The Proximal Origin of SARS-CoV-2", de Kristian Andersen e seus colaboradores, saiu na revista *Nature Medicine* apenas seis dias depois que a OMS declarou oficialmente o que qualquer pessoa sensata poderia notar: que a crise de covid-19 era uma pandemia. Até então, a China havia relatado 81116 casos confirmados, a Itália ficara em segundo lugar na tribulação com 27980 casos confirmados e 2503 mortes, e os Estados Unidos tinham contado "meros" 3503 casos confirmados, sendo 58 fatais. A quantidade de casos não confirmados era, sem dúvida, muito maior, mas seu número era desconhecido porque os testes de diagnóstico eram escassos e, em alguns lugares, principalmente nos Estados Unidos, ineficazes. Barbados havia relatado seus dois primeiros casos, em pessoas recém-chegadas dos Estados Unidos. A Etiópia tinha cinco casos e o Uzbequistão, quatro. Detectado ou não, o vírus estava se espalhando.

"Nossas análises mostram claramente", escreveram Andersen e seus coautores, "que o SARS-CoV-2 não é uma construção de laboratório ou um vírus manipulado de maneira proposital."[28] A lógica e as provas deles cobriam aquelas duas características do genoma que pareciam anômalas à primeira vista: o domínio de ligação ao receptor e o local de clivagem com furina. Eles haviam reconhecido, graças a Matt Wong, que existem RBDs muito semelhantes na natureza, principalmente entre os coronavírus que infectam pangolins. A seleção natural os criara. O do SARS-CoV-2 não parecia mais anômalo.

O local de clivagem com furina era um pouco mais complicado, porque nenhum mecanismo desse tipo foi encontrado em coronavírus de pangolim, tampouco no RATG13, o vírus de morcego que se assemelhava ao SARS-CoV-2. Os autores duvidavam que o local de clivagem pudesse ter sido criado ou cultivado em laboratório, por várias razões complexas, persuasivas para a maioria dos virologistas moleculares, mas não destinadas a satisfazer a todos. Haveria críticas. Haveria clamores de que talvez esse vírus, ainda que não criado de propósito, tivesse vazado de um laboratório por algum acidente terrível. E haveria respostas convincentes a esses clamores, de Andersen e outros. A discussão sobre a origem do SARS-CoV-2 não foi resolvida em 17 de março de 2020.

Outros estudos de outras equipes exploraram a conexão do pangolim. O que significava a semelhança de domínios de ligação ao receptor no SARS-CoV-2 e no vírus do pangolim de Guangdong? Um pangolim fora infectado por duas cepas de coronavírus ao mesmo tempo e elas tinham se recombinado durante a replicação, misturando o RBD de um no outro? Os pangolins haviam carregado esse vírus recombinado por um longo período, séculos ou milênios, tempo suficiente para que uma acomodação mútua suave evoluísse, de modo que os pangolins se tornassem um verdadeiro hospedeiro reservatório, um refúgio no qual o vírus residia em paz e segurança? Ou algum pangolim desafortunado, ou talvez um carregamento de pangolins, desempenhara recentemente um papel intermediário entre o reservatório natural e os seres humanos? Ou talvez o vírus do pangolim e o RaTG13, aquele vírus de morcego semelhante, compartilhassem um ancestral comum que era um vírus de morcego com o RBD, e o vírus do pangolim mantivera o RBD, mas o RaTG13 o perdera por recombinação. Sobre essas questões, a pequena enxurrada de estudos publicados em periódicos de destaque nos dois meses seguintes ofereceu alguns dados intrigantes e suposições fundamentadas. Esses estudos também se anteciparam ao artigo de Wong-Petrosino, ainda um rascunho apresentado a outro periódico — um periódico que não vou envergonhar citando seu nome —, onde foi perdido, ou extraviado, ou enterrado numa pilha, ou comido pelo cachorro de alguém.

Já mencionei o artigo da Universidade Agrícola do Sul da China, aquele que foi promovido pela reitora dessa instituição em sua entrevista coletiva, no início de fevereiro. Sim, essa equipe encontrara um coronavírus do tipo SARS em pangolins, mas não, não era 99% semelhante ao SARS-CoV-2. Era 90% semelhante no geral e 91% semelhante no gene da espícula, que incluiu o domínio de ligação ao receptor. Essa semelhança era interessante, mas não conclusiva. Os pesquisadores da Universidade Agrícola, entre eles Yongyi Shen como autor sênior, sugeriram que o SARS-CoV-2 "poderia ter se" originado pela recombinação entre um vírus de pangolim e um semelhante ao RaTG13.[29]

O grupo de Shen extraiu seus dados de tecidos pulmonares. Eles examinaram amostras de quatro pangolins-chineses (*Manis pentadactyla*, espécie muitíssimo ameaçada de extinção, mas ainda presente em Guangdong e outras partes do sul da China) e de 25 pangolins-malaios. Entre eles estavam os mesmos animais apreendidos pela alfândega de Guangdong em março de 2019 e dos quais a equipe de Jinping Chen havia retirado amostras anteriormente, além de alguns outros interceptados em agosto do mesmo ano. O grupo de Shen encontrara agora coronavírus de RNA, como Chen tinha detectado, mas somente em pangolins-malaios, e apenas naqueles apreendidos em março de 2019. Os pesquisadores deram vividez a um relatório muito técnico ao observar que os pangolins de março, no Centro de Resgate da Vida Selvagem, "mostraram pouco a pouco sinais de doenças respiratórias, como falta de ar, emagrecimento, falta de apetite, inatividade e choro".[30] Catorze deles morreram em seis semanas. Pangolins são sensíveis, é difícil mantê-los vivos em cativeiro mesmo sob os mais atentos cuidados, e as duras condições a eles impostas pelo tráfico internacional os tornariam especialmente suscetíveis a infecções. Mas o que matou aqueles catorze pangolins? Foi o vírus Sendai, ou um coronavírus, ou alguma outra causa não relacionada às preocupações com a saúde humana? É provável que nunca saibamos. Mais adiante no artigo, profundamente enterrado numa seção sobre metodologia, Shen e seus coautores acrescentaram que os animais "estavam sobretudo inativos e soluçando, e acabaram morrendo sob custódia, apesar das exaustivas medidas de resgate".[31] Soluçar pode ser tomado como uma metáfora para luta respiratória, mas, de novo, às vezes um soluço é apenas um soluço.

Três pesquisadores de um laboratório do governo em Kunming, na província de Yunnan, também voltaram às amostras de tecido pulmonar dos pangolins mortos em Guangdong. Essa equipe reexaminou os mesmos dados genômicos que o grupo de Chen havia publicado. Eles relataram, num artigo de abril, o que Matt Wong notara em janeiro: que o domínio de ligação ao receptor do coronavírus do pangolim correspondia ao do SARS-CoV-2. Isso sugeria que o vírus do pangolim, assim como o SARS-CoV-2, talvez fosse capaz de se prender a células respiratórias humanas. Os pesquisadores sugeriram, mas não afirmaram, que a pandemia poderia ter começado a partir de um pangolim. Mas não havia correspondência com o local da clivagem com furina. Para essa ausência, esses autores de Kunming postularam uma explicação simples: o vírus do pangolim e o SARS-CoV-2 podiam ser descendentes de um vírus ancestral comum, e a linhagem do pangolim podia simplesmente ter perdido o local de clivagem no curso da evolução, como algumas aves (os dodôs, os moas da Nova Zelândia, além dos quivis, pinguins e avestruzes) perderam o poder de voar.

De repente, houve um pequeno boom na virologia dos pangolins. Em Guangzhou, o grupo de Jinping Chen voltou à conversa, apresentando mais análises de suas próprias amostras, aqueles tecidos pulmonares dos pangolins de março de 2019. Dessa vez Chen e seus colegas extraíram fragmentos de RNA suficientes, reunidos de três animais, para montar uma sequência completa de coronavírus. Sim, relataram, ele era surpreendentemente semelhante ao vírus humano SARS-CoV-2 e ao vírus de morcego RaTG13. Sim, o domínio de ligação ao receptor correspondia ao do SARS-CoV-2. Mas não, prosseguiram, seus dados não corroboravam a suposição de que o SARS-CoV-2 tivesse vindo diretamente de um pangolim. A história, pelo visto, era mais complicada, e a cepa pandêmica surgira de um ou mais eventos de recombinação entre vírus que infectam morcegos e outros animais selvagens, talvez incluindo pangolins. Mas, para o grupo de Chen, duas coisas pareciam claras. Primeiro, há muitos coronavírus potencialmente perigosos para os seres humanos circulando entre vários animais silvestres — morcegos, civetas, camelos, pangolins, sabe-se lá o que mais. Em segundo lugar, e para o bem da conservação da vida selvagem, bem como da saúde humana, é importante reduzir o contato disruptivo entre pessoas e animais silvestres, capturados ou de criação, que correm o risco de propagar para os seres humanos esses vírus. Quando se tem pangolins-malaios, sequestrados de outras partes do sul da Ásia, traficados através da fronteira, soluçando em um centro de resgate de uma grande cidade chinesa, algo está errado, e não apenas para os pangolins.

31

Todos esses estudos se equilibravam sobre um suporte relativamente estreito: amostras de pangolins contrabandeados e interceptados pela alfândega de Guangdong e entregues ao centro de resgate em 24 de março de 2019. Enquanto isso, outro estudo expandia a base de evidências de Guangdong para Guangxi, a província adjacente a oeste, que faz fronteira com o Vietnã, e encontrava algo ainda mais interessante. Desse grupo fazia parte um destemido detetive de doenças altamente considerado da HKU chamado Yi Guan, ao lado de mais de vinte outros cientistas de Hong Kong e do continente, além de Eddie Holmes.

"Então, o que aconteceu", contou Holmes, foi que, em 30 de janeiro, "fui procurado por Tommy Lam." Tommy Tsan-Yuk Lam é geneticista estatístico e bioinformata, formado em Hong Kong, na Universidade Estadual de Pensilvânia e em Oxford, e atualmente professor associado da HKU, embora ainda pareça jovem o suficiente para ser um skatista punk de Los Angeles. "Fui supervisor do Tommy quando ele fazia pós-doutorado", disse Holmes. Agora ele estava trabalhando com Yi Guan. Lam falara com Holmes sobre um projeto curioso que envolvia alguns pangolins confiscados em Guangdong. "Eles têm essa doença respiratória", Holmes lembra que ele contou. "E adivinhe: eles têm esse coronavírus neles." Holmes para mim: "E eu pensei: Bem, isso é extraordinário". Isso aconteceu apenas alguns dias depois que Matt Wong, abalado com a notícia da morte de Kobe Bryant, começou a procurar um significado mais profundo para sua vida.

Lam e Guan, como as outras equipes, haviam posto as mãos nos dados dos pangolins de Guangdong; mas eles tinham algo mais. De algum modo, conseguiram amostras de outro conjunto de pangolins traficados, confiscados pela alfândega de Guangxi cerca de dois anos antes. Eles haviam extraído o RNA. E queriam a ajuda de Holmes. "Começamos a analisar esses dados e o que vemos, o que é tão impressionante..." Holmes se interrompeu, fazendo uma pausa para ter certeza de que eu o estava acompanhando. "São pangolins de duas províncias, certo?"

"Sim", confirmei.

"É Guangxi e Guangdong, certo? Ambos são pangolins-malaios contrabandeados ilegalmente." Dois lotes do tipo malaio, e, sim, "contrabandeados ilegalmente" é redundante, mas ele estava falando rápido, animado de novo por recontar a história. "Eles não são da China. Eles são importados, o.k.? Ambos têm alguma doença respiratória. E isso está descrito no artigo" — o artigo publicado mais tarde, por Yi Guan e Tommy Lam, e Holmes e seus colegas, na *Nature*. Sim, tudo bem, eu conhecia o periódico, e o havia lido um dia antes dessa conversa.

"O que é tão interessante para mim é que ambos têm coronavírus relacionados à cepa humana, mas não são os *mesmos*. Certo? Isso é que é muito impressionante."

Guan e sua equipe em Hong Kong havia recebido amostras congeladas de pulmão, intestino e sangue de dezoito pangolins apreendidos em operações de combate ao contrabando feitas por funcionários da alfândega de Guangxi. Encontraram o RNA do coronavírus em seis amostras e, a partir desses fragmentos, montaram seis sequências genômicas, que chamaram de linhagem GX, abreviação de Guangxi. Eles também pegaram os dados brutos dos pangolins de Guangdong, que o grupo de Chen havia disponibilizado, extraíram novos dados de sequência de outras amostras desses pangolins e reprocessaram tudo isso em genomas completos, usando suas próprias ferramentas e conforme seus próprios padrões de precisão, aos quais deram o nome de linhagem GD. Ambas as linhagens se assemelhavam ao SARS-CoV-2, mas não da mesma maneira nos mesmos pontos de seus genomas. E, o que era mais notável, a linhagem de Guangdong tinha um domínio de ligação ao receptor muito semelhante ao do SARS-CoV-2.

"Quais são as chances?", perguntou Holmes. Quais são as chances de você tirar amostras de dois grupos de pangolins em duas províncias, ambos importados ilegalmente, cada grupo infectado com um coronavírus que por acaso é semelhante, mas de maneiras peculiares, a um vírus que surgiu recentemente em seres humanos?

Deixe-me adivinhar, pensei: as chances são baixas.

"Isso é absolutamente estranho para mim", disse Holmes. "É incrível para mim." Parecia também um pouco ameaçador, mesmo para mim, enquanto me esforçava para seguir sua lógica. Por quê? Porque sugeria a presença de muito mais coronavírus de pangolins do que imaginávamos, diversos e disseminados, e pelo menos alguns deles ameaçadores para humanos; ou então isso refletia uma cascata contínua de coronavírus de morcegos reservatórios para pangolins intermediários; ou talvez ambos. "Não posso descartar nenhuma dessas explicações", disse Holmes.

E se você juntar as evidências de duas linhagens com as do RBD, acrescentou ele, isso indica que nosso conhecimento dos coronavírus que habitam a vida selvagem é "minúsculo". Entre os vírus de morcego mais próximos, como o RATG13, e o genoma do SARS-CoV-2, ainda existe uma lacuna evolutiva relativamente grande. "O que há nessa lacuna? Não sei." Em que outros animais silvestres os coronavírus podem estar à espreita e se recombinando e se aproximando de pessoas? "Cães-guaxinins? Ratos-do-bambu? Quem diabos sabe? Certo? Mas até chegarmos lá" — vá para o campo, vá para as cavernas e florestas, vá para as fazendas onde animais silvestres são legalmente criados para alimentação, vá aos depósitos de onde animais contrabandeados são traficados, vá aos mercados abertos e aos mercados clandestinos onde essas criaturas são vendidas —, "até irmos lá e tirarmos amostras deles, nunca saberemos. Isso é que é decisivo, resolver as origens."

"O.k.", disse eu.

"E os pangolins dão uma pista para isso."

Tommy Lam se tornou o primeiro autor do artigo da *Nature*. A descoberta dessas múltiplas linhagens de coronavírus tão semelhantes ao SARS-CoV-2, concluíram ele e seus colegas, "sugere que os pangolins devem ser considerados como possíveis hospedeiros no surgimento de novos coronavírus".[32] Essa era a lição científica. A ação recomendada, a conclusão do artigo, era que esses animais "deveriam ser removidos dos mercados úmidos para evitar a transmissão zoonótica".[33] Nada de pangolins respirando sobre carne de porco. Nada de pangolins chorando sobre camarões. Em um mercado úmido, um lugar apinhado de gente, cheio de carnes, aves, peixes e animais silvestres, cheio de gaiolas, facas, respingos e ar fétido, cheio de pessoas falando, gritando e tossindo, cheio de animais soluçando, pode-se levar para casa muito mais do que se pechincha e compra.

iv. Dinâmica do mercado

32

O Mercado Atacadista de Frutos do Mar de Huanan não era o maior empório de alimentos frescos da cidade de Wuhan. Mas tornou-se o mais infame, a partir de 31 de dezembro de 2019, quando a Comissão Municipal de Saúde de Wuhan fez seu anúncio sobre 27 casos de hospitalização devido à misteriosa pneumonia, sete dos quais graves, todos ligados ao mercado. O tempo verbal no passado é apropriado — o mercado de Huanan "não era" o maior —, porque o lugar deixou de existir. Permanece fechado e vazio, isolado por uma cerca azul alta no nível do térreo; talvez nunca mais reabra. No segundo andar do prédio, que fica na esquina das ruas Nova China e Desenvolvimento, no centro de Wuhan, há algumas lojas que vendem óculos, cujo acesso é controlado por guardas de segurança. O térreo, com suas vielas escuras e estreitas de barracas fechadas e sarjetas de drenagem, seus cheiros persistentes de desinfetante e carne podre, está interditado ao público. Pode-se conseguir uma visita guiada, mas somente se a pessoa pertencer a um grupo privilegiado de visitantes, como os membros do Estudo Global das Origens do SARS-CoV-2 promovido pela OMS, uma equipe de dezessete cientistas chineses e dezessete internacionais que fez uma inspeção no mercado de Huanan na tarde de 31 de janeiro de 2021. Foi assim que Marion Koopmans conseguiu conhecê-lo.

Koopmans é chefe do Departamento de Virociência do Centro Médico Erasmus, em Rotterdam, e especialista em vírus zoonóticos. Ela encabeçou o grupo que descobriu que o vírus da MERS vinha de camelos. No estudo da OMS-China sobre as origens do SARS-CoV-2, liderou o subgrupo da equipe internacional sobre epidemiologia molecular. É uma pessoa enérgica e direta, com um cabelo cinza-prateado de corte descolado e desgrenhado. Ela e os outros membros da equipe receberam instruções prévias sobre o que veriam e o que não veriam no mercado: não veriam os produtos que antes fervilhavam ali, nem as pessoas que os compravam e vendiam, mas receberiam informações sobre o trabalho feito até então por cientistas chineses para identificar aqueles produtos e suas fontes. Essa visita, lembremos, aconteceu mais de um ano depois do fechamento do mercado. O estranho aroma de podridão desinfetada ainda era perceptível, ainda forte, porque o fechamento tinha sido feito de maneira tão abrupta e com tanta firmeza que muitos dos produtos, como carnes e carcaças mortas, foram deixados para trás. Assim como ferramentas e máquinas. Não se permitiu a recuperação de nada disso por seus proprietários. Um dia, uma bomba de nêutrons atinge um mercado lotado e malcuidado: a vida se foi, as estruturas ficaram intactas. Nesse caso, a bomba de nêutrons era um vírus.

"Havia um mapa completo de todo o mercado", contou Koopmans. Esse mapa, fornecido junto com as instruções, indicava "onde estavam os casos, o que todas as barracas vendiam". Ela se referia aos casos de covid-19, aqueles primeiros pacientes com pneumonia, a maioria vendedores ou fornecedores, que trabalhavam no mercado ou o visitavam habitualmente, não clientes. O mapa mostrava onde eles tinham estado, que animais vivos e mortos haviam oferecido; informações separadas diziam de onde esses animais tinham vindo. O foco estava em produtos considerados de risco para o transporte viral: animais silvestres, entre os quais os criados em fazendas, como ratos-do-bambu e porcos-espinhos, e (porque a equipe chinesa insistiu em considerar essa via hipotética) peixes congelados. "Você pode remontar a vinte países diferentes ao longo dessa cadeia de suprimentos", disse Koopmans. Wuhan é uma cidade de 11 milhões de pessoas, a maior da China Central e uma importante conexão para viagens e comércio internacional. "Você pode também traçar a origem dos animais silvestres, da carne no mercado, a sistemas agrícolas nas províncias", explicou ela, "onde sabemos que há coronavírus de morcegos. Coronavírus de morcego do tipo SARS." Eram pistas a serem seguidas. Essa missão de estudo no início de 2021 deveria ser a fase 1, um mês agitado de trabalho preliminar — exploração do terreno, teste de hipóteses em relação aos dados disponíveis e de elaboração de um plano para coletar mais dados — daquilo que a OMS concebia como um estudo de duas fases. Como o lado chinês veria a continuação para uma segunda fase era outra questão.

Os membros da equipe também viram estudos que rastreavam os casos humanos, contou Koopmans. Isso envolvia epidemiologia molecular, que era da alçada de seu próprio subgrupo. "Está claro que a coisa começou pelo menos no início de dezembro", disse ela, "e em meados de dezembro explodiu para valer."

A epidemiologia molecular do início da covid-19 implicou a comparação de sequências genômicas e, em seguida, a construção de árvores de ascendência e descendência, para definir onde o vírus estava, quando e como viajou por cadeias de transmissão. As sequências virais vieram tanto de amostras humanas, coletadas caso a caso, quanto de amostras ambientais colhidas de superfícies e outras modalidades de coleta no mercado, feitas pelo CCDC em 1º de janeiro de 2020 e depois disso. Koopmans e seus colegas viram 25 genomas virais completos e três sequências parciais de amostras humanas, todas colhidas durante a segunda quinzena de dezembro de 2019. Da primeira quinzena de dezembro, nada. "Não há testes de amostras desse período", contou ela. Portanto, a epidemiologia molecular não pôde falar sobre o que acontecera no mercado, ou em torno dele, quando o surto começou. Ou pelo menos Marion Koopmans e seu grupo não puderam falar sobre isso, levando em conta os dados que tinham visto.

33

Durante as semanas iniciais do surto, à medida que ele se tornava uma pandemia, a narrativa continuou centrada no mercado. Entre os primeiros estudos chineses que saíram em periódicos internacionais estava um da revista britânica *The Lancet*, a mesma que publicou o relatório de K. Y. Yuen sobre o grupo familiar de Shenzhen e o indício ameaçador de disseminação assintomática. Esse estudo, de um grupo do qual fazia parte a equipe médica do Hospital Jinyintan, de Wuhan, onde muitos dos casos de dezembro receberam tratamento, apareceu on-line no mesmo dia que o de Yuen, 24 de janeiro de 2020. Seu primeiro autor era Chaolin Huang, vice-diretor do hospital. Os editores de *The Lancet* sem dúvida compreenderam a importância das notícias da China e aceitaram de bom grado essas explosões de iluminação científica.

O estudo de Huang, que tinha coautoria de mais de 25 médicos e cientistas de Wuhan e Beijing, se concentrava nos aspectos clínicos dos primeiros 41 casos admitidos no Hospital Jinyintan. Quais eram as idades dos pacientes? Quantos deles tinham outros problemas médicos — todos nós conhecemos agora a palavra "comorbidade"—, como diabetes, hipertensão, doenças cardíacas? Quais eram seus sintomas? Quantos tinham febre, quantos tinham tosse, quantos sofriam de dificuldade para respirar? O que os exames laboratoriais diziam sobre seu sangue? O que as tomografias de tórax revelavam sobre seus pulmões? Outro parâmetro chamava a atenção: quantos deles haviam sido diretamente expostos ao Mercado Atacadista de Frutos do Mar de Huanan? A resposta preliminar para essa pergunta era: a maioria. O relatório falava da "histórico de exposição compartilhada a Huanan",[1] e implícita nessa frase estava uma inferência: "exposição a Huanan" significava exposição aos animais vendidos naquele mercado. Essas pessoas, entre as quais os 41 pacientes com pneumonia, não estavam apenas passeando por um prédio na esquina das ruas Nova China e Desenvolvimento. Era bem possível que algumas delas estivessem manipulando, limpando e até matando animais silvestres capturados ou de criação, como civetas, cães-guaxinins, ratos-do-bambu, porcos-espinhos malaios e outros bichos. Além disso, os visitantes que não lidavam com animais ainda respiravam o mesmo ar cheirando a ranço das vielas e lojas do mercado. Quando o estudo de Huang apareceu, essa inferência orientou a imprensa internacional.

The Guardian, por exemplo, um perspicaz diário britânico, imediatamente publicou uma matéria sobre clamores pela proibição de mercados de animais silvestres em todo o mundo, provocados pelo surto de coronavírus e pelos acontecimentos no mercado de Huanan, "que foi fechado por ser fonte da infecção".[2] A informação era exata, mas enganosa. Sim, o mercado havia sido fechado *por ser* fonte do novo vírus em humanos. Mas era *de fato* a fonte?

Um dia depois, em 25 de janeiro de 2020, um médico americano especialista em doenças infecciosas chamado Daniel R. Lucey, que começara a postar notícias e comentários sobre o surto, chamou a atenção para o estudo de Huang. Lucey notou algo nas entrelinhas e nas letras miúdas. Em relação àquele "histórico de exposição compartilhada" ao mercado, ele viu o fato óbvio de que tal exposição não era compartilhada *universalmente*. Sim, 27 dos primeiros 41 pacientes do Jinyintan tinham ligações com o mercado; mas e os catorze que não as tinham? Um gráfico de barras na página 3 do artigo de Huang mostrava os 41 registrados até a data em que seus sintomas apareceram pela primeira vez. Olhando-se com atenção, como fez Lucey, vê-se que três dos quatro primeiros pacientes, sintomáticos em ou antes de 10 de dezembro, relataram não ter ligação com o mercado. E o primeiro dos 41, uma pessoa não identificada que adoeceu em 1º de dezembro (de acordo com esse gráfico), era um caso de fora do mercado.

Lucey fez uma postagem no blog Science Speaks, mantido pela Sociedade de Doenças Infecciosas da América (Infectious Diseases Society of America, IDSA), uma importante associação de médicos, cientistas e profissionais de saúde pública. Ele a formulou como uma seção de perguntas e respostas consigo mesmo, esboçando o que chamou de "hipótese baseada em evidências" de que a epidemia (ainda não era uma pandemia) começara em novembro de 2019 ou antes, e em algum outro local, não no mercado de Huanan.[3] Essa já era a atualização número 6 que Lucey fazia sobre o novo vírus no blog. Ele começava citando o artigo de Huang e seu relatório de um caso em 1º de dezembro. Tratava-se de uma informação nova, observou. Então ele se perguntou e respondeu:

"Esse primeiro dos 41 pacientes teve alguma exposição ao mercado de frutos do mar de Huanan?"

"Não."

"Algum membro da família desse paciente teve febre ou algum sintoma respiratório?"

"Não."

"Foi dada alguma explicação sobre como esse paciente foi infectado?"

"Não."

O autoquestionamento retórico continuava. Esse primeiro paciente tinha alguma ligação com os outros quarenta? Não. Quando os três seguintes ficaram doentes? Não nos próximos nove dias. Foi dada alguma explicação para os catorze, todos infectados sem exposição ao mercado? Nenhuma explicação para treze deles. (Uma mulher era esposa de um homem exposto ao mercado.) Essas infecções sugerem que a transmissão de pessoa para pessoa ou de animal para humano ocorreu em novembro ou antes? Sim. Onde esses contatos podem ter ocorrido? Talvez em outro mercado, ou em um restaurante, ou em uma fazenda de animais silvestres, ou ao longo das rotas de comércio desses animais. Essa hipótese diz algo sobre medidas para controlar ou conter o vírus? Sim: diz que dezembro de 2019 já era tarde demais.

As postagens habituais de Lucey no blog da IDSA atingiam um público atento, mas essa ecoou alto em todo o mundo, depois que ele a enviou para um redator que conhecia na *Science*. O dia em que o artigo de Huang apareceu, 24 de janeiro, era uma sexta-feira, e o fim de semana foi movimentado. "Às sextas-feiras de manhã, recebo *The Lancet* no celular", disse-me Lucey de sua casa, em Washington, D.C. *The Lancet* é um periódico publicado toda sexta-feira (embora alguns artigos apareçam antes on-line), e, com tanto para ler, Lucey segue o ritmo semanal. Naquela manhã, como de costume, ele rolou as notícias médicas. "Olhei para os títulos dos artigos e vi aquele." Huang e coautores, sobre "Clinical Features of Patients Infected with 2019 Novel Coronavirus..." [Características clínicas de pacientes infectados com o novo coronavírus de 2019] etc., não o tipo de assunto em que você ou eu poderíamos navegar com nosso café despertador, mas Lucey começou a ler. Ele deu uma olhada no gráfico de barras. "E tudo mudou."

Lucey escreveu suas perguntas e respostas e as postou no blog, onde apareceram na manhã de sábado. Ele mandou o link para seu contato na *Science*, o redator Jon Cohen. No fim da tarde de domingo, pouco antes de uma da tarde para Cohen, que mora em San Diego, este ligou para Lucey. Ele já havia enviado um e-mail ao professor Bin Cao, da Universidade Médica da Capital, em Beijing, autor sênior do artigo de Huang, para comentar o post de Lucey. A resposta de Cao foi franca: ele e seus coautores "reconheciam as críticas" de Lucey.[4] Agora parecia claro, escreveu Cao, que o mercado "não era a única origem do vírus". E acrescentou: "Mas, para ser honesto, ainda não sabemos de onde ele veio".

"Foi memorável", contou Lucey.

Ele prosseguiu na lição de casa. "Eu tenho uma vida chata", disse, meio que brincando, acho. Ele mora sozinho num apartamento perto da Pennsylvania Avenue e viaja impulsivamente para prestar seus serviços de médico, sobretudo durante eventos de doenças perigosas em lugares distantes, como a Libéria, na epidemia de Ebola em 2014, o Qatar em 2013, para ajudar pacientes de MERS, e algum trabalho clínico na China e em Toronto durante o surto original de SARS, em 2003. Ele viu as primeiras notícias sobre Wuhan logo cedo, na mesma hora e da mesma maneira que Marjorie Pollack e outros, quando as mídias sociais chinesas as vazaram pela internet. Leu sobre o oftalmologista Wenliang Li, que havia postado no WeChat um aviso para seus antigos colegas de classe. "Minha cabeça estava fervendo, sabe, desde a noite de 30 de dezembro", contou Lucey. Então ele mergulhou mais fundo, tentando imaginar o caminho de volta ao início do surto, e vasculhou a internet para esclarecer detalhes da história. "Tenho essa abordagem em que tento obter informações confiáveis, o mais próximo possível de pessoas que estão em campo, que têm uma experiência pessoal direta."

Ele entrou em contato com um velho amigo que vivia em Hong Kong e era microbiologista da HKU, e achou o site da Comissão Municipal de Saúde de Wuhan, que está escrito em chinês, mas pode ser lido pelo Google Translate. Onde ficava esse mercado, essa cidade, e o que acontecia lá? Lucey queria saber. "Acontece que Wuhan é um centro ferroviário. É o centro de onde saem trens de alta velocidade que vão para toda a China", contou. "Então eu fiz uma grande imagem." Ele quis dizer isso literalmente: imprimiu um mapa da China, com linhas vermelhas indicando rotas ferroviárias de alta velocidade que saem de Wuhan, e na loja da FedEx de seu bairro o ampliou para ficar do tamanho de um cartaz. Passou a levar esse cartaz consigo em suas palestras sobre o surto na China e o que ele poderia prenunciar, entre as quais a que proferiu num encontro da Academia Nacional de Ciências americana. Lucey erguia o cartaz e dizia: "Essas linhas vermelhas representam trens que saem de Wuhan para todas as partes da China. Mas quando eu olho para isso, o que vejo essas linhas vermelhas representarem [...] são o vírus".

Perto do final de seu post no blog da IDSA sobre os primeiros 41 casos, Lucey levantou a questão da procura de indícios de infecções anteriores, em novembro de 2019 ou antes disso. Como poderia ser feita uma investigação como essa, e *por que* deveria? Testar amostras arquivadas, de sangue ou tecido ou mesmo amostras de *swabs*, retiradas de seres humanos ou de outros animais e guardadas por outras razões, era a resposta para como fazer. Fragmentos de vírus ou anticorpos no sangue ainda podem ser detectados se as amostras forem armazenadas de modo adequado. O RNA é mais frágil que o DNA, mas mesmo ele pode durar até um mês à temperatura ambiente, no conservante certo, e ainda mais se congelado. Por que fazer tais testes? Porque evidências positivas do vírus em outros lugares podiam ajudar a fechar outras fontes ou cadeias de transmissão recorrente. Lucey também poderia ter dito, mas deixou implícito, que nunca saberemos a origem desse vírus até identificarmos exatamente onde e quando ocorreram as primeiras infecções humanas.

A localização desses primeiros casos permaneceria indeterminada por pelo menos dois anos. Até a data e a identidade do primeiro caso *confirmado* em Wuhan seriam uma questão de certezas cambiantes. À medida que investigações posteriores se aprofundaram e seus resultados foram publicados, o caso de 1º de dezembro registrado por Huang e seus coautores em seu gráfico de barras, e de tanto interesse para Daniel Lucey, desapareceu da discussão. Ele fora evidentemente examinado de modo mais detalhado, com base em informações adicionais, e sua data de início, revisada. Quando a equipe internacional da OMS chegou a Wuhan para trabalhar com seus colegas chineses, em janeiro de 2021, os investigadores se reuniram e entrevistaram um homem de 41 anos, um contador identificado como sr. Chen, considerado o primeiro caso confirmado de covid-19. Eles foram informados de que o sr. Chen adoecera em 8 de dezembro de 2019. Assim como no caso datado de 1º de dezembro no artigo de Huang (aquele que desapareceu ou foi tirado do conjunto de dados), o sr. Chen não relatou ligações com o mercado de Huanan. Ele fazia compras num grande supermercado.

Essa incerteza sobre o primeiro caso confirmado permaneceria como um nó no tronco de uma árvore, ficando maior e mais contorcido, nos dois anos seguintes. Voltarei a ele, quando a atenção de outras pessoas se voltar a ele, perto do final deste livro.

Nesse meio-tempo, pessoas começaram a morrer. A primeira vítima registrada foi um homem de 61 anos, cliente habitual do mercado de Huanan. Como relatou o artigo de Huang, em 24 de janeiro, "o número de mortes está aumentando rapidamente".[5] Naquele dia, estava em 24.

34

Se o vírus estava circulando em seres humanos antes de 1º de dezembro de 2019 e fora dos corredores úmidos do mercado de Huanan, de onde ele viria? As suposições lógicas eram a grande Wuhan, ou outro lugar da província de Hubei, ou talvez algum lugar entre Wuhan e as cavernas de Yunnan, onde vírus semelhantes habitam morcegos empoleirados e as pessoas interagem com esses animais por sua conta e risco. Um palpite menos lógico era o norte da Itália. Mas vários estudos sugeriram essa possibilidade.

No final do outono de 2019, um grupo de cientistas encabeçado por Elisabetta Tanzi, uma especialista em doenças virais da Universidade de Milão, investigou o que parecia ser um surto de sarampo. Eles viram 39 casos suspeitos em pacientes que mais tarde testaram negativo — para sarampo, pelo menos. Cada paciente foi testado com *swab* orofaríngeo (um toque suave na parte de trás da garganta, não do tipo que entra pelo nariz e parece beliscar o cérebro), e as amostras de *swab* foram armazenadas. Meses se passaram, a pandemia começou e ocorreu a esses cientistas testar novamente esses *swabs* de sarampo para o SARS-CoV-2. Eles encontraram uma amostra positiva, retirada de um menino de quatro anos que morava perto de Milão e que começara a tossir em 21 de novembro. Ele piorou e, uma semana depois, com vômitos e problemas respiratórios, foi levado ao pronto-socorro e então apresentou uma erupção semelhante ao sarampo. Mas não era sarampo. De acordo com o teste de PCR de seu *swab*, tal como foi depois relatado por Tanzi e seus colegas, era o SARS-CoV-2. O primeiro caso reconhecido de covid-19 na Itália ocorreu três meses depois.

Esse estudo foi recebido com ceticismo e rejeição (contaminações podem causar falsos positivos), mas o grupo de Milão mais tarde dobrou a aposta, em colaboração com pesquisadores de Roma e de outros lugares, apresentando evidências de covid em onze pacientes italianos antes de a pandemia se tornar aparente na Itália. Todos eram suspeitos de sarampo, dos quais nove registrados em 2019 e um deles, um bebê de oito meses, com teste positivo para RNA viral numa amostra de urina coletada em 12 de setembro. Cinco outros pacientes, segundo constava, testaram positivo para RNA do SARS-CoV-2 na urina; nos restantes, foram as amostras respiratórias que deram positivo. O bebê e nenhum dos demais relataram viagens recentes à China.

Outra história intrigante da infecção precoce pelo SARS-CoV-2 veio da França. O primeiro paciente confirmado do país foi um turista chinês de Wuhan, de 31 anos, que chegou a Paris em 19 de janeiro, começou a sentir um mal-estar semelhante à gripe e testou positivo para covid cinco dias depois — novamente na retumbante data de 24 de janeiro, quando muita coisa aconteceu. Três dias antes de viajar, acometido por um ataque de gota, o homem havia visitado um hospital em Wuhan, que pode ter sido o local onde foi infectado. No hospital de Paris, seus sintomas respiratórios pioraram e, após quatro dias, ele foi transferido para uma UTI, onde recebeu uma potente dose de remdesivir, o medicamento antiviral de amplo espectro, seguida de tratamento de manutenção, e sobreviveu. Mas a trajetória da doença desse turista não é o que interessa aqui. A questão é que o SARS-CoV-2, de acordo com um estudo posterior, havia entrado na França muito antes dele.

Um grupo de pesquisadores franceses, entre os quais alguns de outro hospital parisiense, relatou ter encontrado infecção pelo SARS-CoV-2 num paciente tratado numa UTI em dezembro de 2019. Eles detectaram o caso por triagem retrospectiva de amostras colhidas de pacientes que haviam sido internados por uma indisposição semelhante à gripe, com base nos sintomas, mas que testaram negativo para o vírus influenza. Depois que a pandemia teve início e a sutileza nefasta do SARS-CoV-2 começou a ser reconhecida, ocorreu a esses pesquisadores, como a outros, que a covid-19 poderia explicar doenças que de outra forma eram inexplicáveis. Eles voltaram às amostras que tinham sido congeladas, escolheram catorze, descongelaram e realizaram testes de PCR direcionados aos genes do SARS-CoV-2. Encontraram um positivo. Essa amostra vinha de um homem de 42 anos, nascido na Argélia, residente havia muito tempo na França, que entrara numa enfermaria com tosse e febre, em 27 de dezembro. Ele saiu do hospital após dois dias de tratamento na UTI, deixando para trás uma amostra congelada contendo o que os pesquisadores mais tarde julgaram ser o SARS-CoV-2. Lembremos que essa entrada na UTI aconteceu três dias antes de Marjorie Pollack receber seu primeiro alerta sobre uma estranha pneumonia em Wuhan, três dias antes de a cabeça de Daniel Lucey começar a ferver.

Então veio o Brasil. A cidade de Florianópolis se estende por uma restinga continental e uma bela ilha subtropical ao longo da costa do estado de Santa Catarina, do qual é capital. É um local de fuga para celebridades, gente como Neymar e Ronaldo (se você não sabe quem são, é porque acha que o "futebol" é jogado com armadura corporal e com um esferoide prolato), que, segundo consta, têm casa lá. Florianópolis foi considerada "o melhor lugar para se viver no Brasil",[6] mas não porque os preços das moradias sejam uma pechincha. Além de oferecer estilo de vida para os ricos e famosos, a cidade prospera graças a empreendimentos de tecnologia da informação e de turismo. Há praias. Há igrejas majestosas da era colonial, figueiras antigas e mulheres vendendo renda artesanal nas ruas, além de uma abundância de bares e restaurantes. Há um antigo mercado público. Há sol. O aeroporto não é enorme, mas se conecta bem com o mundo através de São Paulo, Rio e Buenos Aires. A cidade recebe gente de todos os lugares. Uma equipe de pesquisadores analisou o esgoto de Florianópolis, arquivado de outubro a dezembro de 2019, e encontrou o que parecia ser o SARS-CoV-2.

Quem sabia que esgoto é arquivado?

Os microbiologistas de águas residuais sabiam e estudam essas amostras arquivadas de esgoto urbano bruto para identificar padrões comunitários e tendências de infecção por bactérias intestinais e outros micróbios. Não é possível dizer nada sobre um único indivíduo a partir do esgoto municipal, mas pode-se saber se um vírus infeccioso está presente na cidade e até o nível aproximado de prevalência. Um grupo de microbiologistas brasileiros e espanhóis aplicou seus métodos a amostras de águas residuais de Florianópolis que foram separadas em seis datas diferentes, a partir de outubro de 2019, e armazenadas congeladas. Esse esgoto vinha de um sistema que atendia 5 mil moradores na região central da cidade. A de 30 de outubro deu negativo. A de 6 de novembro deu negativo. A de 27 de novembro deu positivo. Mesmo em Wuhan, pesquisadores não encontraram indícios de infecção humana tão cedo assim. Isso aconteceu 91 dias antes do primeiro caso reconhecido no Brasil. O estudo apareceu na *Science of the Total Environment*, uma revista revisada por pares. Dizer que foi recebido com ceticismo seria eufemismo, e não apenas entre pesquisadores de esgotos. O autor sênior era David Rodríguez-Lázaro, microbiologista da Universidade de Burgos, no norte da Espanha.

"Quando chegamos ao esgoto", disse Rodríguez-Lázaro, "você está certo, muito controverso."

O estudo começou, antes da pandemia, com um foco diferente: patógenos de origem alimentar. O microbiologista estava no Brasil em outubro de 2019, para dar uma palestra e conferenciar com colaboradores. Eles formularam um plano para fazer testes de águas residuais, sobretudo para vírus intestinais, e Rodríguez-Lázaro voltou para a Espanha. Então veio a covid-19. "Decidimos, o.k., por que não verificar a presença do vírus, do SARS-CoV-2?" Ao encontrá-lo na amostra de 27 de novembro, pelo que eles consideraram uma execução meticulosa de uma metodologia extremamente confiável, ainda assim tiveram problemas para publicar seu artigo. Um editor de revista recusou porque, embora estivesse interessado, não conseguiu encontrar nenhum outro cientista disposto a fazer a revisão por pares. Ele procurou catorze. Tal relutância parecia resultar do caso de outro relatório surpreendente, também de cientistas espanhóis, que alegava ter encontrado o SARS-CoV-2 em águas residuais de Barcelona já em 12 de março de 2019, dez meses antes da pandemia. Essa asserção não fez o paper passar do estágio de *preprint*. O Twitter se encheu de críticas, como de hábito, mesmo entre cientistas que usam essa modalidade de alerta mútuo e provocação. A alegação sobre 12 de março desapareceu do artigo publicado pelo grupo de Barcelona, mas pareceu sujar o poço (por falar de águas residuais) para a afirmação do grupo de Rodríguez-Lázaro sobre novembro. Eles tentaram a publicação em mais dois periódicos e obtiveram mais duas rejeições, com base em revisores que queriam mais dados ou suspeitavam que o resultado era falso, possivelmente por causa de uma contaminação do laboratório. Por fim, publicaram o artigo, e David Rodríguez-Lázaro voltou à sua "vida normal", como me contou, usando dados de águas residuais para estudar infecções transmitidas por alimentos e, em particular, o problema subestimado da resistência a antimicrobianos entre bactérias.

"Isso vai nos matar lentamente", disse ele, sobre o problema das bactérias resistentes. "Não rapidamente, como o SARS-CoV-2."

35

Tudo isso parecia desconcertante e contradizia duas premissas amplamente aceitas: que o vírus havia entrado em seres humanos a partir de um animal no mercado de Huanan e que esse *spillover* ocorrera não antes de novembro de 2019, resultando no surto de 41 casos. Para complicar ainda mais as coisas, um grupo de cientistas de Boston analisou imagens de satélite de Wuhan, arquivadas antes da pandemia, e registrou um grande aumento na ocupação hospitalar a partir de agosto de 2019, conforme se deduziu dos estacionamentos lotados dos hospitais. Esses cientistas também analisaram pesquisas na internet relacionadas a sintomas naquela época, por meio da empresa de tecnologia chinesa Baidu, e descobriram que "tosse" e "diarreia" estavam em alta.⁷ O estudo deles foi outro *preprint* e, embora tenha aparecido num site da Universidade Harvard, recebeu críticas imediatas por suas suposições e metodologia, e parece nunca ter chegado à publicação.

Lições? Primeira, é possível encontrar uma profusão de informações anômalas, uma abundância de pistas atraentes, uma grande variedade de hipóteses surpreendentes sobre o SARS-CoV-2 e sua proveniência, algumas coincidências peculiares e muitas besteiras pseudocientíficas: basta ter um computador e ser capaz de digitar algumas palavras num mecanismo de busca. Em segundo lugar, nosso conhecimento desse novo vírus ainda é provisório, desdobrando-se diariamente como o desabrochar de uma flor de raflésia* em fotografia *time lapse*. Portanto, é importante aplicar ferramentas básicas de pensamento crítico — como distanciamento, escrutínio de fontes, humildade diante da incerteza e parcimônia — ao que ouvimos, lemos, em quem confiamos e no que achamos que sabemos.

Entre os cientistas em quem confio está Michael Worobey, um virologista evolucionista canadense formado em Oxford que trabalha na Universidade do Arizona. Acompanho o trabalho de Worobey há cerca de dez anos, desde que me deparei com seus estudos sobre a origem e a diversificação do HIV-1, o mais virulento dos dois tipos do vírus HIV e o principal responsável pela aids. Foi a pesquisa de Worobey e seus colegas, combinada com o trabalho de uma virologista americana de origem alemã chamada Beatrice Hahn e seus colegas, que situou o início daquela pandemia no espaço e no tempo. Esses cientistas fizeram isso estudando genomas virais, sua taxa de evolução, o grau de divergência entre eles e seu padrão de parentesco tal como retratado numa árvore genealógica. Trata-se da disciplina conhecida como filogenética molecular.

O tronco dessa árvore genealógica representava vírus ancestrais de uma linhagem conhecida como vírus da imunodeficiência símia (*simian immunodeficiency viruses*, SIVs). Esses vírus foram descobertos nos primeiros anos da pesquisa sobre aids por outros cientistas, notadamente Phyllis Kanki e Max Essex, dois veterinários da Escola de Saúde Pública T. H. Chan, da Universidade Harvard. Eles infectam dezenas de diferentes tipos de primatas africanos, sobretudo macacos, mas também chimpanzés. Um galho da árvore levou ao vírus da imunodeficiência símia dos chimpanzés, designado SIV*cpz*. Deste

---

* Raflésia: planta parasita do Sudeste Asiático cuja flor é considerada a maior do mundo. (N. T.)

para o HIV-1 foi apenas uma pequena mudança evolutiva, como a divergência de um galho, que ocorreu quando o vírus passou (tudo indica que durante um incidente sangrento de caça) de um chimpanzé para um ser humano. O grupo de Hahn descobriu onde essa mudança aconteceu: no extremo sudeste de Camarões ou suas proximidades. O grupo de Worobey descobriu quando: por volta de 1908. Essas descobertas, por mais inesperadas que tenham sido quando publicadas entre 2005 e 2008, resistiram bem.

Michael Worobey é rigoroso, inteligente e criterioso. Tem também um traço de calmo destemor, exemplificado por uma experiência de que tomei conhecimento quando o entrevistei pela primeira vez, anos atrás. Quando era um jovem cientista, Worobey foi para uma zona de guerra na República Democrática do Congo, junto com o eminente biólogo inglês William Hamilton, para coletar dados de campo que pudessem lançar luz sobre a origem do HIV-1. Hamilton estava buscando a comprovação ou a refutação de uma hipótese muito controversa conhecida como hipótese da vacina oral contra a pólio (*oral polio vaccine*, OPV), que punha a culpa pela pandemia de aids num caso de contaminação da vacina. Nessa busca, ele queria examinar fezes de chimpanzés congoleses para ver se encontrava sinais de SIV*cpz*, o progenitor imediato do HIV-1, porque esse achado poderia se encaixar na hipótese da OPV. Worobey, então doutorando de Oxford, onde Hamilton ocupava uma cátedra de prestígio, estava menos apaixonado pela história da OPV, mas ansioso para encontrar novos dados que ajudassem a esclarecer onde, quando e como o HIV-1 passou de chimpanzés para seres humanos — entre os quais, dados que pudessem corroborar a hipótese da OPV. Assim, no início de 2000, eles dois e Jeff Joy, amigo de Worobey, viajaram para Kisangani, uma cidade às margens da curva norte do rio Congo, um centro de comércio de diamantes, onde o conflito entre tropas ugandenses e ruandesas em meio à Segunda Guerra do Congo estava matando tanto soldados quanto civis, e de onde uma curta viagem de carro levaria os três cientistas ao habitat dos chimpanzés. A guerra havia interrompido as viagens aéreas normais. Hamilton, Worobey e Joy partiram de Entebbe, em Uganda, como Worobey relembrou para mim em 2011, compartilhando um pequeno avião com um negociante de diamantes.

A ideia da hipótese da OPV, que havia sido pesquisada e promovida por vários jornalistas, um dos quais captou o interesse de Hamilton, era de que o HIV-1 havia entrado em seres humanos como contaminante de uma vacina oral contra a poliomielite conhecida como Chat, criada por Hilary Koprowski, virologista polonês que trabalhava na Filadélfia, e aplicada sob sua orientação em centenas de milhares de pessoas, entre as quais crianças, no nordeste do Congo durante o final da década de 1950. Era uma acusação incendiária, montada a partir de um núcleo factual (Koprowski de fato desenvolveu uma vacina e a testou na África), vários fios de indícios circunstanciais e narrativas baseadas em conjecturas, além de alguns erros de detalhamento e não apoiada por dados moleculares. Ela dependia do fato de a vacina de Koprowski ser uma vacina de vírus vivo, feita com vírus atenuado, em vez de uma vacina inativada contra a poliomielite (*inactivated polio vaccine*, IPV), como a criada por Jonas Salk, que continha apenas o vírus morto por formaldeído. Um vírus é atenuado quando é passado repetidamente através de células não humanas no laboratório, o que o leva a acumular mutações que o tornam inofensivo para as pessoas, mas que ainda soa o alarme do sistema imunológico humano. A abordagem do vírus vivo permitia que a vacina fosse oral, como a de Koprowski ou a desenvolvida por Albert Sabin, podendo ser administrada a partir de um conta-gotas sobre a língua ou, melhor ainda, em um torrão de açúcar embebido em vacina. Isso representava um aperfeiçoamento importante em relação à vacina injetável de Salk, de que qualquer criança (como eu) que fizesse fila na escola para ser vacinada, seja por agulha (no final da década de 1950), seja por torrão de açúcar (no início da década de 1960), podia gostar. Uma suposição a respeito da hipótese da OPV era que Koprowski havia atenuado o vírus da poliomielite não em células de macaco, o procedimento usual, mas em células de chimpanzé. Segundo outra suposição, essas células estavam contaminadas com SIV*cpz*, o progenitor do HIV-1. Nesse caso, o vírus progenitor ainda podia estar lá, quarenta ou cinquenta anos depois, circulando entre os chimpanzés no nordeste do Congo. E se ainda estivesse lá, o exame das fezes de chimpanzés poderia detectá-lo. Enfim, parece que era isso o que Hamilton esperava.

Em Kisangani, eles conversaram com o comandante rebelde local, um líder das forças apoiadas por Ruanda, que queria a mudança de regime em Kinshasa. Esse comandante controlava a maior parte da cidade. Mas a cidade era atravessada pelo rio, e na outra margem estavam o inimigo imediato, as forças apoiadas por Uganda, que também queriam a mudança de regime em Kinshasa. Era uma guerra complicada. "Entramos na floresta o mais rápido que pudemos", contou Worobey. Eles contrataram guias locais, caminharam até ouvir guinchos de um grupo de chimpanzés e montaram acampamento. Os guias então iam cedo todas as manhãs ao local onde os animais haviam se aninhado, para coletar "basicamente o cocô e o xixi matinais". Worobey e Joe engarrafavam as amostras com uma solução que estabilizava o RNA. Coletaram 34 amostras fecais e algumas de urina.

Analisadas meses depois, as amostras fecais deram negativo para SIV*cpz*. Duas das amostras de urina continham anticorpos que sugeriam uma infecção passada com algum desses vírus, mas resultados de uma expedição posterior mostraram que não se tratava do progenitor do HIV-1. Os chimpanzés ainda ocupam um habitat, pelo menos em partes, que vai do Senegal até a margem leste do lago Tanganica, de um lado da África quase ao outro, e a separação geográfica que produziu diferentes subespécies de chimpanzés também produziu diferentes cepas de vírus. O SIV*cpz* do leste do Congo, onde a vacina de Koprowski foi aplicada, não era o SIV*cpz* que se tornou o HIV-1. Mas essa resposta chegou tarde demais para satisfazer a curiosidade de William Hamilton. Àquela altura, ele já estava morto.

Hamilton pegou malária durante o trabalho de campo na floresta com Worobey e Joy. Quando deixaram Kisangani no único avião disponível, rumo a Kigali, capital de Ruanda, ele estava muito mal. Foram para Entebbe, onde um médico confirmou o diagnóstico de malária causada pelo microrganismo *Plasmodium falciparum*, o tipo mais letal, e ministrou-lhe alguns remédios. Em seguida, eles foram para Nairóbi e, finalmente, chegaram no Aeroporto Heathrow, em Londres. Em Heathrow houve uma emergência de bagagem, uma cruel sobreposição à emergência médica: as preciosas amostras, condicionadas num cooler, não apareceram. Hamilton, ainda num estado deplorável, foi para a casa da irmã. O pessoal do depósito de bagagens informou a Worobey ter localizado o cooler, descarregado por engano em Nairóbi, e que este chegaria num voo posterior. Na manhã seguinte, Worobey ligou para a irmã de Hamilton. Ela não sabia quem ele era e reagiu com aspereza. "Quem é? Por que você está ligando?" Ele soube então que o biólogo fora para um hospital, ainda se sentindo mal e com hemorragia. "Seu volume de sangue total, quase", disse-me Worobey. As grandes doses de ibuprofeno que Hamilton estava tomando, ou alguma outra convergência de fatores, entre os quais um grande azar, haviam aberto suas entranhas. Atingido duramente pelo impacto dessa notícia, Worobey voltou ao aeroporto. Mas o cooler que fora trazido no segundo voo era outro, contendo sanduíches. Exausto e frustrado, ele perdeu a calma com a companhia aérea.

"Na verdade, eu estava chorando", contou. "Bill estava, tipo, morrendo. Estava claro que ele estava morrendo, e era um pouco demais em cima de tudo." Uma série de cirurgias, além de transfusões sequenciais, equivalentes ao dobro da capacidade total de sangue de seu corpo, não foram suficientes. "Acho que ele levou sete semanas para morrer."

Dizer que a hipótese da OPV custou a vida de William Hamilton seria injusto para com ele. Sua dedicação à ciência, sua determinação de abordar uma hipótese preocupante com dados empíricos foram o que lhe custou a vida. As amostras, uma vez recuperadas, mostraram-se inconclusivas, mas Michael Worobey e Beatrice Hahn, ao lado de outros cientistas que estudaram a evolução e a filogenia dos vírus HIV, agora consideram a hipótese da OPV fortemente refutada. A pandemia de aids não começou com uma vacina contaminada. O que isso tem a ver com *esta* pandemia? O elemento comum para Michael Worobey, penso eu, é uma atenção inflexível ao valor dos dados genômicos e da filogenética molecular, distintos de outras formas de narrativa, para entender como e onde o diabo do SARS-CoV-2 se originou.

36

A covid-19 é a primeira pandemia para a qual a filogenética molecular, em grande escala, foi feita enquanto a catástrofe se desenrolava. Esse uso de tecnologia nova é um evento notável, tão importante quanto a invenção da fotografia de guerra por Mathew Brady na Primeira Batalha de Bull Run (1861), um marco da Guerra Civil Americana.

Em 2003, cientistas sequenciaram o genoma do vírus da SARS de um único caso entre os pacientes de Toronto, obtiveram outra sequência de outra vítima (o heroico médico Carlo Urbani, que morreu em Bangcoc ao reagir ao surto), e isso foi digno de nota: dois sequenciamentos. Era cedo demais, os métodos eram trabalhosos demais, as ferramentas, primitivas demais para um sequenciamento massivo.

Os aperfeiçoamentos contínuos em velocidade, confiabilidade e acessibilidade das máquinas de sequenciamento automatizado melhoraram muito a utilidade da filogenética molecular em meio às urgências de um evento de doença. Durante a epidemia de Ebola de 2013-6 na África Ocidental, cientistas conseguiram sequenciar e analisar mais de 1600 amostras virais de pacientes, o que foi de grande ajuda para rastrear o modo como esse vírus se espalhou. Nos cinco anos seguintes, a capacidade de sequenciamento aumentou muitíssimo e desempenhou um papel de enorme relevância no trabalho para entender a covid-19. Em abril de 2021, mais de 1 milhão de sequências do SARS--CoV-2 haviam sido depositadas no Gisaid — uma iniciativa fundada em 2008 como forma de compartilhar dados do genoma do influenza — e, seis meses depois, o número estava acima de 3,6 milhões. No início de 2022, o Gisaid armazenava e compartilhava mais de 8 milhões de sequências do SARS-CoV-2; mais sequências são acrescentadas continuamente, e o tempo decorrido desde o sequenciamento até o upload de uma sequência para que se torne disponível para outros cientistas é medido em dias, não em meses. Isso permite que pesquisadores identifiquem as principais linhagens e novas variantes à medida que surgem, avaliem quais variantes estão se espalhando agressivamente e desenhem árvores filogenéticas que esclareçam quando, onde e como houve a transmissão. Não surpreende que Michael Worobey tenha se juntado ao trabalho para rastrear e entender a dinâmica evolutiva do SARS-CoV-2 usando esses dados.

Worobey e um grupo de colegas queriam identificar a primeira chegada e rastrear a primeira disseminação do SARS-CoV-2 na Europa e na América do Norte. Eles suspeitavam que as respostas poderiam ser diferentes das que outros estudos propunham. Sabiam que o primeiro caso confirmado nos Estados Unidos foi detectado no condado de Snohomish, no estado de Washington, em 19 de janeiro de 2020, naquele homem que chegou de uma visita à família em Wuhan. Sabiam também que alguns indícios apontavam que o homem talvez fosse o Paciente Zero dos Estados Unidos, e que ele podia ter infectado outros, que infectaram outros, em cadeias de transmissão enigmática durante o final de janeiro e início de fevereiro de 2020, de onde o vírus se espalhou para a Califórnia, a Colúmbia Britânica, Connecticut e outros lugares, fazendo da região de Seattle o epicentro da epidemia norte-americana. A cepa de vírus do homem de Snohomish, designada WA1, "caso 1 de Washington", se tornou objeto de rigoroso escrutínio.

Eles sabiam também que o primeiro caso europeu era de uma mulher que morava em Shanghai, foi infectada lá pelos pais quando eles deixaram Wuhan para visitá-la, depois viajou para Munique a negócios, e dali fez conexão para uma cidade próxima, onde infectou um de seus colegas de trabalho numa empresa de suprimentos automotivos chamada Webasto, fabricante de tetos solares. Esse homem testou positivo em 27 de janeiro, quando a mulher — que foi chamada de Paciente Zero da Europa, embora ela só tenha ficado lá tempo suficiente para ser uma transmissora — já voltara para Shanghai, onde piorou e foi hospitalizada. O alemão também foi hospitalizado, ficou em isolamento e tiraram uma amostra de seu vírus, que foi sequenciado. Essa sequência, rotulada de BavPat1, "Bavarian Patient 1", é quase famosa.[8] Ela difere por apenas um nucleotídeo, entre quase 30 mil, do vírus fundador da linhagem que varreu a Europa e o Reino Unido nos primeiros meses da pandemia e ficou conhecida como linhagem B.1. (Mas o B nesse B.1 não significava Baviera; mais sobre a identificação e a denominação de linhagens adiante. Isso se torna importante com o surgimento de variantes notórias.) O grupo de Worobey também sabia de um estudo que indicava que o caso alemão de 27 de janeiro semeou o surto italiano que explodiu em março, do qual o vírus se espalhou também para França, México e Estados Unidos, causando a primeira onda de terrível caos, com hospitais sobrecarregados e cadáveres armazenados em caminhões frigoríficos por falta de capacidade dos necrotérios. A partir desse estudo inicial, surgiu uma narrativa mais ampla — da Webasto como fonte das epidemias europeia e americana —, que chegou até a imprensa especializada na área automotiva. Era um fardo terrível para um fabricante de tetos solares, e a Webasto negou que tivesse alguma coisa a ver com aquilo.

Conhecendo esses fatos básicos, Worobey e seus colaboradores examinaram mais de quinhentos genomas, dos Estados Unidos e de 27 outros países, para identificar de quem era o vírus e para onde ele fora. Eles desenharam árvores. Realizaram simulações no computador, com base nos dados de que dispunham, de como as transmissões poderiam ter ocorrido para produzir as árvores de parentesco que viram. Fizeram inferências. O caso Snohomish ao que tudo indica *não* desencadeou os surtos na Califórnia, em Connecticut e em outros lugares. Ao contrário, provavelmente foi um beco sem saída, sem transmissão posterior, graças a medidas de contenção rápidas e firmes tomadas em Washington. E o caso da Baviera pelo visto *não* provocou o surto na Itália nem em qualquer outro lugar. Ele levou a cerca de quinze outros casos, após os quais a propagação foi contida. Tanto a cepa WA1 quanto a cepa BavPat1 do vírus foram silenciadas, no entender de Worobey e seus colegas. Então eles tiraram conclusões.

A reação da saúde pública ao caso WA1 no estado de Washington e a reação particularmente impressionante a um surto inicial na Alemanha atrasaram os surtos locais de covid-19 em algumas semanas e ganharam um tempo crucial para cidades dos Estados Unidos e da Europa, bem como em outros países, se prepararem para o vírus quando ele finalmente chegasse.[9]

Algumas semanas podem parecer uma pequena diferença no tempo de reação, mas não foram. "O valor de detectar casos precocemente, antes que eles se transformem em um surto, não pode ser exagerado numa situação de pandemia."[10] E ganhar tempo pode ser crucial, mas igualmente crucial, eles sabiam, era como o tempo seria usado.

37

O condado de Santa Clara, no norte da Califórnia, que abrange a cidade de San Jose e o Vale do Silício, foi uma das primeiras áreas dos Estados Unidos a ser atingida. Sara Cody pôde ver a coisa chegando. Médica epidemiologista com diplomas da Universidade Stanford e da Escola de Medicina da Universidade Yale e experiência em investigações de surtos para o CDC, ela era responsável pela área de saúde e diretora de saúde pública do condado. "Quarenta por cento das pessoas que vivem em nosso condado nasceram fora dos Estados Unidos", disse-me ela. Trabalhar na saúde pública num lugar como esse, no extremo sul da baía de San Francisco, sempre pareceu um desafio globalizado. "Há muitas, muitas, muitas viagens, por motivos pessoais e profissionais, e acho que essa é a razão pela qual, quando surgem as infecções, tendemos a vê-las primeiro aqui."

Foi seu marido, um professor da Universidade Stanford que trabalha com políticas de saúde e modelagem computacional de doenças infecciosas, e é viciado em notícias, que primeiro chamou sua atenção para o novo vírus. "Ei, você viu esses relatórios de Wuhan?" Ela ficou atenta e começou a observar a situação com maior preocupação depois do aparecimento daquele caso em

Snohomish. Durante o feriado prolongado do Dia de Martin Luther King, celebrado na terceira segunda-feira de janeiro, Cody passou grande parte do tempo em teleconferências, uma das quais com o secretário de Saúde do estado de Washington. "Lembro-me de ter ficado realmente impressionada por terem mobilizado centenas de pessoas para um caso. Centenas!" Ela começou a receber perguntas da comunidade médica local. Assim, seu departamento pôs em ação a Estrutura de Comando de Incidentes, um sistema padronizado para lidar com emergências. O laboratório de saúde pública do condado estava de prontidão. Mas então vieram várias semanas "desse processo incrivelmente doloroso e ridículo" durante o qual tiveram de enviar amostras pelo World Courier para o CDC em Atlanta a fim de que fossem testadas lá, lidar com embalagens e números de rastreamento, depois esperar alguns dias, "só para descobrir se o paciente tinha esse novo coronavírus". Enquanto isso, ela precisava decidir: isolamos esse paciente, sem comprovação, ou permitimos contatos contínuos na comunidade, convidando o vírus a se espalhar?

Cody pensou que o problema desapareceria quando o CDC enviasse kits de teste e sua equipe passasse a fazer as aplicações por conta própria. Então os kits de teste do CDC chegaram, no início de fevereiro, e não funcionaram. O diretor-assistente do laboratório, um jovem veterano da Marinha chamado Brandon Bonin, treinado em métodos forenses de DNA e encarregado do setor até que um novo diretor pudesse ser contratado, ficou acordado a noite toda trabalhando no protocolo do teste, sem obter respostas satisfatórias e obtendo resultados sem sentido: leituras positivas de uma amostra de controle de água sem vírus.

"O problema era que o teste não era confiável", disse-me Bonin. O teste era líquido e continha sondas moleculares apropriadas para detectar porções específicas do vírus — nesse caso, três sondas, visando três regiões da proteína do capsídeo. Para uma dessas regiões, a sonda era ineficaz, o que, portanto, tornava o ensaio inconsistente e completamente imprevisível. Ele mostrava resultado positivo para água pura e, na tentativa seguinte, negativo. "Estava em todo lugar." Bonin alertou Cody, e descobriram que outros laboratórios estavam tendo o mesmo problema. Em um momento de extrema necessidade nacional — aquelas semanas cruciais, sobre as quais Worobey e seus colegas escreveram mais tarde — o CDC lhes havia enviado lixo.

Os dias foram se arrastando, e durante esse período Cody e sua equipe permaneceram sem dispor de informações sobre infecções pelo SARS-CoV-2 no condado de Santa Clara. Eles não tinham kits de teste do CDC que fossem eficazes e, embora os laboratórios acadêmicos do condado tivessem desenvolvido testes de forma independente, a Food and Drug Administration (FDA) [órgão federal americano de vigilância sanitária] não aprovou seu uso. "Foi um momento realmente crítico, que foi completamente perdido", contou Cody. "Estávamos voando às cegas, semana após semana após semana."

"Porque vocês não conseguiam testar", disse eu.

"Não conseguíamos testar! Não olhe, e não vai achar." Desabafando sua frustração, ela repetiu esse axioma: *"Não olhe, e não vai achar".* Além disso, o CDC continuava aconselhando que, quando os departamentos de saúde locais *conseguissem* testar, eles deveriam se concentrar apenas em pessoas com histórico de viagens, pessoas com sintomas graves ou conhecidas por terem sido expostas a casos confirmados. Isso deixava sem resposta perguntas importantes sobre o vírus. Qual era o período de incubação, entre a infecção e o surgimento dos sintomas? Que porcentagem de pessoas de uma população estavam infectadas de forma assintomática? Que porcentagem seria infectada dentro de um período de tempo? Trata-se de parâmetros básicos da epidemiologia de doenças infecciosas e os dados não estavam sendo coletados.

"Foi assustador", prosseguiu Cody. "Eu só me lembro de fevereiro sendo assustador. Tipo, sabe, todas essas coisas ruins estão acontecendo, mas você não tem como ver. Você não pode dizer." Finalmente, no fim de fevereiro, eles tiveram notícias do CDC, cujo aviso atualizado sobre o delicado processo de testar amostras de pacientes para um vírus mortal, como lembrou Cody, foi: "Sabe de uma coisa, basta executá-lo com as duas sondas que vocês têm. Pulem a terceira sonda. Duas bastam". Bastavam para o trabalho do governo, sob a liderança do CDC na época.

Duas semanas depois, o condado de Santa Clara registrou sua primeira morte reconhecida por covid-19. "Acho que foi em 9 de março", disse Cody. Sua memória estava certa. "Foi no mesmo dia em que emiti minha primeira ordem da autoridade de saúde para proibir aglomerações com mais de mil pessoas." Ela se lembrava daquele dia, uma segunda-feira, porque no fim de semana passara uma noite com sua amiga Greta Hansen, segunda em comando no escritório do Conselho do Condado, compartilhando o jantar e margaritas, com os maridos e (exceto as margaritas) com os cachorros, enquanto conversavam sobre se e como ela poderia emitir essa ordem. Hansen disse que sim e a ajudou a redigi-la.

Essa ordem era controversa, principalmente porque afetaria os jogos em casa da franquia profissional de hóquei do condado, o San Jose Sharks. Três dias depois, porém, o comparecimento no Shark Tank se tornou irrelevante quando a Liga Nacional de Hóquei suspendeu a temporada para todas as equipes. Em 13 de março, Cody emitiu uma ordem mais rigorosa: nenhuma aglomeração com mais de cem pessoas. Nas 48 horas seguintes, a contagem de casos quase dobrou em seu condado. Em 16 de março, sentindo-se "levemente desconfortável" por ter e exercer tal autoridade, Cody liderou seis condados da Área da Baía de San Francisco na determinação para que os moradores ficassem em casa.

Uma vítima no condado de Santa Clara foi Patricia Dowd, uma auditora de 57 anos, que morreu em San Jose no dia 6 de fevereiro e foi encontrada caída na bancada da cozinha pela filha. Dowd vinha sofrendo de sintomas semelhantes aos da gripe. Sua infecção não foi ligada a covid-19 na época, devido à falta de capacidade local para testes e à recomendação sobre quem poderia ser testado. Sua morte parecia misteriosa, talvez causada por um ataque cardíaco, e só foi esclarecida meses depois, quando amostras de tecido deram positivo para o SARS-CoV-2. Patricia Dowd foi provavelmente a primeira americana a morrer de covid-19. Em 16 de março, quando Sara Cody e cinco outras autoridades de saúde de condados emitiram sua ordem de ficar em casa, o número de mortos nos Estados Unidos era de 96.

38

Outras autoridades estavam observando outros números. Em 24 de fevereiro de 2020, o índice Dow Jones caiu 1032 pontos.

Em Washington, D.C., alguns assessores presidenciais puseram a culpa disso em Peter Navarro, um combativo economista que era diretor do Conselho Nacional de Comércio da Casa Branca, cargo e conselho inventados para ele a mando de Donald Trump. Esse "conselho", constituído principalmente de seu diretor e um funcionário, foi depois absorvido por outro conselho, mas Navarro manteve o título de "assistente do presidente", que é um grande negócio para quem troca cartões no círculo da capital. Navarro ganhou destaque e chamou a atenção de Trump ao publicar livros fervorosamente contrários à

China, como *Death by China* [Morte pela China] e *The Coming China Wars* [As próximas guerras da China], nos quais argumenta que os Estados Unidos deveriam se preparar para uma guerra econômica, se não de outros tipos, com aquele país; acredita-se que alguém leu esses livros para o presidente ou, o que é mais provável, os resumiu para ele. Trump gostou de Navarro, por seus pontos de vista e seu estilo, e isso deu ao economista espaço para ser ainda mais descontrolado do que alguns outros descontrolados atuando no governo (conforme relatado pelos repórteres do *Washington Post* Yasmeen Abutaleb e Damian Paletta, em seu livro *Nightmare Scenario* [Cenário de pesadelo]). Trump gostava de ter à sua volta conselheiros tão mordazes e francos como Navarro, criticando uns aos outros e agindo um pouco como "loucos", de acordo com Abutaleb e Paletta.[11] No final daquele mês, porém, Navarro se tornou inconveniente para a postura desdenhosa de Trump ante o coronavírus — que não era um problema significativo, que retrocederia com a chegada da primavera e depois desapareceria por completo. Em 23 de fevereiro, enquanto Trump se preparava para uma rápida viagem à Índia, onde seria recebido com um grande comício, Navarro apareceu no programa *Sunday Morning Futures*, um dos fóruns da Fox News.

Questionado sobre o impacto econômico do coronavírus, Navarro disse à apresentadora Maria Bartiromo: "Meu trabalho na Casa Branca durante esta crise é revisar as cadeias de suprimentos que precisamos para tratar o corona".[12] Máscaras faciais, remdesivir — grande parte da capacidade de fabricação dessas coisas pelos Estados Unidos fora "para fora do país", disse. Bartiromo queria que ele falasse sobre como essa escassez poderia afetar os ganhos — com o que ela pelo visto se referia à receita das empresas, não aos salários —, mas ele retornou à cadeia de suprimentos, às restrições à importação de EPI e acrescentou que "em crises como esta, não temos aliados". Depois de mais alguns ataques à China, entre eles uma reclamação de que os chineses controlam a OMS por meio de seu "agente", o diretor-geral etíope, o que explicava por que os Estados Unidos estavam sofrendo problemas com o coronavírus, Navarro encerrou o programa dizendo: "Isso, repito, é uma crise". Na Casa Branca, de acordo com Abutaleb e Paletta, alguns assessores ficaram horrorizados. Navarro tinha acabado de chamar a situação do coronavírus de "crise" três vezes em dez minutos, na *Fox*?

No dia seguinte, enquanto Trump e sua comitiva estavam em Ahmedabad, o mercado de ações despencou e o Dow Jones fechou em 27 961, uma queda de mais de mil pontos. Durante o jantar após o evento, alguns dos assessores do presidente viram as notícias financeiras em seus celulares. Abutaleb e Paletta não dão os nomes desses assessores e dizem simplesmente: "Eles sabiam que Trump teria um ataque quando descobrisse".[13]

Isso aconteceu na segunda-feira, 24 de fevereiro. Para os nervosos observadores do mercado, a coisa piorou. Na terça-feira, falando do CDC, uma funcionária sênior chamada Nancy Messonnier conversou on-line com repórteres. Messonnier era diretora do Centro Nacional de Imunização e Doenças Respiratórias do CDC. Ela dera outras entrevistas, mas dessa vez seu tom foi fatalista e sombrio. "A situação global do novo coronavírus está evoluindo e se expandindo rapidamente", começou ela.[14] Houvera disseminação comunitária — isto é, não apenas casos importados, mas cadeias locais de transmissão — em alguns países, como Itália e Irã, mas não ainda nos Estados Unidos, afirmou. (Era uma afirmação duvidosa, tendo em vista o fiasco dos testes do CDC; autoridades de saúde pública como Sara Cody ainda estavam agindo às cegas, devido à falta de testes precisos e rápidos, e ninguém sabia se havia ou não disseminação comunitária nos Estados Unidos.) Mas essa disseminação viria, admitiu Messonnier. Não era uma questão de *se*, mas de *quando*, prosseguiu, "e de quantas pessoas neste país terão doenças graves". Não havia vacina contra o novo vírus. Nenhum medicamento aprovado para tratá-lo.

As intervenções não farmacológicas (INFS) seriam as ferramentas mais importantes. (Intervenções não farmacológicas é uma expressão sofisticada para modificações comportamentais com o objetivo de retardar a propagação de uma doença, como o fechamento de escolas, a determinação de permanência em casa, o distanciamento social em geral e o uso de máscara.) Sim, o fechamento de escolas podia ser necessário. Eventos com aglomerações podiam ser cancelados. As pessoas podiam faltar ao trabalho e perder renda. "Entendo que toda essa situação pode parecer avassaladora e que a interrupção da vida cotidiana pode ser adversa." Liguem para a escola de seus filhos e perguntem sobre os planos dela, disse Messonnier. Conversem com seus filhos, como fiz esta manhã com os meus. (Começou a parecer quase uma sessão de instruções para a Crise dos Mísseis em Cuba.) A covid-19 está chegando. "As pessoas estão preocupadas com essa situação. Eu diria, com razão. Eu estou preocupada com a situação. O CDC está preocupado com a situação." Agora é a hora de todos se prepararem. "Também quero reconhecer a importância da incerteza", disse ela em conclusão. "Durante um surto com um novo vírus, há muita incerteza."

Investidores não amam a incerteza. Políticos não amam a incerteza. Nem mesmo jogadores, exceto os mais loucos, amam a incerteza. O pôquer se baseia em cálculo e blefe, proteções contra a incerteza. Admitir a incerteza talvez tenha sido a coisa mais verdadeira, corajosa e sincera que Nancy Messonnier disse naquele dia — a evolução molecular de um vírus de RNA incorpora mais incerteza do que uma roleta —, mas seu comentário sobre a incerteza não foi calculado para tranquilizar. A mídia reagiu. Os investidores reagiram. Os assessores da Casa Branca reagiram, e até algumas almas alertas e inquietas a bordo do *Air Force One*, voltando da Índia, que viram as notícias enquanto outros dormiam. Naquele dia, o Dow Jones perdeu outros 879 pontos. Olivia Troye, que era conselheira de segurança interna e coronavírus do vice-presidente, Mike Pence, fez um comentário conciso, relatado por Abutaleb e Paletta: "As pessoas estão com seus televisores ligados e houve muitos comentários de que o mercado de ações está indo pelo ralo".[15] Donald Trump, acordado e furioso com os comentários de Messonnier, começou a berrar por telefone com seu infeliz secretário do Departamento de Saúde e Serviços Humanos (Department of Health and Human Services, HHS), Alex Azar, que era chefe do chefe de Messonnier, mesmo antes de o avião pousar.

Enquanto isso, pessoas estavam morrendo. Duas mortes ocorreram no condado de Santa Clara em 25 de fevereiro — a de Patricia Dowd e de outra pessoa —, embora só reconhecidas como causadas pela covid meses mais tarde. Na Itália, dos 323 casos confirmados de covid-19 até aquela data, onze haviam sido fatais. A contagem de casos da China explodira no início, com mais de 78 mil em 25 de fevereiro, e 2715 mortes. Logo depois, graças a versões draconianas de intervenção não farmacológica, o país achataria sua curva como uma meseta. A curva americana nos próximos meses, no ano seguinte, se assemelharia a uma cordilheira das Montanhas Rochosas.

Por quê? Um éthos nacional de "individualismo vigoroso" — com o que não me refiro ao individualismo real, mas à preocupação programática consigo mesmo em detrimento do bem-estar da comunidade — foi provavelmente grande parte do motivo. Caubóis não usam máscara, a menos que você leve em conta o Zorro. Liderança, ou melhor, "liderança", foi outro fator. A principal preocupação de Donald Trump naqueles primeiros meses cruciais da pandemia, e mais tarde, parece ter sido se reeleger em novembro, em parte pelos méritos de uma economia robusta e um mercado de ações em alta. Mas o SARS-CoV-2, um vírus sem intenções, sem malícia, sem nada além de imperativos darwinianos para guiá-lo, não se importava com índices de ações ou eleições. Ele estava virando a história numa direção diferente.

39

Quase escrevi que "o SARS-CoV-2 não se importava com os mercados". E isso seria correto, porque um vírus não "se importa" com nada, exceto no sentido mais antropomórfico, em que obedece aos imperativos darwinianos. Mas os mercados continuam sendo importantes para a questão de como esse vírus chegou aos seres humanos — e não apenas um mercado, o Atacadista de Frutos do Mar de Huanan. Entre os fatos mais peculiares revelados pela epidemiologia molecular sobre essa pandemia, o tipo de ciência que Marion Koopmans e Michael Worobey fazem, é que o SARS-CoV-2 surgiu em dezembro de 2019 como duas linhagens distintas, que parecem ter vindo de duas fontes diferentes.

A primeira menção a esse fato foi facilmente ignorada porque constava de um artigo que parecia árido e misterioso, intitulado "A Dynamic Nomenclature Proposal for SARS-CoV-2 Lineages to Assist Genomic Epidemiology" [Uma proposta de nomenclatura dinâmica para linhagens do SARS-CoV-2 a fim de auxiliar a epidemiologia genômica].[16] Eu olhei para aquilo e pensei: *taxonomia viral, o.k., mas e daí?* Ao olhar de novo, notei que o primeiro autor era Andrew Rambaut e que o grupo incluía Eddie Holmes. Então li o artigo e encontrei algo interessante. Em meio a um esforço para trazer uma nomenclatura clara a um conjunto de dados em rápida expansão sobre os quais as pessoas estavam confusas, muito curiosas e preocupadas, Rambaut, Holmes e seus coautores descreveram as duas linhagens fundamentais do SARS-CoV-2 e as rotularam simplesmente de A e B. A linhagem B, conforme representada numa amostra coletada de um paciente de Wuhan em 26 de dezembro de 2019, estava ligada ao mercado de Huanan, do qual esse paciente era freguês. A linhagem A, tal como vista num paciente em 30 de dezembro, vinha de outro lugar. Isso combina com o que Daniel Lucey notou: que catorze dos 41 pacientes identificados pela primeira vez *não* tinham nenhuma conexão conhecida com o mercado de Huanan. O paciente de 30 de dezembro portador da linhagem A não estivera no mercado de Huanan, mas *estivera* em outro. Qual? Os registros não dizem. Em Wuhan, naquela época, mais três mercados tinham lojas que vendiam animais silvestres para alimentação ou como animais de estimação, entre os quais o maior da cidade, Baishazhou. Dentre esses estabelecimentos, Baishazhou, Huanan e outros dois, havia dezessete lojas que vendiam animais silvestres vivos. Nos últimos anos, tais lojas tinham vendido mais de 47 mil desses animais, pertencentes a 38 espécies de mamíferos terrestres, aves e répteis, que iam desde o ouriço-de-Amur e o rato-do-bambu chinês até a cobra-de-monóculo.

Os números vêm de um estudo encabeçado por Zhaomin Zhou, especialista em comércio de animais silvestres da Universidade Normal do Oeste da China, em Nanchong, e ex-funcionário de uma agência de proteção florestal em Yunnan. Ele era "técnico", disse-me Zhou modestamente, mas era um técnico com doutorado, designado "para identificar espécies de animais e/ou produtos derivados deles".[17] Seus coautores incluíam vários colegas da Universidade de Oxford e Xiao Xiao, professor associado de uma universidade médica em Wuhan. Foi Xiao quem fez o trabalho de campo, pesquisas discretas dos quatro mercados úmidos, entre maio de 2017 e novembro de 2019. Xiao se apresentava como "observador objetivo não ligado à aplicação da lei", e isso era suficiente para persuadir os vendedores do mercado a falar livremente.[18] O propósito original do projeto — identificar a fonte de uma doença transmitida por carrapatos causada por um tipo diferente de vírus — não tinha relação com o coronavírus, mas sua relevância para o SARS-CoV-2 ficou muito clara quando os resultados foram publicados. Zhaomin Zhou e os colaboradores de Oxford já haviam trabalhado no tráfico de pangolins. No novo estudo, eles observaram que aquelas dezessete lojas de mercado não vendiam pangolins nem morcegos; mas vendiam civetas-da-palmeira mascaradas, cães-guaxinins, bem como outros animais (visons-americanos, doninhas-siberianas, texugos--asiáticos) bastante capazes de transportar um coronavírus. A criação de cães--guaxinins para o comércio de peles é legal na China, mas com os preços das peles em baixa, esses animais com frequência são vendidos nos mercados vivos para alimentação. Cães-guaxinins e texugos-asiáticos custavam em torno de oito dólares o quilo, cerca de três vezes o preço normal da carne de porco. Os ouriços eram baratos. Alguns animais vinham de fazendas, legais ou clandestinas, mas Xiao viu em muitos deles ferimentos de arma de fogo e de armadilhas, indicando captura ilegal na natureza.

Eram artigos alimentares de luxo que refletiam "o tipo de prestígio associado ao consumo de animais silvestres em partes do mundo desenvolvido",[19] não carne de caça de subsistência. Mas a clientela era variada e não se limitava a ricaços. A equipe de Zhou tinha visto, em suas pesquisas anteriores, que "um forte desejo de comprar e/ou possuir produtos da vida selvagem como 'itens de prestígio' ainda transcende classes sociais, faixas etárias, níveis de educação e moradores rurais versus urbanos, mesmo que isso envolva infringir a lei".[20] A aplicação frouxa da lei tornou isso não apenas possível, mas fácil.

Outro fator pode ter exacerbado o risco de *spillovers* na China: o aumento da demanda por carne de animais silvestres devido à escassez de carne suína. O país é o principal consumidor mundial de carne de porco, e também sua maior fonte mundial, produzindo cerca de metade da oferta global. Em 2018, o consumo médio na China foi de 34 quilos por pessoa. Mas no final do verão daquele ano, um surto de peste suína africana varreu o país, afetando mais de 150 milhões de porcos. A doença é causada pelo vírus da peste suína africana (*African swine fever virus*, ASFV), um vírus de DNA endêmico na África subsaariana, onde seus hospedeiros reservatórios são porcos-do-mato e javalis, e carrapatos transmitem o vírus de um animal para outro. Com a chegada dos colonizadores europeus, que levaram suínos domésticos para a África, o ASFV também infectou esses porcos. No século XX, ele chegou à Europa, depois foi erradicado, voltando a surgir neste século, possivelmente por meio de javalis importados da Europa Oriental para o sul da Bélgica, a fim de divertir caçadores. Entre porcos domésticos, o vírus é altamente virulento, e a cepa que chegou à China, em agosto de 2018, era quase 100% letal.

Dentro de oito meses, tendo em vista que a China produz de maneira regular uma quantidade enorme dos porcos do mundo, analistas de commodities do Ocidente diziam alegremente a seus clientes do setor que o impacto do ASFV lá "daria uma força a todos os barcos de proteína".[21] O site RaboResearch, administrado pelo gigante holandês de serviços financeiros Rabobank, previu perdas de 25% a 35% e observou que esse golpe nos porcos e suinocultores da China, junto com a escassez de carne suína no Sudeste Asiático, "criará desafios e oportunidades para os exportadores de proteína animal".[22] Também pode ter criado oportunidades para pessoas que negociavam ratos-do-bambu e porcos-

-espinhos de uma província chinesa para outra, mas isso estava fora da tela do radar do Rabobank. No início de novembro de 2019, um mês antes de o SARS--CoV-2 se tornar aparente em Wuhan, os preços da carne suína em todo o país aumentaram 148%. Mas eles variavam de província para província e de região para região; em algumas províncias era o dobro do que estava sendo pago em outras. Hubei estava entre as províncias onde a carne de porco ficou muito mais cara. Isso significaria que seus habitantes tinham sido levados a consumir menos carne de porco e mais carne de rato-do-bambu, porco-espinho, cervo--latidor, doninha e esquilo? É possível. Os autores de um estudo, de novo uma equipe mista de pesquisadores chineses e britânicos, argumentaram que as fortes flutuações no mercado de carne suína pouco antes de dezembro de 2019 "podem ter aumentado a transmissão de patógenos zoonóticos, entre os quais coronavírus relacionados à síndrome respiratória aguda grave, de animais silvestres para seres humanos, animais silvestres para gado e animais não locais para animais locais".[23] Verdade, talvez. Mas esse artigo era um *preprint* quando o li, ainda não revisado por pares, e nem ele nem nenhum outro que encontrei contêm dados, números concretos, sobre o aumento do consumo de carne de animais silvestres na província de Hubei pouco antes da pandemia.

É uma história plausível e de grande impacto. "How One Pandemic Led to Another" [Como uma pandemia levou a outra] é o título desse *preprint* provocador: uma pandemia de peste suína africana em porcos desencadeia uma pandemia de coronavírus em pessoas. O nexo causal é hipotético, até agora sem sustentação empírica. É uma narrativa.

Mas, de novo, não se trata da única hipótese sobre esse vírus e suas origens que é apenas uma narrativa.

40

A epidemiologia molecular, por outro lado, funciona num contexto rico em dados ou não funciona. Ela tira conclusões comparando genomas e fragmentos de genomas. O genoma completo do SARS-CoV-2, como mencionei, tem quase 30 mil bases. Se você fosse examinar 583 genomas do vírus, de 583 diferentes casos amostrados, estaria olhando para 17 milhões de pontos de dados. Você iria querer um computador. E, além disso, ter uma visão boa.

Foi o que Michael Worobey fez, junto com quatro colegas, para estimar o momento da primeira infecção pelo SARS-CoV-2 em Hubei, antes de ser detectada no mercado de Huanan. Entre os colaboradores de Worobey nesse estudo estavam Joel Wertheim, que havia sido seu aluno de doutorado no Arizona quinze anos antes, e Jonathan Pekar, atual aluno de doutorado de Wertheim, agora na Universidade da Califórnia em San Diego — portanto, uma sequência geracional de orientadores e orientandos que faz com que Worobey, que parece jovem, se sinta um pouco velho. Eles usaram uma bateria de ferramentas conceituais e inferências, bem como os 583 genomas de Hubei, com todas as amostras colhidas entre dezembro de 2019 e abril de 2020, e todos disponíveis no banco de dados Gisaid. Eles compararam esses genomas entre si e realizaram simulações de computador de como, com suas muitas pequenas diferenças e suas mutações, eles poderiam ser organizados para representar galhos e ramos em uma árvore genealógica. As simulações diferiam porque incorporavam certas suposições — sobre a taxa de mutação, por exemplo, e se algumas mutações poderiam ter voltado à forma original, o que acontece às vezes. Havia algumas incertezas inerentes, alguns aspectos de puro acaso; os cientistas esperavam descobrir o que era mais provável. Eles desenharam várias dessas árvores genealógicas. A cada simulação, podiam inferir o ponto em que os grandes galhos que continham todos os 583 genomas se ramificaram do tronco. Esse ponto da primeira ramificação era importante nesse tipo de análise: representava o ancestral comum mais recente (*most recent common ancestor*, MRCA) de todas as cepas de vírus amostradas. Onde ele estava — onde no tempo? Onde quer que fosse, antes do final de dezembro de 2019, esse ponto representava *pelo menos* quanto tempo o SARS-CoV-2 estava circulando em seres humanos.

Mas o primeiro ponto de ramificação não era o objeto final do estudo, porque provavelmente não representava a presença mais antiga do SARS-CoV-2 em humanos, o caso "primário". O caso índice, no estudo filogenético de um surto de doença, é a base do tronco — que não deve ser confundido com o MRCA, o ponto de onde os galhos se ramificam para formar a copa da árvore. Os detalhes do caso índice permanecem desconhecidos, enquanto a posição do MRCA é inferida pelo estudo. Mas essas duas coisas *de fato* acabam se confundindo, disse-me Worobey numa conversa recente. Mesmo seus colegas de área tendem a borrar a distinção entre caso índice e MRCA. "É uma dessas coisas que são constantemente esquecidas. E às vezes não importa muito, às vezes importa muitíssimo."

Entre a base da árvore e a primeira grande ramificação — entre o caso índice e o MRCA — pode ter havido outros galhos, pequenos, que não receberam luz suficiente, nunca prosperaram e, portanto, murcharam e morreram. Essas linhagens curtas do novo vírus teriam sido transmitidas entre algumas pessoas e depois extintas. Essas linhagens extintas, nunca amostradas, só podiam ser inferidas. Mas inferi-las fazia parte desse exercício de probabilidades de Worobey e seus colegas, e os levou a uma conclusão: "É altamente provável que o SARS-CoV-2 estivesse circulando na província de Hubei em níveis baixos em novembro de 2019 e possivelmente já em outubro 2019, mas não antes".[24]

Não antes: suas descobertas contradiziam a noção de que o SARS-CoV-2 poderia ter existido em amostras de águas residuais em Barcelona já em março de 2019, ou na urina de um bebê em Milão em setembro, e eles sabiam disso, afirmando ser "improvável" que esses estudos fossem "válidos".[25]

Mas a alta taxa de extinção entre linhagens virais, que eles viram em suas simulações, sugeria que "o *spillover* de vírus do tipo SARS-CoV-2 pode ser frequente, mesmo que as pandemias sejam raras".[26] O mesmo padrão de múltiplas introduções do vírus, várias cadeias curtas de transmissão morrendo antes que o vírus se instalasse em um lugar, também poderia ter ocorrido em outros locais — por exemplo, no condado de Santa Clara, Califórnia, em fevereiro de 2020, resultando na morte de Patricia Dowd. A diferença foi que as introduções de Hubei vieram primeiro.

Essas linhagens extintas sugeririam que o vírus era relativamente escasso e talvez não estivesse muito bem-adaptado aos seres humanos durante o período inicial pré-pandêmico. Pequenos focos de infecção se extinguiram. Doenças semelhantes à gripe ou à pneumonia comum foram consideradas gripe ou pneumonia comum. Cadeias de infecção chegaram a becos sem saída. Outras cadeias podem ter ido adiante, dando ao vírus a oportunidade de evoluir e se adaptar, mas não há evidências convincentes (além das linhagens A e B) de que qualquer uma delas tenha sobrevivido e proliferado. "Não sabemos o que pode ter acontecido em termos de adaptação em humanos", disse-me Worobey. Algumas mutações-chave podem ter tornado o vírus mais transmissível. Ele ainda precisava de um pouco de sorte. Os *spillovers* são frequentes, as pandemias são raras, como Worobey e seus colegas notaram. É provável que a maioria das linhagens virais em um novo tipo de hospedeiro se extinga. Mas essa árvore ficou um pouco mais alta, o tronco ficou um pouco mais robusto e, então, em um ponto crítico — o ponto que os filogeneticistas moleculares chamam de MRCA —, ramos brotaram de uma muda, esses ramos cresceram e se transformaram em galhos e deles mais ramos brotaram, criando uma grande coroa.

Não sabemos, como disse Worobey. Mas talvez tenha sido isso que aconteceu, e um desses primeiros ramos levava ao Mercado Atacadista de Frutos do Mar de Huanan.

v. Variáveis e constantes

41

O vírus sofrerá mutações? Foi o que muitas pessoas perguntaram.

Sim, claro que sofrerá mutações, disseram os cientistas. Vírus sempre e continuamente sofrem mutações. As questões cruciais são: com que frequência ele sofrerá mutações, quão numerosas elas serão e como essas mutações poderão se transformar pela seleção natural em adaptações. Mutações são mudanças graduais num genoma — uma letra aqui, uma letra ali — e em geral aleatórias. Não se preocupe apenas com mutações. Preocupe-se com mutações acrescidas de Darwin. Preocupe-se com o modo como esse vírus pode evoluir e se adaptar. Se esperamos impedir que ele se adapte cada vez melhor à população humana, evitemos que ele alcance mutações abundantes; é preciso contê-lo com rapidez, controlar o surto precocemente, levá-lo a sério, manter baixo o número de casos humanos, aplicar e seguir INFs robustas até que se tenha vacinas, então vacinar todo mundo, privando o vírus de oportunidades de evoluir.

Mas não fizemos isso.

42

Com que frequência ele sofreria mutações? Essa pergunta dizia respeito à natureza dos coronavírus em geral. A resposta exata é complexa, mas a resposta simples é: o bastante para ser esquivamente perigoso. Quais mutações seriam significativas e como a evolução poderia transformá-las em adaptações? As respostas a essas perguntas dependeriam das circunstâncias em que esse vírus se encontra. A evolução não leva as criaturas a algum ideal platônico de perfeição. Leva-as somente a prosperar dentro de determinado ambiente em determinado momento.

Nos primeiros nove meses da pandemia, o SARS-CoV-2 parecia estar sofrendo mutações devagar e evoluindo pouco ou nada. Alguns cientistas notaram uma diversidade genética "notavelmente baixa"[1] entre as muitas amostras que foram sequenciadas. Um grupo de pesquisadores que trabalhava no Instituto Walter Reed de Pesquisas do Exército, em Silver Spring, Maryland, analisou 27977 sequências genômicas de pessoas infectadas em 84 países e encontrou "poucos indícios" de seleção natural para algo novo.[2] O vírus, escreveram eles, "está se transmitindo com mais rapidez do que evolui"[3] — o que significava que a taxa perceptível de mutação era inferior a uma mudança de nucleotídeo por caso humano. Estava passando de pessoa para pessoa, em muitos casos, sem um único erro de cópia em seu genoma de 30 mil letras. Trata-se de uma constância notável, especialmente para um vírus de RNA. Isso não significava que o vírus não tinha sofrido nenhuma mutação dentro de uma determinada pessoa, mas que, se houve mutações, elas não foram bem-sucedidas na competição com a cepa não mutada para conseguir se replicar e se transmitir. Os biólogos evolucionistas chamam isso de seleção purificadora. Purifique o que você tem. Se não estiver avariado, não conserte. Talvez esse vírus não *precisasse* evoluir porque já estava se saindo muito bem entre seres humanos.

Mas, na verdade, a constância não era tão estranha entre os coronavírus. Eles diferem da maioria dos vírus de RNA, que são bastante variáveis e, portanto, muitíssimo adaptáveis, como alertaram Eddie Holmes, Donald Burke e outros. Os coronavírus estão numa extremidade do espectro dos vírus de RNA. Seus genomas são excepcionalmente longos e suas taxas de mutação são excepcionalmente baixas, menos de um décimo da taxa de outros vírus de RNA. Essas duas características atípicas são mediadas por um mecanismo engenhoso, uma proteína especial chamada NSP14. Essa proteína desempenha uma função de revisão, acompanhando o genoma enquanto ele se replica, letra por letra, e corrigindo a maioria dos erros antes que eles possam entrar em novos vírions. Com genomas tão longos, se *não tivessem* esse mecanismo os coronavírus acumulariam tantos erros que se despedaçariam, como um Ford Modelo A em que alguém tivesse esquecido de apertar os parafusos. Esse resultado é chamado de "catástrofe de erros". A evolução forneceu o NSP14, possibilitando que os coronavírus evitassem a catástrofe de erros — permitindo que eles apertassem seus parafusos. Um genoma longo era uma vantagem, de maneira ainda não medida, e a função de revisão do nsp14 tornou isso possível.

Então, houve de fato um atraso no início da pandemia, um período de estase relativa, durante o qual nenhuma mutação notável ou alarmante foi reconhecida no SARS-CoV-2. Quando a primeira delas apareceu, exigiu atenção. Era uma diferença de um nucleotídeo entre os 30 mil, que codificava um aminoácido diferente em uma proteína, e essa mudança ganhou o rótulo de D614G. O aminoácido glicina (representado por G) havia substituído o ácido aspártico (D) na posição número 614. D substituído em 614 por G, logo D614G. A proteína em questão era a espícula. Alguns cientistas propuseram que essa mudança de um aminoácido explica por que pacientes com covid-19 perdem o olfato. E, o que é mais importante, também parece ter tornado o vírus mais transmissível.

A mutação D614G foi observada pela primeira vez na China, muito cedo, e se espalhou no final de janeiro de 2020 para a Europa, onde foi observada na Alemanha e a seguir na Itália. Sua disseminação continuou durante fevereiro e março, pela Europa e América do Norte, Austrália e depois de volta à Ásia. Uma equipe de cientistas nos Estados Unidos e no Reino Unido rastreou seu trajeto, realizou experimentos de laboratório para avaliar os impactos funcionais da D614G, trabalhou rapidamente e publicou um *preprint* em 30 de abril. A principal autora desse artigo era Bette Korber, uma veterana bióloga computacional do Laboratório Nacional de Los Alamos. Korber havia trabalhado em pesquisa sobre aids com o veterinário Max Essex em Harvard durante os primeiros anos da epidemiologia molecular. Portanto, essa era sua segunda pandemia. Quando o SARS-CoV-2 percorreu o mundo em março de 2020, ela se interessou em rastrear as variantes do vírus à medida que surgiam.

"Eu queria ser capaz de analisar as transições nas comunidades", disse Korber. Era uma perspectiva evolutiva clássica — ou, para ser mais preciso, neoclássica, em reconhecimento ao biólogo do início do século XX Ronald Aylmer Fisher, o homem que matematizou Darwin. Fisher definiu evolução como mudanças na frequência de alelos (diferentes formas do mesmo gene) dentro de uma população. "Todo mundo que já pensou em evolução conhece a história das mariposas, certo? A mudança nas mariposas nas árvores", prosseguiu Korber. É uma história famosa: ela se referia à substituição das formas de asas claras da mariposa salpicada (*Biston betularia*) por formas de asas escuras, à medida que os troncos das árvores da Inglaterra industrializada escureciam por causa da fuligem. A mutação para asas escuras permitiu que algumas mariposas passassem despercebidas aos pássaros predadores, e esses mutantes de asas escuras tiveram a maior descendência. A mudança de frequência alélica na população de mariposas — o alelo ou alelos de asa escura se tornando mais abundantes do que os originais de asa clara — constituiu a evolução.

Isso era diferente da filogenética molecular tal como praticada por Michael Worobey e outros. Korber estava cautelosa com essa abordagem, nesse estágio, porque havia muito pouca variação entre os genomas durante os primeiros meses, pouquíssimas mutações; ela não confiava nas árvores genealógicas. Além disso, há o fator de recombinação — a troca de seções inteiras de um genoma viral para outro, que pode enxertar um ramo de uma árvore filogenética em outra, confundindo ainda mais as coisas. Ao contrário, Korber queria analisar a mudança das frequências genéticas dentro das comunidades. Em vez de tentar rastrear de onde vinham as mutações, ela mediria o quanto estas se acumulavam nessa ou naquela população. Uma mutação individual estaria muitas vezes associada a várias outras mutações espalhadas pelo genoma, e quaisquer vírus que carregassem esse grupo associado eram conhecidos coletivamente como uma variante. Se uma determinada variante se acumulasse de forma desordenada e substituísse consistentemente o vírus original ou uma variante anterior sempre que entrasse numa nova comunidade, seria possível inferir que ela estava fornecendo valor evolutivo. As vacinas e tratamentos terapêuticos precisariam levar isso em conta.

Korber e seus colegas desenvolveram ferramentas computacionais para aplicar essa abordagem ao SARS-CoV-2: identificar uma mutação que caracterizasse uma nova variante e, depois, usar os abundantes dados genômicos disponíveis no Gisaid para medir como sua frequência (sua prevalência dentro de uma população) poderia mudar em diferentes comunidades humanas afetadas pela covid-19. Eles exploraram a D614G. Outros cientistas consideravam essa mutação insignificante. Não estava dentro do domínio de ligação ao receptor da proteína espicular, crucial para a entrada na célula, e não estava num local para ser alvo de anticorpos; portanto, uma mudança ali não deveria ter efeito na resposta imune contra o vírus. Talvez fosse uma mutação neutra, sem nenhuma vantagem evolutiva e sem custo algum. Se assim fosse, poderia continuar a aparecer em baixa frequência, uma anomalia aleatória em alguns genomas, não muitos. "Mas o que estava acontecendo, e o que eu pude ver assim que tivemos as ferramentas disponíveis", contou Korber, era que em cada conjunto de genomas de cada população rastreada para D614G, "independentemente de comunidade, estado, país, continente, ela estava aumentando rapidamente em relação à linhagem ancestral."

Korber e seus colegas analisaram 997 sequências genômicas do vírus amostradas no início, antes de 1º de março de 2020. Encontraram D614G em apenas 10%. Analisaram 14 951 sequências de março e encontraram a mutação em 67% delas. "Nossos dados mostram que, ao longo de um mês, a variante portadora da mutação D614G da espícula se tornou a forma globalmente dominante do SARS-CoV-2", escreveram.[4] Depois, analisaram outras 12 194 sequências coletadas de 1º de abril a 18 de maio e verificaram que a prevalência de D614G aumentou ainda mais, para 78%. Em estudos de laboratório, compararam o vírus com G614 em sua espícula com o vírus com D614, a espícula como era quando o vírus surgiu, e descobriram que a versão mutante era muito mais eficaz em infectar células cultivadas. E em dados clínicos coletados num hospital da Inglaterra, em quase mil casos de covid-19, eles detectaram indícios de que o vírus mutante crescia em pacientes de maneira mais abundante do que o vírus sem essa mutação. Isso era preocupante, mas com um consolo: os pesquisadores não encontraram ligação entre a mutação D614G e a gravidade da doença. Mas como o vírus mutante era muito mais transmissível, levando a mais casos, com resultados ruins dentro da taxa usual, potencialmente ainda constituía um novo grande problema para a saúde global.

Problemas maiores viriam. O grupo de Korber previu isso e, no final de seu artigo, incluiu uma imagem, identificada como Figura 7, que mostrava outras seis mutações na proteína espicular que surgiram em diferentes partes do mundo. Essas mutações mereciam atenção, alertaram os autores, assim como outras que deveriam aparecer. As cepas variantes que carregavam novas mutações poderiam significar desafios importantes para a eficácia das vacinas, quando estas chegassem, e para os tratamentos de anticorpos baseados no vírus não mutante.

"Para esse fim", escreveram eles, "criamos uma pipeline de análise de dados para permitir a exploração de mutações potencialmente interessantes nas sequências do SARS-CoV-2."[5] Uma pipeline de dados — Matt Wong criou uma, o grupo de Korber criou outra, e ficaremos sabendo de outras mais — é um conjunto de elementos ou etapas de computação, cada etapa produzindo outputs que são inputs para a próxima etapa. Uma linha de montagem numa fábrica de automóveis é uma pipeline de etapas mecânicas com inputs físicos. No final da pipeline, tchan!, tem-se um novo Chevrolet — ou um resultado conceitual. Se os inputs são sequências do genoma do SARS-CoV-2 com esta ou aquela mutação, disseminando-se nesta ou naquela taxa, neste ou naquele país, os outputs da pipeline podem ser valiosos para planejadores de vacinas e tratamentos. "A velocidade com que a variante G614 se tornou a forma dominante no mundo", escreveu a equipe de Korber, usando um termo abreviado para D614G, "sugere a necessidade de vigilância contínua."[6]

Quando conversamos, Korber chamou minha atenção para a figura que mostrava a linhagem D614G como apenas uma entre sete variantes de interesse. A questão, disse ela, não era somente a D614G; a ideia era mais ampla. "Considerei que o artigo documentava a utilidade desse tipo de abordagem, tanto quanto a própria variante. E o revisor estava meio que querendo que eu retirasse aquela última figura que falava sobre rastreamento de variantes."

"Hum, hum", disse eu, astutamente.

"Mas o editor me deixou mantê-la." O artigo deveria aparecer na *Cell*, uma revista bastante conceituada. A revisão por pares seria atenta e rigorosa. "Eles disseram: 'Isso é uma distração. Sabe, não precisamos ter essa distração no artigo'." O revisor ou revisores queriam tirar a Figura 7, com sua expectativa de outras variantes. Mas Korber se opôs a isso, e venceu.

"Eu disse: 'Não, isso é realmente fundamental. Isso está chegando! Temos de estar preparados!'"

43

O vírus estava chegando e, como Korber bem sabia, o vírus não era uma coisa constante. Em qualquer vírus, mas especialmente um vírus de RNA, mesmo um com uma proteína especial engenhosa para fazer a revisão, a constante essencial é a mudança. Pequenas mudanças, como o erro de uma única letra que criou a mutação D614G, causam às vezes um impacto considerável. E pequenas mudanças podem se acumular numa aspersão dentro de um genoma, cada uma adicionando apenas um toque de vantagem evolutiva, ou então sendo simplesmente neutras, mas sortudas, movendo-se como um aproveitador com outras mutações que conferem a vantagem. Movendo-se para onde? Através de replicações de genoma para o futuro. Quando há tantas mutações, e elas se espalham como um pacote visto em muitas amostras virais, chamamos isso de variante. Hoje em dia esse é um universo familiar. Reportagens de tirar o fôlego fazem cada nova variante parecer aterradora. As pessoas se tornam cínicas: *Qual é a mais recente assustante?* Se a variante for excepcionalmente bem-sucedida, ligando-se muitíssimo bem às células, espalhando-se de maneira rápida e ampla, a OMS a designa como variante preocupante (*variant of concern*, VOC). Linhagem é outra coisa: um ramo, curto ou longo, bem-sucedido ou nem tanto, na árvore genealógica do vírus. Uma linhagem bem-sucedida, quer represente uma nova variante, quer não, pode viajar. Pode andar de avião. É aqui que a filogenética molecular encontra a geografia.

Das duas principais linhagens do SARS-CoV-2 que Andrew Rambaut e seus colegas identificaram, chamando-as de A e B, a linhagem B é a que chegou e floresceu na Itália. Os primeiros relatórios sugeriram que ela fora trazida da Alemanha — daquela empresa de suprimentos automotivos da Baviera —, mas, como mencionei, Worobey e seus colegas encontraram provas de que ela veio diretamente de Wuhan. Em 31 de janeiro de 2020, dois turistas chineses em Roma testaram positivo. Uma semana depois, um italiano recém-chegado de Wuhan, em um voo especial que repatriava cidadãos italianos, foi hospitalizado como caso confirmado.

Então veio uma pausa de duas semanas, durante a qual médicos foram orientados (por protocolos italianos, a conselho da OMS) a não aplicar testes para covid-19 em pacientes sem vínculo de viagem para a China. Uma médica na cidade de Codogno, a sudeste de Milão, tinha um paciente com pneumonia grave, um homem de 38 anos que não respondia a tratamentos normais. Então ela decidiu ignorar essa recomendação e fazer o teste, que deu positivo. O homem se tornou o primeiro caso confirmado da Itália de SARS-CoV-2 adquirido localmente. Ele havia chegado ao hospital de Codogno de uma cidade menor próxima, Castiglione d'Adda, lugarejo com um castelo medieval não muito longe do rio Adda, e o modo como se infectou era um mistério.

No dia seguinte, 21 de fevereiro, as autoridades de saúde anunciaram um conjunto de dezesseis casos na Lombardia, região que abrange Milão e onze outras províncias, entre as quais Lodi, na qual se encontram Codogno e Castiglione d'Adda. Nenhuma das dezesseis pessoas estivera na China recentemente, mas uma delas se encontrara com um amigo que havia retornado de lá. Mais dois dias se passaram, além de uma ansiosa reunião ministerial na agência italiana de socorro a desastres, e então o governo do primeiro-ministro Giuseppe Conte ordenou o bloqueio de parte da província de Lodi, dez cidades com uma população total de 50 mil pessoas, declarando a área "zona vermelha".[7] Escolas e lojas de comércio não essencial tiveram de fechar. Conte enviou tropas para fechar fronteiras. Pareceu drástico na época — a Itália acabara de registrar sua primeira morte por covid, um homem de 78 anos em Pádua —, mas na verdade era um pouco tarde demais.

A partir de então, o norte do país sofreu uma explosão de casos e um número terrível de mortes. Passadas duas semanas, Conte ordenou que toda a Lombardia e o resto do Norte ficassem em quarentena. Um dia depois, estendeu a ordem para toda a Itália, pondo 60 milhões de pessoas em confinamento. Negócios fechados. Restaurantes e bares às escuras. Italianos isolados em suas casas. Em 13 de março, somente a Lombardia já havia registrado 15 113 casos e 1016 mortes. Após uma semana, no auge dessa onda, o país no todo confirmava 6 mil novos casos por dia.

"Eram cerca de 40 mil pessoas hospitalizadas no final de março", contou Marino Gatto. Ele é professor emérito de ecologia na Universidade Politécnica de Milão, formado em engenharia e modelagem matemática e, durante grande parte de sua carreira, especialista em ecologia de doenças. "Os hospitais ficaram lotados e decerto muita gente não morreu no hospital", disse ele. "Muitas pessoas provavelmente morreram em casa. Nem puderam ser hospitalizadas." Os testes foram insuficientes, os *swabs* para testes eram escassos e, entre os testados que deram positivo, a taxa de mortalidade foi catastrófica, cerca de oito vezes a taxa da Alemanha ou da Coreia do Sul. Seria devido à poluição do ar industrial no Norte, causadora de um estresse respiratório que deixava os pulmões especialmente vulneráveis? Seria por causa do cigarro? Por causa de famílias multigeracionais, com avós frágeis expostos a jovens assintomáticos, mas infecciosos? Seria porque os italianos se abraçam com mais frequência do que pessoas de outras nacionalidades? As variáveis eram muitas e o sofrimento, desconcertante. Por que, as pessoas se perguntavam, esse lindo país estava sofrendo de maneira tão desoladora? *Alguém pergunta ao papa: Santo Padre, Deus agora odeia a Itália? Este é o nosso agradecimento por todas aquelas belas pinturas piedosas?* Em 3 de junho de 2020, quando o pico já havia passado e o governo suspendeu as últimas restrições, 33 694 italianos estavam mortos.

O Norte sofreu primeiro, e mais. "Por quê? É muito simples", disse Gatto. "Porque é industrializado." Com efeito, as indústrias significavam poluição do ar, mas também viagens de negócios internacionais. "Muitas empresas com muitas conexões com o exterior, com a Alemanha, a França, *a própria China* e assim por diante." A Lombardia foi semeada cedo com o vírus, possivelmente através de um dos três aeroportos internacionais perto de Milão, por azar e conectividade fatídica, e nas semanas anteriores ao primeiro caso reconhecido em Codogno o vírus se espalhou silenciosamente.

Entre as províncias mais atingidas da Lombardia estava Bérgamo, a nordeste de Milão, com suas fábricas, seu processamento de minérios, o aeroporto de Orio al Serio e uma vibrante capital, a cidade de Bérgamo, no sopé dos Alpes, que abrange uma antiga cidade murada no alto de um morro, atraente para os turistas, e um moderno centro comercial abaixo, cheio de restaurantes, museus e espaços artísticos. Em 25 de fevereiro, a província registrava dezoito casos, muito menos do que os 125 da província de Lodi, mas ocorrera um evento na semana anterior que provavelmente intensificou a transmissão do vírus em Bérgamo.

O Atalanta, time de futebol profissional da cidade, se classificara para a final da Liga dos Campeões e, em 19 de fevereiro, disputou a maior partida de sua história, contra o time espanhol do Valencia. Em jogos tão importantes, o estádio da "casa" de Bérgamo era uma grande arena em Milão. Assim, em 19 de fevereiro, 40 mil fiéis torcedores do Atalanta viajaram para lá de ônibus, trem e carro a fim de assistir à partida, que seu time venceu por 4 a 1, em meio a muitos abraços, beijos e gritos comemorativos. Muitos outros, que não tinham conseguido ingresso, se reuniram em casas e bares para assistir ao jogo. "Infelizmente, não tínhamos como saber", disse o prefeito de Bérgamo. "Ninguém sabia que o vírus já estava aqui."[8] Logo após a partida, a covid-19 começou sua forte ascensão. Em 25 de março, a província já registrava 7 mil casos confirmados e mil mortes. O cemitério da cidade de Bérgamo não deu conta dos enterros, de modo que caminhões militares levaram os corpos para outros lugares a fim de serem cremados. O principal hospital também não deu conta; um hospital de campanha de emergência, rapidamente instalado num centro de feiras, acrescentou mais 142 leitos à capacidade local; mas ainda havia escassez, e pacientes foram transportados para Milão e lotaram o Hospital Luigi Sacco, da Universidade de Milão.

Um jovem médico chamado Gabriele Pagani trabalhava no Sacco, onde fazia residência em doenças infecciosas. "Ficamos sobrecarregados com todos os pacientes de fora", contou ele. "Simplesmente tivemos de fechar todos os ambulatórios." Também interromperam as cirurgias. A cidade de Milão ainda não fora atingida com força, o que aconteceria em breve, e nesse meio-tempo o Sacco absorveu os casos de Bérgamo e de alguns outros lugares críticos. Dentro do hospital, funcionários foram transferidos e realocados para atender às necessidades de emergência. Pagani foi enviado para uma enfermaria de baixa intensidade, atendendo pacientes idosos sem covid grave e casos de quarentena, e trabalhando em tarefas burocráticas. "Chamamos a enfermaria de Fazenda da Beleza", disse ele. "Psicologicamente, era legal porque você via pessoas saindo do hospital." Por outro lado, parecia algo periférico à batalha de verdade, que era tentar salvar pacientes in extremis. "Eu usei o tempo livre para fazer pesquisas", contou Pagani. Ele estava na última etapa da compilação de um estudo de vários anos sobre a dengue na Itália. Essa sensação de calma mudou de repente, quando ele topou com Massimo Galli, o chefe do Departamento de Ciências Biomédicas e Clínicas. Pagani conhecia o professor Galli e tinha sido orientado por ele desde seus anos de graduação, durante os quais fez trabalho clínico no Sacco. O atarefado professor entrou numa sala, viu Pagani e disse: "Tenho uma grande oportunidade para você. Venha comigo".

Pagani é um trintão com um rabo de cavalo loiro-escuro e barba desleixada à Bob Dylan. Ele havia planejado uma temporada no exterior como parte de sua residência, para estudar epidemiologia e saúde pública em Madagáscar. Mas com seus próprios desafios suficientes de doenças, entre os quais surtos recorrentes de peste bubônica, Madagáscar entrou em confinamento por causa da covid-19 antes mesmo da Itália, e todos os voos para a ilha foram cancelados. Ciente disso, o professor Galli encaminhou Pagani para um local de necessidade urgente muito mais próximo: Castiglione d'Adda, a pequena cidade-castelo a sudeste de Milão, de onde viera o primeiro caso confirmado de covid da Itália.

A cidade, com uma população de menos de 5 mil habitantes e sem hospital, em confinamento na zona vermelha, estava sofrendo muito e sozinha. Tivera muitas dezenas de casos desde aquele primeiro e, no final de março, cerca de 1% de sua população total estaria morta por covid-19. Galli despachou Pagani para lá a fim de organizar um estudo epidemiológico por triagem de sangue. O objetivo era saber quantas pessoas estavam infectadas — que porcentagem da população, jovens ou idosos, fumantes ou não fumantes, hospitalizados ou não — e se a cidade estaria se aproximando de um ponto em que a situação não poderia piorar, porque a maioria das pessoas já tivera uma infecção menor ou assintomática e se recuperara. Talvez a situação até ficasse muito melhor. A cidade poderia alcançar aquele estado misterioso conhecido pelo nome equivocado de "imunidade de rebanho".

Galli entrou em contato com o prefeito de Castiglione d'Adda para receber aprovação e garantir cooperação. Pagani se viu então encarregado de organizar esse ambicioso estudo, confiado a ele pelo professor, que tinha mil outros assuntos em mente.

"Eu nunca fiz nada assim", contou Pagani. Era uma tarefa difícil, e ainda mais difícil porque ele não obteve suprimentos adequados, não obteve EPI suficiente e precisou levantar dinheiro com subsídios e doações. Mas montou uma equipe de bons parceiros e conselheiros, e eles conseguiram levar a cabo a tarefa. Coletaram amostras de sangue e *swabs* de mais de 4 mil participantes, quase toda a cidade, num incrível grau de cooperação, e descobriram que 22% carregavam anticorpos contra o SARS-CoV-2. O surpreendente desse resultado, que também era preocupante, foi que o número era muito baixo. "Trata-se de uma prevalência abaixo do esperado", observaram Pagani e seus colaboradores em seu relatório publicado, "considerando-se que foi registrada numa das áreas mais afetadas da Itália."[9] Isso parecia ameaçador, pois sugeria que "uma grande parte da população permanece suscetível à infecção".[10]

A contagem de mortes era outro aspecto inquietante desses números. Pelo menos 47 moradores da cidade morreram de covid-19 durante os primeiros três meses de 2020. Se a taxa de infecção era surpreendentemente baixa, isso significava que a taxa de letalidade em Castiglione d'Adda era alta: cerca de 5%. "Há muitos idosos", disse Pagani.

Ele também era suscetível, mas jovem e afortunado. Havia pegado covid-19 antes do início do estudo de Castiglione d'Adda. Seus sintomas não foram graves, apenas dores, cansaço, uma dor terrível nos quadris, sono ruim, e na manhã seguinte, depois de uma noite agitada, ele abriu uma lata de pó de café e não sentiu o cheiro. Isso o alertou: não era resfriado ou gripe. Ficou em quarentena por alguns dias, longe da namorada e dos pais.

Mas infectou sua gata de pelo curto de quatro anos, chamada Zika. "Como o vírus", sim, confirmou ele. Ela começou a espirrar. Nenhum outro sinal de mal-estar, e seu apetite se manteve. Quando Pagani mencionou isso no hospital, um amigo virologista se ofereceu para isolar o vírus de Zika e sequenciar o genoma. "Médicos são nerds e nerds adoram gatos", ele me explicou. (Talvez, mas apenas um médico nerd de doenças infecciosas daria à sua gata o nome de Zika.) Pagani colheu o material da gata. Ele deu sua própria amostra de *swab* para isolamento do vírus e o seu também foi sequenciado. Os dois genomas eram 99,9% idênticos, portanto Zika o havia pegado honestamente. Ambos os genomas pertenciam à linhagem B.

Enquanto isso, embora Pagani e Zika tenham se recuperado, pessoas estavam morrendo na Itália e em todo o mundo. Em 7 de junho, quando o estudo de campo de Pagani em Castiglione d'Adda foi concluído, a contagem nacional de casos era de 235 035. Quase 34 mil italianos haviam morrido. O total global de mortes era de 423 442. E tudo isso era apenas a primeira onda. O pior ainda estava por vir.

44

A linhagem B se tornou um galho com muitos ramos. A primeira, que teve mais consequências, foi a B.1, detectada na Lombardia no início do surto, e que provavelmente se originou por lá mesmo. Diferia da linhagem ancestral B por duas mutações, entre as quais aquela de que já falamos, a D614G. No início de março, a B.1 já havia infectado pessoas na Europa Central, Holanda, Reino Unido e Estados Unidos. Em um caso notável, foi para a cidade de Nova

York, iniciando (ou ajudando a iniciar) o surto que progrediu para uma sobrecarga assustadora do sistema de saúde local e provocou a horrível e triste cobertura da mídia que todos vimos. Essa crise atingiu seu auge no começo de abril e, em 10 de maio, o estado de Nova York tinha mais de 330 mil casos, a maioria na cidade de Nova York, o que correspondia a 8% do total mundial.

A linhagem B.1 logo deu origem a um ramo próprio, designado como linhagem B.1.1. Esta apareceu ao mesmo tempo na Dinamarca, Alemanha, Reino Unido, Estados Unidos e Lombardia; a simultaneidade refletia uma relativa escassez de sequenciamento e tornava difícil dizer com precisão onde ela se iniciara. Isso pouco importa. O que interessa é que dessa linhagem surgiram pelo menos sete outros ramos, dos quais o mais notável foi a B.1.1.7. Sei que essas classificações parecem uma confusão numerológica, mas refletem o fato de que, à medida que o número de casos aumentava, à medida que as mutações acrescentavam variedade aos genomas, esse vírus aproveitava suas oportunidades, explorando muitas opções evolutivas. Iremos além desses emaranhados de letras e números, em breve, para alguns apelidos mais práticos. A B.1.1.7, por exemplo, levou à variante do Reino Unido. Mais tarde, com mais dados disponíveis, com mais variantes surgindo e para facilitar o discurso público, ela recebeu um nome ainda mais simples: variante alfa.

Alfa, beta, gama, delta: os quatro cavaleiros do apocalipse covid em sua segunda fase.

Essa fase começou no outono de 2020 e dissipou todas as incertezas — ainda persistentes em torno da mutação D614G — sobre se esse vírus evoluiria. A primeira evidência da variante B.1.1.7 veio de Kent, um condado no sudeste da Inglaterra vizinho da Grande Londres. Apareceu em duas amostras de pacientes coletadas em 20 de setembro de 2020. Mas seu significado só foi reconhecido mais tarde e graças a uma convergência quase acidental de dois tipos de dados: epidemiológicos, que mapeavam uma disseminação repentina e agressiva de casos de covid-19, e genômicos, que revelaram que o vírus em propagação continha um agrupamento considerável e intrigante de novas mutações. Andrew Rambaut, na Universidade de Edimburgo, notou esse agrupamento por sua genômica enquanto procurava algo mais geral: mutações na proteína espicular, entre elas a D614G, para a qual a equipe de Bette Korber tinha chamado a atenção, e outra mutação suspeita que estava avançando na África do Sul.

"Ficamos de olho nessas coisas", disse Rambaut. Naquele momento, o Reino Unido estava sequenciando mais genomas do SARS-CoV-2 do que qualquer outro país, graças à previdente criação de um consórcio conhecido como COG-UK, com 20 milhões de libras esterlinas em apoio governamental e privado. COG significa Genômica da Covid-19. Do consórcio participavam mais de dez universidades, quatro agências governamentais e o Wellcome Sanger Institute, um centro de pesquisa financiado pelo Wellcome Trust e cujo nome é uma homenagem a Fred Sanger, o pai do sequenciamento genômico. O COG-UK engloba dezesseis centros de sequenciamento espalhados por todo o país, que compartilham seus genomas e análises, sendo o maior e mais útil organismo de rastreamento genômico criado por qualquer nação do mundo. Sua diretora-executiva é Sharon Peacock, professora de microbiologia da Universidade de Cambridge com um talento especial para organização. O projeto teve início em março de 2020, com e-mails enigmáticos de Peacock para alguns de seus colegas.

"Eu não disse do que se tratava", contou Peacock. "Eu disse apenas: 'Você pode me ligar?'. Cinco pessoas me telefonaram e eu disse: 'Olha, o que você acha da criação de um organismo nacional de sequenciamento?'" Sua ideia se alinhava com o pensamento de Sir Patrick Vallance, o principal consultor científico do governo, e eles organizaram um encontro de potenciais parceiros com duração de um dia, que resultou num acordo sobre uma estrutura e uma proposta de financiamento. A verba foi prontamente consignada, vindo em sua maior parte do fundo de resposta à covid-19 do governo e do Wellcome Sanger Institute, e começou a se movimentar em 1º de abril, uma façanha impressionante de mobilização e aceleração coletiva. Nada disso aconteceu, por exemplo, oh, nos Estados Unidos da América.

"Houve céticos que expuseram a nós e a outros seus pontos de vista", escreveu Peacock num pequeno ensaio histórico no site do Consórcio COG-UK.[11] Eram pessoas "que achavam que estávamos desperdiçando nosso tempo. Coronavírus não sofrem mutações com a mesma frequência que alguns outros vírus, como o influenza e o HIV". A própria pesquisa de Peacock dizia respeito sobretudo a bactérias, mas ela entendia de vírus e entendia de planejamento. "Por que se dar ao trabalho de ficar à frente da curva de preocupação?", era a atitude dos incrédulos, escreveu ela, aos quais deu sua resposta. "Acreditamos que esperar até que o pior aconteça, apenas para perceber que estamos totalmente despreparados, não é onde queríamos coletivamente nos encontrar." Ao final de um ano, o Reino Unido tinha 259 502 sequências de SARS-CoV-2, mais de 40% do total mundial, e a partir disso uma capacidade considerável para detectar mudanças e tendências importantes, como o aumento da B.1.1.7.

Sharon Peacock é uma pessoa de vontade firme e mente voraz, e sempre foi. "Eu cresci numa família da classe trabalhadora, e ninguém tinha ido à universidade antes", contou. Aos onze anos, foi reprovada num exame crucial, que poderia tê-la levado a uma educação secundária acadêmica e possivelmente à universidade, mas em vez disso a desviou para uma formação em habilidades domésticas (cozinhar, costurar e aritmética básica); assim, ela deixou a escola aos dezesseis anos e foi trabalhar numa mercearia da esquina perto de sua casa. Peacock até gostava do trabalho, mas um dia percebeu uma oportunidade alternativa num quadro de avisos e fez um treinamento em enfermaria odontológica. A seguir, obteve formação adicional como enfermeira médica. Foi nesse curso, em ambiente hospitalar, que teve uma nova ideia: "Adoro isso, mas quero ser médica". Ela não possuía quase nenhuma qualificação acadêmica em ciências, mas isso poderia ser corrigido. Frequentou o *college* em meio período, para estudar matemática, física, biologia e química. Tentou entrar numa escola de medicina e foi rejeitada, evidentemente por causa das suspeitas em relação a uma mulher então de idade ligeiramente não tradicional. "Então tive de ligar para a universidade um dia num ataque de coragem e dizer: 'Vocês me rejeitaram duas vezes, mas na verdade eu gostaria que vocês tivessem consideração comigo.'" Ela conseguiu uma entrevista e ganhou um lugar na classe, na Universidade de Southampton, onde se formou médica. Tornou-se membro do Royal College of Physicians, então especializada em microbiologia e doenças infecciosas. "Cheguei um pouco tarde na medicina e depois vim, você sabe, obviamente, um pouco mais tarde na ciência." Peacock fez doutorado em microbiologia em Oxford, com uma bolsa do Wellcome Trust, depois dirigiu por sete anos um programa de doenças bacterianas na Tailândia, na Unidade de Pesquisa de Medicina Tropical Mahidol-Oxford, em Bangcoc. Retornou às cátedras no Reino Unido, por fim na Universidade de Cambridge, além de trabalhar como consultora do programa do Wellcome sobre infecções resistentes a medicamentos.

Então o Wellcome Trust conhecia bem Sharon Peacock — sua mente ávida e sua resistente vontade — quando ela o procurou, em meio à consternação da pandemia inicial, com uma proposta de consórcio de sequenciamento. O governo do Reino Unido também a conhecia. *Claro, dra. Peacock, aqui estão 20 milhões de libras.* No outono de 2020, o COG-UK já havia gerado suas primeiras dezenas de milhares de sequências, e mais estavam chegando rapidamente. O país tinha casos demais de covid-19, mas sua proporção de sequências coletadas para casos identificados era alta.

Foi esse conjunto de dados, além de sequências disponíveis em bancos de dados internacionais como o Gisaid, que possibilitaram que Andrew Rambaut e seu grupo de laboratório, um bando de jovens e inteligentes estudantes de doutorado e pós-doutorado com habilidades de bioinformática, examinassem genomas de todo o país e do mundo em busca de anomalias. Rambaut examinou a D614G e também a suspeita mutação sul-africana, denominada N501Y, e encontrou esta última entre alguns genomas do País de Gales. Hum, curioso, mas esses genomas não tinham outras mutações preocupantes. Seus jovens colegas, dentro de sua cultura informal de laboratório, atribuíram apelidos às mutações. A D614G era conhecida como "Doug". Se o genoma não tivesse essa mutação, mantendo a forma original, era "Douglas", pronunciado como em *Doug-less*. A N501Y tornou-se "Nelly".

Rambaut pesquisou mais e encontrou Nelly num conjunto de genomas do sudeste da Inglaterra. E nesses genomas, Nelly não estava sozinha, mas acompanhada por um bando de outras mudanças, um número extraordinariamente grande, mais de vinte mutações e supressões, dezessete das quais eram significativas. "Foi extraordinário", disse-me ele. "Eu nunca tinha visto algo parecido." O bando acabou por ganhar seu próprio apelido coletivo: "os Elefantes". Além disso, várias dessas mutações, inclusive Nelly, estavam na proteína espicular do vírus, influenciando possivelmente sua capacidade de atacar as células. Ele nunca tinha visto algo parecido, corrigiu-se, exceto no caso ocasional de infecção crônica, quando um vírus permanece numa pessoa e continua em mutação. Esse pensamento, que lhe ocorreu enquanto ruminava sobre o bando, levaria a outros. Uma de suas alunas de doutorado, Verity Hill, formada em biologia em Oxford com habilidades de mapeamento digital, relembrou mais tarde como o pensamento de Rambaut se desenvolveu. "Andrew diz: 'Talvez devêssemos olhar para toda esta manada de Elefantes, e não apenas esse elefante chamado Nelly.'"

Por volta da primeira semana de dezembro, Rambaut participou de uma conferência periódica on-line com cientistas da Public Health England (PHE), uma agência do governo, e a conversa se voltou para um conjunto incomum e de rápido crescimento de covid-19 em Kent e East London. Os epidemiologistas tinham visto isso em seus dados. Era início de dezembro e um avanço tão agressivo parecia estranho, uma vez que a Inglaterra estivera em lockdown durante a maior parte de novembro. Mas essa informação, combinada com os dados genômicos de Rambaut sobre as mutações, era mais do que estranha: era sinistra.

A epidemiologia somada à genômica elevou essa preocupação ao nível ministerial. O gabinete realizou uma reunião de emergência. Em 19 de dezembro de 2020, o primeiro-ministro Boris Johnson anunciou outra ordem de lockdown, dessa vez para Londres e a maior parte do sudeste da Inglaterra. A nova variante, alertou ele, com base em dados preliminares dos cientistas, poderia ser 70% mais transmissível do que o vírus antigo. As reuniões festivas de Natal com mais de uma família foram canceladas. Àquela altura, Verity Hill havia deixado Edimburgo — por sorte, pouco antes do anúncio do fechamento da fronteira — e retornado para a casa de seus pais em Aylesbury, ao norte de Londres.

"Acordei no domingo de manhã com duas mensagens de um dos meus colaboradores", contou-me ela. "Ele falou tipo: 'Você pode fazer um monte de mapas para rastrear a propagação disso em todo o país?'"

45

Quando o vírus chegou ao Reino Unido, em janeiro de 2020, Verity Hill não previa que fosse se envolver cientificamente. Estava com um doutorado em andamento, focado na genômica do surto de Ebola de 2013-6 na África Ocidental, com ênfase especial em Serra Leoa. Estava na metade do terceiro ano, construindo modelos computacionais de um tipo conhecido como SkyGrid, úteis para rastrear a dinâmica populacional de um vírus, mas obscuros demais para serem compreendidos por gente como eu e talvez você. Ela mal ouvira falar dos casos atípicos de pneumonia na China e prestou atenção moderada nisso até um dia do final de janeiro, quando seu chefe, Rambaut, chegou ao laboratório certa manhã com o tabloide *The Scottish Sun*, cuja manchete em negrito da matéria de capa dizia: "Cinco em testes de gripe da cobra assassina", e colou a página na tela do computador de um de seus colegas. "Gripe da cobra assassina" foi como o *Sun* passou a chamar a covid-19, com base no artigo publicado por uma equipe na China que apontava as cobras como possíveis hospedeiros intermediários do novo vírus. Essa última atualização do jornal, em 24 de janeiro, anunciava que o vírus da "gripe da cobra" havia chegado à Escócia e o governo estava "monitorando de perto" sua disseminação.[12]

A ideia da cobra não se consolidou, mas o vírus, sim, na Escócia e em outros lugares do Reino Unido. Em 23 de março, o país tinha 6020 casos, e Boris Johnson ordenou com relutância um lockdown e disse aos britânicos que "ficassem em casa".[13] O laboratório de Rambaut passou a trabalhar remotamente com foco no SARS-CoV-2. Verity Hill propôs a Rambaut que ela poderia construir um modelo SkyGrid do novo vírus. Era o seu forte, e ela queria ser útil, "porque eu estava muito animada para me envolver", contou. "Isso é o que eu meio que imaginei que aconteceria em algum momento durante meu doutorado." Mas em vez de um SkyGrid, ela ajudou a criar — com uma colega de pós-graduação no laboratório chamada Áine O'Toole — um novo tipo de pipeline genômica, que chamaram de ferramenta de investigação de cluster e epidemiologia de vírus (*cluster investigation and virus epidemiology tool*, Civet — um modesto acrônimo que lembrava o hospedeiro intermediário do SARS original). Tratava-se de uma ferramenta simplificada com a qual médicos em hospitais ou cientistas em universidades poderiam colocar uma dada sequência genômica dentro de uma árvore de seus parentes.

O'Toole, que estava um ano à frente de Hill no programa de doutorado e prestes a começar a escrever sua tese, era experiente nessas tarefas, já tendo criado uma pipeline de SARS-CoV-2, a pedido de Rambaut, que chamou de Pangolin. Os genomas começaram a aparecer graças ao consórcio nacional COG-UK, e esses dados seriam apenas uma confusão caótica, a menos que pudessem ser colocados em árvores genealógicas por algum processo automatizado. Rambaut disse casualmente, pelo que O'Toole se lembrava: "Seria muito bom se tivéssemos algum tipo de ferramenta para alocar essas coisas". O'Toole havia escrito pipelines, mas nunca uma como aquela. Pesquisou no Google em busca de orientação, procurou inspiração, ficou acordada até tarde uma noite, "e na manhã seguinte havia Pangolin", ela me disse, falando de um quarto no sótão da casa de seus pais em Dublin, para onde se retirara para enfrentar o último lockdown em Edimburgo e em outros lugares. Ela usava piercing no nariz e estava com um vestido estampado.

"Por que você o chamou de Pangolin?", perguntei. Homenagem a outro hospedeiro animal, uma criatura gentil e sitiada — sim, essa parte eu entendi. Mas eu quis saber como ela fazia aquilo funcionar como um acrônimo.

"Phylogenetic Assignment of Named Global Outbreak Lineages [Alocação filogenética de linhagens de surtos globais nomeadas]", disse ela.

"Uau."

O Pangolin se tornou uma das ferramentas definitivas para colocar os genomas do SARS-CoV-2 em linhagens e mostrar seu lugar na grande árvore genealógica. O que ele fez, e que a Civet não havia feito, foi tornar esse serviço facilmente disponível para pesquisadores e profissionais de saúde pública em todo o mundo. Era um software que você podia baixar e executar em seu próprio computador, com seus próprios dados, ou podia acessá-lo na web. "Hoje eu estava trabalhando com um cara que conheço, Kefentse, ele está em Botsuana", contou O'Toole sobre Arnold Kefentse Tumedi, um candidato a doutorado na Universidade de Botsuana. "Eles estão fazendo um sequenciamento e têm dez amostras. Não colocaram seus dados em lugar nenhum, mas querem verificar o que são seus dados." Onde essas dez amostras podiam se encaixar no escopo da evolução do SARS-CoV-2? "Eles podem repassá-las pelo Pangolin. Arraste e solte literalmente o arquivo, e ele produzirá um relatório e informará a eles de quais linhagens — qual linhagem — cada amostra é."

Os pangolins podem estar ameaçados de extinção na natureza, mas o Pangolin de O'Toole prosperou. Na verdade, acabou de ultrapassar um marco, contou ela com justificado orgulho: no momento em que conversávamos, a versão da web havia alocado mais de meio milhão de sequências às suas posições de parentesco por mutações compartilhadas. As pessoas podiam ver quais linhagens estavam presentes em suas comunidades, quais linhagens estavam se espalhando geograficamente ou aumentando em prevalência. "Todo mundo tem repassado o Pangolin em suas sequências", disse ela. "É meio que incrível." A era das variantes do SARS-CoV-2 estava começando, e Áine O'Toole, junto com Verity Hill e seus colegas no laboratório Rambaut, estavam bem posicionados e equipados para ter seus primeiros vislumbres.

Ela e Hill fizeram uma pausa em seu trabalho de doutorado por seis meses para trabalhar no SARS-CoV-2 como funcionárias do COG-UK. Os genomas se acumularam e foram classificados em linhagens. Então chegou dezembro, e Rambaut avistou a cavalaria inimiga em Kent, galopando em direção a Londres.

Na tarde de 18 de dezembro de 2020, Rambaut postou, com um grupo de coautores, um artigo no Virological que alertava os atentos para "uma linhagem emergente do SARS-CoV-2" que vem "crescendo com rapidez nas últimas quatro semanas", enquanto avançava para o noroeste, de cidades e vilarejos dos verdes campos de Kent para a metrópole.[14] Àquela altura, ela já havia aparecido também na Escócia, no País de Gales e em quatro outros países. Não se tratava apenas de uma mutação notável, mas de muitas, dizia o artigo: catorze aminoácidos trocados e três supressões, uma concatenação de mudanças "sem precedentes" entre os genomas vistos durante a pandemia. Oito dessas mudanças ocorreram na proteína espicular. Uma delas era Nelly. Rambaut e seus coautores, seguindo o sistema de nomenclatura Pangolin sugerido meses antes, rotularam a linhagem de B.1.1.7.

Como e onde ela surgiu? Múltiplas mutações acumuladas em um curto período — que foram observadas, embora não nesse grau, em pacientes com sistema imunológico enfraquecido (por exemplo, pacientes com câncer passando por quimioterapia) que sofrem uma infecção prolongada por um vírus. Quanto mais tempo ele permanece no corpo da pessoa, mal combatido por um sistema imunológico enfraquecido, maior a probabilidade de um único vírus acumular mutações e depois pular para a próxima pessoa, carregando todas elas. O grupo de Rambaut levantou a hipótese de que esse tipo de evento, relativamente raro, mas não improvável, uma vez que o número de casos aumentou muito, produziu a B.1.1.7. O novo vírus exigia pesquisas laboratoriais urgentes, disseram eles, e "uma vigilância genômica aprimorada em todo o mundo".[15] No dia seguinte, Boris Johnson determinou a volta do lockdown em Londres e no sudeste do país.

Uma análise mais aprofundada dos dados e outras conferências entre Edimburgo e Inglaterra logo renderam um relatório publicado que documentava o que primeiro-ministro Boris Johnson já havia dito: que a variante B.1.1.7 parecia ser mais transmissível do que o vírus anterior, em até 75%, não apenas 70%. Ele expandira sua presença rapidamente em outubro e continuara se disseminando em meio ao confinamento parcial de novembro. Isso apontava para uma conclusão enervante: a B.1.1.7 não só era mais capaz de passar de um ser humano para outro, como era mais capaz de fazer isso enquanto as pessoas se distanciavam socialmente e usavam máscara. Era quase possível dizer que o SARS-CoV-2 estava aprendendo a nosso respeito enquanto estávamos aprendendo a respeito dele.

46

Mais más notícias para as pessoas, mais boas notícias para o vírus chegaram antes do final de dezembro, como se o SARS-CoV-2 estivesse levando ao clímax seu primeiro ano de sucesso como patógeno humano. Na África do Sul, cientistas anunciaram a detecção de outra variante multimutante altamente capaz. Carregava nove mutações apenas na proteína espicular, entre elas Doug (D614G), Nelly (N501Y) e outra, escrita como E484K, que, conforme a maneira de apelidar do laboratório Rambaut, se tornou "Eek" [Ih], e às vezes era referida como "Eek!" [Vixe!]. Essa variante, com seu Eek, seu Nelly e seu Doug e outras mutações, também pertencia à linhagem B.1 e ganhou seu código de variante de quatro dígitos (B.1.351) através do sistema Pangolin. Mas podemos esquecer esses números e vamos adotar agora a nomenclatura simplificada e popular proposta pela OMS, segundo a qual ela é beta. A variante alfa, contendo múltiplas mutações, foi detectada pela primeira vez no Reino Unido; e depois beta, outra variante que carrega uma constelação diferente de mutações, foi identificada na África do Sul.

A variante beta foi vista pela primeira vez numa área chamada Nelson Mandela Bay, um município com 1 milhão de pessoas, situado na costa, a cerca de oitocentos quilômetros a leste da Cidade do Cabo. Uma equipe de pesquisadores majoritariamente sul-africanos, liderados pelo brasileiro Tulio de Oliveira, da Universidade de KwaZulu-Natal, a identificou numa amostra de 15 de outubro de 2020, como outra linhagem portadora da D614G e suspeita por isso, além de outras cinco mutações da espícula. Entre essas mutações estavam a N501Y (a familiar Nelly), a E484K (Eek) e três outras mutações significativas na proteína espicular. A nova variante se disseminou rapidamente para a Cidade do Cabo e, em poucas semanas, era a linhagem dominante do SARS-CoV-2 nas províncias sul-africanas mais ao sul, Cabo Oriental e Cabo Ocidental. No final de novembro, já havia acrescentado mais três mutações à espícula, uma das quais era a K417N (apelidada de "Karen"). A K417N parecia posicionada para ajudar o vírus a escapar do sistema imunológico. Isso sugeriu que a variante beta poderia ser capaz de reinfectar pessoas após infecção prévia pelo vírus original — ou talvez até após a vacinação. A África do Sul já havia sofrido bastante: 698 mil casos, com quase 19 mil mortes.

"Já passamos por isso", disse-me Penny Moore. Ela é professora pesquisadora da Universidade do Witwatersrand, em Johannesburgo, e especialista em dinâmica de vírus-hospedeiros. "Tivemos um lockdown agitado e depois saímos do outro lado." Eles começaram a relaxar, "até que os números começaram a subir novamente". Moore e outros pesquisadores estão cientes de que novas variantes, como a beta, mas não limitadas a ela, podem surgir de pessoas imunocomprometidas, conforme sugerido pela equipe de Rambaut sobre a alfa.

"Estamos muito preocupados com isso, principalmente na África do Sul", disse ela, "por causa da enorme prevalência do HIV." Em meio a uma população de 60 milhões, o país tem mais de 7,5 milhões de cidadãos vivendo com o vírus HIV. Se há algo que represente um problema médico subjacente que torna os pacientes com covid-19 potencialmente mais suscetíveis a doenças graves ou morte, é a aids. Além disso, quanto mais pessoas imunocomprometidas houver, mais hospedeiros haverá em que os vírus podem permanecer por tempo suficiente para gerar múltiplas mutações. É muito, muito importante reconhecer que esta última afirmação não é justificativa para culpar as vítimas; é uma descrição de circunstâncias evolutivas que podem acarretar perigos adicionais para todos, mas sobretudo para aqueles com aids, e merece exame como consideração para com elas.

A variante beta, como a alfa, se espalhou rapidamente além das fronteiras nacionais. Em 7 de janeiro de 2021, na primeira semana do segundo ano da pandemia, 45 países já haviam detectado a alfa em seus pacientes com covid-19 e treze, a variante beta. Alguns desses países relataram que a alfa não estava apenas presente, mas aumentando em prevalência, como em todo o Reino Unido. Mas a taxa de avanço internacional para qualquer variante era incognoscível, e sua dispersão através dos aeroportos de Londres ou da África do Sul não era rastreável, exceto por inferência de genomas sequenciados disponíveis. Poucos países haviam montado algo como o COG-UK, mas àquela altura Dinamarca, Islândia, Holanda e Austrália estavam fazendo sequenciamento genômico rápido e rotineiro de seus casos de covid-19, e a África do Sul e Botsuana também haviam começado a sequenciar. Mais dados desse tipo eram extremamente necessários, mas era um começo valioso e importante — epidemiologia molecular em escala global, em alta velocidade. Esse rastreamento de variantes foi descrito em outra postagem no Virological, assinada por uma longa lista de coautores de todo o mundo, entre eles Eddie Holmes em Sydney, Marion Koopmans em Rotterdam, Oliver Pybus em Oxford e Tulio de Oliveira em Durban. Os dois autores principais eram Áine O'Toole e Verity Hill.

Nos Estados Unidos, apesar dos recursos e conhecimentos disponíveis, o sequenciamento de amostras do SARS-CoV-2 era deploravelmente escasso. "Temos sequenciadores suficientes para sequenciar o SARS-CoV-2 de todos os casos, cem vezes", disse Kristian Andersen a Amy Maxmen, repórter sênior da revista *Nature*.[16] Naquele momento, de acordo com Maxmen, os Estados Unidos estavam atrás de pelo menos trinta outros países em número de sequenciamentos feitos. Havia uma versão americana do Consórcio COG-UK chamada Spheres, conectando laboratórios universitários e empresariais com programas do governo, que a princípio não tinha o poder de entrar com verbas, embora depois tenha ganhado força. Em San Diego, onde a vigilância do sequenciamento era muito boa, graças a uma iniciativa inicial encabeçada por Andersen, ele e seus colegas complementaram essa cobertura encontrando um sinal substituto do genoma alfa que poderia ser detectado por testes de PCR mais simples e baratos. Isso permitiu que eles inferissem coisas sobre a alfa nos Estados Unidos, conforme descrito num *preprint*: que a variante havia chegado perto do final de novembro de 2020 e que, em janeiro de 2021, havia se espalhado para trinta estados. Era pelo menos 35% mais transmissível do que o vírus anterior, e sua frequência relativa na população total de SARS-CoV-2 dobrava a cada semana e meia. Era provável que em breve se tornasse a variante dominante em muitos estados, alertaram Andersen e seus coautores, "levando a novos surtos de covid-19 no país, a menos que medidas urgentes de mitigação sejam implementadas imediatamente".[17]

Havia outro "a menos que" sugerido por eles: a alfa poderia se tornar o vírus arqui-inimigo nos Estados Unidos e em todo o mundo, a menos que surgisse outra variante que fosse ainda pior.

47

Uma terceira variante, também ameaçadora, surgiu no Brasil quase ao mesmo tempo que a alfa no Reino Unido e a beta na África do Sul. Essa coincidência no tempo pode ser mais do que coincidência. Ela talvez sugira que o SARS-CoV-2, tendo alcançado uma abundância monumental em pouco tempo

(47 milhões de casos em todo o mundo até o início de novembro de 2020), acumulara suficientes mutações e variação genética para irromper com novas jogadas evolutivas. O vírus estava buscando caminhos para prosperar, assim como a água represada busca qualquer caminho que lhe permita descer ladeira abaixo. Essa terceira variante fez sua estreia em dezembro, em Manaus, na região central da Amazônia. Não havia muitos genomas disponíveis para exame na cidade, mas, dos que havia, de repente 52% deles carregavam um grupo notável de mutações. O número de casos na cidade aumentou de forma acentuada, assim como as hospitalizações.

Algumas dessas mutações eram familiares das outras variantes, mas pareciam ter ocorrido de forma independente. Nelly estava lá. Eek estava lá. Algo muito parecido com Karen estava lá. (Doug, não, então essa era *Dougless*.) Ao todo, a nova variante carregava dezessete mudanças significativas mais três supressões, e três dessas mudanças caíram no domínio de ligação ao receptor, a parte mais crucial da espícula para agarrar-se às células. Os cientistas que encontraram essa variante a chamaram de P.1 (não me pergunte por quê). Para nossos propósitos, ela se chama gama.

Manaus é uma cidade movimentada que fica na confluência dos rios Negro e Amazonas, acessível por avião, barco ou uma única estrada em mau estado que desce da Venezuela. Na época colonial, foi um grande entreposto de borracha e, portanto, uma ilha de riqueza (e de pobreza) ao longo do grande rio da floresta. Foi chamada de "a Paris dos trópicos". Os ricos pagaram por um teatro lírico e os pobres, por uma catedral. A cidade ficava no lugar de um forte do século XVII, construído pelos colonizadores portugueses, e se tornou um polo regional, um atrativo para indígenas que buscavam trabalho assalariado ou mantimentos manufaturados, missionários que queriam almas e aventureiros tão loucos quanto aquele que Klaus Kinski interpretou no filme *Fitzcarraldo*. Mas em meados do século XX foi declarada Zona Franca, para ajudar a impulsionar seu desenvolvimento, e tornou-se uma cidade moderna, com um grande porto fluvial, um distrito financeiro, hotéis e apartamentos em arranha-céus, uma enorme arena de futebol, uma bela praia banhada pelas águas escuras do rio Negro, uma orquestra filarmônica e 2 milhões de habitantes. Infelizmente, esses moradores foram atingidos pela primeira onda de covid-19, antes mesmo de surgir a variante brasileira.

O vírus parece ter chegado ao Brasil pela primeira vez vindo da Itália, junto com quatro viajantes que desembarcaram em São Paulo em fevereiro de 2020, no exato momento em que o surto inicial da própria Itália começava na Lombardia. De lá, ele avançou rapidamente para o resto do país, pois encontrou uma reação de saúde pública desorganizada, exacerbada por turbulências políticas em alguns estados (como o Rio de Janeiro, onde o governador enfrentava um processo de impeachment), escassez aguda de recursos em outros (Amazonas, um estado enorme com poucos leitos de UTI e todos concentrados em Manaus), circulação prolongada do vírus antes da notificação do primeiro caso (Ceará), desigualdades socioeconômicas e um presidente negacionista (Jair Bolsonaro) com tendências autocráticas, que rejeitou INFs (uso de máscara, distanciamento social), promoveu a hidroxicloroquina como tratamento, demitiu seu ministro da Saúde em abril, perdeu outro ministro da Saúde em maio e depois nomeou para o cargo um general do Exército sem qualificações médicas. Em 28 de abril, dia em que o total de casos no Brasil ultrapassou 73 mil e o número de mortos passou de 5 mil, Bolsonaro enfrentou um grupo de repórteres e alguém mencionou os números. "E daí?", disse ele com um dar de ombros. "Sinto muito. O que você quer que eu faça?"[18] Os brasileiros estavam tão mal servidos por seu presidente quanto os americanos por Trump.

Apesar da indiferença presidencial, autoridades de São Paulo e Rio de Janeiro, as duas maiores cidades do país, determinaram medidas parciais de lockdown em março. Escolas e universidades fecharam. Teatros fecharam. Bares, restaurantes, shopping centers e praias fecharam. O transporte público foi limitado. Tudo isso ajudou e, como efeito colateral, a poluição do ar diminuiu nas duas cidades, mas não foi suficiente para evitar que o Brasil se tornasse, em 24 de maio, o segundo país mais infectado por covid no mundo, atrás apenas dos Estados Unidos. Essa primeira onda atingiu o pico em 29 de julho, com mais de 71 mil novos casos registrados naquele dia.

Manaus era anômala, como seria de esperar de uma cidade insular cercada por rios e pela floresta amazônica. O vírus chegou lá em março de 2020 e causou "uma epidemia explosiva",[19] com pico em maio, com mais mortes suspeitas de covid do que diagnósticos confirmados da doença, indicando que o surto estava sendo subestimado. Então, pesquisadores de saúde pública o estimaram por uma medida indireta, o "excesso de mortalidade",[20] ou seja, o número de mortes, explicadas ou inexplicáveis, superou a média de mortes em tanto, uma margem atribuível ao vírus. O excesso de mortalidade quase quintuplicou. Na maior parte, de pessoas com mais de sessenta anos. Muitos morreram em casa ou nas ruas. As mortes em casa e nas ruas refletiam outra coisa: a covid-19 estava atingindo mais os pobres do que os ricos, e as medidas do governo não estavam dando conta dessa disparidade, embora o Brasil tenha o Sistema Único de Saúde (SUS), o maior sistema de saúde pública do mundo, cujo objetivo é oferecer atendimento gratuito universal. Manaus tinha um leito de UTI para cada 9 mil pessoas. Universal, *ma non troppo*.

O vírus se espalhou pela cidade. Se você morasse em outro lugar do Amazonas, num pequeno povoado a montante de algum afluente, ou mesmo numa cidade distante como Manicoré, talvez tivesse escapado. Mas não em Manaus. Em outubro, de acordo com uma pesquisa de amostras de sangue que registravam a presença de anticorpos, o SARS-CoV-2 havia infectado 76% da população da capital. Outra maneira de dizer isso, no jargão da epidemiologia, é que a "taxa de ataque" foi de 76%.[21] Havia espaço para erro na estimativa, mas seria preciso muito erro para reverter a mensagem básica: o vírus estava por *todo* o lugar. (Em São Paulo, na mesma época, a taxa de ataque estimada era de 29%.) E lembremos: isso foi antes da chegada de qualquer nova variante agressiva.

Então veio um declínio e alguns meses de trégua. No início de novembro, porém, uma segunda onda começou a crescer em todo o país. Foi quando Carlos Morel, eminente cientista e médico do Rio de Janeiro, se infectou com a covid-19.

Morel é uma figura experiente na área de doenças infecciosas e resposta mundial. Participou do Conselho Executivo da OMS e foi diretor do programa de pesquisas dessa organização sobre doenças da pobreza; no Brasil, foi membro do gabinete do ministro da Saúde e presidente da Fundação Oswaldo Cruz, principal instituição brasileira de pesquisa e desenvolvimento em saúde pública. Seu foco era especialmente doenças negligenciadas, como tuberculose, doença de Chagas e oncocercose, e as pessoas negligenciadas que mais sofrem com elas. Ele também tem sido ativo no trabalho de construir um atlas global de vírus animais como uma medida para vigiar o que pode ser perigoso para seres humanos.

Morel levou a covid-19 a sério, tanto como cientista quanto como cidadão, e passou os meses da primeira onda do Brasil isolado com a esposa e o filho mais moço em sua casa no Rio. Ele continuou seu trabalho, que incluía um artigo em andamento sobre a importância da vigilância viral genômica e os laboratórios de biossegurança nos quais novos vírus assustadores são estudados. Então, em novembro de 2020, ele teve azar. Sua esposa foi a uma consulta médica, seu filho foi a uma reunião de negócios e os dois pegaram covid. O caso do filho foi leve e ele logo melhorou; a esposa de Morel teve febre e outros sintomas por uma semana, entre os quais perda do olfato, depois se recuperou. Após mais uma semana, o próprio Morel começou a se sentir mal.

Ele se instalou em outra parte da casa, mas era tarde demais. Sua respiração se tornou difícil, uma sensação estranha, e ele tinha de se controlar conscientemente para respirar. Depois veio a febre. "Eu estava ficando cada vez pior e pior", contou Morel. Em 25 de novembro, ele disse à família: "Gente, acho que isso pode ser sério. Tenho de ir para o hospital". Lá, sua capacidade respiratória foi medida: não era boa. Os raios X mostraram quase metade de sua capacidade pulmonar comprometida, e os médicos fizeram "Tsk, tsk, tsk" ao ver as chapas. Ele foi transferido para uma enfermaria de UTI dedicada à covid-19. Mas piorou ainda mais e foi posto numa máquina de respiração com uma máscara, mas sem tubo na garganta, sem anestesia geral — "ventilação não invasiva" era o termo. Uma medida menos radical do que a entubação. Morel estava acordado e podia interagir com a inteligência da máquina do respirador, comandando-o por sua respiração rítmica para fornecer oxigênio conforme necessário. Passou quase duas semanas com esse aparelho no rosto.

"Tive pesadelos, estava no inferno", contou Morel. "Era como se eu estivesse ouvindo a campainha das portas do inferno, sabe." Os fins de semana podiam ser especialmente difíceis, porque a equipe de suporte era substituída e a segunda equipe às vezes ficava assoberbada e o negligenciava por até oito horas. Ele decidiu suportar. Era médico e fora avisado por colegas sobre entrar "no tubo", do qual poderia não sair vivo. "Algumas pessoas que são claustrofóbicas não conseguem aguentar essa máquina, essa máscara", disse Morel. Ele sabia de outro médico, presidente da Academia Nacional de Medicina, que não aguentou a máscara, tirou a coisa, teve de entrar no tubo. "E morreu."

Eles colocaram uma cânula em uma das artérias de Morel, um tubo de plástico para que os medicamentos pudessem ser facilmente injetados e as amostras de sangue, retiradas. Cateterizaram sua bexiga, é claro. Seu médico pessoal visitava a UTI com regularidade e examinava as últimas radiografias. "Naqueles dias, ele não teve coragem de dizer à minha esposa que eu estava muito mal." A certa altura, esse médico aconselhou: "Temos que usar uma dose muito, muito alta de corticosteroide. Senão, vamos perder esse paciente." Morel encontrava distração e força conversando com a família pelo celular, quando podia, e conferenciando com seu coautor sobre o artigo de vigilância viral. Ele sobreviveu, mas foi por pouco. Melhorou, foi para casa. Meses depois, ao acompanhar a esposa a uma consulta médica de rotina, encontrou um dos médicos do hospital naquela sala de espera. "Ah, você está aqui!", disse esse médico. "Bem-vindo de volta, homem ressuscitado!"

Morel tinha 77 anos. "Se você fosse um agricultor ou pescador de 77 anos em Manaus", perguntei a ele, "o que teria acontecido?"

"Acho que não estaria aqui."

A segunda onda em Manaus chegou um pouco mais tarde do que no resto do país e, quando chegou, foi mais complicada, devido à intensidade anterior e à nova variante. Após atingir o pico em abril de 2020, o número de internações e óbitos permaneceu baixo até quase o final do ano. Isso refletia a imunidade de rebanho? Para aqueles que abraçaram esse conceito cativante — uma "imunidade" mística para o "rebanho" de seres humanos em um lugar ou outro —, uma taxa de ataque de 76% parecia suficiente para provocá-la. Com efeito, alguns cientistas supunham que o limite para a imunidade de rebanho contra o SARS-CoV-2 era de cerca de 67%. Mesmo quem não tem mestrado em saúde pública pode ver que 76 é maior que 67. Mas a suposição de 67% trazia muitas estipulações condicionais, e as condições poderiam mudar, e o conceito em si é um pouco incerto; então, a decepção estava reservada para quem ouvisse "imunidade de rebanho" como uma promessa. Se o limite fosse de 67%, Manaus deveria ter sido protegida. Não foi. As hospitalizações por covid-19 aumentaram acentuadamente no final de dezembro de 2020 e as mortes aumentaram acentuadamente no início de janeiro de 2021.

Há várias explicações para esse novo surto. Talvez a taxa de ataque durante a primeira onda tenha sido superestimada — não 76%, mas muito menor. Ou talvez a imunidade individual dos pacientes recuperados, a proteção fornecida por seus anticorpos, tenha diminuído ao longo dos meses, à medida que o nível de anticorpos diminuía. Ou talvez os anticorpos de primeira onda não tenham sido eficazes contra a nova variante gama. Ou talvez a gama fosse tão mais transmissível que pudesse correr solta entre os moradores de Manaus não infectados antes, mesmo que constituíssem apenas 24% da população. Em outras palavras, o limite de imunidade de rebanho talvez fosse uma barra mais alta do que se supunha. Outra possibilidade, a menos animadora, era que todos esses quatro fatores estivessem envolvidos.

A gama se espalhou, pois era cerca de duas vezes mais transmissível, de acordo com um estudo, do que as linhagens anteriores. E mostrou sinais de que poderia escapar da função protetora dos anticorpos. Pior ainda, parecia muito mais provável que matasse as pessoas que infectava. Essas inferências vieram de Manaus durante as primeiras semanas de 2021, quando o sistema de saúde da cidade foi novamente levado ao limite. Então a variante gama fez o que os vírus sutis fazem: passou a andar de avião. Em 2 de janeiro de 2021, já estava no Japão.

48

Mas a variante gama, à medida que as coisas evoluíram, não seria a pior preocupação da covid no Japão, nem em muitos outros lugares para onde novas formas do vírus se dispersaram. A disseminação da gama logo seria antecipada — assim como a disseminação da alfa e da beta — por algo que estava acontecendo na Índia: o surgimento de outra variante, mais ameaçadora do que todas as anteriores.

Ela apareceu pela primeira vez em amostras de outubro de 2020, que vieram de pacientes de Maharashtra, um grande estado no oeste e centro da Índia, cuja capital é Mumbai. Outra das grandes cidades de Maharashtra é Pune, sede do Instituto Nacional de Virologia (INV). Àquela altura, a Índia havia criado seu próprio consórcio de sequenciamento, equivalente ao COG-UK, chamado Insacog (Indian SARS-CoV-2 Genomics Consortium), e um de seus laboratórios parceiros estava alojado no INV em Pune. Quando notaram um súbito "surto" no número de casos de covid em Maharashtra, os cientistas começaram a sequenciar genomas com atenção especial.[22] Eles examinaram os genomas virais de quase seiscentos pacientes e encontraram uma mistura de linhagens, entre as quais a alfa e quase quatro dúzias de outras. Mas uma linhagem, nova para todos, se destacou. Representava quase metade de todo o grupo. Os pesquisadores rodaram esse genoma no Pangolin, o sistema de Áine O'Toole, que o colocou na árvore da vida do SARS-CoV-2 e lhe atribuiu o rótulo B.1.617. O que o tornava notável, além de sua abrupta ascensão à predominância entre os casos de covid-19 em Maharashtra, era a presença de múltiplas mutações em seu gene espicular, três das quais levantaram suspeitas. Uma delas se parecia com Eek. Outra estava no local da clivagem com furina. A terceira era uma alteração nova no domínio de ligação ao receptor, escrita como L452R, apelidada de "Lazer".

Essa mutação, Lazer, aparecera em outros lugares e antes — em Los Angeles. Ela evidentemente ajudou a impulsionar um surto no sul da Califórnia no final de 2020 e fazia parte do vírus que infectou gorilas no Zoológico de San Diego. Os gorilas (sobre os quais falarei adiante) sobreviveram.

A recorrência dessas três mutações na nova variante da Índia sugeria evolução convergente, não transmissão de alguma forma da Califórnia para Maharashtra. Ou seja, mudanças semelhantes surgiram de forma independente e se perpetuaram, nesse vírus e naquele, por causa de seu valor adaptativo. O familiar Doug (D614G) também estava presente, embora possa ter chegado mais cedo nas cadeias de transmissão internacional. Essas quatro mutações combinadas — assim alertaram os cientistas de Pune — podem tornar essa variante mais capaz de capturar células das vias aéreas humanas, mais capaz de entrar nelas uma vez capturadas e mais capaz de evitar anticorpos em qualquer pessoa que já tenha sido infectada ou vacinada.

Em meados de fevereiro, essa nova variante representava 60% dos casos de covid em Maharashtra. Isso era apenas um começo modesto. Mumbai está bem conectada ao mundo e, antes do final do mês, a B.1.617 estava no Reino Unido, nos Estados Unidos e em Singapura. Chegou à Finlândia em março, a Fiji em abril. Nesse meio-tempo, continuou a sofrer mutações e a se diversificar, criando novas ramificações. Os primeiros casos do Canadá foram confirmados em 21 de abril, um em Quebec, 39 na Colúmbia Britânica, sugerindo que vinha de duas direções. No mesmo dia, 21 de abril, Áine O'Toole postou um alerta informando que, como o Pangolin estava agora inundado com mais de seiscentos genomas diferentes dentro da nova variante, ela havia estendido a rotulagem para incluir três sublinhagens, simplesmente numeradas 1, 2 e 3. A sublinhagem B.1.617.2 foi responsável por cerca de noventa desses genomas amostrados. Mas sua participação na ação estava aumentando rapidamente. Dentro de dois meses, tornou-se a variante dominante no Reino Unido, superando a alfa e ambas as outras versões da B.1.617. A OMS e a agência de saúde do Reino Unido a reclassificaram em sua lista de alertas de "variante de interesse" (*variant of interest*, VOI) para "variante de preocupação" (*variant of con-*

cern, VOC).²³ Então, em 31 de maio, a OMS anunciou seu novo sistema de nomenclatura simplificado, para maior clareza e conveniência, pelo qual os principais membros da galeria dos indesejados do SARS-CoV-2 seriam rotulados com letras gregas. Foi quando a B.1.617.2 ficou conhecida como delta.

Como a delta se tornou predominante em um país após o outro durante o verão de 2021 no hemisfério Norte, os cientistas aprenderam mais sobre ela. Uma equipe sediada em Cambridge, com parceiros na Índia e em outros lugares, relatou um conjunto de casos inovadores (infecções apesar da vacinação) entre profissionais de saúde vacinados em Delhi. O sequenciamento mostrou que a maioria deles estava infectada com a delta. Um grupo em Seattle estudou essa mutação singular da Lazer — aquela que apareceu numa onda de Los Angeles e nos gorilas de San Diego, depois apareceu novamente em Maharashtra —, dando-lhe atenção especial devido à sua posição dentro de uma parte muito crucial do domínio de ligação ao receptor. Eles a encontraram em mais de dez linhagens distintas, espalhadas por países e continentes, onde parecia ter sido adquirida de forma independente. E estava se difundindo mais a cada dia. Isso poderia refletir a evolução adaptativa do vírus "às medidas de contenção epidemiológica amplamente introduzidas no outono de 2020", escreveram eles, "ou a uma proporção crescente da população com imunidade às variantes virais originais".²⁴ Em palavras mais simples: a Lazer poderia ser um truque esperto, testado por diversas variantes, mas aperfeiçoada pela delta, que possibilita que o vírus contorne não apenas nosso sistema imunológico, mas também nossos lockdowns.

Parece circular, mas inevitável, que a delta também tenha atacado a China, mais de quinze meses após o país ter ultrapassado seu pico inicial e, com medidas draconianas e eficientes, suprimido o número de casos quase a zero. Em 20 de maio de 2021, uma mulher de 75 anos entrou num hospital em Guangzhou com dor de garganta e febre baixa. Ela vinha se sentindo um pouco mal havia dois dias. No início da manhã seguinte, seus *swabs* de garganta a confirmaram como positiva para SARS-CoV-2. O sequenciamento de seu vírus demorou um pouco mais e, enquanto isso, quatro contatos também deram positivo: seu marido, um garçom que a serviu num restaurante, outro cliente desse restaurante e o neto da cliente. Todos tinham a delta. O CCDC, que nos dá essa informação, não diz como a mulher foi infectada.

Os quatro contatos foram de imediato levados de ambulância para isolamento e tratamento num hospital de quarentena. Tarde demais. Mais casos apareceram, refletindo cinco etapas de transmissão. No mês seguinte, um total de 167 casos, sem contar a primeira mulher, foram detectados em Guangzhou e três outras cidades de Guangdong. Todos eles tinham a variante delta e seus genomas virais formavam uma bela árvore de parentesco que remontava à mulher de 75 anos. E ficou por isso (por um tempo). O surto de Guangzhou terminou (embora a delta tenha reaparecido em outra província). Uma equipe de cientistas em Guangzhou estudou esses 168 casos, com base nos dados clínicos e genômicos, e notou algumas coisas.

A delta parecia se apoderar de suas vítimas com mais rapidez, em apenas quatro dias em média entre a exposição e um teste positivo, em vez de seis dias no caso do vírus original. Ela também se replicava com mais rapidez e abundância, produzindo "cargas virais" mais de mil vezes maiores do que as cepas anteriores.[25] Caraca, isso é um tantão, mas mais precisamente o que eles disseram foi "1260 vezes maior". Ah, e essas grandes cargas virais se acumulavam cedo, exatamente no momento em que uma pessoa poderia testar positivo, sugerindo uma maior probabilidade, com a delta, de transmissão precoce e assintomática.

A delta estava em movimento. Em junho, avançaria pela África do Sul. Em julho, dispararia na Turquia. Em agosto, explodiria no sul dos Estados Unidos e no Japão. Em setembro, surgiria no Alasca e reapareceria como um pequeno surto na província de Fujian, na China, na costa de Guangdong. Em outubro, estaria em Montana, onde moro. Os turistas voltariam para casa depois do Dia do Trabalho,* obrigado, tchau, a neve começaria e a delta permaneceria, enchendo nossos hospitais.

E depois da delta, sabíamos, viria outra. O alfabeto grego tem 24 letras; naquele momento, a lista de variantes da OMS só chegava até µ (mu), sua 12ª letra. Um vírus sempre e continuamente sofrerá mutações, como observei, e quanto mais indivíduos ele infectar, mais mutações produzirá. Quanto mais mutações, mais chances de melhorar seu sucesso darwiniano. A seleção natural atuará sobre ele, eliminará o desperdício, eliminará a inépcia, esculpirá variações como um bloco de mármore de Carrara pelas mãos de Michelangelo, encontrará belas formas, preservará as mais aptas. A evolução vai acontecer. Isso não é uma variável, é uma constante.

---

* Nos Estados Unidos, o Dia do Trabalho é celebrado na primeira segunda-feira de setembro. (N. T.)

VI. Quatro tipos de magia

49

Um tipo de magia: desejar que suma.

Em 27 de fevereiro de 2020, Donald Trump promoveu uma "mesa-redonda" na Casa Branca com alguns líderes negros, no encerramento das comemorações do Mês da História Negra. Eles se reuniram na Sala do Gabinete. Uma equipe da rede de televisão C-SPAN estava lá. Os visitantes se apresentaram na sequência em que estavam à mesa e fizeram declarações de agradecimento. E então Trump falou durante meia hora. Depois de divagar um pouco e de se autoelogiar um bocado, ele resvalou para o tema do coronavírus. "Estamos fazendo um trabalho sensacional. Vamos continuar",[1] declarou. "Isso vai desaparecer. Um dia — como um milagre — vai desaparecer."[2]

Isso não aconteceu.

50

Segundo tipo de magia: imunidade de rebanho.

A noção de imunidade de rebanho, em sua forma mais nebulosa, remonta à medicina veterinária de fins do século XIX e começo do século XX, entre pecuaristas e seus veterinários que lidavam com manadas, rebanhos e plantéis reais. Um homem chamado Daniel Elmer Salmon, identificado como o primeiro médico veterinário dos Estados Unidos, diretor da Agência de Indústria Animal, usou essa expressão em 1894 em um relatório sobre manejo e alimentação de animais de criação, em especial suínos. Promova a reprodução com inteligência, forneça uma dieta variada, mantenha os recintos limpos e seus suínos adquirirão "capacidades de resistência"[3] contra doenças. Ele não precisava de teoria; a experiência comprovava. "Esses fatos mostram algo além da imunidade individual", escreveu Salmon.[4] "Demonstram a possibilidade de obter a imunidade de rebanho." Ele não explicou as inefáveis "capacidades de resistência" nem definiu a mística entidade da imunidade de rebanho.

Fosse o que fosse, nem ela nem os problemas que supostamente se resolveriam com ela eram exclusivos dos suínos. Havia uma doença do gado chamada "doença do aborto", hoje conhecida como brucelose, causada por uma bactéria transmitida entre vacas.[5] A doença provoca aborto espontâneo em vacas, prejudicando gravemente as receitas dos produtores. Alguns criadores pensavam que o remédio seria trazer mais novilhas para substituir as vacas que abortavam, mas um número da publicação *Farmer's Bulletin* de 1917, escrito por dois especialistas do Departamento de Agricultura dos Estados Unidos, Adolph Eichhorn e George M. Potter, explicou por que isso era um erro. Mantenha as vacas, mesmo se infectadas, crie os bezerros que sobreviverem, não adquira novos animais e aguente firme até a crise passar. Isso funcionou em nosso rebanho monitorado, informaram Eichhorn e Potter, e em nove anos os abortos diminuíram para quase zero. "Assim, parece que se desenvolveu uma imunidade de rebanho como resultado de manter as vacas que abortavam e criar os bezerros."[6] A doença do aborto estava causando prejuízos anuais avaliados em 20 milhões de dólares, portanto esse era um conselho urgente e pragmático.

O conceito de imunidade de rebanho, ainda impreciso, resvalou para a medicina e a epidemiologia humana nos anos 1920. Tornou-se vagamente matematizado, ganhou alguns testes de laboratório à custa de camundongos, assumiu uma variedade de significados e nuances à medida que a ciência da vacinação progrediu e teve papel importante na erradicação da varíola até 1980. Por várias razões, não funcionou tão bem para erradicar a pólio e o sarampo e foi inútil contra os vírus influenza, com sua variedade e mutabilidade, seus ataques constantes renovados por *spillovers* de novas cepas vindas de aves aquáticas. Mas irrompeu desajeitadamente na conversa global sobre a covid-19 nos primeiros meses da pandemia — com destaque para a manhã de 13 de março de 2020, quando Sir Patrick Vallance, principal consultor científico do governo do primeiro-ministro Boris Johnson, o mencionou em uma entrevista para a rádio BBC. "Nosso objetivo", declarou Vallance, "é tentar reduzir o pico — não suprimi-lo totalmente",[7] e acrescentou: "obter algum grau de imunidade de rebanho enquanto protegemos os mais vulneráveis."

Vallance estava no local naquela manhã por causa do que o primeiro--ministro dissera no dia anterior. Em uma entrevista coletiva à imprensa em Downing Street, Johnson admitira que a covid-19 agora era uma pandemia e anunciara o que chamou de um "plano claro" para lidar com ela.[8] O objetivo do plano era "estender o pico da doença por um período longo", a fim de que as pessoas e as instituições conseguissem enfrentá-la. Os meios? Os meios eram recomendações, não ordens — em notável contraste com o que estava ocorrendo no continente. O primeiro-ministro italiano acabara de decretar lockdown nacional; o presidente da França ordenara o fechamento das escolas e universidades. Johnson deu sugestões veementes. Quem estivesse com tosse ou febre devia ficar em casa. Quem tinha mais de setenta anos devia evitar embarcar em cruzeiros de férias. Escolares deviam desistir de participar de excursões internacionais; que continuassem apenas a comparecer às aulas. E fosse quem fosse: lavem as mãos. Só isso. Na manhã seguinte, Patrick Vallance se viu incumbido de explicar: *Por que raios o tal "plano claro" parece tão passivo? Qual é a ideia?* Sua resposta irrefletida: imunidade de rebanho.

Evidentemente, ele não se arrependeu dessas palavras assim que as proferiu, não por completo, pois tornou a recorrer à frase naquela mesma manhã ao falar para o canal de televisão Sky News. Sobre o vírus, Vallance disse: "Queremos suprimi-lo, não nos livrar totalmente dele — o que não dá mesmo para fazer".[9] O objetivo, de novo, era baixar o pico de infecções, achatar a curva, estender o impacto ao longo do tempo "e também permitir que um número suficiente dentre nós, que sofreremos de uma doença branda, nos tornemos imunes a ela. Para ajudar com a resposta, digamos assim, da população como um todo, o que protegerá a todos".

Então o apresentador da Sky News, instigando-o de forma educada, adicionou a expressão que faltava. "A imunidade de rebanho", disse ele. "Para obter uma imunidade de rebanho no Reino Unido, que porcentagem de pessoas precisaria contrair o vírus?"

"Provavelmente em torno de 60%", respondeu Vallance.

"*Sessenta* por cento?"

"Sessenta por cento é mais ou menos o quanto é necessário para a imunidade de rebanho."

Os espectadores viram o entrevistador fazer a conta de cabeça: 60% da população nacional, que é de 67 milhões, vezes uma taxa de letalidade de, digamos, 0,5% a 1%. "É um número terrivelmente grande de pessoas que vai morrer neste país", comentou o homem.

"É uma doença perversa", concordou Vallance.

51

Como Patrick Vallance chegou a esse número mágico, 60%? O conceito matematizado de imunidade de rebanho começa com dois cientistas, Kermack e McKendrick, em 1927.

William Ogilvy Kermack era um estatístico e químico escocês que ficou cego em um acidente com soda cáustica no laboratório e a partir de então se dedicou mais completamente à matemática, com a qual, ao contrário da química, ele podia trabalhar só na cabeça. Anderson G. McKendrick era um médico que trabalhara no Serviço Médico Indiano sob o governo imperial britânico, portanto conhecia um bocado sobre doenças tropicais infecciosas. Juntos em Edimburgo, os dois escreveram um artigo intitulado "A Contribution to the Mathematical Theory of Epidemics" [Uma contribuição para a teoria matemática das epidemias].[10] Do nimbo de seu cálculo diferencial emergiu um esquema simplificado descrevendo a dinâmica de uma epidemia. É o chamado modelo SIR. Quando uma nova doença infecciosa está acometendo uma população, cada indivíduo vivo pertence a uma de três categorias: suscetível (*S*), infectado (*I*) ou recuperado (*R*). Suscetíveis se tornam infectados; infectados se recuperam — ou morrem. (Quando morrem, desaparecem dos cálculos.) O número de cada categoria muda com o tempo, portanto o fluxo de todo o sistema também muda. Essa é a ferramenta conceitual básica. O modelo SIR (como em Suscetível → Infectado →

Recuperado) foi útil quando Kermack e McKendrick o propuseram e continua sendo útil hoje.

Os dois acrescentaram a essa noção uma ideia valiosa sobre como as epidemias terminam. A cascata de infecções não necessariamente prossegue até que a categoria de suscetíveis chegue a zero. Ela pode terminar mais cedo — em um ponto no qual os suscetíveis ainda estão espalhados de maneira esparsa na população, mas o vírus ou outro patógeno *não consegue encontrá-los*. Em outras palavras, Kermack e McKendrick nos alertaram de que um incêndio na floresta não necessariamente cessa só depois que todas as árvores viraram cinza. Ele pode se apagar aos poucos enquanto alguns grupos de árvores e arbustos combustíveis permanecem intocados, se esses grupos não forem atingidos por fagulhas. Talvez as árvores que não se queimam simplesmente tenham sorte: estão no meio de algum prado verde, fora da direção em que o vento sopra as últimas brasas.

Trinta anos mais tarde, outro matemático britânico com experiência em doenças tropicais, George Macdonald, contribuiu para a modelagem de epidemias com um elemento que continua a ser essencial hoje: o conceito de taxa básica de reprodução. Essa taxa é definida como o número de casos em uma população inteiramente suscetível resultantes de um primeiro caso. Quantas pessoas, em média, um infectado infecta? Outros modeladores depois de Macdonald chamaram essa entidade de R_0 (dizemos R zero), hoje conhecida como *número* básico de reprodução, e não taxa. Ele mede o quanto um determinado patógeno é infeccioso no meio de qualquer população ainda não atingida composta de indivíduos suscetíveis. Se o primeiro caso infectado desencadeia três outras infecções e cada uma delas desencadeia outras três e assim por diante, com a média permanecendo em três, dizemos que o R_0 desse patógeno é três.

O número difere muito, dependendo do agente infeccioso. Vírus transmitidos pelo ar, como o do sarampo, em geral têm números elevados para R_0. Em contraste, o vírus da raiva em humanos, transmitido pela saliva quando um animal hidrófobo morde alguém, tem R_0 muito baixo porque a desafortunada pessoa que morre de hidrofobia raramente morde e infecta outro humano. George Macdonald estudou a malária, doença complicadíssima causada por um protozoário que se transmite de hospedeiro em hospedeiro em picadas de mosquitos, e o R_0 para esse micróbio depende de vários fatores — por exemplo, a densidade de mosquitos, sua longevidade, o número de vezes que esse mosquito pode picar e quanto tempo um humano infectado permanece infeccioso para outros mosquitos. O número de reprodução podia variar enormemente, observou Macdonald, começando por 1,0 até não se sabe quanto. Se houvesse mosquitos longevos e vorazes picando pessoas com infecções ativas de longa duração, o número poderia ser 735. Não admira que Macdonald e seus colegas da saúde pública não conseguissem erradicar a malária, e que sete décadas mais tarde essa doença ainda mate quase meio milhão de crianças por ano.

Os vírus respiratórios são mais simples, o que não quer dizer que sejam simples. Seu número de reprodução pode mudar com o tempo, conforme mudam as circunstâncias para o vírus ou para a população hospedeira. Uma mutação no vírus intensifica a transmissão? O valor de R sobe. O governo recomenda o distanciamento social e a população acata? A transmissão é interrompida, impedida, reduzida, e R cai. Essa variabilidade é importante para entendermos o que a imunidade de rebanho é e o que ela não é, se e quando ela chega.

Vejamos por que estou torturando você com esses detalhes matemáticos, que parecem áridos, mas são interessantes. O número R_0 tem um papel importantíssimo na determinação do suposto limiar ao qual a imunidade de rebanho surte efeito. Esse limiar é um nível percentual — *tantos por cento* da população passaram de suscetíveis a infectados. E o que o limiar marca? Ele marca o ponto no qual R caiu para 1,0. A transmissão desacelerou porque passou a haver menos suscetíveis, portanto é mais difícil para o vírus localizá-los. Cadeias de infecção chegam a becos sem saída. R continua caindo. A partir de então, contanto que o número de reprodução permaneça inferior a 1,0, o surto declina. Sendo tudo o mais igual, ele desacelerará para um nível toleravelmente baixo de doença endêmica ou, no melhor cenário possível, o vírus desaparecerá por completo dessa população porque não consegue encontrar ninguém para infectar. Foi desse modo que a erradicação da varíola foi alcançada e certificada pela OMS em 1980. As últimas cepas ativas da varíola nos poucos casos humanos que restaram não foram mortas por medicamentos antivirais. Morreram de isolamento e solidão, sem deixar descendentes.

Obviamente, tudo o mais não é igual. A varíola era especial. Produzia sintomas visíveis em cada pessoa infectada, e assim os casos podiam ser identificados e isolados enquanto profissionais de saúde vacinavam todo mundo nas proximidades, interrompendo a propagação do vírus por contenção; além disso, o vírus não se alojava em outro reservatório além dos humanos, por isso não podia reemergir a partir de algum hospedeiro não humano. A erradicação da pólio foi mais difícil. Esse vírus também não se aloja em outro tipo de hospedeiro, mas muitas infecções por pólio são assintomáticas, portanto mais difíceis de identificar e isolar. A erradicação do SARS-CoV-2 quase com certeza será impossível, também porque se transmite a partir de portadores assintomáticos, entre outras razões. Até mesmo a imunidade de rebanho em escala global contra o SARS-CoV-2 será difícil, provisória e na melhor das hipóteses intermitente, mas não definitiva. A imunidade de rebanho é um fenômeno local — delimitado por cidade, país ou ilha — que se liga e desliga como uma caldeira em resposta a um termostato. Enquanto R permanecer acima de 1,0, o surto da doença se expandirá pela população. Se cair abaixo de 1,0, o surto declinará e por fim terminará (como a varíola) ou se tornará uma doença endêmica (como o sarampo), circulando esporadicamente em regiões ou populações limitadas. A equação usada para calcular a imunidade de rebanho é muito simples, tão simples que até eu consigo entender, e você também: limiar = $1 - 1/R_0$.

Ele escreve equação. Que droga. Mas espere, veja como é fácil. Se o número de reprodução for três, isto é, três casos secundários infectados a cada caso primário, você só precisa de frações do ensino elementar para calcular: 1 menos ⅓ dá quanto? Dois terços, certo? Então, nessa circunstância, o limiar para a imunidade de rebanho é dois terços — 67% da população.

Era isso que estava por trás das declarações de Patrick Vallance naquela manhã tão embaraçosa de 13 de março de 2020. No momento em que ele disse que quando "em torno de 60% da população do Reino Unido" fosse infectada alcançariam a imunidade de rebanho, estava supondo um número de reprodução para o vírus "em torno" de 2,5. Faça os cálculos de trás para a frente para conferir. Pode fazer as contas no celular, como eu.

limiar para imunidade de rebanho = $1 - 1/R_0$
ou seja, 1 menos (1 dividido por 2,5)
o.k., 1 dividido por 2,5 = 0,4
e 1 menos 0,4 = 0,6
portanto
limiar para imunidade de rebanho quando R_0 é 2,5
igual a 60%

A realidade está longe de ser tão exata. Há pressupostos nesse cálculo limpo e fácil, e eles nunca se aplicam muito bem a vírus, pessoas e circunstâncias reais. Um pressuposto é que, quando um indivíduo se recupera, fica com uma proteção completa e permanente contra reinfecção (por exemplo, anticorpos, que podem bloquear vírus, e células T, que ajudam a destruí-los). Outro pressuposto é que o vírus não evolui para escapar dessas proteções. Esses dois pressupostos, quando aplicados ao SARS-CoV-2, representam otimismo, não conhecimento confirmado.

Um terceiro pressuposto é a mistura homogênea e interações aleatórias entre todos os membros da população considerada. Isso maximiza a improbabilidade de cadeias contínuas de transmissão conforme diminui o número de suscetíveis. Se os suscetíveis se distribuem de maneira heterogênea, em bolsões — por exemplo, bairros étnicos com alta interação entre os vizinhos, baixa interação com gente de fora e talvez uma restrição cultural à vacinação —, esses bolsões não terão imunidade de rebanho, mesmo se o resto da população tiver. Um quarto pressuposto: nenhum recém-chegado na população, nenhuma adição de suscetíveis. (Os ecologistas diriam "nenhum imigrante", mas em nosso tormentoso clima político atual isso poderia ser interpretado erroneamente como xenofobia.) Essa ideia crucial remonta, como já mencionei, aos consultores veterinários Eichhorn e Potter quando discorreram sobre seu rebanho monitorado no relatório de 1917 sobre a brucelose. "Durante os anos em que o rebanho estava sendo reabastecido com novas aquisições", escreveram, "os abortos foram frequentes, mas essa prática foi abandonada."[11] Essa prática — entenda-se, a compra de novas novilhas para complementar as perdidas. Em vez disso, as novilhas que nasceram no rebanho, apesar da presença da bactéria, foram criadas para se tornarem as novas vacas reprodutoras. Eichhorn e Potter não afirmaram isso, mas as mães bem-sucedidas do seu rebanho talvez tivessem algum grau de resistência natural à bactéria e tenham transmitido essa resistência às crias. Funcionou: a imunidade de rebanho se desenvolveu como um agregado de imunidades individuais aliado a um R_0 declinante, e os abortos diminuíram. "Portanto parece ser mais seguro para um pecuarista criar seus próprios bezerros e evitar trazer de fora novas infecções." Podemos chamar isso de uma população fechada.

Traduzido para uma epidemia humana: se continuarem a chegar viajantes e alguns deles forem suscetíveis, isso prejudicará a matemática limpa do modelo SIR e renovará a possibilidade de cadeias de infecção, trazendo novo aumento do número de reprodução e, portanto, elevando o limiar da imunidade de rebanho. E *sempre* haverá viajantes. Uma população humana — exceto quando falamos da população total do planeta Terra — nunca é fechada.

As implicações desses dois fatores — interações homogêneas e heterogêneas, populações fechadas e abertas — são bem ilustradas pela história do sarampo em Rhode Island.

52

O vírus do sarampo tinha origem zoonótica, divergira do vírus do gado que causava uma doença chamada de peste bovina. Esse é um castigo (entre outros) para nós por domesticarmos bovinos: o sarampo chegou aos humanos através do nosso gado e tem estado entre nós por aproximadamente 2 mil anos. A peste bovina foi erradicada, mas o vírus do sarampo em humanos, não. A razão disso, a meu ver, é que é mais fácil para nós conter e controlar o comportamento dos bois do que o nosso.

O sarampo continua a ser uma doença grave, capaz de matar crianças não vacinadas, apesar da eficácia de vacinas. Costumamos nos esquecer desse vírus (outro vírus de RNA de fita simples), ao menos em países de renda alta, porque a maioria das pessoas foi vacinada na infância e os surtos são raros. Mas isso não ocorre em todos os lugares: na República Democrática do Congo, onde a cobertura vacinal é baixa, houve aproximadamente 310 mil casos de sarampo em 2019 com 6 mil mortes, a maioria de crianças pequenas. Isso é trágico, pois temos uma vacina autorizada desde 1963. Nos Estados Unidos, a vacinação em massa de crianças em idade escolar, iniciada pouco depois de a vacina ter sido disponibilizada, quase eliminou o problema do sarampo na infância. No estado de Rhode Island esse programa começou em 23 de janeiro de 1966, com um evento em todo o estado anunciado como Domingo para o Fim do Sarampo.

Apesar de uma forte nevasca, mais de 31 mil crianças foram vacinadas nesse dia. Uma semana depois, para rematar, clínicas deram continuidade à campanha e vacinaram mais alguns milhares de crianças.[12] O sarampo quase desapareceu no estado. Antes da campanha, em 1965, quase 4 mil casos tinham sido registrados naquele ano. Em 1966 o número foi inferior a cem. Mas a população de Rhode Island não era homogênea nem fechada.

O bairro de Fox Point, na cidade de Providence, continha uma alta concentração de residentes portugueses. Aproximadamente 60% dos seus moradores eram imigrantes de territórios lusos ou descendentes de portugueses. Fox Point fica em uma ponta de terra na confluência dos rios Providence e Seekonk, portanto é um tanto isolada pela geografia; a cultura e a língua intensificavam essa separação. Os residentes centralizavam suas atividades sociais em uma única igreja. Muitas das famílias haviam imigrado recentemente, depois do Domingo para o Fim do Sarampo, e tinham perdido aquela oportunidade de imunizar suas crianças. Suas atitudes com relação à vacinação talvez fossem de relutância, ceticismo ou desconfiança. Entrou nessa comunidade em 15 de setembro de 1968 um menino de três anos que voltava de uma visita a Portugal com a família. Ele estava com sarampo.

Duas semanas depois, a irmã do menino manifestou a doença. Outros casos logo surgiram entre alunos na escola dessa menina e entre pré-escolares das proximidades. A cidade de East Providence, do outro lado do rio Seekonk, era ligada a Fox Point por uma ponte; também tinha moradores de origem portuguesa, e algumas crianças dali interagiam com crianças de Fox Point. East Providence se tornou outro centro de surto da doença. No final do ano, Providence e East Providence apresentavam 91 casos de sarampo em crianças, das quais apenas três não tinham ascendência portuguesa. Nenhuma dessas crianças fora vacinada. Felizmente, nenhuma morreu.

Rhode Island como um todo pode ter alcançado a imunidade de rebanho, mas Fox Point e East Providence, não. Muitas coisas mudaram desde 1969, e o SARS-CoV-2 não é vírus de sarampo (que é extraordinariamente transmissível, com R_0 estimado entre doze e dezoito), mas as limitações do conceito permanecem. Pessoas se aglomeram. Pessoas viajam. A população humana é um rebanho muito agitado — não é como uma centena de vacas leiteiras num estábulo, e nem mesmo como 1 milhar de Herefords sozinhos nos planaltos do norte de Montana.

Sejamos otimistas por um momento. Aceitemos todos os pressupostos e postulemos que a imunidade de rebanho na covid-19, em um país ou outro, ainda que temporariamente, seja atingível. Como ela seria? O que acontece quando chegamos a esse limiar mágico? Isso nos leva de volta aos modelos SIR de Kermack e McKendrick.

Imagine uma população de cem pessoas, nenhuma das quais já foi exposta ao SARS-CoV-2. Temos então cem suscetíveis (S). O vírus chega, as pessoas o contraem, transmitem a outras, até que sessenta dos nossos suscetíveis se tornam infectados (I). Dois deles morrem, portanto não comporão a categoria dos recuperados (R). (Uma breve observação: o símbolo da categoria dos recuperados, R, não deve ser confundido com o R que indica o número de reprodução. O fato de os dois serem representados pela mesma letra *gera* confusão, reconheço, mas não tenho culpa.) O número de reprodução, R, agora caiu abaixo de 1,0, mas não a zero, portanto algumas pessoas desafortunadas continuam a ser infectadas. Mas o surto está em declínio. A probabilidade de que qualquer um dos suscetíveis restantes seja infectado é menor. Portanto, pela lógica de Patrick Vallance e outros, nosso rebanho de pessoas atingiu a "imunidade de rebanho", seja o que for que essa expressão signifique. *O que* ela significa? O que se ganha?

O que se ganha *não* é uma imunidade mágica para as pessoas suscetíveis restantes. Ganha-se uma menor probabilidade de que essas pessoas venham a ser expostas ao vírus, pois muitos outros já foram infectados e se recuperaram, ou muitos outros foram vacinados, ou uma combinação dessas duas coisas. O que se ganha, na melhor das hipóteses, é uma taxa de infecção lentamente declinante entre os suscetíveis na população. Contudo, qualquer uma dessas pessoas suscetíveis ainda pode ser infectada e morrer. Imunidade de rebanho é como a "imunidade" contra raios para quem anda num campo de golfe durante uma tempestade: provavelmente um raio cairá em outra pessoa ou numa árvore.

53

Terceiro tipo de magia: tratamentos medicamentosos.

A hidroxicloroquina vem sendo usada há muito tempo, mas entrou nas manchetes em fins de março de 2020, depois que a apresentadora da Fox News Laura Ingraham, com ajuda de Larry Ellison, cofundador da Oracle, e possivelmente também do empreendedor e explorador espacial Elon Musk, plantou essa palavra no cérebro de Donald Trump. Trump, como você talvez já tenha ouvido falar, não é lá muito entendido em ciência. Ele ficaria um tanto confuso alguns meses depois ao falar sobre o que chamou de "mentalidade de rebanho", querendo dizer possivelmente imunidade de rebanho (embora ninguém consiga saber ao certo). Mas a hidroxicloroquina é apenas um remédio, um comprimido, uma coisa de ingerir, portanto mais simples.

A hidroxicloroquina é um derivado da cloroquina, e essas duas substâncias são rotineiramente prescritas para prevenção e tratamento da malária. Às vezes também são usadas contra artrite reumatoide e lúpus. A cloroquina pode ser tóxica — uma dose excessiva pode causar reações graves e até morte — e a adição do "hidroxi" parece atenuar o problema. O uso contra malária remonta ao quinino natural, um ingrediente ativo da casca das árvores *Chinona*, tradicionalmente usada por povos indígenas do Peru como remédio para febre. No século XVII ele foi levado em forma de casca ou pó para a Europa, onde passou a ser conhecido como *quina* e empregado com a mesma finalidade. Uma versão sintética foi criada em 1934 por químicos dos laboratórios Bayer, na Alemanha, e levada para o Norte da África junto com os soldados de Rommel. Depois da guerra, a cloroquina fabricada se tornou uma profilaxia convencional contra a malária.

Esse uso durou cerca de cinquenta anos. Eu mesmo a tomava como preventivo, nos anos 1980, sempre que viajava para zonas maláricas. Pelo jeito funcionou, pois não havia escassez de mosquitos e não contraí essa doença específica. Mas nunca tome esse medicamento por muitos meses seguidos, me disseram, para não arruinar seu fígado. Pelo que os cientistas sabem, ele funciona bloqueando um passo metabólico, quando os parasitas maláricos devoram hemoglobina e se replicam dentro dos glóbulos vermelhos do hospedeiro — com esse bloqueio, os invasores morrem intoxicados por seus próprios resíduos. No entanto, os parasitas, com suas taxas de replicação elevadas e uma quantidade razoável de mutações, evoluíram e adquiriram resistência à cloroquina. Certas áreas dos trópicos se tornaram zonas de risco para a malária resistente à cloroquina, e quem fosse para lá era orientado a tomar um medicamento diferente. Alguns desses preparados eram ainda mais horríveis do que a cloroquina, mas efeitos colaterais como cefaleia, náusea, vômito, urticária, nervosismo e pesadelos pavorosos (como aquele com as cobras gigantes nas paredes, angustiantes até para mim, e olhe que gosto de cobras) eram preferíveis à malária, pelo menos até que surgisse coisa melhor.

A ideia de que a cloroquina talvez fosse eficaz contra infecções virais não era novidade em 2020. Quando o medicamento deixou de ser o preferido contra a malária, chamou a atenção como uma possível arma contra vírus, incluindo o SARS-CoV em 2003. Um grupo de pesquisadores trabalhando na Itália e na Bélgica procurou mostrar, com base em uma análise de estudos publicados, que a cloroquina poderia inibir a entrada e a replicação nas células para vários tipos de vírus, incluindo os coronavírus e o HIV. Em 2005, outra equipe, composta de três dos mais respeitados virologistas da Divisão Especial de Patógenos durante os bons tempos do CDC (Pierre Rollin, Thomas Ksiazek e Stuart Nichol), confirmou que o fármaco dificultava, sim, a replicação do SARS-CoV em células cultivadas e reduzia a infecção de uma célula para outra. Essa ação, eles escreveram, "sugere um possível uso profilático e terapêutico".[13] Dois anos depois, um trio de cientistas franceses propôs, com base em uma análise de várias dezenas de estudos de laboratório, que a cloroquina e a hidroxicloroquina poderiam ser valiosas no tratamento de uma longa lista de infecções bacterianas, fúngicas e virais, com destaque para o patógeno *Coxiella burnetii*, uma tenaz bactéria intracelular que causa uma doença chamada febre Q, e também incluindo entre os vírus, novamente, o SARS-CoV. Exceto por algumas iniciativas com pacientes portadores da febre Q, quase todos eram estudos in vitro, ou seja, "em vidro": fármacos versus vírus versus células cultivadas em placas de Petri. Apesar disso, mostravam que a ideia da cloroquina contra um coronavírus não era maluca. Simplesmente ela não tinha sido testada em estudos clínicos sistemáticos com humanos.

 Trump, logo que recebeu a inspiração de seus espíritos mentores, em março de 2020, começou a falar e tuitar sobre a hidroxicloroquina como um tratamento para a covid-19. De início, de maneira louvável, evitou ser categórico. Em 19 de março de 2020, durante uma entrevista coletiva à imprensa, mencionou a cloroquina e a hidroxicloroquina, ressaltou corretamente que eram medicamentos antimaláricos aprovados pelo governo e acrescentou sua esperança de que talvez pudessem ajudar na pandemia. "Se funcionarem, os números irão cair muito depressa. Veremos o que acontece", disse.[14] "Mas há mesmo a chance de que elas podem" — a cloroquina ou a hidroxicloroquina —, "de que elas podem funcionar."

 Tony Fauci não estava na tribuna nesse dia, ao lado de Trump, do vice-presidente Pence, de Deborah Birx (coordenadora da resposta ao coronavírus do governo Trump) e outros. Mas no dia seguinte perguntaram a ele se havia evidências favoráveis ao uso da hidroxicloroquina contra a covid.

"A resposta é não", disse Fauci.[15]

A essa altura haviam sido publicados vários estudos pequenos, principalmente por cientistas na China. Um grupo constatou que a cloroquina de fato impedia a entrada do SARS-CoV-2 em células cultivadas em laboratório — uma linhagem de células derivadas de rim de macaco. Outro grupo informou que testes clínicos em dez hospitais chineses mostraram efeitos positivos, mas esse artigo não apresentou dados. Uma equipe francesa testou a hidroxicloroquina em 26 pacientes, retirou seis deles do estudo por diversas razões (entre elas náusea e morte) e viu uma diminuição da carga viral em catorze dos vinte remanescentes. Fauci evidentemente não se impressionou. Em uma reunião da Força-Tarefa da Casa Branca para o Coronavírus na qual a hidroxicloroquina foi enaltecida por Peter Navarro, o empolgado assessor econômico de Trump, Fauci declarou que as evidências eram "apenas de relatos".[16]

O autor sênior do artigo francês era Didier Raoult, eminente e polêmico microbiologista, um homem obstinado e orgulhoso. Entre as realizações mais consistentes de Raoult estava ter chefiado, com Jean-Michel Claverie, o grupo que descobrira o primeiro vírus gigante, o Mimivírus, que se abriga no interior de uma ameba. Raoult dirige um instituto de pesquisa grande e bem equipado em Marselha e em um ano típico põe seu nome como coautor em mais de cem artigos científicos. É um líder fanfarrão e um cientista contencioso, segundo muitos relatos, com uma carranca formidável e cabelos compridos e escorridos como um velho druida. Há tempos ele apregoa a hidroxicloroquina; foi um dos três autores do artigo sobre a febre Q em 2007, que trazia a informação adicional sobre o potencial antiviral do medicamento. Agora, nos primeiros meses da pandemia, Raoult recomendava seu uso com veemência, como descrito em um perfil seu escrito por Scott Sayare na *New York Times Magazine*. O fato de outros cientistas se mostrarem céticos com respeito ao medicamento só servia para instigá-lo.

"A vida inteira fui 'do contra'", disse Raoult a Sayare.[17] Conflito era eletrizante para ele. Tinha certeza absoluta sobre suas afirmações vangloriosas e também de que outros cientistas, do presente e do passado, entre os quais Charles Darwin, eram culpados de estreiteza de raciocínio, burrice e presunção. Raoult disse a Sayare que a árvore da vida dedutível da teoria da evolução darwiniana era "totalmente falsa" e debochou de Darwin por ter escrito "nada além de bobagens". Postou um vídeo no YouTube intitulado "Coronavirus: Game Over!" e declarou que a covid-19 é "provavelmente a infecção respiratória mais fácil de tratar". A hidroxicloroquina era tão boa, alertou ele, que logo se esgotaria nas farmácias — acertou ao menos a segunda parte dessa profecia autorrealizável.

Na Casa Branca, Donald Trump ouvia gente que ouvia gente que ouvia Didier Raoult. Trump gostava cada vez mais do que escutava sobre a hidroxicloroquina — "sou um grande fã"[18] — e começou a pressionar seu secretário do HHS, o maleável Alex Azar, e seu chefe da FDA, o um pouco menos maleável Stephen Hahn, para aprovarem seu uso contra a covid. Apesar de certa resistência na FDA, em 28 de março o órgão emitiu uma autorização de uso emergencial, permitindo que médicos prescrevessem e que agentes de saúde administrassem o medicamento contra a covid-19. Os testes clínicos tiveram início, e os resultados começaram a vir. Resultados que não corroboravam o entusiasmo intimidante de Didier Raoult.

Em 15 de junho a FDA revogou sua autorização emergencial e declarou que, com base em dados científicos que vinham sendo apresentados, a cloroquina e a hidroxicloroquina "provavelmente não são eficazes para tratar a covid-19".[19] Considerando graves problemas cardíacos e outros possíveis efeitos colaterais, dizia o comunicado à imprensa da agência, os benefícios (se é que existiam) não compensavam mais os riscos.

Enquanto isso, pessoas morriam. Na França, foram 29 411 mortos de covid até 15 de junho de 2020. Nos Estados Unidos, depois do terrível surto de abril em Nova York e em outros lugares, a contagem de mortos estava em 120 780. Se a hidroxicloroquina não era a resposta, o que seria?

O remdesivir é um antiviral com uma história pregressa bem diferente. Foi criado pela empresa Gilead Sciences com financiamento do governo dos Estados Unidos, em uma iniciativa que começou em 2009 voltada para o vírus da hepatite C e o vírus sincicial respiratório (VSR). Revelou-se de pouco valor contra a hepatite C, um pouco eficaz contra o VSR, mas não o suficiente para criar expectativas, e foi deixado de lado. Àquela altura, era considerado apenas um "pró-fármaco", um candidato designado como GS-5734, sendo GS provavelmente uma referência à Gilead Sciences. Vários anos mais tarde, quando vírus emergentes se tornaram uma preocupação crescente, a Gilead fez uma parceria com o CDC e o USAMRIID (o centro famoso por trabalhar com vírus perigosíssimos onde Don Burke começara sua carreira no Exército) e passou a examinar aproximadamente mil compostos candidatos na busca do que poderia ser eficaz contra esses novos vírus assustadores como o SARS-CoV, o MERS-CoV, o Ebola e o Zika. Isso era feito em culturas de células. O GS-5734 se mostrou promissor, em especial contra o Ebola, por isso foi testado contra a infecção por Ebola em macacos-rhesus. O medicamento foi injetado direto na veia, e ajudou um pouco em uma dose baixa. Com uma dose mais alta, todos os animais do teste sobreviveram (pelo menos até que alguns deles, moribundos, foram submetidos à eutanásia). E então o remdesivir foi testado em pessoas, segundo uma regra de "uso compassivo", no final da epidemia de Ebola de 2013-6 na África Ocidental. Pareceu salvar a vida de uma mulher de 39 anos e de um bebê recém-nascido. Mas quando o uso foi expandido em um estudo clínico maior, com mais de seiscentos casos, os resultados decepcionaram: 53% dos pacientes tratados morreram.

No entanto, em um estudo de 2017, o remdesivir se revelou eficaz contra uma grande variedade de coronavírus em culturas de células humanas. Esse trabalho foi feito na Universidade da Carolina do Norte por pesquisadores que sabiam muito bem que o SARS e o MERS provavelmente não seriam o fim da história dos coronavírus. Seus testes com fármacos, observaram, talvez também viessem a ser importantes para "linhagens zoonóticas circulantes com potencial pandêmico".[20]

Então entrou em cena o novo coronavírus. Em janeiro de 2020, a Gilead forneceu remdesivir ao CDC da China, para ser testado em laboratório contra essa nova ameaça. O teste foi feito por cientistas do Instituto de Virologia de Wuhan, com dois parceiros sediados em Beijing. Uma das colaboradoras do instituto era Zhengli Shi. O grupo constatou que o remdesivir era "altamente eficaz"[21] contra o SARS-CoV-2 em células cultivadas em laboratório. Por outro lado, testaram a cloroquina no mesmo conjunto de experimentos e ela também se mostrou muito eficaz. É assim que a ciência avança, de resultados limitados e preliminares para mais experimentos, para mais observações, para inferências que são menos preliminares. A ação do remdesivir contra o SARS-CoV-2 em corpos humanos, assim como a ação da cloroquina, eram duas incógnitas que tinham de ser investigadas de maneira independente.

O primeiro estudo clínico de grande porte, com pacientes que receberam aleatoriamente remdesivir ou placebo, foi feito em dez hospitais de Wuhan em fevereiro e março de 2020. Injetado na veia de 158 pacientes, o medicamento não mostrou resultados promissores. Os pesquisadores concluíram que o remdesivir "não diminuiu de forma significativa"[22] os sintomas, o tempo de recuperação para os que se recuperaram nem a mortalidade em comparação com os pacientes que tinham recebido placebo. E esse estudo bem organizado terminou cedo, antes de atingir o número de pacientes inicialmente pretendido, por uma razão que, para nós do resto do mundo, pode parecer invejável e estranha: escassez de pacientes de covid em Wuhan. O rigoroso lockdown na cidade, os testes, rastreamentos e isolamentos e as intervenções não farmacológicas haviam eliminado a necessidade de intervenções farmacêuticas. No dia em que o estudo sobre o remdesivir em Wuhan foi publicado, 29 de abril de 2020, a China como um todo tinha um total de quatro novos casos e nenhuma nova morte.

A ivermectina é um enigma diferente, pois é um medicamento barato e fácil de obter, portanto muito tentador para pessoas desesperadas ou amedrontadas, e as evidências sobre seus efeitos são mistas. Podemos encontrar estudos relatando que ela tem alto valor contra o SARS-CoV-2 e reduz a mortalidade, outros concluindo que não tem valor significativo e artigos de metanálise que mostram os dois lados, isto é, uma análise agregada de vários estudos corrobora a utilidade da ivermectina contra a covid-19, mas muitos dos estudos pró-ivermectina contêm falhas e falsificações. (Um dos estudos mais positivos da metanálise positiva, que foi publicado como *preprint* e contribuiu acentuadamente para a média positiva, foi depois objeto de retratação em virtude de críticas quanto à sua legitimidade e honestidade.) Podemos ler relatos sobre desventuras com o uso de ivermectina como este do CDC:

> Um adulto bebeu uma formulação injetável de ivermectina destinada ao uso em bovinos na tentativa de se prevenir contra infecção por covid-19. Esse paciente chegou ao hospital com confusão, sonolência, alucinações visuais, taquipneia e tremores. O paciente se recuperou depois de nove dias hospitalizado.[23]

Taquipneia é uma respiração superficial e rápida. Confusão é um sintoma que todos enfrentamos durante a covid, mas a ivermectina evidentemente pode exacerbá-lo.

E a ivermectina é vendida sem receita médica, em *petshops* e lojas de rações animais, ou pela Amazon com alguns cliques — em forma de drágeas, comprimidos mastigáveis, líquido ou como uma pasta com sabor de maçã, todos destinados a matar vermes em cães, cavalos, vacas ou cabras. Isso porque é uma ferramenta importante e confiável para veterinários e pecuaristas no tratamento de piolhos, carrapatos e vermes parasíticos. Assim como o martelo, que é uma ferramenta importante e confiável para carpinteiros, mas não recomendada em odontologia.

A ivermectina foi descoberta em 1975 por dois biólogos que depois receberiam o prêmio Nobel por esse trabalho, e a OMS a inclui em uma lista de medicamentos essenciais. Pessoas também são atormentadas por piolhos e carrapatos, e em certas partes do mundo vermes parasíticos são causa grave e difusa de morbidade. A oncocercose, também conhecida como cegueira do rio, é causada por um tipo de verme nematódeo propagado pela picada de borrachudos e afeta cerca de 15 milhões de pessoas, sobretudo na África subsaariana, acarretando algum grau de perda da visão em quase 1 milhão. A filariose linfática, comumente chamada de elefantíase por provocar inchaço nas pernas do paciente, bloqueando o sistema linfático, é causada por vermes nematódeos do grupo dos filarídeos e é transmitida por mosquitos. De 2018 até agora foram infectados mais de 51 milhões de humanos. A ivermectina também é uma bênção para essas pessoas, merecedora de um prêmio Nobel. Eu mesmo já tomei esse medicamento, em dose pequena, quando andava pelos pântanos e florestas da República do Congo e do Gabão, pois era picado o tempo todo por borrachudos e esperava evitar a cegueira do rio. Todos nós que participamos dessa expedição a tomamos, administrada com um conta-gotas pelo intrépido líder da nossa expedição, o ecologista Mike Fay, homem de longa experiência no Congo que costumava comprar seus suprimentos de ivermectina em uma loja de rações para animais nos Estados Unidos ou de um rapaz numa esquina de Brazzaville ou Libreville. A ivermectina tem mercado até nos Estados Unidos, que possui um elenco vermicular um tanto distinto daquele que atua na floresta do Congo, mas tem vermes causadores de dilofilariose em cães, parasitas que atacam o estômago de ruminantes e subtraem bilhões do valor dos animais afetados, e nematelmintos que podem crescer até mais de trinta centímetros dentro do corpo de pessoas. A FDA a aprovou para uso humano contra esses parasitas invertebrados.

Mas outra questão é usar a ivermectina contra a covid-19, algo desaconselhado pela OMS, pelo CDC e pela FDA. Um grupo de autores, depois de examinar um grande número de estudos para a Cochrane Library, um serviço on-line que faz análise crítica de textos em ciência médica, concluiu que "as evidências confiáveis não corroboram o uso de ivermectina para tratamento ou prevenção da covid-19",[24] exceto em ensaios clínicos bem planejados. Pesquisadores da Universidade de Oxford iniciaram um ensaio clínico gigantesco em junho de 2021 que provavelmente será o maior do mundo, mas ele será demorado. Por enquanto, parece que a preocupação quanto à ivermectina não é se ela é segura, afinal de contas tem sido usada tão amplamente em humanos, mas se funciona contra o SARS-CoV-2.

Essa não é a situação do molnupiravir, uma nova oferta da Merck e sua parceira nesse projeto, uma pequena empresa sediada na Flórida chamada Ridgeback Biotherapeutics. O molnupiravir tem o mérito da administração oral, como um pró-fármaco de uma substância ativa conhecida pela sigla NHC, um composto complicado com uma longa história. (Pró-fármacos são compostos que podem ser administrados por via oral e são depois metabolizados no corpo como uma substância ativa.) É apresentado em forma de comprimido, como a hidroxicloroquina e a ivermectina, e não em gotas a serem administradas por instilação intravenosa como o remdesivir. Em uma análise preliminar de um ensaio clínico, segundo um comunicado à imprensa emitido pela Merck em outubro de 2021, o molnupiravir mostrou resultados extraordinários, reduzindo em aproximadamente 50% o risco de hospitalização ou morte entre adultos com covid-19 leve ou moderada. (Contudo, na época da conclusão do ensaio, a redução total do risco caíra para um nível menor.) Ele funciona causando mutações no SARS-CoV-2 até um ponto em que o vírus se torna disfuncional. Impedido pelo fármaco de replicar seu RNA com precisão, o vírus atinge o já mencionado limiar de erros em seu longo genoma de 30 mil nucleotídeos: o erro catástrofe.

O molnupiravir também está enredado em uma história complicada, e parte dela evidencia que ele pode causar mutações não só no vírus, mas também em mamíferos. Ronald Swanstrom, bioquímico e virologista evolucionista da Universidade da Carolina do Norte, chefiou uma equipe que fez alguns estudos cautelares. Swanstrom trabalha há décadas com evolução de vírus, especialmente o HIV-1, em hospedeiros humanos; é coautor de muitos artigos sobre descoberta de medicamentos e resistência a medicamentos entre vírus. Ele viu os méritos e também os possíveis perigos do molnupiravir. No começo de 2020, participou de um grupo de pesquisa que informou que o molnupiravir funcionava bem contra três coronavírus: SARS-CoV, MERS-CoV e o novo vírus que andava monopolizando a atenção de todo mundo. Essa era uma ótima notícia, pois até então não havia medicamento aprovado para tratar nenhum coronavírus e, além disso, o molnupiravir podia ser administrado por via oral, aumentando imensamente seu potencial para controlar casos de covid-19 nas fases iniciais, antes que os pacientes fossem hospitalizados. Um ano depois, Swanstrom apresentou um estudo informando a desvantagem do molnupiravir: seu potencial para alterar o DNA de células de mamíferos — células de hamster cultivadas em laboratório, e também células fetais de mulheres grávidas ou células-tronco que produzem espermatozoides em homens. A substância "tem potente atividade antiviral", muito superior às de outras aproximadamente do mesmo tipo, escreveram Swanstrom e seus coautores, "mas também é mutagênica para o hospedeiro".[25] Essas mutações, acrescentaram, poderiam produzir defeitos congênitos ou câncer.

Ronald Swanstrom não é categoricamente contra o uso desse medicamento em humanos; ele apenas se preocupa e recomenda cautela. No fim das contas, talvez o molnupiravir venha a se mostrar valioso para idosos, mas desaconselhável para homens e mulheres jovens. "Eu provavelmente tomaria molnupiravir (minha idade é um fator de risco)", Swanstrom me disse por e-mail, "mas não gostaria de fazer parte de uma coorte que estivesse sendo acompanhada por risco de câncer."[26] O grande problema, explicou, é que desconhecemos o nível de risco. Pode ser ínfimo, mas também pode ser significativo.

"Nosso resultado não surpreendeu", acrescentou ele. Confirmou o que já se sabia desde muito tempo sobre vias metabólicas em células animais e o modo como esse fármaco funciona. O molnupiravir pertence a um grupo de moléculas conhecidas como análogos de nucleosídeo, que se parecem com os nucleotídeos com os quais são construídos o RNA e o DNA no genoma, portanto pode interferir na replicação genômica. Foi sintetizado pela primeira vez na Universidade Emory, em Atlanta, no começo dos anos 2000, e os pesquisadores esperavam que pudesse ser eficaz contra o vírus causador da encefalite equina venezuelana, doença que mata cavalos e às vezes pessoas. Em seguida, foi testado contra cepas de influenza e também suprimiu esses vírus. Por isso ele é considerado um antiviral de "amplo espectro", uma arma promissora contra vírus emergentes. Funciona imitando as bases nucleotídicas de RNA citosina e uracil; desse modo, consegue ser inserido na molécula genômica e, como não é o que finge ser, cria mutações. No lugar de um C, pode se apresentar como um U e fazer isso vezes sem conta. Essas mutações numerosas prosseguem até um ponto no qual a linhagem viral se torna disfuncional: novamente, um erro catástrofe. Com essa interferência do medicamento, a população do vírus despenca. É um resultado esplêndido para o hospedeiro — só que também há uma probabilidade significativa, como indicou o trabalho de Swanstrom e colegas, de que essa molécula sorrateira também venha a imitar as bases construtoras de DNA das células do hospedeiro quando essas células se reproduzem e causar mutações nelas também. Muitas células do nosso corpo não se reproduzem com muita frequência, mas as fetais, sim, e também as células-tronco que produzem esperma.

"As vias bioquímicas e os nossos dados dizem que ele é mutagênico", comentou Swanstrom. "Estou decepcionado porque esse potencial não está sendo mais divulgado ao público na discussão. Talvez receiem que falar sobre isso irá manchar a reputação do medicamento."[27]

Muito dinheiro e vidas estão em jogo. Assim que a pandemia se instalou e a necessidade de medicamentos para deter o coronavírus se tornou premente, a Emory licenciou o molnupiravir para a Ridgeback Biotherapeutics. A Ridgeback pediu apoio ao governo para o desenvolvimento posterior do medicamento, e isso gerou conflito no HHS enquanto o departamento ainda estava sob o controle de Donald Trump. Aninhada no HHS está a Barda, agência criada em 2006 com a missão de desenvolver e adquirir armas contra ameaças à saúde pública decorrentes de atos de bioterrorismo ou de doenças pandêmicas. Parte do papel da Barda é conceder subvenções que ajudem a levar medicamentos e vacinas para o mercado. A Universidade Emory já havia recebido verba federal para testar o fármaco, e na primavera de 2020 os fundadores da Ridgeback, dois ex-gestores de investimentos, tentaram obter mais dinheiro através da Barda. O diretor desta era Rick Bright, um cientista com formação em imunologia e virologia que trabalhara no CDC e no setor privado e estava na agência desde 2010. Quando a pandemia eclodiu, Bright caiu em desgraça com seu chefe do HHS, segundo ele porque discordou do uso em massa da cloroquina e da hidroxicloroquina e sentiu que a pressão política estava prevalecendo sobre as preocupações científicas com esses medicamentos.

E eis que representantes da Ridgeback vinham lhe pedir dinheiro para desenvolver outro medicamento sedutor, o molnupiravir, usando o que Bright considerava como contatos pessoais entre seus superiores e colegas, para arrancar o que desejavam da agência que ele chefiava. Em 20 de abril de 2020, Bright foi exonerado de seu cargo na Barda. Em 5 de maio, ele registrou como *whistleblower* uma denúncia de 57 páginas junto ao Office of Special Counsel.* Mais de um ano depois, fez um acordo sobre seus direitos como funcionário do HHS, cujos detalhes não foram divulgados, e a essa altura ele já estava contratado como planejador sênior para resposta à pandemia na Fundação Rockefeller. Mas as ambiguidades da relação risco/benefício do monulpiravir *não* foram solucionadas. Em outubro de 2021, a Merck anunciou a análise preliminar de seu ensaio clínico, informando que "o molnupiravir reduziu o risco de hospitalização e morte em cerca de 50%".[28] No entanto, quando um estudo publicado em *The New England Journal of Medicine* apresentou a análise definitiva, a margem de eficácia informada para o grupo de participantes como um todo era menor, como já mencionei: 30%.

Mais recentemente, a Pfizer também obteve a aprovação da FDA (sob a forma de autorização para uso emergencial) para um tratamento oral contra a covid, sob o nome comercial de Paxlovid. Trata-se, na verdade, de uma combinação de dois fármacos (ambos com nomes rebuscados com os quais você não precisa se preocupar) e, embora a combinação pareça muito eficaz, cada um dos componentes tem uma desvantagem: um, a dificuldade de produção, e o outro, complicações por interações medicamentosas. O Paxlovid tem potencial para se tornar importante, Ron Swanstrom me disse, mas não para ser a panaceia desejada contra uma pandemia mundial — isto é, um remédio barato, oral, não tóxico e aplicável assim que o paciente testar positivo.

Quanto ao molnupiravir e o perigo de ocasionar mutações, é importante lembrar, levando em conta o contexto e o bom senso, que algumas das quimioterapias contra o câncer também são mutagênicas. Algumas até envolvem análogos de nucleosídeos e trazem a possibilidade de alterar o DNA em células sadias. É um *tradeoff*. Eu, se neste momento estivesse lutando contra um câncer, poderia muito bem concordar em ser tratado com algum medicamento nessa linha, aceitando a possibilidade de um tumor no futuro (causado por uma nova mutação) em troca de reduzir ou eliminar o tumor já em crescimen-

---

* O Office of Special Counsel é uma procuradoria especial à qual recorrem denunciantes, ou *whistleblowers*, que precisam do anonimato e da proteção especial do governo para não sofrerem retaliação. (N. T.)

to no meu corpo. E como sou septuagenário (como Ronald Swanstrom) e defeitos congênitos não seriam problema para mim, também seria grato por um tratamento com molnupiravir se estivesse lutando contra a covid-19, assim como fui grato por algumas gotas de ivermectina lá nos pântanos do Congo. Não é pensamento mágico. É análise de risco.

54

Quarto tipo de magia, o mais impressionante: vacinas.

Nos primeiros dias de dezembro de 2019 e no começo de janeiro de 2020, como já mencionei, Tony Fauci acompanhou com atenção persistente as fagulhas de notícias vindas de Wuhan. Consultou a liderança de sua equipe do vrc, o centro de pesquisa de vacinas que é parte do Niaid, o grande instituto que ele dirige há quase quatro décadas. A equipe incluía John Mascola, diretor do vrc, e Barney Graham, vice-diretor e chefe do Laboratório de Patogêneses Virais desse centro. Que patógeno era esse que causava o surto de pneumonias misteriosas? Casos inexplicados de uma infecção das vias aéreas inferiores e pulmões surgiam continuamente no mundo todo, por várias razões interessantes e desinteressantes; mas eles estavam agora diante de um padrão, e padrões põem em alerta os cientistas de doenças infecciosas. Se a causa era um vírus, como parecia provável, de que tipo seria? Se era um vírus antigo, poderia ser identificado e os relatos mostrariam isso. Se era um vírus novo, de que tipo seria? Para o nariz apurado e experiente deles, aquilo "cheirava" a coronavírus, respiratório e altamente transmissível e perigoso. Alguns rumores vindos da China sugeriam que poderia ser o SARS-CoV ou do tipo SARS. Mas não se pode produzir uma vacina com base em rumores e faro.

Graham queria ver a sequência genômica imediatamente para poder começar a ativar um novo tipo de abordagem vacinal — novo para o mundo como um todo, na verdade, mas familiar para ele e alguns outros que já faziam pesquisa nessa linha havia anos. Graham estava preparado e disposto. "Porque ele vinha trabalhando em um tipo de vacina de mRNA para o MERS-CoV e para o vírus Nipah", contou Fauci. Os princípios eram transferíveis, de um coronavírus como o MERS-CoV para um vírus Nipah e para outro coronavírus. O que Graham precisava para começar era um alvo específico: uma seção crucial do genoma. "Ele estava muito empenhado na tecnologia do mRNA", explicou Fauci, "porque ela é facilmente adaptável. E, me lembro bem, estávamos ao telefone, ele disse: 'Agora é obter essa sequência e seguir em frente'." Se houvesse sequências inteiras ou parciais transitando confidencialmente entre laboratórios na China naquele momento — e é claro que havia —, Fauci não as vira. E então, tarde da noite de 10 de janeiro, horário de Edimburgo, Eddie Holmes, na Austrália, publicou a sequência na internet.

O VRC fica em Bethesda, no fuso horário da Costa Leste dos Estados Unidos: cinco horas a menos do que em Edimburgo. Barney Graham se lembra de ter visto a sequência pela primeira vez às 8h30 ou nove horas daquela noite. Era sexta-feira. O VRC já tinha um relacionamento colaborativo com a Moderna Therapeutics, uma empresa de biotecnologia em ascensão com sede em Cambridge, Massachusetts, fundada vários anos antes para fabricar vacinas desenvolvidas pelo VRC. A colaboração incluía o projeto para a vacina contra o Nipah sob a chefia de Graham. Assim, Graham entrou em contato com Stéphane Bancel, o versátil francês que era diretor-executivo e um dos proprietários da Moderna. Haviam feito parceria em projetos anteriores, tinham outro em andamento e combinaram direcionar o trabalho para o novo vírus. "Assim que você me mandar a sequência, começaremos a produção", disse Bancel, pelo que Graham se recorda. Quatro dias depois da publicação da sequência, eles começaram. Passadas menos de nove semanas, em 16 de março, ocorreu o primeiro evento do primeiro teste clínico da vacina da Moderna-VRC: uma injeção em um braço humano.

"As pessoas dizem: 'Puxa, é espantoso como foi rápido'", disse Fauci. "Foi mesmo muito, muito rápido. Mas refletia o monte de trabalho que tinha sido desenvolvido antes."

55

A saga do desenvolvimento da vacina contra o SARS-CoV-2, que se desenrolou lentamente ao longo de muitos anos e culminou com extraordinária rapidez, não é uma história com um começo, um desenlace, um punhado de personagens e talvez um herói ou vários. É mais como o *Mahabharata*: um épico tecido com mil fios. Alguns desses fios vêm da Hungria, da Alemanha e da Universidade da Pensilvânia, e levam à vacina da Pfizer. Outros emergem da Janssen Vaccines, na Holanda, e do Beth Israel Deaconess Medical Center, em Boston, e (fios financeiros) da Barda, a agência de desenvolvimento em biomedicina sediada em Washington, D.C., que exilou Rick Bright. Esses fios levaram à vacina da Janssen contra a covid-19, mais conhecida como vacina da Johnson & Johnson. Alguns fios vêm da China, em dois feixes distintos, passando pelo Chile, Indonésia, Filipinas, Marrocos, Bahrein e Paquistão, entre outros lugares, a caminho das vacinas CoronaVac e Sinopharm BIBP. Alguns fios provêm de Oxford e vão até Cambridge, Inglaterra, depois seguem para o Serum Institute of India, em Pune, e para o Ministério da Saúde do Vietnã, em Hanói, produzindo a vacina Oxford-AstraZeneca, que talvez logo esteja disponível em spray nasal. Da Rússia, via Abu Dhabi e Itália, serpenteiam outros fios, no fim dos quais está a Sputnik V. E há a vacina da Moderna. Essa história também tem muitos fios, um dos quais começa há mais de trinta anos no laboratório de Barney Graham.

    Barney Scott Graham cresceu perto de Paola, no Kansas, um garoto rural que ajudava a cuidar de vacas, porcos e cavalos quarto de milha; seu pai era dentista quando não estava lidando com animais de criação. Barney logo se tornou um jovem alto, brilhante o suficiente para ser o orador da turma na Paola High School, seguindo então para a Universidade Rice, em Houston. Formou-se, foi estudar medicina no Kansas e, aos trinta e poucos anos, era o residente-chefe de medicina interna em um hospital de Nashville, Tennessee. Isso ainda não satisfazia plenamente suas ambições para curar pessoas doentes e impedir que outras adoecessem, de modo que ele se doutorou em microbiologia e imunologia e se tornou professor titular de medicina. Também fez pesquisas a partir de meados dos anos 1980, concentradas sobretudo em vacinas contra o HIV e em um patógeno mais comum, menos famigerado, mas também perigoso: o vírus sincicial respiratório, que pode afetar gravemente crianças e idosos. O VSR circula e infecta quase toda criança humana por volta dos três anos, causando apenas sintomas de resfriado na maioria delas, mas doença respiratória grave em muitas, sendo responsável por cerca de 3 milhões de hospitalizações por ano. Graham começou a trabalhar com o VSR em 1986 e persistiu nisso, pois não havia vacina.

    Deixou Nashville em 2000 e foi trabalhar no recém-criado VRC, uma divisão do Niaid, que por sua vez é parte do imenso complexo do NIH, em

Bethesda. Graham foi um dos investigadores pioneiros do centro de pesquisa de vacinas, e Tony Fauci contou a ele, e a muitos outros ao longo dos anos, suas recordações sobre a criação do órgão. Bill Clinton, na fase intermediária de sua presidência, interessou-se muito pelo imperativo de vencer a aids. Clinton pediu a Fauci um apanhado da situação.[29]

"Ele tinha um cavalete para cartazes na Casa Branca, no Salão Oval", Graham me contou, falando sobre a apresentação de Fauci. "Al Gore e Bill Clinton estavam sentados, absortos, e Harold Varmus estava mais atrás." Varmus, um renomado biólogo especializado em câncer com um prêmio Nobel e outras honrarias, era na época diretor do NIH, portanto chefe de Fauci. Este usou seu ponteiro no cavalete para instruir Clinton sobre as complexidades do modo como o HIV infecta os leucócitos. O presidente ouviu tudo com louvável atenção. Depois, enquanto acompanhava Fauci na saída do Salão Oval, segundo o relato de Fauci a Graham e outros e como Graham me contou, Clinton perguntou: "Do que vocês precisam para resolver realmente esse problema de uma vez por todas?".

"Precisamos de um centro onde seja possível reunir pessoas de diversas disciplinas", respondeu Fauci, "para nos concentrarmos na criação de uma vacina contra o HIV." Clinton se virou para trás e ordenou ao seu chefe de gabinete, Leon Panetta: "Leon, providencie isso". Ou algo nessa linha. "Faça acontecer." O VRC foi criado por decreto-lei em 1997, abriu seus laboratórios vários anos mais tarde e expandiu para além do HIV suas pesquisas em vacinas.

Graham, em meio a outras responsabilidades no VRC, continuou a trabalhar com o vírus sincicial respiratório, sempre cônscio da tremenda necessidade de uma vacina para combatê-lo. O vírus não tinha muita atenção do grande público, mesmo sendo a principal causa de hospitalização de crianças com menos de cinco anos, e matava mais de 60 mil pessoas em um ano normal, possivelmente até 200 mil, sendo 99% delas em países em desenvolvimento. Uma ameaça brutal a crianças pobres em circunstâncias desfavoráveis. Mas esse vírus trazia desafios especiais para a criação de uma vacina: atacava vítimas muito jovens, possuía alguns truques para escapar do sistema imune, podia reinfectar uma criança ou um adulto que já se recuperara de uma primeira infecção, e além disso havia uma história triste, dos anos 1960, sobre problemas em iniciativas de vacinas que agravaram a doença e provocaram crise inflamatória quando o vírus atacou. O nome polido para esse tipo sinistro de evento era "exacerbação da doença pela vacina".[30] Embora o fiasco dos testes do vsr tenha ocorrido quando Graham era adolescente em Paola, dizem que ele ficou "obcecado" por essa história.[31] Um pesquisador de vacinas precisava avançar cautelosamente com o vsr, e foi o que Graham fez.

Seus passos cuidadosos o levaram, assim como outros, à ideia de usar RNA mensageiro em vez de vírus vivo atenuado ou inativado (quimicamente morto), ou porções de proteína viral, para mobilizar o sistema imune humano. O elemento que provoca uma resposta imune, e que é visado pelos anticorpos e células imunes, é chamado de antígeno. Segundo o engenhoso conceito do uso do mRNA, o antígeno seria produzido — em quantidades colossais a partir de um conjunto de instruções genéticas — dentro do corpo do paciente. Essa é uma ideia de décadas atrás, proveniente de várias fontes, das quais uma das primeiras foi Jon A. Wolff, da Escola de Medicina e Saúde Pública da Universidade do Wisconsin, que a publicou em 1990.

Katalin Karikó chegou de maneira independente a essa mesma ideia com a ajuda de um colega. Ela cresceu na Hungria e se doutorou na Universidade de Szeged, depois se dedicou a pesquisas, foi para a Filadélfia para fazer pós-doutorado na Universidade Temple e lecionou na Universidade da Pensilvânia, sempre à procura de verba, sem muito êxito, para montar um laboratório próprio. Concentrava-se intensamente em uma perspectiva que, para ela e alguns outros, parecia promissora: usar mRNA sintético para combater várias doenças que envolviam deficiência de proteína. Um dos problemas desse enfoque, que Jon Wolff reconheceu, mas não solucionou, era que o mRNA introduzido se degrada rapidamente no corpo, depressa demais para ser eficaz em gerar uma resposta imune. Em 1997, Karikó conheceu o imunologista Drew Weissman, um novo colega da Universidade da Pensilvânia, que viera do NIH pouco tempo antes, onde fora bolsista e estava montando seu laboratório para trabalhar com pesquisa de vacinas. Karikó e Weissman eram pessoas drasticamente díspares: ela, alta, de cabelos castanho-claros, extrovertida e enérgica; ele, calvo e lacônico. Mas combinavam bem como parceiros científicos no objetivo de criar vacinas de mRNA e, juntos, resolveram o problema de contrabandear seu mRNA customizado através ou ao redor das defesas imunitárias do corpo humano. Por fim, suas ideias foram adquiridas pela BioNTech, uma empresa de biotecnologia sediada na Alemanha, voltada principalmente para a imunoterapia contra o câncer e fundada por um casal de cientistas médicos. Em 2013, Katalin Karikó se tornou vice-presidente sênior da BioNTech. Drew Weissman continuou na Universidade da Pensilvânia. Tudo isso, lembremos, aconteceu em um mundo pré-pandêmico, entre cientistas sem nenhum interesse notável por coronavírus.

Então o novo vírus emergiu, o planeta virou e a BioNTech começou imediatamente, em janeiro de 2020, a trabalhar em uma vacina contra a covid-19. Em três meses a empresa assinou acordos de parceria com a Fosun Pharma (sediada na China) e a Pfizer (sediada em Nova York) para centenas de milhões de dólares em desenvolvimento e apoio à fabricação. Se você, como eu, tomou a vacina da Pfizer, pode agradecer a muitas pessoas, mas provavelmente Katalin Karikó — com sua voz solitária e persistente que outrora era considerada rabugenta — está no topo da lista.

56

A vacina da Moderna, similar no emprego da estratégia do mRNA, tem uma história de criação muito diferente, com um conjunto distinto de empreendedores ambiciosos e cientistas visionários. Ela converge antes ainda para pesquisas sobre coronavírus e envolve não apenas a engenharia do mRNA, mas também um campo conhecido como biologia estrutural, no qual biologia molecular, bioquímica e biofísica se combinam para entender grandes moléculas (especialmente proteínas), suas formas tridimensionais e como essas formas afetam suas funções. A história da Moderna nos leva de volta a Barney Graham e sua preocupação de longa data com o VSR e os milhões de crianças afetadas. Nesse círculo entrou em 2009 um jovem bolsista de pós-doutorado chamado Jason McLellan. Em ciência o puro acaso costuma ser um catalisador, e aqui o acaso foi um laboratório apinhado no Centro de Pesquisa de Vacinas.

"Jason fazia pós-doutorado no laboratório de Peter Kwong", contou Graham. Biólogo estrutural no VRC, Kwong trabalhava no intratável problema da vacina contra o HIV. "E estavam com falta de espaço no quarto andar. Por isso ele veio para o segundo andar, e quis trabalhar com algo diferente do HIV, não tão competitivo." Graham deu uma sugestão: estruturas das proteínas do vírus sincicial respiratório. Uma delas era de interesse especial; ficava na superfície do vírus e equivalia aproximadamente à parte da proteína de espícula de um coronavírus porque é responsável por se fundir com a membrana de uma célula sob ataque para que o genoma viral possa entrar. Não se sabia quase nada sobre essa proteína de fusão do VSR, exceto que ela pode assumir duas formas, uma antes da fusão com a membrana celular e outra depois. Podemos pensar nelas como as formas Antes e Depois no contexto dessa fusão crucial. Graham e outros presumiram, com base em seu trabalho com o VSR, que o antígeno relevante essencial — o elemento que põe em ação anticorpos protetores — é a forma Antes. Portanto, uma vacina eficaz precisaria oferecer algo que imitasse a proteína Antes. No caso de uma vacina de mRNA, isso significaria uma molécula pequena, uma proteína que flutua livremente, produzida no corpo da pessoa a partir de instruções de mRNA, com a forma de Antes. Esse antígeno imita uma parte do vírus real e, com isso, enseja a produção de anticorpos que atacarão o vírus real quando ele chegar. Se o antígeno assumir a forma Depois ele não serve, pois ela só passa a existir após a fusão com a membrana, quando o genoma do vírus já entrou na célula — tarde demais.

"Começamos então a destacar estruturas da proteína F", disse Graham, referindo-se às formas alternativas dessa proteína de fusão. Não era fácil. Envolvia cultivar cristais da proteína, atingi-los com raios X para evidenciar a forma da proteína, ou então examiná-los com microscópio eletrônico. Mas tudo isso estava dentro das competências de Jason McLellan. "Finalmente, em 2012 e 2013, capturamos a estrutura certa", contou Graham. Eles viram a forma Antes da proteína.

Acontece que a forma Antes dessa proteína é instável — propensa a se transformar velozmente na forma Depois, como uma ratoeira quando se fecha. Ratoeira fechada não pega ratos. Uma proteína de fusão na forma Depois não inicia a fusão dentro da membrana celular — e também não é um bom alvo para os anticorpos necessários em uma vacina. É preciso que os anticorpos de uma vacina sejam preventivos — que ataquem a forma Antes para *impedir* que ela se funda com células. Tudo isso, lembremos, foi um desafio para a tentativa de criar uma vacina contra o VSR, o matador de crianças, anos antes de a covid-19 surgir. O VSR era perigoso, um problema terrível, mas ele também foi um ensaio geral para o SARS-CoV-2.

Em 2013, McLellan e Graham, com alguns colegas, auxiliados por Peter Kwong e sua equipe do quarto andar do laboratório, além de outros nos Estados Unidos, Holanda e China, descobriram um modo de criar um bloqueio para que a forma Antes da proteína do VSR não se transformasse na outra forma.

"Conseguimos encontrar mutações estabilizadoras para contê-la." Graham estava trabalhando de casa quando conversamos pelo Zoom, e atrás dele prateleiras convergiam em um canto da sala. Ele pegou dois modelos de plástico multicoloridos. "Para mantê-la *nesta* forma" — sua mão esquerda ergueu um modelo, em feitio de árvore de Natal gorda, com os ramos superiores cor de laranja e vermelhos, alguns trechos em lilás, e verde, amarelo e azul embaixo, tudo representando uma configuração intricada e instável de proteínas — "em vez de *nesta* forma", disse Graham, e ergueu outro modelo.

O modelo na sua mão direita era mais alto e estreito, com o topo achatado, em formato de taça *flute*. Lilás, verde, amarelo, azul; nenhum sinal de laranja nem de vermelho. "Porque *esta* proteína" — mão esquerda — "muda para *esta* proteína" — mão direita — "espontaneamente." Eu estava hipnotizado.

"Isso é pré-fusão, *isso* é pós-fusão", disse eu, referindo-me a Antes e Depois, enquanto apontava para sua mão esquerda, depois para a direita. Eu aprendo devagar.

"Isto é pré-fusão, *isto* é pós-fusão", confirmou ele.

Toda essa região vermelha e laranja no topo, acrescentou Graham, representava partes onde os anticorpos precisavam se concentrar. Isso barraria o vírus. Mas essas partes ficavam obscurecidas na forma Depois da proteína. E era para o Depois que todo mundo vinha direcionando seus esforços para desenvolver vacinas. "Todas as vezes dera errado." Aquelas candidatas a vacina eram inúteis. Graham já vinha trabalhando com o VSR fazia anos quando a equipe de Jason McLellan entrou em seu laboratório. Mas assim que ele, McLellan e sua equipe conseguiram estabilizar a forma Antes da proteína de fusão, disse, "tudo mudou".

"Isso foi publicado no fim de 2013, quando Jason assumiu seu primeiro cargo de docente em Dartmouth", contou Graham.

McLellan se tornou professor adjunto de bioquímica na Escola de Medicina Geisel, nome que homenageia Theodor Geisel, conhecido como Dr. Seuss, um generoso ex-aluno do Dartmouth College. Mudou-se para New Hampshire em meados de 2013, conforme McLellan me contou, "e o plano era trabalhar no VSR". Foi um período muito movimentado para ele: estabelecer-se numa nova cidade (Hanover), começar a montar seu próprio laboratório e publicar dois artigos na *Science* como autor principal, dos quais o segundo foi reconhecido como uma das 10 Principais Revelações da revista naquele ano. Esse artigo, com Barney Graham e Peter Kwong em posições de destaque no final de uma longa lista de coautores, descrevia como McLellan e seus colegas criaram uma versão estabilizada da proteína F no VSR, em sua forma pré-fusão, que funcionara bem numa vacina contra o vírus testada em camundongos e macacos.

Apesar do reconhecimento nas "10 Revelações", McLellan teve dificuldade para obter verba — algo comum de acontecer com qualquer jovem cientista independente — para pagar os salários dos que faziam pós-doutorado, subvencionar alunos de pós-graduação, equipar e gerir seu laboratório. O NIH recusou três de suas propostas para continuar com as pesquisas sobre o VSR. Desanimado, numa fase ruim, McLellan conversou por telefone com seu mentor.

Graham sugeriu um desvio tático. Por que não tentar usar essa abordagem estrutural contra os coronavírus em vez do VSR? Um coronavírus perigoso emergira recentemente na península Arábica: o vírus da MERS. Como sua letalidade era alta e ainda não se conhecia seu potencial de propagação, esse vírus poderia parecer mais urgente e promissor para os pareceristas do NIH liberarem verbas. McLellan seguiu o conselho e conseguiu financiamento para aplicar sua abordagem estrutural às proteínas de espícula de coronavírus, começando pelo MERS-CoV, na esperança de criar uma efígie estabilizada de sua espícula que pudesse ser usada em vacinas.

"Mas era dificílimo trabalhar com essa proteína", contou McLellan. "Não era uma proteína bem-comportada." Muito instável. Não cristalizava bem para a cristalografia de raios X. "Um osso duro de roer." Ele e um grupo de colegas se engalfinharam com esse problema e finalmente o resolveram, em parte usando uma nova técnica refinada (a criomicroscopia eletrônica ou cryo-EM) e em parte aperfeiçoando seus métodos contra um coronavírus um pouco menos difícil (HKU1, um coronavírus de resfriado comum descoberto por pesquisadores da Universidade de Hong Kong em 2014). McLellan recorreu a um especialista no novo microscópio, Andrew Ward, perito em cryo-EM do Scripps Research Institute, em La Jolla.

McLellan conhecia Ward por e-mail e sabia que ele era um dos melhores na área de cryo-EM. Pediu-lhe ajuda com a espícula do HKU1. Ward, um professor titular ainda jovem, respondeu com um sorriso largo e uma atitude confiante: "Sim, vamos fazer". Eles resolveriam a estrutura, tomariam cerveja numa conferência, apresentariam seu trabalho — ciência com os colegas certos podia ser divertido.

"Então nós três — meu laboratório, o laboratório de Andrew e o laboratório de Barney — começamos a trabalhar juntos", disse McLellan. Eles conseguiram detectar a estrutura da espícula do HKU1 e, por fim, também do MERS-CoV. Enquanto os colegas concluíam um artigo sobre o trabalho com o HKU1, McLellan e seu laboratório já trabalhavam em modificações similares — seriam mutações por meio de bioengenharia — que bloqueariam a espícula do MERS-CoV na sua forma Antes. Lembrando: por que mesmo eles queriam bloquear a espícula na forma Antes? Ora, porque essa é a forma a ser usada como antígeno em uma vacina! Essa forma, mais do que todas as outras, ensejará anticorpos para deter o vírus. Eles estabilizaram a espícula do MERS-CoV engenheirando um minúsculo bloqueio molecular [*monkey wrench*] em suas engrenagens. Emperraram o processo, que permanecia preso em sua forma Antes, sem conseguir mudar para Depois.

McLellan e Ward e seus grupos publicaram os resultados para o vírus da MERS em uma boa revista especializada, durante um período entre surtos da doença, quando ele parecia ter desaparecido, de volta para os camelos onde hoje aguarda. Os primeiros autores do artigo foram três jovens colegas: Jesper Pallesen, Nianshuang Wang e Kizzmekia Corbett. "Os métodos aqui descritos", observaram no final do artigo, "podem ser úteis contra o vírus da MERS e", acrescentando o que parecia ser uma vaga promessa adicional, "representar um passo importante no desenvolvimento de vacinas amplamente eficazes contra coronavírus".[32] Quem poderia saber quando elas viriam a ser úteis? Era 2017.

57

Barney Graham, com suas quatro décadas de experiência, seu longo empenho contra vírus antigos danosos e vírus novos assustadores, trabalhou baseado em outra noção fundamental durante os últimos anos pré-pandemia: a ideia de que seria importante não apenas criar novas vacinas, mas também criá-las depressa. A vacinologia e a produção velozes não requeriam apenas desvendar estruturas de proteínas, criar os antígenos certos, codificá-los em mRNA sintético e acondicioná-los em minúsculas bolhas de lipídio que pudessem penetrar nas células antes de serem destruídas pelas enzimas do corpo.

Requeriam fazer tudo isso *rápido*, testar *rápido* a eficácia da vacina através de laboratórios de animais e também em ensaios clínicos com humanos para verificar *rápido* a segurança e a eficácia, e depois fabricar *rápido* milhões de doses da vacina. Requeria inclusive fazer algumas dessas coisas simultaneamente, comprimindo ainda mais o cronograma.

Assim, em 2017 Graham fez uma parceria com aquela pequena empresa de biotecnologia, a Moderna Therapeutics. Essa empresa tinha sido criada apenas sete anos antes, era subcapitalizada, não valorizada por muitos investidores e cientistas, e ainda não lançara nenhum produto no mercado. Graham recrutou a empresa para colaborar em um projeto de formulação e manufatura rápidos de vacina, tendo como alvo o vírus Nipah. A Moderna parecia ser uma boa escolha para a parceria, apesar de ainda não ter realizações a mostrar, pois se dedicava totalmente à mesma ideia que absorvia Graham: entregar uma vacina na forma de instruções de mRNA para a construção de antígeno. O próprio nome, Moderna, era uma palavra-valise formada pelos termos "modificado" e "RNA", e tinha o atrativo adicional da palavra "moderna". Stéphane Bancel, o diretor-executivo, era um empreendedor brilhante, mas não um cientista; fora contratado em 2011 por seu empenho em obter verbas.

O laboratório de Graham criou o antígeno do Nipah. A Moderna o transformou em um protótipo de vacina de mRNA. Também produziu uma candidata a vacina de mRNA contra o vírus da MERS, baseada na proteína de espícula estabilizada que fora criada pelo laboratório de Graham. Isso fazia parte de um plano maior, mais ambicioso, que Graham chefiava no Niaid: desenvolver conceitos vacinais para no mínimo um vírus de cada uma das 26 famílias virais contendo vírus que sabidamente infectam humanos — conceitos vacinais que pudessem ser generalizados para outros membros dessa família. Em fins de 2019, a vacina contra o Nipah estava pronta para um ensaio clínico, o primeiro passo para avaliar sua segurança. Então surgiu o novo vírus da China. Em 6 ou 7 de janeiro, Graham ouviu o que ele chama de um "rumor preliminar" de que era um coronavírus similar ao SARS-CoV. *Quanto* era similar? Não era idêntico, mas se parecia com ele o suficiente para despertar preocupação. Graham e Bancel trocaram e-mails e concordaram de imediato em redirecionar para esse vírus seu projeto de vacina rápida.

"Ele disse: 'Assim que você me mandar a sequência, começaremos a produzir'", contou Graham.

E foi isso que Graham, por sua vez, disse a Tony Fauci, como este recordou: "Me dê a sequência. Estamos prontos para começar".

A essa altura, Jason McLellan era professor associado da Universidade do Texas em Austin, tinha um laboratório maior, equipamento melhor e suas próprias instalações para a cryo-EM. Em 6 de janeiro de 2020 ele estava em Park City, Utah, em viagem de férias com a mulher e dois filhos, comprando um novo par de botas de *snowboard* feitas sob medida, quando seu celular tocou. McLellan viu que era Graham e achou que seu mentor estava ligando para lhe desejar boas férias. Que nada. "Parece que o vírus que está causando os surtos de pneumonia é um coronavírus", disse Graham. "Similar ao coronavírus SARS." Graham estava montando uma equipe para fazer um estudo intensivo do novo vírus, determinar a estrutura da espícula, estabilizá-la na forma Antes e criar uma vacina rapidamente, "para o caso de uma propagação fora da China". E perguntou: "Você quer participar?". "É claro", respondeu McLellan. Ele enviou uma mensagem ao aluno de pós-graduação de plantão no laboratório, Daniel Wrapp, encarregado das instalações de cryo-EM, e lhe disse para preparar tudo. "Só precisamos esperar a publicação da sequência." Também alertou Nianshuang Wang, cujo papel incluiria modificações no desenho para o novo genoma que pudessem transformar uma espícula Antes em uma espícula estável.

McLellan aproveitou mais alguns dias praticando *snowboard* antes de seu mundo (e o nosso) mudar. A sequência — aquela que Yong-Zhen Zhang e Eddie Holmes postaram no Virological — foi publicada na noite daquela sexta-feira. (Graham e McLellan não sabiam sobre as sequências que George Gao e seus colegas haviam apresentado um dia antes ao Gisaid.) Graham estava em casa, em seu gabinete de trabalho. "Começamos a alinhar as coisas e trocar ideias", contou, "e fizemos algumas escolhas na manhã de sábado." Mais escolhas viriam, quando eles convertessem a região da sequência correspondente à espícula em proteína real e ponderassem as opções de procedimento para criar uma vacina.

Wang trabalhou no laboratório de McLellan na manhã de sábado e no fim de semana inteiro gerando possíveis mudanças genômicas que pudessem bloquear a espícula como eles haviam bloqueado a do vírus da MERS. O laboratório estava quase vazio, a solidão permitiu que Wang se concentrasse, e ele se manteve funcionando à base de macarrão instantâneo esquentado no micro-ondas. Na segunda-feira ele enviou uma série de sequências para uma empresa que as converteu em moléculas de DNA. Ao receber esse DNA, Wang trabalhou com Daniel Wrapp para expressar aqueles genes por meio de células cultivadas e obteve as diferentes versões da proteína de espícula modificada. "Eles criaram uma série de aproximadamente dez", contou McLellan. No laboratório de Graham, nesse mesmo período, Kizzmekia Corbett e outros fizeram um trabalho paralelo, desenvolvendo opções similares para o modo como a espícula do novo coronavírus — aquela codificada no genoma que acabara de ser publicado por Yong-Zhen Zhang e Eddie Holmes — poderia ser estabilizada na forma Antes para servir como antígeno em uma vacina. A maioria dessas opções incluía o mesmo bloqueio molecular que eles haviam usado nos vírus HKU1 e MERS-CoV. Em 23 de janeiro, Wang enviou o que tinha para Corbett.

O tempo corria, e Barney Graham era o sábio ancião que tinha de fazer a aposta, uma pilha imensa de fichas representando muitos milhões de dólares públicos e privados e muitas vidas. Ele tinha de fazer a escolha que mais provavelmente funcionaria. Escolheu. Mas Graham, que não é dado a ufanias, deixou o crédito para Stéphane Bancel, o diretor-executivo da Moderna.

"Ele confiou na nossa avaliação, confiou em mim. Fizemos isso juntos", contou Graham. "Ele correu o risco de fabricar sem nenhuma experimentação adicional com a sequência que lhe mandamos."

Quase no fim da nossa conversa, uma hora depois, fiz a Graham a mesma pergunta que fizera a Fauci e a muitos outros cientistas que entrevistei: "Qual foi a decisão mais importante que você tomou em 2020?".

"Provavelmente foi a decisão final sobre qual sequência escolher e enviar para a Moderna", respondeu Graham. Se ele tivesse feito a escolha errada, isso lhes teria custado de seis a oito semanas, disse. A Moderna era uma empresa pequena e talvez não suportasse o tempo perdido e as despesas na competição com gigantes como a Pfizer. E seis a oito semanas perdidas poderiam representar seis a oito semanas a mais de pandemia irrefreada caso nenhuma outra iniciativa vacinal tivesse êxito.

"Como você escolheu a sequência certa?", perguntei a Graham.

"Eu me baseei no meu trabalho com essas proteínas de fusão nos últimos sete, oito, nove anos", respondeu ele. A gente tenta imaginar como essa proteína de fusão se moveria, explicou. O topo poderia ser móvel, por isso não seria bom que sua versão sintética fosse rígida demais. Ela precisa permanecer sendo um bom antígeno. Tem de instruir o sistema imune a encontrar a verdadeira espícula do verdadeiro vírus, na forma pré-fusão. "Essas decisões talvez façam diferença, talvez não. Mas foi isso que me fez suar mais na hora de escolher definitivamente a sequência."

Fiz menção de interrompê-lo com outra pergunta, mas ele acrescentou: "Porque essa escolha final era minha escolha".

Deu certo. Em 30 de novembro de 2020, a Moderna anunciou resultados de um grande ensaio clínico envolvendo 30 mil participantes. Segundo o ensaio, a vacina era 94,1% eficaz contra infecção, um resultado espantosamente bom para uma nova vacina. Contra a forma grave da doença sua eficácia era de 100%.

Enquanto isso, pessoas morriam. Em 16 de março de 2020, dia em que a Moderna começou a Fase 1 de seus testes, os Estados Unidos registraram "apenas" 22 óbitos por covid-19, mas dentro de um mês o número diário de mortos centuplicou. Em 18 de dezembro, dia em que a vacina da Moderna recebeu a autorização de uso emergencial da FDA, 3171 americanos morreram de covid, além de outras 10 mil pessoas no mundo todo. Mas agora as vacinas estavam chegando para quem as aceitasse e pudesse ter acesso a elas.

58

Infelizmente, tomar a vacina era difícil ou impossível para a maioria das pessoas na maioria dos países. "A desigualdade vacinal é o maior obstáculo mundial para encerrarmos essa pandemia e nos recuperarmos da covid-19",[33] afirmou Tedros Adhanom Ghebreyesus, diretor-geral da OMS. Quando ele falou em "recuperação", referia-se a mais do que a recuperação no aspecto médico. "Em termos econômicos, epidemiológicos e morais, é de supremo interesse para todos os países usar os dados disponíveis mais recentes para produzir vacinas salvadoras de vidas disponíveis para todos." Duas ideias estavam implícitas nessa declaração de Tedros. Seria imperdoável se os países ricos dessem as costas aos países em dificuldades durante essa crise. Além disso, seria uma insensatez, pois o vírus sempre volta mais forte. Não existe imunidade de rebanho duradoura se não for para todo o rebanho humano.

Seis meses após o início da fase da vacinação na pandemia, até 20 de junho de 2021, menos de 1% da população dos países de baixa renda havia recebido a primeira dose da vacina. Nesse grupo estavam Iêmen, Madagáscar e muitos outros países da África subsaariana, desde Serra Leoa até Moçambique. Em contraste, nos países de renda elevada 43% da população havia recebido no mínimo uma dose da vacina. Na contagem por continente, apenas 2,4% dos africanos tinham sido vacinados, em comparação com cerca de 41% dos norte-americanos e 38% dos europeus. Essa disparidade era previsível e deplorável, e a tendência prosseguiu. Cinco meses depois, quase no fim de 2021, 50% da população mundial recebera no mínimo uma dose da vacina, mas em países de baixa renda a porcentagem era de 4,1% da população, e no Afeganistão, 8,5%. A parcela de vacinados era muito menor — em torno de 1% — em países africanos como Mali, Chade e República Democrática do Congo. (Mas essa situação era complicada pelo fato de que esses países também registravam números surpreendentemente baixos de casos e mortes por covid até então, sem que ninguém soubesse o porquê.) Nos trinta países mais pobres do mundo, apenas 2% da população estava totalmente vacinada.

As vacinas de mRNA, produzidas tão rapidamente por cientistas e gestores científicos brilhantes e empenhados (e alguns deles, mas não todos, hoje muito ricos), são um prodígio; no entanto, seu transporte é complicado em países quentes e pobres em infraestrutura, pois seu armazenamento requer refrigeração ou até mesmo o ultracongelamento em equipamentos de um tipo não disponível em clínicas remotas de Burkina Faso ou Chade. Além disso, elas são relativamente caras quando chegam a certos países. Afinal de contas, Pfizer, BioNTech e Moderna são empresas com fins lucrativos. O dilema que se apresenta à indústria farmacêutica — propriedade intelectual versus saúde pública, bem comum versus expectativas de capitalistas que fazem investimentos de risco — é um monstro para o qual apenas acenarei de passagem aqui, com o perdão dos leitores, para continuarmos andando.

Há iniciativas e criação de organizações e programas para lidar com esse dilema colossal. A já mencionada Cepi é uma entidade de doações fundada em 2017 com vultosas contribuições iniciais da Fundação Bill & Melinda Gates, do Wellcome Trust, da Noruega, da Alemanha, da Índia e de outras fontes, para financiar pesquisas preventivas sobre vacinas contra doenças virais emergentes e negligenciadas. A Aliança Mundial para Vacinas e Imunização (Global Alliance for Vaccines and Immunization, Gavi), fundada em 2000 e hoje formalmente conhecida como Aliança de Vacinas, é uma parceria público-privada internacional para aumentar a imunização em países de baixa renda contra todo tipo de doença infecciosa, desde as antigas e letais, como febre amarela e pólio, até as mais recentes e letais, como Ebola. A Covax é um esforço mais recente e concentrado: uma iniciativa global dirigida por Cepi, Gavi e OMS para levar vacinas contra a covid-19 a países de renda baixa e média em uma escala aproximadamente equivalente à disponível em países de renda alta, não como uma missão de caridade, e sim como um empreendimento global de interesse geral.

Ou pelo menos as boas intenções eram essas. Todas as três organizações foram criticadas durante essa pandemia por não entregarem o que prometiam, nos sentidos metafórico e literal. O embaixador do Uruguai nas Nações Unidas, segundo o respeitado site de notícias sobre saúde Stat, reclamou que seu país comprou vacinas da Covax, não recebeu o esperado e não obteve atendimento ou resposta das autoridades da organização. O embaixador da Líbia na ONU relatou frustações similares. Ambos os países, declarou o Stat, "desistiram de esperar por suas aquisições da Covax e negociaram diretamente com empresas farmacêuticas, por isso na prática pagaram em dobro".[34] A Somália recebeu doses de vacina da Covax, mas não as seringas necessárias para aplicá-las. O Paquistão abriu mão da Covax e tentou negociar diretamente com fabricantes, encontrando dificuldades porque países ricos, com encomendas maiores, estavam na frente na fila. Para a Covax, o problema do fornecimento se devia, em parte, a uma súbita restrição das entregas por parte de um de seus principais fornecedores, o Serum Institute of India, empresa privada que fabricava a vacina Oxford-AstraZeneca ao ritmo de milhões de doses diárias. Quando a pandemia se agravou na Índia em abril de 2021, essas vacinas se tornaram preciosas para uso no país, e as exportações quase cessaram. Outros fornecedores cobravam preços maiores à Covax. Além disso, a Covax se viu pressionada quando não foram cumpridas as promessas feitas por países ricos de doar quase 1 bilhão de doses que esses países haviam comprado ou produzido e talvez não fossem necessárias ou aceitas por suas populações. Até 24 de setembro de 2021, segundo o Stat, apenas 18% dessas doses tinham sido entregues.

Nesse meio-tempo, pessoas privilegiadas (como eu) nos Estados Unidos haviam recebido duas doses da Moderna ou da Pfizer e estavam na fila para doses de reforço. Isso exasperava Tedros. Ele estava "estarrecido", declarou em uma entrevista coletiva em Genebra.[35] "Não vou me calar enquanto empresas e países que controlam o fornecimento global de vacinas pensam que os pobres do mundo devem se contentar com restos." A situação era caótica, perversa e não passível de uma correção fácil simplesmente acatando as críticas de Tedros, de organizações de ajuda como a Oxfam e Médicos sem Fronteiras e de jornalistas empenhados como os do Stat. Os indivíduos que dirigem a Covax, como Seth Berkley, diretor-executivo da Gavi, e Richard Hatchett, diretor-executivo da Cepi, assim como o próprio Tedros são pessoas inteligentes e bem-intencionadas diante de um desafio viral para o qual nenhuma das instituições, estruturas, disposições ou sensibilidades do planeta estava preparada.

Temos muitas vacinas, mas não o suficiente, e não o suficiente daquelas que temos estão disponíveis onde são mais necessárias. Há mais de cem candidatas a vacina em fase de ensaios clínicos, outras dezenas estão em desenvolvimento, representando várias abordagens, dentre elas vacinas de vetor viral, vacinas de subunidades de proteína, vacinas de vírus inativados, vacinas de vírus atenuados e outras. Alguns exemplos são ZyCoV-D, da Zydus Cadila, em Ahmedabad; Medigen, de Taiwan; Qazcovid-in, de um instituto de pesquisa do Cazaquistão; Soberana 2, de Cuba; Zifivax, da China; Covaxin, da Bharat Biotech, em Hyderabad; e Covax-19, também conhecida como SpikoGen, como uma joint venture entre empresas do Irã e da Austrália. Quem tem dúvidas sobre a Sputnik V pode tentar a Sputnik Light, uma dose em vez de duas, menos pesada. Os preços variam, o grau de financiamento público-privado também, assim como a eficácia e os níveis de resistência à vacina conforme o país.

Também variam os sistemas de aplicação: uma dose, duas doses, adesivo na pele, inalador nasal. Alguns especialistas em saúde pública e virologistas ressaltam que a cadeia de resfriamento de muitas vacinas — temperaturas de freezer para armazenamento prolongado, refrigeração no mínimo para armazenamento breve — representa uma grave restrição para que o mundo inteiro, ou pelo menos a maior parte, seja vacinado. Ilaria Capua, professora da Universidade da Flórida, uma veterinária com décadas de experiência em doenças zoonóticas, é especialista em gripe aviária e ex-membro do Parlamento italiano. "O problema que temos de resolver são vacinas estáveis no calor", ela me disse, referindo-se às que não requerem armazenamento em refrigerador ou freezer. Agulhas são outro problema. Se uma vacina confiável estável no calor pudesse ser administrada por meio de um adesivo na pele ou de uma pastilha dissolvida sob a língua, "poderíamos sair dessa e atingir todas as pessoas que precisamos atingir".

Peter Hotez é professor do Baylor College of Medicine, pediatra, virologista molecular e líder em desenvolvimento de vacinas. Escreveu vários livros, entre eles *Forgotten People, Forgotten Diseases* [Pessoas esquecidas, doenças esquecidas]. Hotez é célebre entre os americanos, reconhecível por suas gravatas-borboleta, pela franqueza enérgica e pelos óculos que lembram Teddy Roosevelt sem estrabismo, e tem a confiança das pessoas graças à sua incansável disponibilidade para os vários tipos de mídia, sua disposição para explicar pacientemente assuntos complicados e resistir ao obscurantismo politizado. "Depender só de multinacionais farmacêuticas não é adequado", Hotez me disse. "Precisamos desenvolver capacidade local para fabricar vacinas e monoclonais e tratar as pessoas. Neste momento não está sendo produzida nenhuma vacina no continente africano." Quase nenhuma é feita na América Latina, acrescentou ele, e quase nenhuma no Oriente Médio. "É preciso dar um jeito nisso", disse, e também no problema dos "onerosos requisitos de congelamento." Sim, precisamos de uma vacina oral com estabilidade térmica, um spray nasal, um adesivo para a pele. "Acho que é factível", afirmou. É preciso tempo e mais dinheiro. Nos meses que se seguiram à nossa conversa, seu trabalho justificou esse otimismo. Hotez e seus colegas do Centro de Desenvolvimento de Vacinas do Hospital Infantil do Texas lideraram iniciativas para a criação de uma vacina — menos famosa que as vacinas de mRNA, baseada em um método molecular diferente e mais adequada à produção em massa e ao uso em países de baixa renda — que já recebeu autorização de uso emergencial na Índia e talvez logo seja disponibilizada em outros lugares.

Um frasco de comprimidos pode ir a qualquer parte. Caixas deles podem ser levadas num bagageiro de motocicleta por um auxiliar médico no Níger, Afeganistão ou Colômbia, e chegar a um vilarejo remoto onde a segunda onda acaba de eclodir. Esses comprimidos podem ser dados a quem não pode pagar e seu desenvolvimento e produção podem ser oferecidos a governos que não têm como pagar — pessoas que talvez desconfiem de agulhas, talvez desconfiem da medicina moderna de forasteiros em geral, quem sabe devido a um legado de "assistência" e experimentação médica racista e imperialista, e que confiem mais em suas próprias tradições, práticas e remédios —, mas que agora enfrentam um perigo não tradicional. Com sorte, será possível dar a essas pessoas a perspectiva de se protegerem de um novo vírus com uma nova profilaxia. Não é magia. É apenas ciência, fabricação e humanidade.

VII. Os leopardos de Mumbai

59

Quando um novo vírus aparece de repente como uma infecção em humanos, uma das primeiras perguntas que surgem sempre é: de onde veio? Tudo vem de algum lugar, inclusive os vírus. A origem de um vírus desconhecido e perigoso é um problema urgente por diversas razões, entre elas a prevenção contra outras surpresas desse tipo e a compreensão da biologia da coisa. Entender a biologia da coisa e sua história evolutiva pode ser crucial para o desenvolvimento de remédios e vacinas. Mas identificar essa origem costuma ser difícil e demorado.

Cientistas de doenças infecciosas sabem que ser "novo para as pessoas" não significa que um vírus é novo no mundo e que ser "recém-reconhecido pela ciência" não significa necessariamente ser novo para as pessoas. O vírus Ebola ganhou fama durante um surto dramático entre humanos em 1976, com centro em um remoto hospital missionário no norte do Zaire (como se chamava então a República Democrática do Congo). Um surto similar, causado por um vírus de parentesco próximo (o vírus Sudão) começou, por coincidência, em uma fábrica de algodão no sul do Sudão (hoje um país chamado Sudão do Sul), mais ou menos na mesma época. Séculos antes de atrair a atenção fora dessa área, um desses ebolavírus, ou ambos, talvez já viesse causando pequenos surtos misteriosos e intermitentes de uma doença medonha e morte em moradores de vilarejos na África Central. Os cientistas falam em vírus "emergentes" e "reemergentes" — existe até uma revista especializada dedicada a esse tema, *Emerging Infectious Diseases*, publicada pelo CDC dos Estados Unidos — porque sabemos que um vírus recém-chegado a um tipo de hospedeiro só pode ter emergido vindo de outro tipo. Novos vírus em humanos em geral vêm de animais silvestres — mais especificamente, de mamíferos e aves —, às vezes por intermédio de animais domésticos. Há possíveis exceções, envolvendo vírus montados em laboratório, construídos total ou parcialmente com seções de vírus silvestres (tratarei desse assunto mais à frente). Também é teoricamente possível que um novo vírus possa saltar para humanos vindo de répteis, anfíbios e até de plantas, embora isso raramente ou nunca tenha sido visto. Alguns vírus que infectam humanos, como o vírus do Nilo Ocidental e o vírus da encefalite equina do leste, apareceram em serpentes e aligátores cativos, mas nesses casos os répteis adquiriram um vírus já conhecido em pessoas. Mosquitos, carrapatos e alguns outros artrópodes transmitem a humanos patógenos como o vírus da febre amarela, o vírus da febre suína africana, os vírus da dengue e o vírus Zika, mas esses insetos e aracnídeos são vetores, e não hospedeiros reservatórios, pois procuram hospedeiros humanos em vez de apenas estarem ali, passivos, enquanto seus vírus saltam para pessoas. Se partirmos do princípio, como fazem especialistas dessa área, de que um novo e pavoroso vírus em humanos muito provavelmente veio de um animal não humano — um hospedeiro reservatório, no qual ele residiu, ignorado, ao longo de um tempo —, então identificar o hospedeiro é tarefa prioritária. Isso pode ser conseguido rapidamente. Ou o mistério pode permanecer sem solução por décadas.

O vírus Machupo foi isolado pela primeira vez em 1963, extraído do baço de um menino de dois anos que morreu em San Joaquín, cidadezinha no norte da Bolívia, com uma doença que viria a ser chamada de febre hemorrágica boliviana (FHB). San Joaquín pertence ao departamento de Beni, próximo à fronteira do Brasil, área onde as campinas das planícies de Moxos dão lugar à orla ocidental da floresta amazônica. Essa doença foi reconhecida pela primeira vez em 1959, depois de acometer um agricultor de subsistência em um lote a vinte quilômetros de San Joaquín. O agricultor se chamava Augusto Avaroma. Ele começou a apresentar febre, vômitos, manchas vermelhas na boca e axilas e sangramento nasal; sua mulher lhe dava líquidos que ele quase não conseguia engolir, mas depois de uma semana a febre passou e Avaroma sobreviveu. Ocorreram outros casos intermitentes, a maioria com outros homens de áreas rurais, e o agente causador continuou desconhecido até um surto em 1963-4, com centro na cidade de San Joaquín, que resultou em 637 casos e 113 óbitos. Esse surto chamou a atenção de cientistas de um laboratório americano de doenças no Panamá, a Unidade de Pesquisa da América Central (Middle America Research Unit, Maru), pertencente ao NIH, que enviou uma equipe de resposta a San Joaquín. O chefe da equipe era Karl M. Johnson, um jovem médico e virologista que se tornaria uma figura legendária, um pioneiro intrépido no campo das doenças virais emergentes. A FHB em San Joaquín foi como o primeiro caso de Sherlock.

Johnson se concentrou em procurar o patógeno responsável e aprender algo sobre sua ecologia, para compreender como e por que essa doença emergiu, quando e onde emergira. Teve êxito, mas não sem antes contrair ele mesmo a FHB, ser levado para o Panamá e quase morrer lá. Recuperou-se, voltou à missão e chefiou a equipe que cultivou o novo vírus extraído daquele baço humano. (Tudo isso e muito mais está relatado em um manuscrito não publicado, que tive o privilégio de ler, escrito por Johnson e sua mulher, Merle.) Chamaram o vírus de Machupo, o nome de um rio próximo a San Joaquín. Em 1964, Johnson e seus colegas identificaram um animal hospedeiro do vírus: o rato *Calomys callosus*, encontrado em habitat de floresta entremeada a savana. O vírus se acumula no sangue, na saliva e na urina do rato, que prospera nas imediações de habitações humanas e também em habitats onde florestas são entremeadas a campinas. Uma combinação de fatores — entre eles o aumento no cultivo de grãos na área e possivelmente também a diminuição da população de gatos domésticos em San Joaquín — gerou uma abundância explosiva dos ratos na cidade, um aumento na urina desses roedores levada pela poeira diária e o surto de FHB. Resolver o mistério do hospedeiro reservatório possibilitou amenizar o surto. A equipe de Johnson organizou uma campanha de instalação de ratoeiras em San Joaquín que eliminou 3 mil *Calomys callosus* em duas semanas, e incentivou a importação de gatos. A FHB nunca desapareceu totalmente, mas tornou-se suscetível a medidas de controle assim que a dinâmica do reservatório foi conhecida.

Apesar do trabalho heroico da equipe, da doença quase letal de Johnson e dos métodos inovadores (ele concebeu e criou o primeiro "*glove box*" [cabine isoladora] portátil para trabalhar em segurança com isolamento de vírus em campo), a equipe da Maru teve sorte graças a um detalhe perverso, e sem essa sorte talvez não tivesse solucionado o mistério do reservatório. Os *Calomys callosus* de San Joaquín eram portadores de *muitos* vírus Machupo. A prevalência na população era alta. A equipe capturou vivos dezessete roedores para seu trabalho de isolamento e cultivou vírus extraídos de catorze deles. Em estudos posteriores, a taxa de infectados entre ratos silvestres capturados variou de 11% a 80%. Quando um vírus infecta apenas uma pequena minoria de seus hospedeiros reservatórios (2% ou 3%, digamos), como ocorre com alguns outros vírus, é mais difícil encontrá-lo.

Desvendar o caso do vírus Marburg demorou bem mais. Esse vírus foi notado pela primeira vez em agosto de 1967, quando funcionários de laboratórios nas cidades de Marburg e Frankfurt, na Alemanha, e Belgrado, na Iugoslávia (hoje Sérvia), receberam remessas de macacos africanos vivos provenientes de Uganda, a serem usados em pesquisas médicas. Quase simultaneamente nesses três lugares começaram surtos de uma assustadora febre hemorrágica não identificada. Em Marburg adoeceram 23 pessoas, a maioria funcionários da fábrica de uma indústria farmacêutica que haviam manuseado tecidos dos macacos; cinco morreram. Em Frankfurt, houve seis casos e duas mortes. Em Belgrado, um veterinário de um instituto de pesquisas de vacinas foi infectado, e depois também sua mulher, que cuidara dele durante a doença. Ambos sobreviveram. Todos os macacos tinham vindo do mesmo exportador em Uganda, capturados em ilhas no lago Victoria. Um vírus novo foi isolado do sangue e dos tecidos de vários pacientes em Marburg e Frankfurt. À cidade de Marburg, que teve a maioria dos casos, coube a "honra" de dar seu nome ao vírus.

Esses surtos se estenderam por alguns meses no outono de 1967. Identificar um hospedeiro reservatório do vírus — os macacos africanos não eram reservatórios, eram apenas intermediários — levou muito mais tempo. Quarenta anos se passaram. Nesse ínterim, três casos da doença do vírus Marburg ocorreram na Rodésia (hoje Zimbábue) em 1975, quando um estudante australiano em férias que viajava de carona adoeceu, e a seguir sua namorada e também uma enfermeira do hospital. Só o rapaz morreu. Em 1980 houve um só caso no Quênia, provavelmente associado a uma visita a certa caverna do monte Elgon, onde morcegos se aninhavam; depois ocorreram dois casos na União Soviética, resultantes de acidentes (um deles causado por uma picada de agulha) em laboratório; e grandes surtos na República Democrática do Congo e em Angola, cada um responsável por mais de cem mortes. O hospedeiro reservatório do vírus continuava desconhecido, mas suspeitava-se que fossem morcegos.

Cavernas e minas também eram suspeitas, pois era em lugares como esses, ou em suas imediações, que pareciam acontecer as infecções causadas pelo Marburg. Na República Democrática do Congo, por exemplo, ocorreram no mínimo 154 casos de Marburg entre 1998 e 2000, com uma taxa de letalidade superior a 80%, centrados em Durba, vilarejo próximo de várias minas de ouro no nordeste do país. As vítimas, na sua maioria, foram mineiros jovens e seus familiares. Uma equipe de cientistas, chefiada pelo experiente virologista sul-africano Robert Swanepoel, foi duas vezes a Durba em 1999, enquanto o surto ocorria, e fez uma ampla investigação da fauna local em busca de um hospedeiro reservatório do vírus. Pegaram amostras de oito tipos de morcego, sete tipos de roedores, três musaranhos, quatro caranguejos, uma rã e milhares de artrópodes, entre eles baratas, grilos, aranhas, vespas, moscas de morcego (pequenos insetos sem asas que parasitam esses animais) e carrapatos. Usando o método PCR, encontraram fragmentos do vírus Marburg em alguns dos morcegos. E também anticorpos contra o Marburg em alguns desses animais. Mas esses resultados positivos indicam apenas que eles tinham sido expostos ao vírus, e não que eram portadores crônicos e que serviam como incubadores no longo prazo. A equipe de Swanepoel não encontrou nenhum indício do Marburg nos roedores, aranhas e baratas. Os caranguejos eram inocentes. A rã foi absolvida postumamente. E nenhuma das amostras, de morcegos ou de quaisquer outros, forneceu vírus funcionais que pudessem ser cultivados em laboratório. Esse é o padrão ouro para identificar um hospedeiro reservatório: isolar vírus vivos. O reservatório do Marburg permaneceu obscuro.

No entanto, o trabalho da equipe de Swanepoel forneceu pistas importantes. A maioria dos positivos que eles encontraram para anticorpos e para fragmentos de vírus por PCR estava em amostras de apenas dois tipos de morcego: o eloquente *Rhinolopus eloquens*, um pequeno insetívoro, e o morcego frugívoro egípcio *Rousettus aegyptiacus*, de porte médio, com cara de esquilo e asas fortes próprias para voar por longas distâncias em busca de frutas. E outra pista: mais de 90% dos mineiros infectados trabalhavam num mesmo local, a mina de Goroumbwa, que era subterrânea. Também havia minas a céu aberto em Durba, mas raramente homens que trabalhavam nelas eram infectados pelo vírus Marburg.

Em 2007 houve relatos sobre outro surto, ligado a uma mina chamada Kitaka, no sudoeste de Uganda, a cerca de quatrocentos quilômetros em linha reta do sul de Durba. Uma característica reveladora da mina de Kitaka é que nela se aninha uma colônia gigantesca do morcego *Rousettus aegyptiacus*.

No CDC, em Atlanta, alguns cientistas da Divisão Especial de Patógenos acompanharam com grande interesse essa série de acontecimentos e pistas. Um deles era Jonathan Towner, um virologista molecular esguio, de cabelos castanhos e, como outros de sua área, dotado de grande tolerância para as agruras físicas do aspecto ecológico de suas pesquisas virais. Towner e um pequeno grupo de colegas do CDC receberam com avidez as notícias sobre Kitaka, vendo nelas uma triste oportunidade de avançar na busca pelo reservatório do Marburg. Eles pegaram um avião para Uganda, encontraram-se com colegas de Johannesburgo (entre eles Robert Swanepoel) e de outros lugares e desceram na mina de Kitaka levando armadilhas, redes, EPIs, frascos para coleta e outros materiais para investigar uma hipótese concentrada: o morcego *Rousettus aegyptiacus* poderia ser o reservatório.

"Cada vez mais dados epidemiológicos indicavam que um meio similar às cavernas poderia ser a fonte", Towner me disse doze anos atrás.[1] "Acontece que, quando procuramos em um meio como as cavernas, sabe, 99% das espécies da selva não entram em cavernas." Assim, a lista de possíveis hospedeiros pode ser reduzida. "Quem é que vive em cavernas?" Morcegos, alguns roedores, grilos, aranhas. Mas, de novo, Swanepoel não tivera sorte com grilos e aranhas. Naquela floresta, najas (que podem chegar a três metros de comprimento) e gigantescas pítons-africanas (mais robustas que as najas e capazes de atingir seis metros de comprimento) também vivem em cavernas, pelo menos no sul de Uganda, evidentemente para aproveitar a fartura de morcegos apetitosos, mas Towner e seus colegas só ficaram sabendo disso depois que chegaram ao país.

O trabalho de coleta em Kitaka foi maravilhosamente infernal, como me contaram Towner e um de seus colegas, Brian Amman, um ecologista do CDC especializado em mamíferos que estuda morcegos. Eles tiveram de pôr trajes de segurança: macacão Tyvek, capacete respirador, óculos de proteção, botas e luvas. Os túneis da mina eram quentes e úmidos, os óculos embaçavam, a água parada era escura e não permitia ver sua profundidade, a sala principal era baixa, e algumas das passagens entre as câmaras eram estreitas, especialmente para Brian Amman, um sujeito grandalhão. Havia carrapatos em abundância, apinhados em pequenas fendas próximas dos ninhos dos morcegos, aguardando a chance de subir a bordo de algum desafortunado quiróptero para uma sanguinolenta refeição; sangue humano provavelmente os satisfaria também, de modo que não seria bom alguém se desequilibrar e meter a mão numa daquelas fendas. O relatório enviado de Durba por Swanepoel não dissera nada sobre carrapatos. Seriam *eles* portadores do Marburg? Amman descreveu para mim algumas das delícias dessa aventura — por exemplo, quando se espremeram para entrar numa câmara por uma brecha estreita, uma sala totalmente escura, e deram de cara com centenas de morcegos mortos. Provavelmente aqueles animais tinham morrido asfixiados quando os mineiros locais tentaram livrar a mina deles com fogo e fumaça. Se os morcegos tivessem morrido de infecção por Marburg, isso significava que não podiam ser hospedeiros reservatórios, contrariando a hipótese que guiava aquela investigação; mas ainda assim aquele monturo de carcaças, como uma compostagem de folhas de plátano caídas e ratos envenenados, podia estar fervilhando de vírus. "Foi assustador", lembrou Amman enquanto nos sentávamos numa sala limpa e confortável do CDC.[2] Já o citei antes, mas nunca me esqueço de sua calma impassível. "Provavelmente eu não faria isso de novo."

Duas vezes bastaram, depois que a equipe fez uma nova viagem de campo a Kitaka em 2008. Ao todo, eles capturaram mais de mil morcegos; abateram e extraíram amostras de tecido de 611 e, destes, encontraram fragmentos do Marburg em 32; coletaram amostras nos restantes e os marcaram com etiquetas para serem mais tarde recapturados e estudados, o que possibilitaria fazer uma estimativa do número total de morcegos em Kitaka. A estimativa foi de mais de 100 mil. Eles encontraram fragmentos de RNA do Marburg em 5% dos morcegos que capturaram. Isso significava, concluíram mais tarde, que a mina continha mais de 5 mil morcegos infectados com o vírus.

Um ano depois da segunda viagem de campo, a equipe publicou um artigo com alguns desses detalhes (incluindo as najas da floresta) e um resultado chamativo: eles haviam isolado vírus vivos de cinco dos morcegos. O hospedeiro reservatório — ou pelo menos *um* hospedeiro reservatório — do vírus Marburg fora encontrado. Era seguro afirmar, graças a Towner, Amman, Swanepoel e seus colegas, que os surtos em Kitaka e Durba, e provavelmente também os casos associados à caverna do monte Elgon e talvez o vírus nos macacos africanos enviados para a Europa em 1967, tiveram origem nos morcegos *Rousettus aegyptiacus*. Essa descoberta levara apenas 41 anos.

60

Em 6 de fevereiro de 2020, apenas uma semana depois de a OMS declarar a propagação do coronavírus uma emergência de saúde pública internacional (uma etapa de cautela antes da decretação de epidemia), quando a China tivera 31 161 casos confirmados em laboratório da nova infecção e os Estados Unidos haviam sofrido sua primeira morte por covid (até então não reconhecida), dois pesquisadores de Wuhan publicaram em um site de rede social um artigo como *preprint* intitulado "The Possible Origins of 2019-nCov Coronavirus" [As possíveis origens do Coronavírus 2019-nCov].[3] Chamavam o vírus por seu nome provisório, antes de ele ter se tornado SARS-CoV-2. O primeiro autor era Botao Xiao, jovem cientista que estava montando seu próprio grupo de pesquisa na Universidade de Ciência e Tecnologia de Huazhong depois de concluir um pós-doutorado na Escola de Medicina da Universidade Harvard. O segundo autor era sua mulher, Lei Xiao, que trabalhava no Hospital Tian Hou. O artigo tinha pouco mais de uma página e não declarava relatar estudos originais; era um ensaio ou um comentário, uma forma legítima de publicação científica que geralmente envolve analisar dados de terceiros. Citava vários outros artigos, entre eles um do grupo de Zhengli Shi informando que o novo vírus tinha origem "provável" em um morcego, e outro artigo que associava a maior parte dos primeiros 41 casos de Wuhan ao Mercado Atacadista de Frutos do Mar de Huanan. Xiao e Xiao questionaram a inferência da associação. "Era baixíssima a probabilidade de que morcegos tivessem voado para o mercado", escreveram.[4] "Haveria alguma outra via possível?" Sim, afirmaram. As novas instalações do CDC de Wuhan, com seus laboratórios, ficavam a apenas 280 metros do mercado. A doze quilômetros dali (pela medida deles, embora o Google Maps diga quinze) havia outro conjunto de laboratórios, no Instituto de Virologia de Wuhan. Ambos abrigavam laboratórios onde eram feitas pesquisas com coronavírus de morcego.

"Em resumo", escreveram Xiao e Xiao, "alguém estava às voltas com a evolução do 2019-nCoV coronavírus. Além de origens de recombinação natural e hospedeiro intermediário, o coronavírus letal provavelmente veio de um laboratório de Wuhan." A primeira dessas duas sentenças era ominosa. A segunda não tinha coerência gramatical — é difícil saber o que eles quiseram dizer com "além de origens de recombinação natural e hospedeiro intermediário", mas a frase final era ousada e clara. Essas dez palavras foram o fósforo que acendeu a lenha da hipótese do vazamento de laboratório.

Eis outra coisa importante no *preprint* de Xiao e Xiao: três semanas depois, ele foi removido do site, e nunca foi publicado. Botao Xiao explicou sua retratação em um e-mail ao *Wall Street Jornal*: "A especulação sobre as possíveis origens no texto postado se baseou em papers publicados e na mídia e não tinha fundamentos em provas diretas".[5]

Essa declaração, interpretada dentro de suas limitações, claramente é verdadeira. Mas será que Botao Xiao decidiu se retratar ou terá sido forçado? Ficou constrangido pela precariedade de sua incendiária acusação ou ele e a mulher foram pressionados — por seus empregadores ou por autoridades chinesas? (Ou as duas coisas?) O modo como você se sente inclinado a interpretar esse acontecimento impenetrável, gentil leitor, provavelmente reflete uma predisposição que já possui nessa questão da origem do vírus. Mas talvez sua predisposição também não seja imutável. O episódio Xiao e Xiao é mais um pequeno teste de Rorschach a sondar atitudes sobre o SARS-CoV-2. Algumas pessoas olharão para a mancha de tinta e verão um morcego. Outras verão um laboratório.

61

Uma ideia diferente, também tenebrosa, surgiu mais ou menos no mesmo período: a de que o vírus tinha sido criado em laboratório por alguma forma de engenharia genética. Uma das primeiras menções a esse tema foi um *preprint*, já mencionado, postado em 31 de janeiro de 2020. Os autores, nove pesquisadores de Nova Delhi, notaram quatro trechos muito curtos da proteína de espícula do SARS-CoV-2 e disseram que esses trechos tinham uma "similaridade misteriosa"[6] com quatro trechos da proteína equivalente do pandêmico vírus da aids, o HIV-1. Essa similaridade, afirmaram, era "improvável de ocorrer por acaso na natureza". Ela representava uma ligação "estarrecedora" entre as duas proteínas, encontrada em dois vírus que pertencem a dois reinos virais distintos. O autor sênior desse texto de grande impacto era Bishwajit Kundu, professor e especialista em proteínas do Instituto Indiano de Tecnologia, em Nova Delhi.

Kundu e seus coautores chamaram esses quatro trechos de "inserções"[7] na espícula do SARS-CoV-2 (mas sem especificar inserções no *quê*) e especularam que, como as "inserções" estavam no domínio de ligação ao receptor, o local onde a proteína de espícula agarra e segura, elas talvez aumentassem a capacidade do vírus para engatar em células. Essa similaridade "misteriosa" e possivelmente vantajosa com o HIV-1, escreveram os autores, sugeria uma "evolução inconvencional"[8] do SARS-CoV-2 que "justifica investigação adicional". A implicação, não declarada, era de que alguém usara partes do genoma do HIV-1 para projetar ou potencializar o genoma do SARS-CoV-2.

Esse texto logo provocou reações negativas. Outros cientistas apontaram no mínimo dois grandes problemas. Primeiro, a afirmação de que as ditas inserções "não estão presentes em outros coronavírus". Isso estava simplesmente errado. O segundo problema era chamar de "misteriosa" a similaridade de seções curtas do SARS-CoV-2 e do HIV-1. Na verdade, isso não tinha nada de mais. Os quatro trechos consistiam em seis aminoácidos em um deles, seis em outro e um pouco mais (oito e doze) em cada um dos restantes. O SARS-CoV-2 é construído com cerca de 10 mil aminoácidos, codificados por seu genoma. O alfabeto de aminoácidos em seres vivos (e em vírus também, caso você não queira considerá-los "vivos") contém apenas vinte letras, repetidas e dispostas de diversos modos para especificar todas as proteínas. Encontrar seis letras ordenadas em um genoma dessa extensão e encontrar as mesmas seis em outro é, em termos probabilísticos, uma coincidência plausível. Encontrar quatro trechos aproximadamente desse comprimento em dois genomas não tem nada de "misterioso". É trivial. Se você escanear os poemas *The Waste Land*, de T.S. Eliot, e "The Cremation of Sam McGee", de Robert Service, como acabo de fazer, poderá encontrar certas palavras de seis, sete ou nove letras usadas em ambos, embora nenhum deles tenha a extensão de um genoma de coronavírus. (Mas infelizmente você não encontrará as palavras "Lake Lebarge" no de Eliot.) Isso não prova que T.S. Eliot foi acentuadamente influenciado por Robert Service. De maneira análoga, se você buscar nos grandes bancos de dados genômicos trechos similares aos das quatro "inserções" na espícula do SARS-CoV-2, encontrará essas mesmas combinações de letras em genomas de mamíferos, insetos, bactérias e vários outros vírus, entre os quais influenzas e vírus gigantes. E também os encontrará, ao contrário do que escreveu o grupo de Kundu, nos genomas de três coronavírus sabidamente provenientes de morcegos.

O grupo de Kundu absorveu essas críticas e removeu de imediato seu *preprint* da internet. Dois dias depois de postado, ele ainda podia ser encontrado on-line, porém marcado como REMOVIDO. O primeiro autor do paper, Prashant Pradhan, adicionou a seguinte nota: "Não foi nossa intenção alimentar teorias da conspiração e não fazemos afirmações desse tipo aqui".[9] Segundo informes posteriores no jornal indiano *The Sunday Guardian*, a equipe ofereceu uma versão revista a sete periódicos especializados ao longo dos seis meses seguintes, e todos a recusaram.

O autor sênior do paper, Bishwajit Kundu, se intimidou menos do que Prashant Pradhan. Mais de um ano depois, procurado pelo *The Sunday* Guardian, afirmou: "Mantemos o que publicamos".[10] Para ele, as quatro "inserções" continuavam a parecer "incomuns", embora ele evidentemente não declarasse o porquê. "Acreditamos que é um vírus feito em laboratório."

Durante esse breve período em que o *preprint* circulou na internet, enquanto numerosos cientistas o atacavam no Twitter e em outros lugares, Tony Fauci expressou privadamente algumas reações, reveladas mais tarde entre seus e-mails publicados. Ele encaminhou ao diretor do NIH, Francis Collins, um artigo de opinião tratando de narrativas sobre origens e comentou: "O texto indiano é mesmo bizarro".[11] A colegas de trabalho, numa troca de e-mails em que eles solicitavam sua orientação para uma possível resposta, Fauci escreveu: "Caramba".

62

E assim vieram e se foram os *preprints* de Xiao e Xiao e Pradhan e Kundu. Outras vozes questionadoras que se ergueram nos primeiros meses foram mais persistentes e, algumas delas, mais criteriosas. Contestaram a premissa de que o vírus evoluíra naturalmente e saltara naturalmente de um hospedeiro animal para os humanos. Essas críticas se concentraram sobretudo em três aspectos, reais ou imaginários, do novo vírus e seu genoma. Primeiro, o domínio de ligação ao receptor, o RBD — aquele trechinho grudento da proteína de espícula, que permite ao vírus agarrar-se a receptores ACE2 em células. De onde ele vinha? Por que estava ausente no RaTG13, o vírus de morcego seu parente mais próximo até então? Teria sido engenheirado e inserido no SARS-CoV-2? Segundo, o sítio de clivagem de furina — a área dobrável entre duas grandes partes da espícula, que reage ao toque da proteína certa (furina) para permitir a separação (clivagem) das partes e a fusão do envelope viral com a membrana celular, após o que o genoma do vírus entra na célula. Novamente, não está presente no RaTG13. E novamente, qual era sua origem — um vírus de morcego desconhecido, uma cartola de mágico ou um laboratório?

O terceiro ponto de discordância do cenário de origem natural era que esse novo coronavírus parecia, desde seu primeiro aparecimento em Wuhan, *bem-adaptado demais* aos humanos — bem-adaptado demais para ser uma coincidência, para ser um vírus de morcego. Teria sido de algum modo "pré-adaptado" para infectar pessoas e se propagar entre humanos?

Kristian Andersen e seus coautores do paper "The Proximal Origin", postado como *preprint* em 6 de fevereiro de 2020 e depois publicado na *Nature Medicine*, haviam previsto esses argumentos, como já mencionei. Eles também ficaram intrigados, de início, com o RBD e com o sítio de clivagem da furina, até que Matt Wong os alertou para RBDs similares em coronavírus silvestres e até que outros fatores dissiparam suas dúvidas sobre o sítio de clivagem. Mas a dúvida continuou entre outros, como alguns cientistas e muitos não cientistas dados a opinar em jornais e redes sociais.

William R. Gallaher reagiu prontamente a essas suspeitas levantadas sobre o sítio de clivagem. Gallaher é professor emérito da Escola de Medicina da Universidade Estadual de Louisiana, especialista em genética molecular de vírus e colaborador de longa data com Robert Garry, um dos coautores de Andersen no paper "The Proximal Origin". Ele é uma pessoa ilustre, respeitadíssimo entre seus pares, um polímata que publica romances e poemas além de artigos científicos, e não se esquiva de discordar com veemência nem de corrigir afirmações erradas, sejam dele mesmo ou de outros. Foi Eddie Holmes quem me chamou a atenção para Gallaher e para um comentário que ele postou — no começo de fevereiro, três dias antes de sair o paper "The Proximal Origin" — sobre o sítio de clivagem de furina. "Muito interessante", disse Holmes. "Leia o texto de Bill Gallaher."

Estava no site Virological, fácil de encontrar. "Tenho lidado privadamente com rumores e indagações",[12] escreveu Gallaher, sobre se o vírus "pode ter uma origem suspeita como um vírus engenheirado, gerado em laboratório e libertado por acidente ou de maneira deliberada" no mercado de Huanan ou nas imediações. Boa parte dessas suspeitas se concentrava no RaTG13, o vírus de morcego similar que não tinha um sítio de clivagem assim. Poderia alguém ter adicionado essa característica no vírus do morcego, fabricando um vírus engenheirado que fosse mais infeccioso para humanos? "Não vejo evidência alguma que sustente essa ideia", escreveu ele, e explicou por quê. Suas razões eram técnicas, mas incluíam o fato de que o código de RNA dos dois lados do sítio de clivagem também divergia, por dezenove mutações, em relação ao código visto no RaTG13. Não tinha sentido fazer isso se alguém fosse engenheirar um vírus. O que as evidências realmente sugeriram, prosseguiu Gallaher, é que o SARS-CoV-2 herdou seu sítio de clivagem de furina de algum vírus ancestral no passado distante. "Ele não tem origem suspeita", concluiu, e o RaTG13 não era seu primo-irmão nem seu gabarito de laboratório.

Esse foi apenas o começo de uma longa troca de mensagens no Virological, com Gallaher postando e outros respondendo, que mais parece um roteiro de virologistas moleculares discutindo o SARS-CoV-2 na privacidade de uma sauna. Em 2 de maio, quase três meses depois de sua primeira postagem, Gallaher escreveu: "Encontrei uma fonte provável da suposta inserção"[13] — referindo-se ao trecho de doze letras de RNA codificando quatro aminoácidos que constitui o sítio de clivagem de furina. Esse trecho, informou ele, era quase idêntico a uma sequência em outro coronavírus de morcego, chamado HKU9, isolado de um morcego frugívoro *Rousettus* na província de Guandong em 2011. Esse achado era um tanto inesperado, pois os coronavírus que mais se pareciam com o SARS-CoV-2 provinham de morcegos-de-ferradura, pequenos insetívoros, e não de morcegos frugívoros. Mas as distribuições geográficas coincidiam parcialmente, observou Gallaher, e às vezes morcegos frugívoros e morcegos insetívoros se alojam nas mesmas cavernas. É provável que além de cavernas eles compartilhem vírus.

Mais importante era o mecanismo proposto por Gallaher, pelo qual o sítio de clivagem de furina do HKU9 foi remendado em um vírus que se tornou o SARS-CoV-2. Isso envolveu um tipo específico de recombinação. O primeiro passo foi ambos os vírus terem infectado um único animal hospedeiro e, dentro desse hospedeiro, uma única célula. O segundo passo foi um evento acidental dentro da célula, enquanto os dois genomas virais estavam se replicando, chamado "*copy-choice error*", erro por escolha de cópia.

Quando um genoma copia a si mesmo, o genoma original serve de gabarito enquanto um dispositivo copiador (uma enzima chamada polimerase) vai correndo ao longo de todo o gabarito e produzindo uma segunda fita linear. Chamemos essa fita de cópia. Chamemos o genoma original de Gabarito A. Normalmente esse processo produz uma cópia completa e idêntica do Gabarito A. Mas em alguns casos a polimerase tropeça numa barreira (*bump*), pula fora do Gabarito A e acaba caindo em outro genoma viral, o Gabarito B. Epa, ela acaba de escolher o gabarito errado para copiar. Mas prossegue copiando um trecho desse genoma na mesma fita linear que ela estava gerando. Depois tropeça de novo e volta para o Gabarito A. O resultado é um novo genoma viral, um recombinante, com um trecho de B remendado em A. No caso do SARS-CoV-2, aventou Gallaher, isso aconteceu no sítio de clivagem de furina do HKU9, remendado em um vírus de morcego diferente que se tornou o progenitor do SARS-CoV-2. "O único laboratório necessário", escreveu ele, "é o laboratório natural da caverna de morcegos com mais de uma espécie de morcego e de coronavírus de morcego."[14]

"Bom achado, Bill", postou Andrew Raumbaut.[15] Oferecia uma origem para o sítio de clivagem de furina e eliminava a necessidade de um pangolim ou qualquer outro ser intermediário que servisse de tigela de mistura, ao menos para essa característica do vírus. "A análise da sequência parece bem convincente", postou alguém, "especialmente a discussão sobre os erros por escolha de cópia."[16]

Cinco dias depois Gallaher tornou a postar, propondo mais uma peça: um candidato para o que teria causado o erro por escolha de cópia. Ele havia descoberto o *speed bump*, o obstáculo, que fizera o dispositivo copiador pular de um gabarito para outro durante a feitura da cópia. Era um breve trecho palindrômico de letras de RNA. O que é mesmo um palíndromo, você se lembra? É uma frase que pode ser lida da esquerda para a direita e vice-versa. Exemplos de palíndromos: "A grama é amarga"; "Ame o poema". O palíndromo que Gallaher encontrou no SARS-CoV-2 era mais curto. "A origem totalmente natural do SARS-CoV-2", escreveu, "é um simples CAGAC."[17] Essa sequência palindrômica ou sua aproximação, CAGAT, precede imediatamente o sítio de clivagem de furina e também o domínio de ligação ao receptor. No Virological, nem todos concordaram, mas Gallaher estava confiante.

Essa ideia do erro por escolha de cópia repercutiu em outros cientistas, entre eles Spyros Lytras, um jovem grego que fazia seu doutorado na Universidade de Glasgow. Lytras nasceu em Atenas e foi para a Escócia aos dezoito anos para estudar na Universidade de Edimburgo, mudando-se depois para Glasgow, onde trabalha com David L. Robertson e outros orientadores. Robertson chefia o departamento de bioinformática do Centro de Pesquisas de Vírus do Conselho de Pesquisa Médica da Universidade de Glasgow e é coautor, com Kristian Andersen e Eddie Holmes, de alguns dos papers mais interessantes sobre o SARS-CoV-2. Lytras é um jovem elegante de nariz afilado, grandes olhos castanhos e cabelo comprido tingido de várias cores alegres (amarelo, na semana em que me encontrei com ele) caindo alinhadamente de cada lado de uma risca de raízes pretas. Em Edimburgo ele estudou biologia evolutiva clássica, como me contou pelo Zoom, mas fez um estágio no verão com um virologista evolucionista que pesquisava vírus de moscas, e isso o atraiu para a genômica viral. Vários meses depois da postagem de William Gallaher sobre o "erro por escolha de cópia" no Virological, Lytras postou no mesmo site seu apoio à ideia de Gallaher, e acrescentou que encontrara algo intrigante em "um fragmento negligenciado"[18] de outra sequência viral, "fornecendo uma pista" sobre a fonte da qual o SARS-CoV-2 poderia ter adquirido seu sítio de clivagem de furina. Era uma sequência curta dentro do próprio sítio de clivagem, similar entre o SARS-CoV-2 e outro vírus encontrado recentemente em um morcego.

A essa altura, devemos parar de pensar sobre a "origem" do SARS-CoV-2 e começar a pensar sobre suas *origens*, no plural. A propensão dos coronavírus à recombinação, permutando partes de seus genomas com outros coronavírus, e a evidência de que o SARS-CoV-2 resultou de tal permuta significam que não estamos procurando uma origem única, e sim várias origens. Independentemente de você preferir acreditar que o vírus foi engenheirado e liberado de maneira intencional, que foi manipulado em laboratório e vazou por acidente ou que evoluiu naturalmente pelos processos disponíveis aos coronavírus, continua claro que, em certa medida, o SARS-CoV-2 é um pastiche.

O outro vírus ao qual Lytras se referiu era o RMYN02, novo nesta discussão. O RMYN02 é outro coronavírus que se aloja em morcego (*Rm* indica o *Rhinolophus malayanus*, o morcego-de-ferradura malaio), e foi coletado em morcegos no condado de Mengla, na província de Yunnan (YN) em 2019. Sendo mais preciso, ele é o genoma montado de um vírus, reunido a partir de segmentos parcialmente coincidentes extraídos de onze amostras fecais desses morcegos. É o segundo de dois genomas montados a partir dessas amostras, daí seu nome, RmYN02. A equipe de pesquisadores, chefiada por Weifeng Shi, incluía outros dez cientistas chineses de Shandong, Beijing e Wuhan, além de Alice C. Hughes, ecologista britânica que trabalha há muito tempo na China e no Sudeste Asiático, e também Eddie Holmes. No começo de maio de 2020 esse grupo postou um *preprint*, publicado logo depois no periódico *Current Biology*, apresentando o RmYN02 e descrevendo duas características notáveis desse vírus. Ele tinha 93,3% de sua sequência total de RNA em comum com o vírus da covid, embora diferisse marcantemente na espícula; e em boa parte de seu genoma era ainda mais parecido com o SARS-CoV-2, com 97,2% em comum. Seu segundo aspecto notável era possuir um trecho de três aminoácidos, bem na dobra da proteína de espícula, o mesmo local do sítio de clivagem de furina, que parecia prefigurar um sítio similar no SARS-CoV-2. Isso sugeria, como haviam observado Weifeng Shi e seus coautores, que esse tipo de sítio de clivagem era natural em um coronavírus alojado em morcego.

Foi por isso que Spyros Lytras mencionou o RmYN02 em sua nota de agosto de 2020 no Virological. Na maior parte de seu genoma, escreveu Lytras, ele era suficientemente similar ao SARS-CoV-2 para que os dois vírus pudessem ter tido um vírus ancestral em comum por volta dos anos 1970. Quando suas linhagens divergiram, "esses vírus devem ter circulado lado a lado em morcegos na mesma localização geográfica e, ocasionalmente, infectado juntos os mesmos indivíduos".[19] Isso trouxe a oportunidade de recombinação entre eles, pelo tipo de erro por escolha de cópia descrito por Gallaher. Lytras citou o palíndromo de Gallaher pouco antes do sítio de clivagem no SARS-CoV-2, que ele considerava "um culpado muito provável" para o salto que o dispositivo copiador deu de uma cepa a outra, pegando um sítio de clivagem do RmYN02 e inserindo-o na linhagem do SARS-CoV-2. Lytras também foi coautor de um paper, junto com um pesquisador em pós-doutorado chamado Oscar MacLean e alguns colegas veteranos, entre os quais David Robertson como autor sênior, que foi postado como *preprint* e depois publicado em uma revista especializada. O artigo propunha que o SARS-CoV-2 devia ter um ancestral em comum como o RmYN02 que infectara algum morcego por volta de 1976, e que o progenitor SARS-2 continuou sua evolução em morcegos, pegando de outros morcegos ao longo do caminho o seu sítio de clivagem de furina e o seu domínio de ligação ao receptor. Uma escala intermediária em um pangolim ou em algum outro hospedeiro não era impossível, escreveram, mas "coletivamente, nossos resultados corroboram a ideia de que o progenitor do SARS-CoV-2 seria capaz de transmissão eficiente de humano para humano em consequência de sua história evolutiva adaptativa em morcegos, não em humanos" — e então concluíram com uma frase significativa: "o que criou um vírus relativamente generalista".[20]

Um vírus relativamente generalista? Isso significa um vírus possivelmente capaz de infectar não só morcegos, mas também humanos, e não só morcegos e humanos, mas também visons, furões, gatos domésticos, leões, tigres, leopardos-das-neves, gorilas, hipopótamos, ratos-veadeiros e veados-galheiros. E esse é o vírus que temos.

63

E isso nos leva de volta ao terceiro argumento dos críticos da ideia das origens naturais: o vírus, desde sua estreia em Wuhan, parecia bem-adaptado demais para infectar humanos. Ou pelo menos bem-adaptado demais para ser simplesmente um vírus de morcego que saiu a passeio.

O tema do vírus "bem-adaptado" foi abordado em um *preprint* postado no começo de maio de 2020 por três cientistas que antes não tinham sido pesquisadores de coronavírus, mas conheciam muito sobre genomas. O primeiro autor era Shing Hei Zhan, na época analista genômico na Universidade da Colúmbia Britânica, com diversos artigos publicados sobre genômica animal e vegetal. A terceira autora era Alina Chan, bióloga molecular que fazia pós-doutorado no Broad Institute, um centro de pesquisa afiliado ao Instituto de Tecnologia de Massachusetts e à Universidade Harvard, em Cambridge. (O segundo autor, com créditos por conversas orientadoras, era Benjamin Deverman, supervisor de Chan no Broad.) Zhan, Deverman e Chan mencionaram que o vírus SARS original de 2003, o SARS-CoV, adquirira várias adaptações durante o curso daquela epidemia, o que pareceu intensificar sua transmissão de humano para humano. "Nossas observações sugerem", escreveram, "que quando o SARS-CoV-2 foi detectado pela primeira vez em fins de 2019, já estava pré-adaptado para a transmissão humana em um grau similar à recente epidemia de SARS-CoV."[21] Chamaram essa forma de vírus de "adaptada a humanos". Outros cientistas já haviam cogitado a possibilidade de o SARS-CoV-2 ter se adaptado melhor aos humanos antes de dezembro de 2019, durante um período de transmissão não reconhecida em pessoas — até Andersen e seus colegas consideraram essa possibilidade em seu paper "The Proximal Origin" —, mas esse trio de pesquisadores, cuja força propulsora era Alina Chan, assumiu como premissa que o vírus era "adaptado a humanos" e então perguntou onde e como isso acontecera. Teria sido um processo natural quando ele circulava despercebido entre pessoas? Ou um vírus progenitor teria mudado enquanto era estudado em laboratório?

Canadense, Chan nasceu em Vancouver, mas seus pais eram cientistas da computação, profissionais que se mudavam constantemente, e ela passou a maior parte da infância e dos anos do ensino médio em Singapura. Estava lá em 2003 quando a SARS original eclodiu na cidade, e recordou os noticiários que falavam de casos de quarentena, pacientes na UTI, recomendações para evitar a infecção. Também se lembrou de suas frustações e do tratamento perverso no draconiano sistema de ensino, que obrigava os alunos a se curvar (literalmente) para os professores e os sujeitava a castigos físicos — espancados com uma régua grande na frente da classe — quando tinham desempenho ruim ou se rebelavam. "Apanhei muitas vezes", contou ela a um jornalista da *Boston Magazine*.[22]

Um círculo vicioso: ela detestava as circunstâncias, matava aula, vivia no fliperama local, tirava notas ruins e era castigada. "Quase me expulsaram quando eu estava no ensino médio", contou. Mas naquela garota descontente morava uma inteligência ebuliente. Chan gostava de desafios mentais, só que de outro tipo.

"Eu era uma criança muito reservada", contou. "Gostava de passar horas pensando em quebra-cabeças e como resolvê-los." Uma professora perspicaz reconheceu isso e encontrou um modo de canalizar o potencial da jovem Alina. "Ela me salvou quando eu estava prestes a ser expulsa da escola", disse Chan. "Porque despertou meu interesse por matemática e quebra-cabeças." As notas de Chan saltaram de ruins para excelentes. Ela se tornou brilhante nessa disciplina e participou de olimpíadas de matemática. "Não quero me vangloriar disso. Tenho certeza de que meus professores e colegas na escola me achavam uma chata", disse, e riu de si mesma.

Ela voltou para a Colúmbia Britânica, onde concluiu o ensino médio e entrou na faculdade; mudou de área de interesse, indo para a biologia, e começou a estudar vírus. "Os vírus são um tipo de quebra-cabeça", disse. Dentro de alguns anos Chan tinha feito doutorado, depois foi fazer pós-doutorado na Escola de Medicina da Universidade Harvard, onde seu trabalho, em um campo chamado biologia sintética, envolvia criar cromossomos humanos artificiais. Um cromossomo humano artificial é um pequeno trecho de DNA que pode ser inserido em células humanas para tratar doenças congênitas como a distrofia muscular, ou em células e animais experimentais para transformá-los em modelos em pesquisas de doenças. Mas o período de Chan no pós-doutorado não foi totalmente satisfatório. "Passei por algumas experiências que me fizeram pensar se eu não devia abandonar a vida acadêmica." Com "vida acadêmica" ela quis dizer fazer ciência, na bancada do laboratório, em uma universidade ou instituto. Ela educadamente se recusou a dar mais detalhes; disse apenas: "Fui testada e concluí que quero permanecer na ciência". Contratada para um segundo pós-doutorado pelo laboratório de Ben Deverman, ela encontrou uma situação muito mais harmoniosa. Ali seu trabalho envolve desenhar vetores, por exemplo, vírus artificiais, que possam levar cargas genéticas para células humanas e animais em laboratório a fim de atenuar doenças congênitas em humanos.

Chan se alarmou com o SARS-CoV-2 do mesmo modo que outros cientistas antenados: ao ver informes on-line, naquela última noite de dezembro de 2019 ou nos primeiros dias de janeiro, e então vendo vídeos de pacientes afetados em hospitais lotados. "Comecei a entrar em pânico." Outros à sua volta descartavam a possibilidade de um risco mundial — um novo vírus, grande coisa, vai desaparecer aos poucos na China mesmo —, mas ela tratou de estocar mantimentos: sabão, desinfetante para mãos, feijão, arroz e muito peixe congelado. E vasculhou a internet em busca de informações científicas, em especial sobre interações entre o vírus e células humanas, seu campo de trabalho, e depois também sobre a diversidade genômica do vírus à medida que ele se propagava por mais pessoas. Diversidade genômica: de início, notou ela, parecia haver pouquíssima. "Acho que foi em março", disse. "O vírus era geneticamente estável." Chan fez uma pausa. "E foi então, acho, que a ficha caiu:

tinha alguma coisa estranha nesse vírus." Ele estava mutando, como fazem todos os vírus, mas não parecia evoluir — adquirir mudanças fixas que sugerissem adaptação a um novo hospedeiro. Isto é, as mutações não se acumulavam em novas linhagens, disse ele, seja por acaso (o que às vezes já é suficiente), seja porque estavam trazendo novas vantagens e sendo favorecidas pela seleção natural. O vírus não estava encontrando aleatoriamente modos melhores de infectar pessoas — pelo menos por enquanto.

"E o D614G?", perguntei. Ela obviamente sabia do que eu estava falando: a mutação anterior que Bette Korber e seus colegas identificaram e que se espalhou rapidamente pelo mundo — aquela que os rastreadores de Edimburgo chamaram de Doug.

"Aquela mutação 614G já tinha aparecido em janeiro", admitiu Chan, "portanto foi nos três primeiros meses."

"Certo."

"Mas foi uma mutação só." O SARS original, de 2003, havia conservado muito mais mutações iniciais do que esse vírus de agora, comentou ela. E essa diferença a levou à sua polêmica inferência: esse novo vírus não *precisava* evoluir porque já era muito bem-adaptado para infectar humanos.

Impelida a agir, Chan entrou em contato com Shing Hei Zhang, um amigo dos tempos de pós-graduação na Universidade da Colúmbia Britânica e exímio biólogo computacional, e pediu-lhe que comparasse o grau de divergência genética entre genomas iniciais do SARS-1 e do SARS-CoV-2. Zhan analisou 43 genomas do primeiro desses vírus e 46 do segundo e constatou que, de fato, ocorrera consideravelmente mais divergência inicial no vírus SARS original do que no vírus de agora. E não havia indícios de divergência entre os genomas do SARS-CoV-2 em amostras extraídas de superfícies no mercado de Huanan, segundo os dados que eles viram. O jornalista da *Boston Magazine*, Rowan Jacobsen, descreveu sua reação: "Os detectores de quebra-cabeça de Chan voltaram a piscar. 'Shing, este paper vai ser uma loucura', escreveu ela em uma mensagem a Zhan".[23]

No *preprint*, postado em 2 de maio de 2020, Chan e seus coautores declararam que o SARS-CoV-2, como fora detectado pela primeira vez no fim de 2019, "já estava pré-adaptado à transmissão humana" em um nível que o SARS-CoV (que também era, em algum grau, um vírus generalista) só atingiu mais tarde.[24] O que poderia explicar isso?, indagaram. Teria o progenitor do SARS-CoV-2 saltado de um animal para humanos, ainda em 2019, e circulado por meses sem ser reconhecido? Ou seria já bem-adaptado a humanos enquanto se alojava em morcegos ou em um hospedeiro intermediário? Uma terceira possibilidade, escreveram, era que um vírus silvestre se adaptara bem a humanos "enquanto era estudado em laboratório" graças a alguma forma de manipulação intencional, por exemplo, em passagens sucessivas por células humanas cultivadas. Esse terceiro cenário, acrescentaram, "deve ser levado em consideração, independentemente de ser ou não provável".

O *preprint* mostrou cautela ao conjecturar sobre o que aconteceu depois. A palavra "vazamento" não aparece em lugar algum do texto. Mas essa era a implicação: uma vez transformado, o vírus poderia ter infectado acidentalmente alguém que trabalhava no laboratório e assim ter saído de lá.

"Seu *preprint* foi publicado em uma revista?", perguntei a Chan. "Não", respondeu ela com brandura. "Fomos um tanto barrados pela reação."

Na matéria da *Boston Magazine*, Jacobsen captou um tom diferente. Duas semanas depois que o *preprint* foi postado, escreveu o jornalista, um tabloide britânico reparou nele, e em seguida também a *Newsweek*. "Aí a merda explodiu por toda parte", disse Chan.[25]

64

Alina Chan não é a mais dogmática entre os que sugerem que a covid-19 começou com um vazamento de laboratório. Ela argumenta que um vazamento desses pode ter acontecido e, em sua opinião, provavelmente aconteceu — não que ele está comprovado. Mas ela é uma das mais tenazes e mais bem informadas dentre os que criticam a hipótese das origens naturais. Depois que o tabloide britânico tomou conhecimento do que Chan pensava e "a merda explodiu por toda parte", ela foi arrastada para o furor da mídia e começou a ter um papel de vulto no clamor por mais investigação. A hipótese do vazamento de laboratório despertou intenso interesse, insuflou discussões, investigações amadoras e científicas e uma vasta cobertura, especialmente em redes sociais, mas também em artigos de opinião em jornais, na televisão e em reportagens de revistas. Essa discussão prosseguiu por todo o resto de 2020, inflamou-se ainda mais depois da não promissora e inconclusiva missão da OMS para o

Estudo Global das Origens do SARS-CoV-2 em Wuhan no começo de 2021, e ganhou ímpeto crescente em meados daquele ano, com uma explosão de narrativas e especulações na mídia popular. Algumas dessas narrativas anunciavam que a hipótese do vazamento de laboratório se tornara mais plausível. É mais seguro dizer que se tornou mais popular. A controvérsia pode não ter vendido muitos jornais, como antigamente se media esse tipo de coisa, mas com certeza foi alvo de muitos cliques e olhares.

Chan, por sua vez, continuou a reunir fatos, argumentos e formas de evidências (circunstanciais ou de outros tipos) que corroborassem sua ideia de que a origem em laboratório era plausível e merecia ser investigada. Ela insistia em que o mundo precisava de mais dados, investigações mais aprofundadas e mais clareza sobre as origens do SARS-CoV-2, e disso poucos observadores ponderados discordavam. No final de 2021, quando se informou mais sobre pesquisas com coronavírus feitas no Instituto de Virologia de Wuhan, ela passou a pensar que a origem em laboratório não era apenas plausível, e sim mais provável que uma origem natural. Ela também publicou um livro, *Viral: The Search for the Origin of Covid-19* [Viral: A busca da origem da covid-19], em coautoria com o respeitadíssimo e provocador Matt Ridley, jornalista britânico que escreve sobre ciência. Agora uma declaração de conflito de interesses: conheço Matt Ridley há muito tempo, ele é meu amigo e espero que continue a ser. Em alguns assuntos nós concordamos em discordar.

O livro de Chan-Ridley afirma, assim como o *preprint* de Zhan-Deverman-Chan, que quando o novo vírus começou a mandar gente para os hospitais de Wuhan, ele já estava "muito provavelmente bem-adaptado a seus novos hospedeiros humanos".[26] É verdade: estava. A questão crucial é se ele foi adaptado aos humanos de um modo inexplicável, suspeito e único, ou simplesmente adaptado. Adicionemos alguns dados ao caldeirão no qual essa questão é mexida.

65

Os humanos não são os únicos mamíferos suscetíveis a infecções pelo SARS-CoV-2, nem os únicos que testam positivo para esse vírus. Já houve casos entre vários outros animais. O primeiro a fazer soar um alarme internacional foi um cãozinho em Hong Kong. Em 26 de fevereiro de 2020, um lulu-da-

-pomerânia de dezessete anos, com sopro cardíaco, hipertensão pulmonar, doença renal e outras comorbidades, testou positivo para o vírus. O PromED deu essa notícia a seus assinantes globais dois dias depois. Muitos de nós leem isso e pensam: "Epa, que estranho". Na época, como a dona do cachorro tinha estado doente por duas semanas e também testado positivo, ele foi posto em quarentena em uma clínica administrada pelo governo. Durante todo esse período, o cão "permaneceu vivaz e alerta, sem mudanças óbvias em sua condição clínica",[27] segundo um relatório, mas sua condição clínica já não era tão boa. Enfim, ele sobreviveu para continuar a latir. O segundo animal de estimação conhecido foi um pastor-alemão jovem, também de Hong Kong e também de uma casa onde havia um infectado humano.

Em seguida foram gatos. Um grupo de cientistas de Wuhan começou prontamente, em janeiro de 2020, quando o surto entre humanos virou manchete, a testar o sangue de felinos domésticos à procura de sinais do vírus. Coletaram dados em março e postaram um *preprint* em 3 de abril. Essa equipe incluía pesquisadores de uma faculdade de medicina veterinária, e talvez eles estivessem simplesmente seguindo um palpite. Eles coletaram amostras de 102 gatos, entre os quais animais abandonados em abrigos, gatos de estimação que estavam em hospitais veterinários e gatos de famílias humanas onde havia pessoas doentes de covid. (Para fins de comparação, eles também examinaram 39 amostras de gatos extraídas antes do surto, todas negativas.) Encontraram sinais do vírus em quinze gatos e, em onze deles, fortes evidências de anticorpos capazes de neutralizar o vírus. "Nossos dados demonstraram que o SARS-CoV-2 infectou a população de gatos de Wuhan durante o surto", escreveram no *preprint*.[28] Quando o estudo foi publicado em uma revista especializada, outros gatos já tinham sido infectados.

Um gato testou positivo na Bélgica. Outro na França. Outro estudo da China, feito por meio de um experimento em um instituto veterinário de Harbin, no norte, mostrou que gatos inoculados com o SARS-CoV-2 foram infectados e podiam transmitir o vírus a outros gatos pelo ar. Um gato em Hong Kong testou positivo. Um gato em Minnesota, um na Rússia, dois no Texas. Na Itália, como já mencionei, a gata Zika, de Gabriele Pagani, começou a espirrar e testou positivo, tendo evidentemente contraído o vírus de seu dono. Na Alemanha, uma gata de seis anos em um lar de idosos na Baviera testou positivo em um exame de material colhido na garganta depois que sua dona morreu de covid-19. Em Orange County, Nova York, ao norte da cidade de Nova York margeando o rio Hudson, uma gata de cinco anos que nunca saía de casa começou a espirrar, tossir e apresentar secreção nos olhos e no nariz cerca de oito dias depois que sua dona apresentou sintomas similares. Testou positivo.

Gatos domésticos não são animais sociais no sentido ecológico; não se agregam em populações densas (exceto nas casas catinguentas de acumuladores obsessivos de gatos e em abrigos excessivamente generosos), portanto as oportunidades de transmissão entre esses animais tendem a ser baixas. Mas muitos gatos domésticos saem de dentro da casa e interagem com roedores no celeiro, no galpão, no quintal. Esses roedores geralmente pertencem a dois grupos, o camundongo doméstico (*Mus musculus*) e o rato-veadeiro (várias espécies do gênero *Peromyscus*). Ratos-veadeiros são hospedeiros bem documentados de hantavírus e da bactéria da doença de Lyme, e estudos de laboratório recentes mostraram que eles são suscetíveis a infecção pelo SARS-CoV-2. Um camundongo pode ser portador do vírus por até três semanas e transmiti-lo com eficiência a outros camundongos. Os ratos-veadeiros são os mamíferos mais abundantes na América do Norte. Pode ser apenas questão de tempo para que o SARS-CoV-2 entre em uma população de ratos-veadeiros por intermédio de um gato e dê início à transmissão entre ratos na natureza. Veremos mais sobre esse tema adiante, quando tratarmos dos visons e dos veados-galheiros.

Gatos domésticos não são os únicos felídeos infectados com o SARS-CoV-2; uma tigresa chamada Nadia, no Zoológico do Bronx, em Nova York, adoeceu e testou positivo para o vírus, ao que parece transmitido por um de seus tratadores. Ela possivelmente não foi a única. Segundo um informe do Serviço de Inspeção de Saúde Animal e Vegetal, do Departamento de Agricultura dos Estados Unidos, o teste de Nadia foi feito depois que vários leões e outros tigres do zoológico apresentaram sinais de angústia respiratória. Dentro de algumas semanas, outros quatro tigres e três leões do Bronx testaram positivo. Um puma no Zoológico da África do Sul testou positivo. Uma fêmea e dois machos de leopardo-das-neves, no Zoológico de Louisville, no Kentucky, começaram a tossir e espirrar e testaram positivo.

Em meados de 2020, o SARS-CoV-2 começou a aparecer entre visons criados em cativeiro na Holanda. Esses surtos trouxeram consequências econômicas consideráveis, além de implicações para a saúde pública, pois os visons eram mantidos em condições de aglomeração, criados aos milhares para terem a pele comercializada, e mostraram uma capacidade acentuada de transmitir o vírus entre eles mesmos e possivelmente (com ajuda humana) entre estabelecimentos criadores. Os primeiros casos detectados ocorreram em duas fazendas na província de Noord-Brabant, no sul do país, na fronteira com a Bélgica. "Os visons apresentaram sintomas diversos, entre os quais problemas respiratórios", segundo um informe do Ministério da Agricultura, Natureza e Qualidade Alimentar.[29] Várias estradas foram bloqueadas, e um órgão de saúde pública recomendou à população que não andasse a pé ou de bicicleta nas imediações dessas fazendas. Mas o vírus se propagou depressa, e pouco depois já afetava dez fazendas, a seguir mais dezoito, e então 25 até meados de julho de 2020. Havia muitos visons na Holanda: cerca de 900 mil, em 130 fazendas. Eram visons-americanos (*Neovison vison*), como praticamente todos os visons criados em cativeiro, valorizados por sua pele luxuriante; pertenciam à família dos mustelídeos, que inclui a marta, o tourão e o texugo-europeu. Os exportadores holandeses de pele de vison faturaram anualmente cerca de 90 milhões de euros em anos recentes, segundo a Federação Holandesa de Produtores de Peles. É um ramo controverso — todo tipo de criação de animais para comercialização de peles é controverso em grande parte da Europa, pois há que considerar o bem-estar dos animais — e a Holanda já tomava providências para pôr fim nessa indústria até 2024. Mas isso acabou acontecendo mais depressa: o governo ordenou que fossem sacrificados todos os animais de fazendas afetadas, antecipando o mês usual de abate de visons em cativeiro, novembro, e proibiu a renovação dos plantéis. Em fins de junho de 2020, quase 600 mil visons haviam sido mortos na Holanda. O vírus não era inócuo para esses animais; causava sintomas respiratórios e alguma mortalidade, o que levara à testagem e à detecção do vírus naquelas duas primeiras fazendas. Mas não matava tantos visons quanto o abate em massa.

Uma equipe de cientistas holandeses investigou os surtos entre abril e junho e por fim publicou um artigo na *Science*. A autora sênior desse estudo foi a já mencionada Marion Koopmans, chefe de virologia no Centro Médico Erasmus, em Rotterdam. "Em fevereiro, fizemos uma reunião por causa da infecção em cães em Hong Kong", contou ela. Especialista em vírus zoonóticos, Koopmans interage regularmente com o Instituto de Saúde Pública Nacional, o Instituto de Saúde Veterinária e uma organização independente financiada por criadores de animais chamada Serviço de Saúde Animal. Em meados do ano, todos já sabiam que o SARS-CoV-2 havia aparecido não só em um ou dois cães em Hong Kong, mas também em gatos domésticos, tigres e leões. Entre humanos, o vírus fazia estragos na Itália, e a Holanda passava pela sua primeira onda, com quase 40 mil casos até o final de abril e uma taxa pavorosamente alta de letalidade. "Estávamos com um aumento vertiginoso de diagnósticos humanos", contou Koopmans — nos laboratórios do centro onde ela trabalhava e em laboratórios veterinários do sistema. Então chegaram dois visons mortos, que passaram por autópsia. "E eu disse: 'Ora, por que não, vamos testar esses dois visons também'." Os testes foram feitos no mesmo laboratório veterinário que começara a fazer diagnósticos humanos. Bingo.

Enquanto os surtos do vírus entre visons ocorriam em uma fazenda após outra e a pandemia humana se intensificava, Koopmans e seus colegas acharam tempo e recursos para estudar o fenômeno em animais, o que teria implicações para a saúde pública e também para a indústria de peles. Eles extraíram amostras de visons e de pessoas em dezesseis fazendas, e encontraram não apenas muitos visons infectados, mas também dezoito pessoas infectadas entre os empregados das fazendas e indivíduos com quem eles tinham contato próximo. A equipe sequenciou as amostras e constatou que, geralmente, os genomas virais em pessoas correspondiam aos encontrados em visons nas fazendas. Essas e outras evidências sugeriram não só a transmissão de humanos para visons iniciando cada surto, e a transmissão de visons para visons mantendo a força dos surtos, mas também possivelmente a transmissão de visons para humanos. Esta última era preocupante, e voltaremos a tratar dela.

Em meados de junho foi a vez da Dinamarca. "Um plantel de visons está sendo abatido em uma fazenda na Jutlândia do Norte depois que vários dos animais e um empregado testaram positivo para coronavírus", dizia uma notícia no serviço on-line em língua inglesa The Local.[30] Essa fazenda foi posta em quarentena, e todos os seus 11 mil animais seriam abatidos. A notícia causou consternação, pois a Dinamarca, com aproximadamente 14 milhões de visons em mais de mil fazendas, era responsável por grande parte da produção mundial de peles, e a qualidade do produto dinamarquês era considerada suprema. O vírus se propagou depressa naquele verão. No começo de outubro, 41 fazendas dinamarquesas haviam registrado surtos, e as autoridades falavam em sacrificar 1 milhão de visons. Era uma estimativa otimista. Em meados de outubro já eram 63 fazendas e planos para sacrificar 2,5 milhões de visons. Mas isso era só o começo.

Nesse meio-tempo, autoridades de saúde na Espanha ordenaram o abate de 93 mil visons em uma fazenda, após determinarem que "a maioria dos animais no estabelecimento foi infectada pelo coronavírus", segundo a Reuters.[31] Visons testaram positivo em uma fazenda na Itália. Na Suécia, um especialista veterinário inspecionou uma fazenda desses animais no litoral sul e relatou: "Testamos vários hoje, todos positivos".[32] Em duas fazendas de Utah, visons testaram positivo, e em seguida veio uma notícia pior. Veterinários do Departamento de Agricultura dos Estados Unidos revelaram que um vison silvestre que se deslocava livremente pelo estado também testou positivo. O vírus sequenciado desse vison silvestre era igual ao vírus de visons em uma fazenda próxima, portanto acreditava-se que o indivíduo silvestre havia sido infectado por um animal fugido — ou porque andara conversando nariz a nariz com cativos através da cerca. Isso trouxe uma preocupação que ia muito além da economia peleteira: a perspectiva de uma propagação descontrolada do SARS-CoV-2 por terras americanas. No jargão dos ecologistas de doenças, um ciclo silvestre.

Esse termo vem do latim *silva*, que significa "floresta". Um vírus com ciclo silvestre tem duas caras, como um caixeiro-viajante com outra família e mais filhos em outra cidade. O vírus da febre amarela, por exemplo, transmitido por mosquitos, infecta humanos em cidades (o ciclo urbano) quando os mosquitos certos estão presentes, mas é suficientemente bem-adaptado para infectar macacos também, o que ele faz em algumas florestas tropicais (o ciclo silvestre), circulando em populações de primatas. A febre amarela pode ser eliminada em cidades pela vacinação e pelo controle de mosquitos, mas sempre que uma pessoa não vacinada entra em uma floresta onde o vírus circula, ela pode ser infectada, voltar para a cidade e desencadear outro ciclo urbano, se ainda houver alguns mosquitos por lá para ajudar. O vírus da febre amarela nunca foi erradicado, e quem viaja para países tropicais ainda é obrigado a se vacinar, pois o ciclo silvestre persistirá e ameaçará outro ciclo urbano até que matemos todos os mosquitos ou vacinemos todos os macacos.

Agora transfira o conceito para o SARS-CoV-2 e pense: se as florestas ou outros ecossistemas naturais do planeta contêm populações de animais silvestres nas quais o vírus circula, seja porque são os hospedeiros reservatórios originais (morcegos-de-ferradura na China?), seja porque foram infectados por contato com humanos (visons em Utah, ratos-veadeiros no condado de Westchester?), então a covid-19 nunca vai acabar. (Provavelmente nunca vai acabar de qualquer modo, mas essa é outra questão, que retomarei adiante.) Não há imunidade de rebanho onde existe um ciclo silvestre. Uma pessoa não vacinada tem contato com um animal silvestre infectado (um víson, um puma, um macaco, um rato-veadeiro) durante alguma atividade (caçar, cortar lenha, apanhar frutas, varrer uma cabana cheia de poeira contaminada por urina) e se torna infectada com o vírus, podendo então desencadear um novo surto entre pessoas. Poderíamos vacinar todas as pessoas da Terra (isso não vai acontecer), e mesmo assim o vírus ainda estaria presente entre nós, circulando, replicando-se, mutando, evoluindo, gerando novas variantes, pronto para sua próxima oportunidade.

A probabilidade de um ciclo silvestre na Europa, possivelmente também derivado de vísons, é elevada pelo fato de que muitos deles escapam de fazendas — só na Dinamarca são alguns milhares por ano. Embora não sejam nativos do continente europeu, esses vísons-americanos se estabeleceram na natureza como população invasora, e sua presença se reflete no número desses animais capturados por caçadores e em armadilhas. Cerca de 5% dos vísons que fugiram de fazendas dinamarquesas em 2020 estavam infectados com o SARS-CoV-2, segundo estimativa de um especialista. Os vísons costumam viver sozinhos na natureza, mas obviamente se encontram para o acasalamento e, sendo predadores e presas na cadeia alimentar, eles entram em contato com outros animais. No topo da lista dos que poderiam ser suscetíveis a um vírus alojado em vísons estão seus vizinhos mustelídeos: martas, tourões e texugos-europeus.

Em 5 de novembro de 2020, outra notícia inquietante veio da Dinamarca. O governo anunciou restrições rigorosas a viagens e reuniões públicas para os residentes da Jutlândia do Norte — a ilha baixa e afilada que se curva como uma garra em direção ao sudoeste da Suécia — após descobrir que uma variante do vírus associada aos vísons, contendo várias mutações de importância desconhecida, havia saltado de volta para humanos. Doze pessoas a contraíram. Essa variante ficou conhecida como Cluster 5 [Grupo 5], porque era a quinta em uma série de variantes de vísons, mas era a primeira detectada em humanos. Ela continha quatro aminoácidos mudados na proteína de espícula, aumentando a preocupação de que pudesse escapar da proteção de vacinas quando estas se tornassem disponíveis. Agora chega, dizia o informe do governo: todos os vísons remanescentes seriam sacrificados. Era o fim da indústria de vísons na Dinamarca.

Mas o lockdown rigoroso, o rastreamento de casos e as outras medidas de controle levaram essa variante a um beco sem saída, o fim da linha. Dentro de duas semanas, um instituto de pesquisa dinamarquês anunciou que a linhagem Cluster 5 parecia extinta, pelo menos entre humanos. Se ela sobrevivia na natureza, entre visons fugidos ou seus parentes próximos em terras dinamarquesas — martas, tourões e texugos-europeus —, é outra questão.

Nos últimos meses de 2020 e por boa parte de 2021, prosseguiram, esporádicos mas notáveis, os informes sobre o SARS-CoV-2 em animais. Um tigre no Zoológico de Knoxville, Tennessee, testou positivo. Quatro leões da ameaçada população asiática, em um zoológico de Singapura, começaram a tossir e espirrar após contato com tratadores. Dois gorilas, também tossindo, no Zoo Safari Park, em San Diego, se recuperaram em algumas semanas, mas não antes de um deles, um dorso-prateado de 48 anos com doença cardíaca chamado Winston, ter sido tratado com anticorpos monoclonais. Winston também recebeu medicação cardíaca e antibióticos como precaução contra infecção secundária bacteriana. Se ele fosse um gorila selvagem numa floresta africana, sem um plano de saúde de primeira linha, talvez estivesse morto. Mas, pensando bem, se ele fosse um gorila selvagem, livre de tratadores, provavelmente não teria contraído esse vírus.

Em outubro de 2021, o SARS-CoV-2 chegou ao Zoológico Infantil de Lincoln, em Lincoln, Nebraska, e infectou dois tigres-de-sumatra e três leopardos-das-neves. Esse zoológico proclama como sua missão enriquecer vidas, especialmente de crianças, por meio da "interação direta"[33] com animais silvestres em circunstâncias controladas e educativas. É um objetivo louvável, mas, como vimos, contatos imediatos em tempo de covid são arriscados. Esses leopardos-das-neves tiveram menos sorte que os três de Louisville um ano antes. Em novembro, apesar de terem sido tratados com esteroides e com antibióticos contra infecção secundária, os três morreram.

Enquanto isso, obviamente, pessoas também morriam. Até 31 de outubro de 2021 — o segundo Halloween da pandemia —, o estado de Nebraska havia registrado 2975 óbitos por covid. Para os Estados Unidos até essa data, o total acumulado era de 773 976 mortos. No mundo todo, o SARS-CoV-2 matara mais de 5 milhões de humanos. Na pequena Bélgica, com sua população de menos de 12 milhões de habitantes, um em cada dez tinha sido infectado com o vírus, a curva subia íngreme e 26 119 pessoas haviam perecido.

Em dezembro, também na Bélgica, dois hipopótamos do Zoológico de Antuérpia testaram positivo. Tiveram mais sorte que os leopardos-das-neves de Nebraska e do que os 26 119 belgas mortos, pois não manifestaram sintomas além de nariz escorrendo (mais do que o habitual para hipopótamos), mas foram postos em quarentena.

Outra notícia em fins de 2021 mostrou que a perspectiva de um ciclo silvestre se tornara realidade. Cientistas da Universidade Estadual da Pensilvânia, trabalhando com colegas da Agência de Vida Silvestre de Iowa e de outras entidades, informaram evidências de infecção disseminada pelo SARS-CoV-2 entre veados-galheiros em Iowa. Estudos experimentais já haviam mostrado que filhotes cativos dessa espécie, quando inoculados com o vírus, podiam transmiti-lo a outros veados. Esse novo estudo foi muito além e revelou que veados silvestres tinham sido infectados por humanos, não se sabia como, e que não tinham sido poucos. O SARS-CoV-2 grassava por toda a população de veados de Iowa. Essa tendência começou devagar, após o início da pandemia, mas nos últimos meses de 2020 era avassaladora.

A bem treinada equipe de campo coletou nódulos linfáticos na garganta de quase trezentos veados, a maioria deles animais de vida livre na região de Iowa, e de uma parcela menor abrigada em reservas naturais ou de caça — nenhum deles infectado artificialmente em experimentos. Os veados da amostragem haviam sido mortos por caçadores ou atropelados em acidentes com veículos. A equipe de campo dissecou os nódulos linfáticos, em um trabalho conjunto com um programa de vigilância contra outra moléstia transmissível, a doença consumptiva crônica. Os veados cujas amostras foram extraídas na parte inicial do estudo, durante a primavera e o verão de 2020, estavam livres do SARS-CoV-2. (A primeira onda entre humanos em Iowa aumentou em abril.) O primeiro animal positivo só apareceu em 28 de setembro de 2020. Depois disso, foi como pipoca em panela quente. Em um período de sete semanas durante a temporada de caça, em fins de 2020 e começo de janeiro de 2021, a equipe extraiu amostras de 97 veados, e nestas a taxa de positivos foi de 82,5%. Esse estudo continua, com uma segunda fase de amostragem, e, se essa porcentagem se mantiver mais ou menos constante (atualizações confidenciais sugerem que isso vai acontecer), teremos então evidências assombrosas do SARS-CoV-2 silvestre em Iowa.

Iowa não é um caso isolado. Outro estudo, feito por inspetores federais de vida silvestre do Serviço de Inspeção de Saúde Animal e Vegetal, procurou o vírus em veados-galheiros em outros quatro estados, usando amostras de soro sanguíneo em vez de nódulos linfáticos. Essas amostras tinham sido extraídas no começo de 2021. Os veados de Illinois eram os mais livres de covid, com uma taxa de infecções de apenas 7%. Se essa estatística tivesse sido anunciada isoladamente naquela época, pareceria assustadora. *Sete* por cento dos veados de Illinois têm covid? Mas entre os veados-galheiros da amostragem em Nova York, a taxa de infectados era 31%; na Pensilvânia, 44%; em Michigan, 67%.

A população atual de veados-galheiros nos Estados Unidos, segundo estimativa, é de 25 milhões, e ninguém informou a eles que o SARS-CoV-2 é única e misteriosamente bem-adaptado para infectar humanos.

66

Dois outros temas invocados em críticas contra a hipótese das origens naturais são experimentos sobre ganho de função e os mineiros de Mojiang. Eles merecem ser examinados de forma independente, embora com frequência se misturem. A história de Mojiang teve ampla repercussão, em parte pela importância que lhe deram — a que aludi anteriormente, ao discutir o trabalho de Zhengli Shi —, em parte porque é uma narrativa vívida e arrepiante.

O sítio subterrâneo hoje famoso como "a mina de Mojiang" era, em 2012, uma mina de cobre abandonada no município de Tongguan, condado de Mojiang, na província chinesa de Yunnan, de cuja capital, Kunming, fica a pouco mais de trezentos quilômetros a sudoeste. É uma área montanhosa e em parte coberta por floresta, não muito distante das fronteiras setentrionais com Laos e Vietnã. Em abril de 2012, evidentemente porque alguém decidiu reativar a mina, um grupo de trabalhadores foi mandado ao subsolo para limpar grandes quantidades de guano de morcego acumuladas nos túneis, depositadas ao longo de décadas por morcegos de várias espécies que ali se alojavam. Seis desses homens, após trabalharem durante períodos de quatro a catorze dias, adoeceram com uma forma não identificada de pneumonia cujos sintomas incluíam tosse, febre, dor no peito, dificuldade para respirar e (em um caso) hepatite crônica secundária. Eles receberam tratamento em um hospital da universidade médica de Kunming. Três morreram, entre os quais o paciente hepático. Os outros três se recuperaram, mas só depois de hospitalizações prolongadas. Esses fatos estão relatados principalmente na dissertação de mestrado de um certo Li Xu, apresentada em 2013 para a obtenção do grau em Medicina Clínica e Emergencial na Universidade Médica de Kunming. Várias pessoas traduziram partes consideráveis dessa dissertação para o inglês, entre elas Alina Chan, alertada para sua existência em maio de 2020 por uma fonte anônima no Twitter, e meu amigo Wufei Yu, jornalista de Beijing que hoje mora em Nova York; ele revisou e traduziu adicionalmente uma versão para mim. Já vi três versões, incluindo a de Wufei, e em cada uma "é inferido" que os seis casos "podem ser causados por infecções virais".[34] A dissertação conclui — baseada em consulta com Nanshan Zhong, um líder da resposta da China à crise de SARS de 2003, juntamente com algumas evidências ambíguas de anticorpos — que o agente infeccioso foi um coronavírus do tipo SARS vindo de um morcego. Menciona o morcego-de-ferradura da espécie *Rhinolophus rouxii*, embora o autor pareça desconhecer que no mínimo cinco outros tipos de morcego se alojavam naquela caverna. Essa conclusão sobre um vírus letal poderia ser correta — ou não. Em último lugar numa lista de "deficiências" clínicas e de pesquisa que precisavam ser sanadas, devido a futuros problemas nessa linha, Xu Li observou que "é de grande importância extrair amostras de fezes de morcego e de morcegos vivos na mina".[35]

Na época em que a dissertação de Xu foi escrita, Zhengli Shi já começara a fazer isso. No verão de 2012, três meses depois da morte do primeiro dos trabalhadores da mina, ela transferiu parte de seu trabalho de campo de cavernas situadas em outras partes de Yunnan para a mina de Mojiang. Sua equipe voltou a Mojiang em abril e julho de 2013 e, durante essas expedições de 2012-3, coletou 276 amostras fecais de morcegos de seis espécies. (O grupo fez mais visitas em 2014-5, mas aquelas 276 amostras foram analisadas em conjunto.) Cerca de metade dessas amostras testou positivo para algum tipo de coronavírus e, em alguns casos, mais de um vírus por morcego. O grupo de Shi fez um sequenciamento parcial destinado a destacar de cada amostra um determinado trecho breve — cerca de quatrocentas letras de código de RNA para um gene crucial. O gene crucial era o *RdRp*, que codifica a RNA polimerase dependente de RNA, uma enzima que permite que o vírus se replique dentro de uma célula hospedeira. Uma sequência de *RdRp* pode sinalizar a identidade de seu portador como uma confiável impressão digital. A maioria das sequências de *RdRp* encontradas pela equipe de Shi indicou a presença de alfacoronavírus, um grupo que inclui dois coronavírus do resfriado comum, mas nenhum vírus que sabidamente seja preocupante para humanos. Também encontraram sequências indicando betacoronavírus, mais interessantes porque esse grupo inclui o SARS-CoV e o MERS-CoV. Os betacoronavírus sugeriam maior probabilidade de perigo para humanos, por isso a equipe de Shi dedicou atenção especial a esses dois.

Os pesquisadores rotularam uma dessas sequências como amostra 4991, como já mencionei. Ela veio de um morcego-de-ferradura intermediário (*Rhinolophus affinis*), por isso seu nome completo era RaBt-CoV/4991. (Eu não incomodaria você com essa história de rótulos se isso não tivesse causado perplexidade e disputas acirradas em meio aos mistérios das discussões sobre o SARS-CoV-2.) A sequência *RdRp* da amostra 4991 tinha 440 letras, representando menos de 2% de um genoma de coronavírus completo. Não era tão parecida com o vírus SARS humano quanto alguns outros coronavírus do tipo SARS, apenas parecida o suficiente para ser digna de nota. E o SARS daquele período, 2012-3, era o padrão que indicava um possível coronavírus ameaçador, portanto a similaridade com esse vírus influenciava a atribuição de peso a qualquer nova descoberta. A sequência 4991 parecia relativamente insignificante. Shi, que a essa altura já tinha sido coautora de papers publicados na *Nature*, na *Science* e em outras revistas internacionais importantes, publicou esse estudo na *Virologica Sinica*, a revista do Instituto de Virologia de Wuhan. A principal mensagem desse paper foi que alguns morcegos naquela mina decrépita eram portadores de "coinfecções", mais de um coronavírus por vez, "um fenômeno que promove a recombinação e a emergência de novas cepas virais".[36]

A amostra 4991 atrairia muito mais atenção posteriormente, depois que o grupo de Shi a tirou do freezer, recuperou uma sequência genômica quase completa e rotulou essa sequência como RaTG13. Esse rótulo continha informações, como já mencionei, que não caberiam só em um rótulo de quatro dígitos: Ra para *Rhinolophus affinis*, a espécie de morcego de onde vinha a amostra; TG para Tongguan, o município do condado de Mojiang onde a mina se situava; 13 para 2013, o ano da coleta. RaTG13 foi a sequência que se tornou famosa em janeiro de 2020, quando Shi e seus colegas anunciaram ter evidências de um coronavírus, vindo de morcego, com 96,2% de correspondência com o novo vírus que andava causando pneumonias estranhas e assustadoras. Críticos de Shi e seu trabalho, e da hipótese de que o SARS-CoV-2 emergiu naturalmente de um animal, interpretaram essa questão dos rótulos como evidência de encobrimento culposo.

Zhengli Shi a explicou de outro modo durante minha conversa com ela pelo Zoom. "Depois que obtivemos a RNA polimerase dependente de RNA, nós a comparamos com o SARS-CoV-1 e constatamos que esses vírus têm parentesco distante com o SARS-CoV-1." Ela se referia às duas sequências *RdRp* dos betacoronavírus das amostras da mina de Mojiang, incluindo aquela que recebeu tanta atenção. "Ela tem um número de identidade simples. É 4991", disse Shi. "A nomeação de vírus é complexa", acrescentou, e quanto mais amostras de vírus ela e seu grupo coletaram, maior foi a necessidade de terem nomes bem-ordenados e esclarecedores. "No começo, tínhamos apenas cem amostras. Mas depois eram 10 mil." Eles criaram uma convenção melhor. "Decidimos nomear certa sequência — certa sequência importante — com base na espécie de morcego, no local da amostra e no ano da amostragem." Assim, a amostra número 4991 deu lugar ao nome de uma sequência completa, RaTG13. "É um tanto confuso", admitiu. "Mas", ela se interrompeu com uma risadinha, provavelmente de frustração, "nossa intenção *não era* confundir."

Outro foco de confusão requer esclarecimento. Nem a amostra 4991 nem a sequência RaTG13 são um vírus. Uma amostra extraída de um morcego é uma manchinha minúscula de fezes que pode conter fragmentos de DNA e RNA: DNA do próprio morcego, DNA de bactérias, DNA ou RNA de quaisquer vírus de que o animal possa ser portador. Uma sequência viral obtida de tal amostra é a representação genômica de um ou mais desses fragmentos de vírus — uma sequência breve, como as 440 letras do *RdRp*, ou uma sequência longa, montada a partir de fragmentos parcialmente coincidentes, representando o genoma inteiro (ou quase inteiro) de um vírus, como o RaTG13. Repito: *representando* um vírus inteiro. O RaTG13 não é um vírus, assim como o texto de *Hamlet, príncipe da Dinamarca* não é uma peça encenada. Falta Laurence Olivier. Faltam maquiagem, figurinos, efeitos especiais para o fantasma, espadas. O texto consiste apenas em palavras numa página — palavras dramáticas, palavras intemporais, mas ainda assim apenas um roteiro, não uma encenação. De maneira análoga, o RaTG13 é o roteiro de um vírus. Captar um vírus em sua totalidade, um vírus *vivo*, requer técnicas totalmente diferentes. É preciso cultivá-lo em células numa cultura. Isso não é fácil. Cocô de morcego não é o ambiente ideal para a sobrevivência de vírus intactos viáveis. A maioria das tentativas de cultivar vírus vivos extraídos de guano dá em nada.

Com a 4991, as tentativas de Shi deram em nada. "Não conseguimos cultivar nenhuma amostra da caverna de Mojiang", contou ela. "Nunca cultivamos nenhum coronavírus daquela mina", repetiu.

Eis por que isso é importante. Eis por que se dá tanta atenção à mina de Mojiang e aos três trabalhadores que morreram em 2012. Alguns analistas argumentam que os três foram mortos por um coronavírus virulento (o que é possível); aventam que Zhengli Shi levou consigo uma amostra contendo esse vírus ou algum muito parecido com ele para seu laboratório em Wuhan e o cultivou em uma cultura de células (o que ela negou, para mim e para outros); ou que, talvez, ela tenha feito a engenharia reversa de um (hipotético) vírus letal de Mojiang a partir de um genoma completo, expressando o genoma através de uma célula (o que ela negou). À parte as negativas de Shi, às quais se pode dar crédito ou não, existe um porém em todo esse conjunto de cenários. O RaTG13 não é o SARS-CoV-2.

Como é 96,2% similar no nível dos nucleotídeos, o RaTG13 difere em 3,8%. Considerando o ritmo em que os coronavírus geralmente mutam e evoluem, isso reflete cerca de cinquenta anos de divergência evolutiva. O RaTG13 difere do vírus de referência detectado pela primeira vez em Wuhan (conhecido como Wuhan-Hu-1, a sequência publicada por Zhang e Holmes) em cerca de 1150 posições de nucleotídeos, e essas posições estão espalhadas por todo o genoma. Alguns dos melhores virologistas evolucionistas do mundo (profissionais da área, e não amadores que estão de visita) e especialistas em coronavírus, entre eles Susan Weiss, Stanley Perlman, David Robertson, Robert Garry e Kristian Andersen, garantem que o RaTG3, com ou sem manipulação em laboratório, não é a resposta para a questão da origem do SARS-CoV-2. Portanto, a história da mina de Mojiang e seus três trabalhadores mortos em 2012, embora contenha alguns elementos narrativos vívidos e atraia certas mentes, ao que tudo indica é irrelevante.

67

As pesquisas de ganho de função constituem o segundo dos temas no turbilhão dos argumentos em favor da hipótese do vazamento laboratorial. Para quem manteve a televisão desligada nos últimos três anos e o computador travado na Netflix, aqui vai uma definição básica: uma pesquisa de ganho de função é qualquer tipo de experimento de laboratório visando aumentar a capacidade biológica de um organismo. Mais especificamente, uma "pesquisa de ganho de função preocupante" trabalha com um patógeno (viral ou de outros tipos) com potencial de causar pandemia e tornar-se mais capaz de infectar humanos, transmitir-se entre pessoas ou causar-lhes maior dano.

A justificativa para esse gênero de trabalho é que ele poderia ajudar os cientistas a prever, entender e se preparar para o azar. Assim, seria possível antever como poderia ser um patógeno perigoso e como ele se comportaria se a evolução na natureza o tornasse mais danoso. É uma justificativa controversa. Cientistas céticos, entre eles alguns muito sensatos e moderados, se opõem às pesquisas de ganho de função, ou pelo menos a certas formas dessas pesquisas, argumentando que dar a um patógeno qualquer tipo de capacidade intensificada sempre é uma péssima ideia, pois a coisa poderia escapar do laboratório ou ser usada como arma biológica. Mas a própria expressão, "ganho de função", encerra certa ambiguidade. "O que queremos dizer com esse termo", explicou Gerald Keusch, diretor associado dos Laboratórios Nacionais de Doenças Infecciosas Emergentes da Universidade de Boston, a um repórter da *Nature*, "depende de quem está usando o termo."[37]

Keusch é um veterano professor de medicina e especialista em doenças infecciosas, ex-diretor do Centro Internacional Fogarty, do NIH, e coautor (com Nicole Lurie) de um relatório de 2020 sobre emergências em saúde pública para o Conselho de Monitoramento de Preparação Global, uma agência ligada à OMS e ao Banco Mundial. Ele sempre foi médico-cientista. No imenso complexo laboratorial que ele ajuda a dirigir, pesquisadores estudam o vírus Ebola e outros micróbios ameaçadores em um laboratório de biossegurança nível 4. Quando lhe perguntei acerca das pesquisas sobre ganho de função, ele respirou fundo e respondeu com uma trajetória de bumerangue. "Minha mãe queria que eu fosse clínico geral no Bronx", começou. Keusch se formou na Universidade Columbia e na Escola de Medicina da Universidade Harvard, mas escolheu um caminho diferente. "Se eu continuasse na medicina, ia querer saber como as coisas funcionam para que pudesse lidar com elas racionalmente. E ia querer lidar com elas tanto nas minhas pesquisas como no modo como eu praticava a medicina." Ou seja, ele queria fazer ciência e atender pacientes. "Precisamos entender como esses vírus funcionam." A genética evolutiva, por experimentos e por observação, ajuda a esclarecê-los. "Quanto mais compreendermos", disse Keusch, melhor poderemos "antever o que pode acontecer. Maior será nossa capacidade de procurar sinais de um caminho evolutivo preocupante nesses vírus. Mais poderemos fazer antecipadamente." É uma dimensão de preparo, que conduz a tratamentos, vacinas e outras formas de resposta a emergências em saúde pública.

"É uma visão inocente do mundo", acrescentou Keusch. "O mundo tem seu lado escuro, que é amplificado nas teorias da conspiração." A frase "teoria da conspiração" é um ponto sensível para os proponentes da hipótese do vazamento de laboratório — que asseveram estar falando em acidente e encobrimento e não em uma trama premeditada para causar o mal —, por isso me apresso em dizer que Jerry Keusch se referia a esta última ideia: o bioterrorismo internacional. "Sempre existirão uns poucos que usam a ciência para o terror doméstico, o terror internacional, sejam lá quais forem suas razões sinistras", disse ele. Não se pode deixar que isso paralise a pesquisa científica, básica ou aplicada. "Não podemos operar em um mundo onde o foco nos impede que se faça o bem porque há uma possibilidade do mal."

A questão básica nas pesquisas de ganho de função é se elas criam o que os formuladores de diretrizes chamam de patógenos com potencial pandêmico (PPP, outra série ameaçadora de letrinhas para nossa caixa de ferramentas mental). Um patógeno com potencial pandêmico é um micróbio altamente transmissível, capaz de se propagar de forma incontrolável entre humanos e causar doença e morte generalizadas. Por essa definição, o primeiro marco do trabalho sobre PPP no século XXI vem do ano de 2005, quando uma equipe de pesquisadores do CDC dos Estados Unidos e de outras entidades reconstruiu o vírus influenza de 1918. Fizeram isso montando seu genoma a partir de velhos espécimes obtidos em autópsias e de tecido pulmonar congelado de uma vítima enterrada no permafrost do Alasca e depois ativando-o por genética reversa para que se tornasse um vírus vivo e expressando o genoma viral em células cultivadas. Isso causou polêmica. Um cientista disse que era "uma receita para o desastre".[38] Os pesquisadores defenderam seu trabalho, alegando que reviver o vírus e estudá-lo em um laboratório seguro não só esclareceu por que o vírus foi tão letal, mas também possibilitou importantes vislumbres sobre os vírus influenza em geral, contribuindo para o desenvolvimento de vacinas, tratamentos antivirais e predição de virulência em outros vírus.

O segundo marco também envolveu o influenza. Em 2011, o virologista holandês Ron Fouchier anunciou em uma conferência em Malta que ele e seus colegas haviam criado uma versão do altamente virulento H5N1, causador da gripe aviária, transmissível não só entre aves (como na maioria das gripes aviárias), mas também entre mamíferos, e não apenas por contato direto, mas também pelo ar. Fizeram isso gerando mutações no vírus e passando-o por uma série de furões. Nos primeiros experimentos, puseram furões infectados junto com furões sem vírus na mesma gaiola. Os furões sem vírus foram infectados. Mais tarde, depois que os vírus nesses animais acumularam mutações, puseram um furão sem vírus em uma gaiola próxima, porém separada, de um furão infectado. Os animais não podiam se tocar, mas havia fluxo de ar entre as gaiolas. O furão sem vírus foi infectado. Isso aconteceu em três dos quatro experimentos que eles fizeram. O grupo de Fouchier descobriu que o H5N1 da gripe aviária podia se tornar transmissível entre furões por gotículas respiratórias ou suspensão no ar e, portanto, muito possivelmente também transmitir-se desse modo entre humanos, por meio de mutações que mudassem apenas cinco aminoácidos na construção das proteínas do vírus. Quatro dessas mudanças aconteciam na proteína hemaglutinina (representada pelo H em H5N1), que é a proteína de ligação e fusão, equivalente à proteína de espícula em um coronavírus. É importante mencionar que essas mutações não eram o único modo possível de o H5N1 se tornar transmissível pelo ar ou por gotículas. Elas eram apenas alguns exemplos. Assim, a equipe de Fouchier, ao criar um vírus como esse, identificou uma versão daquilo contra o que devemos estar vigilantes, uma versão do que poderia ocorrer no genoma e gerar um vírus de gripe aviária H5N1 transmissível entre humanos. Para alguns cientistas, esse é um trabalho valioso que deve ser feito com cautela, enquanto para outros é uma imprudência desatinada. Críticos também argumentaram que publicar a metodologia desse trabalho experimental foi como oferecer o gabarito para bioterroristas.

O resultado foi uma acirrada discussão internacional sobre as pesquisas de ganho de função e, nos Estados Unidos, uma suspensão parcial desse tipo de pesquisa que durou de 2014 a 2017. O NIH suspendeu o financiamento para tais estudos. A suspensão foi precipitada não só pelo trabalho de Fouchier e por pesquisas similares sobre o H5N1 na Universidade do Wisconsin, mas também por erros grosseiros recentes em laboratório que envolveram o manejo descuidado de patógenos perigosos (bactérias do antraz que não foram inativadas de maneira adequada, vírus de varíola congelado que deveria ter sido destruído), legitimamente preocupantes, mas não consequentes de pesquisas de ganho de função. Os erros lembraram o mundo de que erros e acidentes em laboratório acontecem. Durante a moratória, dois simpósios reuniram cientistas do mundo todo para discutir a razão risco/benefício das pesquisas de ganho de função e como medir e regular esse cociente. O segundo simpósio fez recomendações ao governo dos Estados Unidos; foram criadas novas diretrizes de supervisão e, em fins de 2017, o NIH extinguiu a moratória. Francis Collins, diretor do NIH, anunciou a decisão e disse: "As pesquisas de ganho de função são importantes para nos ajudar a identificar, entender e criar estratégias e medidas defensivas contra patógenos de desenvolvimento rápido que representam ameaça à saúde pública".[39]

O novo sistema de diretrizes ainda tinha seus críticos, entre os quais David Relman, microbiologista da Universidade Stanford e ex-membro do Painel Científico Consultivo para Biossegurança Nacional. Relman assistiu ao primeiro simpósio sobre pesquisas de ganho de função, organizado em dezembro de 2014 pelo Conselho Nacional de Pesquisa e pelo Instituto de Medicina; ele continua insatisfeito com o escopo do sistema e com o modo como são feitos os pareceres para concessão de financiamento a esse tipo de pesquisa. Como Jerry Keusch, ele se formou na Escola de Medicina da Universidade Harvard e se tornou médico-cientista, especializado em microbioma humano. Em 2015, quando entrevistei Relman para outro livro, ele era um jovial sexagenário de cabeleira castanha encaminhando-se para grisalha, modos amigáveis e uma mountain bike estacionada no gabinete de trabalho. Eu, que tinha enfrentado o trânsito de quarta-feira em Palo Alto desde Gilroy (a famosa Capital Mundial do Alho), a oitenta quilômetros dali, onde havia encontrado o quarto de motel mais próximo, entendi por que Relman ia trabalhar de bicicleta. Recentemente, entrar em contato com ele pelo Zoom foi muito mais fácil.

No final da nossa última conversa, que abordou toda a sua formação científica, suas reações às primeiras notícias sobre um novo vírus em janeiro de 2020, sua opinião sobre a história dos mineiros de Mojiang e a missão da OMS em Wuhan, falamos sobre as pesquisas de ganho de função. Alguns cientistas se opõem a elas categoricamente, comentei — dizem que é uma ideia terrível, sob qualquer forma. Perguntei-lhe até que ponto concordava com eles.

Essa era uma posição extrema ao longo de um espectro no qual ele se situava "mais próximo do meio", disse Relman. "Não é só porque me sinto indeciso", explicou. Era porque existem nuances importantes que se perdem em meio à linguagem fácil da discussão.

Especialmente por isso. "Ganho de função é um termo ruim, de certo modo", prosseguiu Relman, concordando com Keusch nesse aspecto, "porque junta superficialmente uma porção de coisas que, na minha opinião, são bem distintas." Sim, temos a obrigação moral de entender o mundo à nossa volta, disse ele. O guarda-florestal não pode cuidar de seu parque sem um inventário do que este contém. É o manual do parque. Sem isso, ele não consegue ser um bom zelador. Uma pesquisa se torna problemática, continuou ele, "quando começamos a dizer: 'Não vou só entender, ou pelo menos reconhecer, o que está ali, vou manipular isso de modos que sejam previsivelmente mais arriscados do que outros modos'". Obviamente, Relman sabia muito bem que fazer ciência experimental é, por definição, manipular. A manipulação genética é um tipo especial de manipulação (especialmente prepotente, você poderia acrescentar), mas é feita todo dia em laboratórios do mundo inteiro e traz imensos benefícios para a saúde humana — e até, em alguns casos, para outros seres e ecossistemas. O que está em debate são os limites apropriados para a manipulação e o valor potencial dos resultados quando comparado com a possibilidade de danos impremeditados. Então se cria justamente aquilo que mais se teme na esperança de aprender alguma coisa útil? Isso é sensatez ou tolice? Em outras palavras: de volta à análise risco/benefício. Medir cada um com base nas faculdades da antevisão é difícil e controverso.

Julgar o que *é* e o que *não é* pesquisa de ganho de função segundo uma definição clássica aplicada às complexidades da virologia molecular não é tarefa trivial. Foi por isso que Tony Fauci, o imunologista do Brooklyn, disse a Rand Paul, o oftalmologista do Kentucky, durante um depoimento sob juramento em 20 de julho de 2021: "Senador Paul, para ser franco, o senhor não sabe do que está falando. E quero dizer isso oficialmente. O senhor não sabe do que está falando".[40]

Relman chamou minha atenção para um artigo publicado em uma revista em 2017 por Zhengli Shi e muitos coautores, entre eles Linfa Wang, da Duke-Universidade Nacional de Singapura, e Peter Daszak, da EcoHealth Alliance, em Nova York. Eu já o tinha lido, mas, pacientemente, reli. Era o mesmo artigo sobre o qual Fauci e Paul haviam discutido — Fauci tinha em mãos um exemplar da revista enquanto rebatia as acusações de Paul. O longo título do paper — "Discovery of a Rich Gene Pool of Bat SARS-Related Coronaviruses Provides New Insights into the Origin of SARS Coronavirus" [Descoberta de um rico reservatório gênico de coronavírus parente do SARS em morcego traz novas ideias sobre a origem do coronavírus SARS][41] — reflete a grande abrangência do trabalho que ele descreve e também o fato de que, em 2017, a origem do vírus SARS de 2003 ainda era uma incerteza científica. O primeiro autor do artigo é um jovem cientista chamado Ben Hu, por isso na taquigráfica denominação científica o texto será para sempre conhecido como o paper "Hu et al. (2017)". Críticos desse trabalho voltaram suas baterias principalmente contra Shi, por ser a autora sênior, contra Daszak, porque parte do financiamento para a pesquisa proveio da EcoHealth Alliance através de uma subvenção do NIH, e contra Fauci, porque seu instituto, o Niaid, subordinado ao NIH, concedeu a verba. Shi e Hu e seus colegas relataram cinco anos de amostragem de campo entre várias espécies de morcego em uma caverna em Yunnan (o artigo não informa o nome da caverna, mas é Shitou, como já mencionei). Um ponto de destaque nesse artigo é a detecção, por sequenciamento a partir de amostras, de onze novas cepas de coronavírus aparentados com o SARS circulando entre quatro tipos distintos de morcego na caverna. Nenhuma das onze parecia representar o progenitor direto, único, do vírus SARS original. Mas o progenitor poderia ter surgido por recombinação entre vários vírus do tipo SARS encontrados nessa caverna ou em outra.

Isso, em si, já era notícia importante: depois de catorze anos, provavelmente fora identificado o hospedeiro reservatório do SARS de 2003. Era um morcego-de-ferradura em uma caverna repleta de morcegos em Yunnan, fosse ela Shitou ou alguma outra. Mas o paper continha outro elemento crucial, destinado a ser mais controverso quatro anos depois, na era do SARS-CoV-2. Envolvia três dos vírus recém-detectados: provavelmente eles eram capazes de infectar humanos, a julgar pela capacidade de suas espículas para ligar-se a receptores ACE2 humanos em laboratório, informaram Hu e seus colegas. "Assim, o risco do salto para pessoas e da emergência de uma doença similar à SARS é possível", alertaram os autores.[42]

O trabalho experimental com esses três novos vírus se tornou o principal tema de disputa, no contexto da pandemia, pois foi interpretado pelos críticos como um perigoso estudo de ganho de função. "É o tipo de experimento que eu não faria", disse Relman. Mas *não* foi considerado experimento de ganho de função por Fauci e outros cientistas — entre os quais "profissionais qualificados acima e abaixo na cadeia" do Niaid que deram os pareceres para concessão do financiamento, como Fauci declarou a Rand Paul. Essa discordância reflete o que Relman e Keusch disseram sobre a ambiguidade do termo "ganho de função", e merece uma explicação.

 O que a equipe de Wuhan procurara descobrir era se aqueles três novos vírus poderiam usar o agora famoso receptor, ACE2, como um ponto de ligação para infectar células humanas e então se replicar dentro delas. Para entender o que eles fizeram, precisamos lembrar que eles não estavam de posse de dois daqueles três vírus. O que tinham eram as sequências genômicas. Tinham os roteiros, não as encenações. Tinham *Hamlet* e *Tito Andrônico*, mas só no papel. Chamaram esses dois roteiros de Rs4231 e Rs7327, e nos dois casos o Rs representava *Rhinolophus sinicus*, o morcego-de-ferradura-ruivo chinês. Da amostra que continha a terceira sequência, Rs4874, eles conseguiram cultivar vírus vivos. Suas tentativas de cultivar vírus a partir das duas outras sequências, Rs4231 e Rs7327, foram infrutíferas.

 Por isso, eles inventaram uma gambiarra. Usando a sequência da proteína de espícula de cada um daqueles dois vírus, junto com a sequência principal de um coronavírus que tinham conseguido cultivar antes, chamado WIV1, eles geraram vírus híbridos. Um trabalho anterior, feito por outros cientistas, concluíra que o WIV1 podia entrar em células das vias respiratórias humanas por meio do receptor ACE2 e, uma vez lá dentro, conseguia se replicar com eficácia. A questão era se, na natureza, os vírus Rs4231 e Rs7327 eram capazes das mesmas façanhas. A equipe de Shi testou esses vírus em células de macaco cultivadas e obteve mais replicação de vírus vivo. Depois fizeram o mesmo com os vírus híbridos em células humanas cultivadas, com e sem o receptor ACE2. Em células humanas sem ACE2, nada. Em células humanas com ACE2, os vírus entraram e se replicaram com eficácia. O que isso disse a Shi e a seus colegas foi: cuidado. Lá na caverna Shitou, e possivelmente em outros lugares, espreitam dois coronavírus silvestres, correspondentes aos genomas Rs4231 e Rs7327, cada um com uma proteína de espícula que lhe dá potencial para infectar humanos. Ali estavam mais dois coronavírus que poderiam saltar e causar surtos ou coisa pior. Essas conclusões "salientam a necessidade de nos prepararmos para uma futura emergência de doenças similares à SARS", escreveram.[43]

Eles criaram um vírus perigoso que não existia na natureza? Esse é o ponto crucial da discussão, mas uma resposta razoável é: não. Eles montaram híbridos, combinando elementos de dois vírus potencialmente perigosos que *já existiam* na natureza com a sequência principal de outro vírus, o WIV1, também existente na natureza. Ao instanciar esses híbridos, o grupo de Shi quis testar e confirmar que Rs4231 e Rs7327 representam ameaças aos humanos. E agora deixarei Shakespeare em sua paz sepulcral e darei ao leitor outra analogia: esses vírus são como os leopardos de Mumbai.

68

Os leopardos de Mumbai são algumas dezenas de felídeos grandes e fortes que vivem na sétima maior cidade do mundo. Mumbai tem 12 milhões de habitantes na parte urbana, com uma densidade populacional de aproximadamente 73 mil pessoas por quilômetro quadrado, uma das mais altas do planeta. Em meio a esse colossal agregado de humanos, construções, ruas e veículos, vivem, segundo uma contagem recente, 47 leopardos. O número deles varia um pouco com os nascimentos e mortes, é claro, mas sua presença sempre foi uma constante, às vezes incômoda, para o povo de Mumbai. Esses felinos habitam o Parque Nacional de Sanjay Gandhi (PNSG), um enclave de floresta protegida de cerca de cem quilômetros quadrados, agraciado com água corrente, dois lagos e uma grande diversidade de flora e fauna, incluindo veados áxis, veados sambar, crocodilos e najas, além de leopardos. Alguns desses leopardos vivem em cativeiro em um centro de resgate no parque, levados para lá depois de se tornarem indesejados em outras partes, mas a maioria deles se desloca livremente. O parque faz fronteira em três lados com bairros de Mumbay, como Aarey Colony e Bhandup West. Pessoas vão ao local para fazer piquenique e caminhar em trilhas, remar nos lagos, andar em trilhos de bitola estreita, pegar um ônibus que atravessa uma área cercada onde se espreguiçam alguns leões e tigres.

E às vezes leopardos livres saem do parque e visitam a vizinhança em busca de território ou alimento. Eles comem o que conseguem matar; caçam veados áxis e sambar, além de tudo o mais que lhes apetecer, inclusive cães de rua. Costumam evitar humanos e são muito reservados, mas no PNSG eles vivem apinhados, às voltas com uma das maiores densidades de leopardos no planeta; por isso, às vezes um leopardo individual se vê pressionado, torna-se um "animal problema", mais ousado e desesperado, que transpõe limites (geográficos e comportamentais) e corre riscos. De repente, um leopardo pega uma criança ou ataca um humano adulto. Em 2004, período em que houve excesso de leopardos problemáticos, foram mortas catorze pessoas. Mais recentemente, no outono de 2021, cinco pessoas foram atacadas, ao que tudo indica por uma fêmea de dois anos. Os leopardos de Mumbai não são malvados, mas são animais silvestres, predadores famintos, e constituem um perigo para os habitantes da cidade, sobretudo nas imediações do parque.

Agora vamos aonde quero chegar. Imagine que você chefia um laboratório de reprodução animal em Mumbai. Decide clonar um leopardo de Mumbai. Com a tecnologia e os métodos hoje disponíveis, isso é totalmente possível. Cientistas já clonaram cães, gatos, veados e outros animais. Com equipamento de microcirurgia, você extrai o núcleo de uma célula de leopardo cativo no PNSG. Esse é o leopardo que você quer clonar — replicar com a maior similaridade possível em um novo animal, seu gêmeo genético. Pode ser um macho ou uma fêmea. Chamemos de Doador 1. Você também remove o núcleo de um óvulo, um oócito, extraído de outro leopardo, necessariamente uma fêmea (porque só fêmeas produzem óvulos). Chamemos de Doador 2. Você insere o núcleo escolhido nesse óvulo, depois ativa a coisa para que ela comece a se dividir. Quando ela se desenvolve a ponto de ser composta de algumas centenas de células, essas células estarão contidas no interior de uma massa esferoide revestida de uma camada protetora: é a blástula, o seu embrião pré-implantação. O genoma nuclear de cada uma dessas células é idêntico ao genoma do seu clone alvo, o Doador 1. E o citoplasma de cada célula, o líquido gelatinoso ao redor do núcleo, contém DNA mitocondrial, um genoma subsidiário, herdado apenas da fêmea que deu a você o óvulo, o Doador 2. Você implanta cirurgicamente o embrião no útero de uma mãe "de aluguel". Por conveniência, você pode escolher uma espécie de felino menor e menos temível para esse papel materno — por exemplo, uma fêmea de leopardo de Bornéu (*Neofelis diardi borneensis*), um gracioso animal de pelo pintalgado, do tamanho de um cão border collie. Se você tiver sorte e habilidade, sua fêmea leopardo de Bornéu levará a gestação a termo e dará à luz um verdadeiro leopardo, o irmão genético — em seu DNA nuclear — do Doador 1, o animal de onde você extraiu o núcleo celular. Na verdade, seu recém-nascido é um híbrido, pois contém o DNA mitocondrial do Doador 2. De qualquer modo, parabéns. Você engendrou um leopardo no laboratório. Você mima e cria esse pequeno ser extraordinário.

Dentro de três anos, se for adequadamente alimentado, seu leopardo de laboratório se torna um adulto completamente crescido. Tem dentes. Tem garras. Tem músculos ondulantes sob a pele pintada. Pode pesar uns 85 quilos, se for um macho robusto, ou uns sessenta se for fêmea. De qualquer modo, é muito maior e mais forte do que sua mãe adotiva, a pequena fêmea leopardo de Bornéu. Você põe seu leopardo em um local de exposição (pobre animal) e alerta: "Eis o que está à espreita na sua cidade. Cuidado. Trate com respeito. Não deixe cães ou crianças vaguearem nas imediações do parque".

Isso é pesquisa de ganho de função? Não, pois já existem leopardos iguais ao seu. Eles estão lá fora, saltando intermitentemente do Parque Nacional de Sanjay Gandhy para as ruas e vielas de Mumbai. Seu animal tem as mesmas capacidades funcionais desses outros leopardos, com a diferença de que ele foi concebido em uma placa de Petri e criado em uma jaula no laboratório.

Foi isso que Zhengli Shi e seus colegas fizeram com dois genomas virais, Rs4321 e Rs7327. Eles criaram aproximações de laboratório, em forma híbrida, daquilo que existe na natureza. Eles nos alertaram, se quisermos ouvir, de que esses coronavírus potencialmente ferozes estão lá fora.

69

Alguns meses atrás, o veterano virologista Robert Swanepoel, da Universidade de Pretória, na África do Sul, me enviou uma prova quase final de um paper de revista sobre o SARS-CoV-2 que ele encontrara na internet. Fora escrito por três franceses de quem eu nunca tinha ouvido falar. "Achei que você poderia se interessar", disse Swanepoel. Ele não estava endossando o paper, mas, como gostava de "pensar fora da caixa" e estava a par do meu interesse pelo tema do *spillover*, ele sugeriu que eu desse uma olhada.

Bob Swanepoel, como já mencionei, é venerado na área de vírus emergentes. Chefiou a equipe que foi procurar o vírus Marburg durante o surto em

Durba na República Democrática do Congo em 1999, quando estavam morrendo trabalhadores em uma mina de ouro. Antes disso, ele se especializara em medicina veterinária e em virologia, trabalhara no Maláui e no Zimbábue e fora escolhido para chefiar a Unidade Especial de Patógenos do Instituto Nacional de Doenças Transmissíveis em Johannesburgo quando ela foi criada, em 1980. Ele é o congênere sul-africano de Karl Johnson e de algumas outras calejadas lendas do CDC americano, conhecido por sua franqueza sem rodeios e suas décadas de trabalho perspicaz e perigoso com muitos dos mais danosos vírus de febre hemorrágica. A reputação de Swanepoel é tal que, quando eu estava pesquisando sobre a (ainda inconclusiva) busca pelo reservatório do Ebola em 2015, primeiro bati polidamente à sua porta por e-mail e então peguei um avião até a África do Sul para passar três dias a seu lado defronte a uma tela de computador, olhando e ouvindo. Por isso, quando ele chamou minha atenção para esse novo paper dos franceses sobre o SARS-CoV-2, é claro que o li.

O primeiro autor era Roger Frutos, biólogo molecular em Montpellier, França. Ali estava um artigo de análise crítica, um apanhado da questão original, que apresentava um ponto de vista novo e um tanto transversal. Sim, o SARS-CoV-2 é um vírus que ocorre naturalmente, afirmaram Frutos e seus coautores. Não, ele não é produto de manipulação em laboratório. Não, ele não é o RaTG13 da mina de Mojiang com um sítio de clivagem de furina adicionado de maneira deliberada. Tampouco é provável que tenha havido vazamento de laboratório, escreveram eles, acrescentando que, "embora um acidente em laboratório nunca possa ser excluído definitivamente, até o momento não há evidências que corroborem essa suposição".[44] Por outro lado, a noção comum de como um novo vírus pode se tornar um patógeno humano e causar uma pandemia — o modelo *spillover*, como eles o chamaram — também não era satisfatória. Eles propunham uma alternativa. Chamaram-na modelo de circulação.

Eis a lógica do modelo. Vírus com taxas de mutação relativamente altas e flexibilidade evolutiva não costumam se alojar em apenas um hospedeiro reservatório. Se forem vírus de animais, não se limitam a um tipo de animal. Geram, por mutação, uma miscelânea de diversidade genética entre suas populações virais, e assim enxames de cepas virais vagamente aparentadas podem aparecer de vários modos, explorando diversos nichos e estratégias. Esses vírus circulam amplamente no reino animal, transpondo limites entre as espécies, infectando uma variedade de hospedeiros, chegando a um beco sem saída em um animal, tendo êxito temporário em outro animal e seus contatos, sondando possibilidades, evoluindo, prontos para as oportunidades. São vírus multi-hospedeiros. Em áreas do planeta onde humanos vivem em contato próximo com animais silvestres — áreas rurais, áreas de periferia, lugares onde pessoas fazem incursões em paisagens naturais causando grande perturbação em ecossistemas —, eles estarão entre os vários hospedeiros em que um vírus como esse circula. O que leva a uma epidemia ou pandemia, escreveu o grupo de Frutos, não é um incidente isolado de um vírus de animal que salta para um humano, se adapta bem e passa a infectar desenfreadamente milhões de outros humanos, e sim "a ocorrência de um duplo acidente".[45] Eles se referiam a algo muito diferente de um acidente em laboratório: uma mutação genética ou um grupo de mutações ou um evento de recombinação conducente a uma vantagem potencial, seguido por uma circunstância social na qual a vantagem é bem recompensada. Uma vez ocorrido esse duplo acidente, as cadeias de infecção não chegam a becos sem saída — nem todas elas, pelo menos. A prevalência do vírus aumenta até um limiar crítico em alguma agregação de pessoas. A circulação de um vírus buliçoso em vários hospedeiros, entre os quais humanos, mais um acidente, mais um segundo acidente produzem um novo vírus humano — uma nova emergência de saúde. Talvez seja um surto. Talvez seja uma epidemia. Talvez se torne uma pandemia.

"Me explique", pedi a Roger Frutos pelo Zoom. "Como pode ocorrer o duplo acidente e qual foi o duplo acidente no caso da covid-19."

"O.k. É um duplo acidente com duas origens diferentes", disse ele. Primeiro acontece o acidente genético. Um vírus, mutando abundantemente conforme passa de hospedeiro para hospedeiro, de um tipo de animal para outro, produz uma mutação que por acaso melhora seu êxito em um tipo de hospedeiro. Ou talvez ele circule entre múltiplos vetores — mosquitos ou carrapatos de vários tipos — e melhore seu êxito em apenas um destes. Por exemplo, disse Frutos, o caso do vírus da chikungunya, que é transmitido por vetor, o mosquito da febre amarela (*Aedes aegypti*), portanto está limitado à área de vida desse mosquito. A doença foi identificada pela primeira vez nos anos 1950, em meio às fronteiras de Moçambique e Tanganica (hoje Tanzânia). O mosquito vetor também é originário da África. E então uma única mutação deu ao vírus uma capacidade imensamente maior de se alojar em outro tipo de mosquito, o *Aedes albopictus*, conhecido como mosquito-tigre. O *Aedes albopictus* se originou no Sudeste Asiático. A mutação crucial, conhecida como A226V, parece ter ocorrido por volta de 2005.

Aí veio um segundo acidente, o social. "Nesse caso, o comércio internacional", disse Frutos. O mosquito-tigre prospera em ambientes humanos e viaja bem em navios, especialmente navios de carga que levam contêineres e mercadorias volumosas como pneus usados, que retêm água da chuva e oferecem um excelente habitat para mosquitos porem ovos. O ramo dos navios cargueiros também envolve muita carga e descarga em lugares como Hong Kong, San Francisco, Marselha, Gênova e portos marítimos no oceano Índico, entre os quais Mombaça e Colombo. No processo, mosquitos-tigre também são carregados e descarregados. "Mosquitos se propagam facilmente dessa maneira", explicou Frutos. Os mosquitos-tigre expandiram sua área de vida e se estabeleceram em novos lugares — não só nos trópicos, mas também em zonas temperadas e em grandes cidades — e agora estão entre as espécies invasivas mais bem-sucedidas e problemáticas do mundo. Eles conseguiram vingar na África Oriental, disse Frutos, uma penetração fatídica. "Lá os mosquitos entraram em contato com um vírus mutado." Juntos, graças a um acidente de mutação (no vírus da chikungunya) e a um acidente social (que afetou a distribuição dos mosquitos-tigre), esses mosquitos e esse vírus causaram surtos na Itália, Índia, América do Sul e na ilha Reunião, no oceano Índico. Hoje a chikungunya afeta centenas de milhares de pessoas por ano, especialmente no Brasil e na Índia, mas também há casos intermitentes e surtos nos Estados Unidos, Caribe, Europa e outros lugares.

Muito interessante. Então, como esse modelo se aplica à covid-19?, perguntei.

O primeiro acidente, o genético, postulou Frutos, foi a aquisição do sítio de clivagem de furina. Isso tornou o vírus mais transmissível em humanos. "E o segundo?", ele mesmo se perguntou, poupando meu fôlego. "Por que em Wuhan? Por que naquele momento? Porque naquele momento havia uma conjunção de várias coisas em Wuhan. Houve diversas celebrações ao mesmo tempo, que levaram *muita* gente para lá — muita gente mesmo."

Ele se referia à migração para o Festival da Primavera, *Chunyun*, que ocorre a cada mês de janeiro, quando pessoas de toda a China viajam para visitar parentes e celebrar o Ano-Novo chinês, e compartilham alimentos e outros bens transportados para essas comemorações especiais. Em Wuhan, a logística incluía milhares de passageiros por dia — com um pico em 100 mil

— passando pela estação ferroviária de Hankou, e um banquete com cerca de 40 mil famílias, cada qual levando parte da comida. A estação de Hankou fica a menos de um quilômetro do mercado de Huanan. O prefeito de Wuhan desconsiderou os alertas sobre um vírus altamente contagioso que se propagava pela cidade e, em 19 de janeiro de 2020, o banquete aconteceu como planejado. Quatro dias depois, o governo da cidade suspendeu todo o transporte público, o governo da província bloqueou as ligações ferroviárias e Wuhan ficou trancada em quarentena. Mas era tarde demais. Com todas aquelas pessoas viajando, se reunindo, comendo e bebendo, celebrando, "ocorreu a amplificação", disse Frutos. As cadeias de infecção não chegaram a um beco sem saída, nenhuma delas. "O limiar de surto foi atingido, e então começou." O vírus que vinha circulando sem ser detectado em humanos e outros animais havia meses ou anos, segundo o modelo de Frutos, topara com uma oportunidade de duplo acidente e embarcara na nova fase de sua carreira.

Frutos e seus colegas apresentaram seus argumentos em defesa desse modelo da circulação em dois papers publicados em 2021, o primeiro em março — aquele que Bob Swanepoel me enviou. Esse artigo de análise crítica, junto com minha conversa com Frutos pelo Zoom, despertou meu interesse por um segundo paper sobre a questão da origem quando ele foi publicado pelo mesmo grupo em outubro. Dessa vez, como já havíamos conversado, o próprio Roger Frutos me mandou uma cópia. O título era provocativo: "There Is No 'Origin' to SARS-CoV-2" [Não existe "origem" do SARS-CoV-2].[46]

Eles descreveram de novo os elementos de seu modelo: a fase da circulação, quando o vírus está passando de um tipo de animal hospedeiro para outro, permanecendo amplamente adaptado, capaz de infectar todos eles; o primeiro acidente, quando uma mudança genética dá ao vírus uma vantagem maior em humanos; e o segundo acidente, uma circunstância social que permite ao vírus amplificar sua ação e se propagar, aproximando-se de um ponto crítico. (É parecido com o que Malcolm Gladwell descreveu em seu livro *O ponto da virada*.) Mas dessa vez Frutos e seus colegas detalharam a explicação anterior. "Uma epidemia não começa com um único indivíduo afetado. É um processo probabilístico", escreveram.[47] Envolve probabilidade e acaso. À medida que o vírus passa de um humano para outro, mais capaz de se transmitir, aumentando o número de infecções, iniciando cadeias de infecção, aumenta a probabilidade de que no mínimo uma dessas cadeias continue indefinidamente, em vez de chegar a um beco sem saída, como vinha ocorrendo com todas as cadeias desse tipo até então. Ele pode infectar uma pessoa na área rural que em seguida viaja para uma cidade grande, onde há maior densidade populacional e maior probabilidade de transmissão adicional. Pode entrar em um hospital ou aeroporto, ganhando maior oportunidade de transmissão e dispersão. Pode ser levado para um mercado cheio de gente. A certa altura, depois do segundo acidente, alguma coisa acontece. O vírus tem sorte, os humanos têm azar. "Chama-se isso de limiar epidêmico", escreveu a equipe de Frutos.[48] O novo vírus, antes um fenômeno ecológico curioso, torna-se uma crise de saúde pública.

Portanto, concluíram, não existe uma "origem" única, determinística, do SARS-CoV-2 e de outros vírus emergentes, e sim "um processo permanente de evolução, adaptação e seleção moldado pelo acaso e pelo ambiente", e esse processo "enseja novas linhagens".[49]

Entre os principais fatores que impelem esse processo permanente está o crescimento da população humana. Quanto mais numerosos nos tornamos — mais aglomerados, interconectados, demandando mais recursos, invadindo mais lugares naturais, perturbando mais ecossistemas ricamente diversificados —, mais próximos ficamos do limiar epidêmico para qualquer novo vírus que nos sonde como uma possível rota para seu maior êxito evolutivo.

Esse modelo da circulação de Roger Frutos e seus colegas é inovador e fascinante, mas não totalmente original. Ele lembra o que Jonathan Pekar e seus colegas, entre eles Michael Worobey, sugeriram em seu paper sobre estimar a época de ocorrência do caso inicial do SARS-CoV-2 em Hubei (como já mencionado), quando escreveram que "o *spillover* de vírus similares ao SARS-CoV-2 pode ser frequente, mesmo que pandemias sejam raras".[50] E a ideia também foi aventada em 2005, em um artigo de Don Burke e vários coautores, entre os quais o virologista Nathan Wolfe e Peter Daszak, da EcoHealth Alliance. Esse artigo apresentou um conceito que os autores chamaram de "*viral chatter*" [palavrório viral],[51] que significa a transmissão repetida de um determinado vírus de seu hospedeiro não humano para humanos individuais — transbordamentos que chegam a um beco sem saída sem dar origem a uma transmissão de humano para humano, até um certo ponto em que o vírus vinga entre os humanos e tem início um surto.

O segundo artigo de Frutos continha outro comentário notável, que me chamou a atenção porque esse raciocínio também já me ocorrera. A história dos mineiros de Mojiang e as suposições sobre um vazamento de laboratório costumam ser embrulhadas juntas por críticos da hipótese das origens naturais, como se elas reforçassem mutuamente a suspeita de que algo nebuloso, irresponsável e secreto foi feito por cientistas em Wuhan. Essa narrativa, segundo Frutos e seus coautores, é uma combinação de vários elementos que contradizem uns aos outros: 1) o SARS-CoV-2 veio da mina de Mojiang e os três mineiros foram mortos por ele; 2) o SARS-CoV-2 escapou acidentalmente de um laboratório do Instituto de Virologia de Wuhan; 3) o SARS-CoV-2 foi engenheirado para infectar humanos. Mas se ele era um vírus perigoso que naturalmente se alojava na mina, então não foi engenheirado e tampouco foi criado por pesquisas de ganho de função no laboratório de Zhengli Shi. Se ele infectou pesquisadores quando entraram na caverna, não vazou do laboratório. Se foi engenheirado em um laboratório para fins nefandos, ou produzido por pesquisas de ganho de função descuidadas e então escapou do laboratório, isso significa que a mina de Mojiang, como eu já disse, é irrelevante. O RATG13 veio da mina, sim, mas é uma sequência e não um vírus, e virologistas moleculares renomados concordam que o RATG13 não é o SARS-CoV-2, nem poderia ser transformado no SARS-CoV-2 por algum procedimento de laboratório racional imaginável. Você pode defender uma dessas três hipóteses — vazamento de laboratório, vírus engenheirado, vírus da mina de Mojiang — e argumentar que tem respaldo em evidências, escreveu o grupo de Frutos, mas não pode afirmar que as três representam uma hipótese coerente única cujos detalhes oferecem confirmação mútua. Isso é ilógico. Elas não corroboram umas às outras. Elas excluem umas às outras.

70

As histórias sinistras sobre o SARS-CoV-2 e suas origens circularam durante boa parte de 2021, ora caindo nas boas graças de uns, ora provocando refutação, incitando pânico, fascinação ou sarcasmo nas páginas de opinião de jornais, em certas revistas e nas redes sociais, sobretudo o Twitter. A maior parte desse ruído foi produzida por amadores e pretensos especialistas que fizeram sua leitura intensiva de obras de virologia para a ocasião. (Também sou amador nessa área, mas no começo de 2021 decidi ficar quieto por um tempo e ouvir.) Enquanto isso, os profissionais observaram o tumulto com vários graus de espanto e frustração, e prosseguiram com seu trabalho. Alguns deles, cientistas inteligentes e honestos como David Relman, pediram mais investigações sobre a hipótese do vazamento de laboratório, e muitos, especialistas ou não, concordaram que isso seria útil. Também seriam úteis investigações adicionais sobre as hipóteses do *spillover* natural, do modelo de circulação de Frutos, dos vírus transmitidos por morcegos no sul e no centro da China, do comércio de cães-guaxinins e outros animais silvestres em toda a província de Hubei e mais além e de infecções virais nesses animais. Mas as interações entre cientistas chineses e a comunidade científica internacional foram esfriadas e prejudicadas pela dimensão política dessa pandemia — menos delicadamente, poderíamos dizer que essas relações estão em estado catatônico —, e assim, por ora, só podemos tirar conclusões com base nos dados que temos.

Esse trabalho continua. Em 16 de setembro de 2021, a revista *Cell*, outro importante veículo mundial da pesquisa e pensamento biológico, publicou um artigo intitulado "The Origins of SARS-CoV-2: A Critical Review" [As origens do SARS-CoV-2: Uma análise crítica].[52] Era mais convincente do que a maioria das narrativas e réplicas, tendo em vista o que dizia e quem dizia. O primeiro autor era Eddie Holmes, o autor final era Andrew Rambaut, e no meio a lista de coautores incluía Kristian Andersen, Michael Worobey, Susan Weiss, David Robertson, Robert Garry, Angela Rasmussen, Stuart Neil, Wendy Barclay, Maciej Boni e Jeremy Farrar. Esses nomes representam um acervo de credibilidade e especialização, sobretudo em virologia evolutiva e biologia de coronavírus. Não se pode falsificar o que eles sabem e fazem, e não dá para fazer uma leitura intensiva de suas obras a toque de caixa.

"Há muito tempo se sabe que os coronavírus representam alto risco pandêmico", começavam os autores.[53] Consideremos alguns fatos. O SARS-CoV-2 é o mais recente de sete coronavírus conhecidos que infectam humanos e o quinto reconhecido nos últimos vinte anos. Todos os coronavírus humanos anteriores, como a maioria dos vírus humanos, têm origens animais. A primeira emergência do vírus SARS original, em fins de 2002, e sua reemergência, no outono de 2003, foram associadas a mercados onde eram vendidos animais silvestres, sobretudo civetas e cães-guaxinins. Entre os vendedores de animais que trabalhavam nesses estabelecimentos em 2003, 13% testaram positivo para anticorpos do SARS, e dentre os especializados em civetas, mais de 50% testaram positivo. (Implicação: precisamos de dados paralelos de vendedores de animais em 2019.)

Outro coronavírus humano, o HKU1, um dos relativamente inócuos, emergiu em 2004 em uma cidade chinesa grande, Shenzhen. Ele contém um sítio de clivagem de furina em sua proteína de espícula. De início, foi identificado como um caso de pneumonia humana. (Implicação: a localidade de Wuhan e o sítio de clivagem de furina no SARS-CoV-2 não são incomuns.)

Dois dos três casos mais antigos conhecidos de covid-19 e 28% do total de casos informados em dezembro de 2019 estavam ligados diretamente ao Mercado Atacadista de Frutos do Mar de Huanan. E 55% dos casos rastreados de dezembro tinham origem nesse ou em outro estabelecimento similar de Wuhan. A maioria desses casos relacionados aos mercados se manifestou na primeira metade do mês, mais próximo do período da emergência, seja como for que ela tenha ocorrido. Os demais, aqueles sem ligação com mercados, são facilmente explicados por propagação assintomática. Em 2019 os mercados de Wuhan — o de Huanan e vários outros — comercializaram muitos milhares de animais silvestres, vivos, entre os quais conhecidos portadores de coronavírus como civetas e cães-guaxinins. Depois que o mercado de Huanan foi fechado, vestígios do SARS-CoV-2 apareceram em amostras ambientais, especialmente na sua seção oeste, onde eram vendidos animais silvestres e domésticos. Algumas carcaças de animais testaram negativo para o vírus, mas essa testagem não incluiu cães-guaxinins nem civetas. (Inferência: sim, autoridades chinesas deviam ter feito um trabalho mais minucioso na amostragem de animais do mercado de Huanan antes que eles fossem removidos ou destruídos.)

A primeira divisão na família SARS-CoV-2, traçada com base em comparações de genomas, ocorreu bem cedo: talvez já em meados de dezembro ou antes. Isso se reflete no fato de que duas linhagens distintas, rotuladas como A e B, circularam independentemente nesse período. A linhagem B apareceu nos casos ligados ao mercado de Huanan e em amostras ambientais extraídas nesse local. Essa linhagem se propagou depressa e por grandes distâncias e se tornou dominante no mundo — é por isso que a variante alfa (B.1.1.7), reconhecida pela primeira vez no Reino Unido, a variante beta (B.1.351), detectada pela primeira vez na África do Sul, a variante delta (B.1.617.2), que veio como um furacão da Índia, e a variante ômicron (B.1.1.529), também reconhecida pela primeira vez por cientistas da África do Sul (e sobre a qual falaremos adiante), têm todas a letra B na identificação. A única raiz dessa árvore localizada até o momento está no mercado de Huanan. Mas nem todas as linhagens (pelo menos assim parecia, quando o paper foi publicado) remontam a esse mercado.

A linhagem A, que se destacou mais em Wuhan e em outras partes da China, contém um caso inicial ligado a outro mercado da cidade. Esse padrão, escreveram Holmes e seus coautores, condiz com a emergência do SARS-CoV-2 em animais silvestres infectados ou em traficantes de animais que os levaram para um mercado e para o outro. (Inferência: é mais difícil ver esse padrão emergindo de um fatídico vazamento de laboratório no Instituto de Virologia de Wuhan, a dezesseis quilômetros dali, do outro lado do rio Yang-tsé.)

Além disso, coronavírus de parentesco próximo com o SARS-CoV-2 foram encontrados em morcegos (e pangolins também) em vários locais do sul da China, Camboja, Tailândia, Laos e Japão. O próprio Holmes foi coautor da publicação sobre a descoberta do RMYN02, que corresponde mais proximamente ao SARS-CoV-2 na maior parte de seu genoma, vindo de uma amostra extraída de um morcego-de-ferradura malaio no condado de Mengla, Yunnan. Na Tailândia, o cientista Supaporn Wacharapluesadee, trabalhando com um grande grupo de colegas locais e de outros países, encontrou outro coronavírus que era 91,5% similar ao SARS-CoV-2 e tinha em comum com este uma parte de seu sítio de clivagem de furina. Eles o detectaram em amostras fecais de morcegos-de-ferradura que se alojam em um santuário de vida selvagem. Mais recentemente, no Laos, uma equipe de pesquisadores laosianos e franceses detectou três coronavírus, também em morcegos-de-ferradura, que são mais similares ao SARS-CoV-2 do que qualquer outro até o momento, inclusive o RATG13. Essa correspondência é especialmente próxima no domínio de ligação ao receptor. Todos os três tipos de morcego no estudo laosiano, bem como o tipo analisado no estudo tailandês, se distribuem amplamente por todo o Sudeste Asiático, e dois deles também ocorrem no sul da China. Morcegos não respeitam fronteiras nacionais, portanto é certeza que alguns indivíduos dentre essas espécies que se deslocam por uma vasta área estão levando seus vírus de um país para outro. Esse fator, juntamente com a propensão dos morcegos-de-ferradura a se alojar em locais com mais de uma espécie, e com sua suscetibilidade a serem infectados por mais de um vírus, oferece abundantes oportunidades para coronavírus se recombinarem, permutando porções de genoma de um vírus para outro. (Implicação: as peças com as quais o SARS-CoV-2 montou a si mesmo, e as circunstâncias em que essa montagem ocorreu, estão todas disponíveis no céu e nas cavernas do sul da China e do Sudeste Asiático.)

Isso constatado, Holmes e seus coautores analisaram a hipótese do vazamento de laboratório. Sim, já houve acidentes em laboratório e ensaios malfeitos com vacinas nos quais vírus perigosos entraram em quem trabalhava no laboratório ou em pessoas de fora. Mas esses eram vírus conhecidos, como o influenza H1N1, ou os eventos foram pequenos e contidos, como os das infecções de 1967 com o Marburg. "Nenhuma epidemia foi causada pelo escape de um novo vírus",[54] observaram os autores, e não havia evidências de que o Instituto de Virologia de Wuhan, ou qualquer outra instituição, estivesse trabalhando com o SARS-CoV-2 ou com qualquer outro progenitor próximo dele antes do início dessa pandemia. Toda a equipe que trabalhava no laboratório de Zhengli Shi testou negativo para anticorpos do SARS-CoV-2 em março de 2020, a menos que isso tenha sido uma mentira dita à missão da OMS. O Instituto de Virologia de Wuhan cultivou três coronavírus do tipo SARS de morcegos, sim, mas nenhum deles tem similaridade próxima com o SARS-CoV-2. E esses vírus foram cultivados mediante sua amplificação sucessiva em células de macaco, um processo que, quando aplicado ao SARS-CoV-2, leva a um desaparecimento gradual do sítio de clivagem de furina porque ele é desnecessário em culturas de células. Quanto às pesquisas de ganho de função, qualquer trabalho que se encaixe nessa denominação pareceu improvável como fonte desse vírus, escreveu o grupo de Holmes, pois não havia "razão experimental racional para que um novo sistema genético fosse desenvolvido usando um vírus desconhecido e não publicado",[55] dado que a lógica das pesquisas de ganho de função envolvia muito conhecimento sobre o vírus ao qual se adiciona uma função. A experimentação útil requer limitar as variáveis. Em qualquer cenário de vazamento de laboratório, o SARS-CoV-2 teria de estar presente em um laboratório de Wuhan antes da pandemia, mas não havia evidências de que essa condição tenha existido, nem razão para escondê-la caso tenha existido. Zhengli Shi estava ocupada em descobrir novos coronavírus e anunciá-los ao mundo.

Havia mais. Os autores dedicaram uma seção acentuadamente técnica (como se tudo que foi descrito até aqui já não fosse técnico o bastante) à sua própria área de especialização, a estrutura genômica e a evolução contínua de vírus de RNA, em especial o SARS-CoV-2. Reiteraram que o SARS-CoV-2 é um vírus generalista, não um vírus misteriosamente bem-adaptado a humanos — ele é capaz de infectar todos aqueles visons, tigres, gorilas e outros mamíferos. Os autores acrescentaram que, mesmo se o vírus *tivesse sido* incomumente bem-adaptado a humanos em dezembro de 2019, decerto passou por muita adaptação adicional desde então. Exemplos: a mutação Doug (D614G), seguida pela Nelly (N501Y), pela Eek (E484K) e pela Karen (K417N), e então por todas as outras variantes. Os autores salientaram, em resposta a afirmações sombrias sobre o sítio de clivagem de furina, que sítios de clivagem de furina são comuns em proteínas de espícula de outros coronavírus. Houve menção ao palíndromo de William Gallaher, sugerindo que um sítio de clivagem de furina poderia ter entrado nesse vírus mediante recombinação em trecho palindrômico conducente a erro de cópia. E houve enérgicas refutações de várias outras hipóteses sobre vazamento de laboratório ou engenharia de vírus, em questões tão embrenhadas na floresta que não pedi ao leitor para avançar comigo por esse cipoal.

Isso levou Holmes e seus coautores ao princípio da parcimônia: a explicação mais simples para um fenômeno provavelmente é a melhor. Uma explicação mais elaborada aumenta a chance de incorporar fatos falsos, meras coincidências ou pressupostos incorretos. Como acontece na maioria dos vírus humanos, concluiu o grupo, "a explicação mais parcimoniosa para a origem do SARS-CoV-2 é um evento zoonótico".[56] Referiam-se a um *spillover* de um animal não humano. "Por definição, um *spillover* zoonótico seleciona vírus capazes de infectar humanos." A suspeita de que o vírus teria origem em laboratório, escreveram, "vem da coincidência de ele ter sido detectado pela primeira vez em uma cidade que contém um importante laboratório virológico onde se estudam coronavírus".[57] Mas é mais provável que a ligação com Wuhan, acrescentaram, reflita os fatos de que essa é a maior cidade da China central, um eixo de viagens e comércio, densamente povoada por 11 milhões de pessoas, com muitos mercados animais em seu meio.

Sim, a possibilidade de um acidente de laboratório não pode ser totalmente descartada, concordaram Holmes e seus coautores. Além do mais, talvez seja quase impossível refutar essa hipótese. "Mas é muito improvável", avaliaram, "tendo em vista os contatos numerosos e repetidos entre humanos e animais que ocorrem rotineiramente no tráfico de animais silvestres."[58] Deixar de investigar essa dimensão zoonótica, com estudos colaborativos que transponham fronteiras entre países e fronteiras entre espécies, deixaria essa pandemia grassando e o mundo ainda mais vulnerável à próxima.

71

Ainda não temos uma resposta definitiva para a questão das origens até o momento em que escrevo esta frase, e talvez não a tenhamos quando você a ler. Talvez nunca tenhamos uma resposta definitiva, e isso seria um grave infortúnio, como observaram Eddie Holmes e seus colegas. Enquanto isso, continuo a pensar nas palavras "coincidência" e "improvável", tão relevantes a seu próprio modo quanto a palavra mais refinada, "parcimônia". O que é uma coincidência e o que é um padrão revelador? O que é provável e o que é improvável? Isso me leva de volta às primeiras dezenas de casos e suas ligações, ou ausência de ligações, com o Mercado Atacadista de Frutos do Mar de Huanan.

Daniel Lucey prestou um serviço útil quando — como relatei muitas páginas atrás — alertou os leitores de seu blog para o fato de que informes iniciais ligando o surto ao mercado de Huanan desconsideraram algo importante: as exceções. Dos 41 casos iniciais, 27 sabidamente tinham ligação direta com o mercado. Em um caso, uma mulher foi ligada a ele por intermédio do marido. Lucey indagou: e os outros treze, onde *eles* foram infectados? Isso ajudou a pôr em dúvida a premissa da origem no mercado.

Michael Worobey retorna aqui à história. Worobey é um líder das discussões correntes sobre as origens por sua reputação exemplar e sua mente aberta e aguçada. Na época em que ele estava pesquisando sobre a origem do HIV-1, como relatei brevemente neste livro e com mais detalhes em outro texto, ele foi para a República Democrática do Congo e coletou fezes de chimpanzé em companhia do biólogo britânico William Hamilton quando este quis testar a hipótese da vacina oral para a pólio. Worobey não defendia essa hipótese, mas ela parecia merecedora de investigação. Um colega cientista, sem dúvida tendo em mente essa aventura no Congo, disse que Worobey é famoso por ter "uma queda por teorias extravagantes".[59] Worobey também foi um dos assinantes de uma carta para a *Science* em maio de 2021, junto com outros dezessete cientistas, entre os quais David Relman e Alina Chan, que pedia uma investigação mais aprofundada sobre a questão das origens, algo mais completo que a missão da OMS, marcada por graves restrições de tempo, de acesso aos registros e de cooperação das autoridades chinesas. A presença de Worobey nesse grupo de signatários, e também entre os coautores da "Critical Review" de Holmes sobre as origens, reflete sua independência e flexibilidade. Suas ideias geralmente são movidas pela curiosidade e por dados. A curiosidade o levou de volta ao mercado de Huanan.

Em 18 de novembro de 2021, Worobey publicou um ensaio na *Science* intitulado "Dissecting the Early Covid-19 Cases in Wuhan" [Dissecando os casos iniciais de covid-19 em Wuhan].[60] Sua dissecação e as conclusões a que ele chegou mereceram atenção nos noticiários, especialmente tendo em vista o fato de ele ser um signatário da carta que clamava por uma "investigação mais aprofundada", e nesse mesmo dia matérias de destaque saíram nos jornais *New York Times*, *Washington Post* e *Wall Street Journal*.

Worobey começou com os dados mais amplamente divulgados: segundo um estudo pioneiro de Huang e colegas, que mencionei no início deste livro e que o grupo de Holmes também citou, os primeiros 41 casos informados em Wuhan incluíram 37 ligados ao mercado de Huanan. Ou seja, 66%. Dos primeiros dezenove, dez estavam ligados ao mercado. São 53%. O relatório da missão da ONU sobre as origens menciona 168 casos conhecidos durante todo o mês de dezembro, dos quais 33% tinham ligação com o mercado — ainda uma porcentagem elevada, e esse número obscurece o fato de que a ligação com o mercado foi maior nas primeiras semanas do mês. Algumas pessoas, escreveu Worobey, poderiam indagar por que apenas um terço, ou talvez dois terços, dos casos iniciais foram ligados ao mercado de Huanan se esse local foi a fonte do surto. Mas isso desconsidera a alta transmissibilidade e a propagação assintomática desse vírus. Uma questão melhor seria: por que teríamos que *supor* que todos os casos estariam ligados ao mercado, se o vírus estava se propagando com tanta rapidez e discrição? E se o mercado de Huanan *não foi* a fonte, o que explicava todos esses casos?

Havia uma possível resposta a esta última questão, e parece ser ela a que despertou o interesse de Worobey: o *viés da confirmação*, algo tremendamente desmoralizante em ciência. Em palavras simples: em um estudo científico, quando você pensa que certo fator é aquele que você está procurando, terá maior probabilidade de encontrá-lo, pois buscará em lugares onde esse fator vive. Aplicando a Wuhan em dezembro de 2019: se médicos e autoridades de saúde pensavam que o mercado de Wuhan era a fonte dessa nova pneumonia estranha, iriam procurar com mais empenho casos entre pessoas ligadas a esse mercado, portanto encontrariam mais, mesmo enquanto o vírus se propagava por toda a cidade. Suas expectativas e seu trabalho de busca teriam sido enviesados por esse resultado. Worobey examinou essa possibilidade acessando registros médicos e outros documentos, e constatou que isso não ocorrera. Os médicos em hospitais que receberam os casos iniciais não sabiam de nenhuma ligação suspeita com o mercado de Huanan. Esse conhecimento só surgiu em 29 de dezembro. Eles diagnosticaram aqueles pacientes iniciais com base em sintomas clínicos, não em informações epidemiológicas — por exemplo, se a pessoa trabalhava em um mercado ou se tinha estado em um. Não havia esse tipo de viés nos dados, concluiu Worobey.

Worobey analisou atentamente uma premissa importante que fora estabelecida em janeiro de 2020 pelo informe na *The Lancet* e ressaltada de boa-fé por Daniel Lucey: um ou dois dos casos iniciais confirmados em Wuhan não tinham ligação com o mercado. Ele concluiu que isso não era verdade. O primeiro de todos os casos, segundo indicado no paper, um paciente não ligado ao mercado que supostamente adoeceu em 1º de dezembro, na verdade adoecera em fins de dezembro. Essa correção foi feita no relatório da missão da ONU.

Worobey também destrinchou outra ideia que estava obscura no relatório da OMS. Com a correção da data do caso de 1º de dezembro, o primeiro caso conhecido, supostamente, passou a ser o sr. Chen, o contador de 41 anos cujos sintomas começaram em 8 de dezembro. O fato de o sr. Chen nunca ter estado no mercado de Huanan — ele não fazia compras de animais silvestres em meio a boxes e corredores malcheirosos, adquiria seus gêneros alimentícios em um supermercado — parecia depor contra a hipótese do mercado como fonte. (Worobey: Não, não se esperaria que um ou dois eventos de transmissão iniciais ocorressem fora do epicentro do surto.) Então, primeiro caso, sem ligação com o mercado? Mas talvez Chen nem fosse o primeiro caso. Worobey observou que, no paper que descrevia o caso de Chen e em seus registros hospitalares, seus sintomas começaram em 16 de dezembro, não em 8 de dezembro. Em uma entrevista, o próprio sr. Chen afirmou que sua febre começou no dia 16.

O relatório da OMS não menciona nada disso. Os cientistas da missão foram simplesmente informados pelas autoridades chinesas de que os sintomas do paciente começaram em 8 de dezembro.

Com isso, outra pessoa era o primeiro caso conhecido, observou Worobey: uma vendedora de frutos do mar que trabalhava no mercado de Huanan. Seu nome era Guixian Wei. Ela vendia camarões. Adoeceu com covid em 10 de dezembro. Foi o primeiro caso confirmado covid-positivo dentre muitos de seu local de trabalho. No total, incluindo essa mulher, mais da metade dos primeiros casos tratados em hospitais estava ligada ao mercado de Huanan. "Torna-se quase impossível explicar esse padrão se a epidemia não tiver começado lá", declarou Worobey ao *Washington Post*.[61]

Quase impossível de explicar. Mas podemos tentar. Alguém que trabalhava em um laboratório do Instituto de Virologia de Wuhan está fazendo um experimento com um coronavírus. Esse vírus é desconhecido no mundo, e sua capacidade de infectar humanos é indeterminada, porque ele nunca circulou entre pessoas. É um vírus interessante, mas não interessantíssimo, pois sua similaridade genômica com o SARS-CoV, o famigerado coronavírus humano de 2003, é de apenas 79%. Essa pessoa do laboratório, ou algum colega, comete um erro, e a consequência é que esse Trabalhador Desventurado (TD) é infectado. Talvez um frasco que entornou, talvez um defeito em seu capacete pressurizado, talvez alguma outra coisa. Ninguém sabe da infecção, nem mesmo TD, mas cinco dias depois ele começa a se sentir febril. Começa a tossir. Talvez seja um resfriado, ou pior, uma gripe. Depois de mais um dia tossindo no trabalho, por precaução e cortesia com os outros, TD avisa que está doente e não vai trabalhar. Esse evento não é mencionado em registros do laboratório ou, se for, esses registros serão mais tarde escondidos ou destruídos. Felizmente, mais ninguém no Instituto de Virologia de Wuhan é infectado, apesar de TD ter tossido lá dentro por um dia inteiro. TD fica em casa por dois ou três dias, sentindo-se cada vez pior, com tosse ainda mais forte e dificuldade até para respirar, mas não vai para o hospital.

Ao contrário, de repente lhe dá vontade de comprar peixe fresco para o jantar, ou uma cobra, ou um rato-do-bambu, ou talvez um cão-guaxinim para uma festa de família, e TD percorre dezesseis quilômetros e chega ao Mercado Atacadista de Frutos do Mar de Huanan, do outro lado do rio Yang-tsé. Talvez TD vá de transporte público, mas será melhor ainda se ele tiver dinheiro suficiente para possuir um carro. Seja como for, ninguém é infectado durante seu percurso. Já dentro do mercado, TD sofre um espasmo de tosse especialmente forte e infecta outra pessoa ou talvez várias. Uma dessas pessoas infecta outra, depois outra, depois mais duas. Uma vendedora de camarão é infectada. O Trabalhador Desventurado volta para casa do outro lado do rio, retorna à sua lide no Instituto de Virologia de Wuhan e nunca mais se ouve falar dele. O novo vírus do laboratório foi semeado no mercado.

Não é impossível. Mas parece improvável.

VIII. Ninguém sabe tudo

72

Este é um livro sobre a ciência do SARS-CoV-2. A crise médica da covid-19, o heroísmo dos que trabalham na área da saúde e de outras pessoas que prestam serviços essenciais, o sofrimento humano distribuído injustamente e a notória malfeitoria política que agravou tudo — esses são temas para outros livros. Mas ciência também é uma atividade humana; cientistas são pessoas que batalham, fazem sacrifícios, cometem erros, sofrem reveses e respondem a incentivos na carreira e a pressões pessoais tanto quando o resto de nós. Eles são falíveis. Sabem coisas que não sabemos, mas não têm respostas para cada questão urgente sobre o SARS-CoV-2. Uma coisa que eles sabem, a mais acertada de todas, é que seu conhecimento é fragmentário e provisório. A ciência sempre é provisória.

A discussão científica sobre esse vírus tem sido uma mangueira de incêndio da qual jorram *preprints* e estudos publicados, dados, análises e especulações, erros honestos, afirmações e retratações precipitadas, correções neste mês de algo dito provisoriamente no mês passado e inferências meticulosas com base em fatos coligidos cuidadosamente, tudo isso gerando entendimentos que parecem capazes de passar no teste do tempo. O discurso também tem sido pontuado por um pequeno número de boletins, investigações especiais, declarações sonoras e testemunhos, cada qual recebido com reações mistas. O primeiro deles foi uma carta publicada na revista *The Lancet* em 7 de março de 2020, assinada conjuntamente por 27 cientistas renomados de várias partes do mundo, declarando apoio a seus colegas da China naquele período em que se iniciava o que já podia ser visto como uma pandemia ameaçadora. Essa manifestação de solidariedade não constituiu a parte controversa. O trecho polêmico foi: "Juntos condenamos veementemente as teorias da conspiração que sugerem que a covid-19 não tem origem natural".[1] Essas teorias, acrescentaram os coautores, "nada fazem além de gerar medo, rumores e preconceitos que põem em risco nossa colaboração global na luta contra esse vírus". A carta recebeu apoio considerável assim que foi publicada, mas, em parte porque a expressão "teorias da conspiração" provocava os proponentes da ideia do vazamento de laboratório quando essa hipótese ganhava atenção, seu efeito se tornou mais inflamatório do que emoliente.

A lista de autores foi organizada em ordem alfabética. Assim, a primeira posição foi ocupada por Charles Calisher, um virologista ilustre e muito independente com quase três décadas de experiência no CDC, uma carreira acadêmica e, a partir de 2010, professor emérito da Universidade Estadual do Colorado. O grupo também incluía Dennis Carroll (Texas A&M e Global Virome Project), Rita Colwell (Universidade de Maryland), Peter Daszak (EcoHealth Alliance), Gerald Keusch (Universidade de Boston), Larry Madoff (Escola de Medicina da Universidade de Massachusetts e ProMED), Jeremy Farrar (Wellcome Trust) e Jonna Mazet (Universidade da Califórnia em Davis e chefe do projeto Predict), alguns dos quais você já encontrou neste livro.

Daszak teve a iniciativa de compor a carta e fez um rascunho dela, evidentemente, sendo mais tarde criticado por conflito de interesses. Decerto ele tinha interesse em manifestar apoio a cientistas chineses, pois trabalhou com Zhengli Shi por quinze anos. Se isso se qualifica ou não como conflito é outra questão. Imagino que serei acusado de parcialidade aqui, pois conheço Peter Daszak há muito tempo, sou fascinado pela missão de sua organização e passei bons e árduos tempos em campo com parte de sua equipe da EcoHealth e ele é meu amigo. E, como já mencionei, também conheço há muito tempo Matt Ridley, o coautor com Alina Chan, e ele é meu amigo. O que isso prova? Conheço Charlie Calisher há muito tempo e ele é meu amigo. Conheço há muito tempo Karl Johnson, o pioneiro dos estudos sobre o Ebola, e ele é meu amigo. Conheço um bocado de cientistas que estudam vírus emergentes, e acompanhei alguns deles em experiências extraordinárias porque faço a cobertura desse tema há vinte anos. Estou ciente da proposição de que jornalistas não devem ter amigos. Mas escritores, que trabalham com um arco maior da história, de personagens e de narrativas, estão autorizados.

Calisher é um virologista da velha escola que faz pesquisas em laboratório e tem longa experiência em culturas de vírus perigosos e no estudo do que eles podem fazer. Foi ele, mais do que ninguém, que me treinou para compreender que uma sequência de genoma viral não é um vírus. Um vírus é um organismo; uma sequência genômica é informação. O nova-iorquino Calisher cresceu na Jamaica e em Bayside, Queens, e ainda fala como o rapazinho durão que todo dia pegava o metrô para a Stuyvesant High School em Manhattan. Durão o suficiente para mais tarde, já doutor em microbiologia, trabalhar com patógenos horripilantes. Ele sempre foi torcedor dos Yankees e, mesmo semiaposentado em Fort Collins, Colorado, detesta perder uma transmissão de partida pela TV. Meses depois da carta para *The Lancet*, ele disse a várias pessoas que lhe perguntaram, eu entre elas, que na sua opinião existia a possibilidade, ou até a probabilidade, de vazamento de laboratório como origem do SARS-CoV-2, mas essa hipótese não era fundamentada em dados. "Ué, Charlie", eu disse, "e aquela declaração de apoio a cientistas chineses? Você é o primeiro autor. Foi por causa da ordem alfabética?"

"Ah, lógico. Achei o máximo", replicou ele, sarcástico. "Meu telefone não para de tocar. 'Você escreveu esse documento?' Não. Eu *concordei* com ele. Ainda concordo." Uma coisa que a carta diz, ele me lembrou, é: "Não temos dados! Não se pode começar a culpar alguém sem dados". Por princípio, ninguém deve ser "culpado até provar a inocência", rematou.

As perguntas continuaram. Ter o nome no topo da lista fez de Calisher um porta-voz a contragosto. Ele foi procurado por organizações do governo americano, que não nomearei aqui. Estranhos lhe enviaram relatórios, mensagens, comunicados internos que vazaram, solicitando seu comentário sobre a hipótese do vazamento de laboratório.

"Não há dados!", ele respondia. Quando conta uma história, Charlie fala em forma de diálogo, fazendo o papel de todos os interlocutores.

"Então o governo chinês não está cooperando."

"Essa é a *razão* de não termos dados. Mas não temos dados! Não vou aceitar isso sem ver dados!"

Outros também clamaram por mais dados e, em maio de 2020, a OMS deu um passo institucional para escavar alguns. Na 73ª Assembleia Mundial da Saúde, em Genebra, a entidade, em colaboração com outros dois organismos internacionais, a Organização Mundial da Saúde Animal e a Organização das Nações Unidas para a Alimentação e a Agricultura, decidiu "procurar a origem animal do vírus"[2] e sua rota até os humanos e identificar qualquer possível hospedeiro intermediário. Isso levou a negociações com a China a fim de determinarem "termos de referência" para uma missão internacional em Wuhan. Esses termos foram explicitados em um documento no final de julho, estabelecendo os rumos do que viria a ser a missão da OMS. Haveria duas fases: fase 1, com um grupo de estudos de curto prazo para identificar lacunas cruciais no que já se sabia e formular hipóteses de trabalho; fase 2, investigações epidemiológicas, virológicas e sorológicas de longo prazo. As investigações sorológicas — o exame de amostras de sangue arquivadas em busca de evidências de exposição ao vírus fora da faixa de tempo e do alcance geográfico reconhecidos até então — contemplariam populações animais e humanas. As investigações epidemiológicas consistiriam em entrevistar pessoas de vários lugares em busca de pistas sobre o local de origem do SARS-CoV-2, o momento em que ele surgiu e o modo como isso se deu. O fato de maior interesse nessas investigações da fase 2 é que já temos dois anos de pandemia e elas ainda não aconteceram, nem há perspectiva de que venham a acontecer. O governo chinês rejeitou planos para a fase 2 após a politização da questão da origem, o que despertou a atenção para a hipótese do vazamento de laboratório, e reações negativas à fase 1.

A fase 1 consistiu na ida da missão internacional de especialistas a Wuhan para um mês de trabalho colaborativo. A equipe foi composta de dezessete membros chineses e dezessete estrangeiros vindos da Holanda, Rússia, Vietnã, Reino Unido, Sudão, Estados Unidos e outros países. Entre os estrangeiros estavam Marion Koopmans, do Centro Médico Erasmus, em Rotterdam, Peter Ben Embarek, da OMS, Thea Fischer, do Hospital Universitário Nordsjaellands, na Dinamarca, e Peter Daszak, da EcoHealth Alliance. A missão se estendeu de 14 de janeiro a 10 de fevereiro de 2021, um período curto, e nas duas primeiras semanas os membros estrangeiros ficaram em quarentena, confinados em seus quartos num lugar chamado Hotel Boutique Jade, em um parque de software em meio aos lagos na orla sudeste de Wuhan. Nas outras duas semanas, eles se reuniram com seus colegas chineses, divididos em três grupos de trabalho segundo a especialidade e o tema (epidemiologia, epidemiologia molecular, animais e meio ambiente), analisaram dados, entrevistaram testemunhas, fizeram visitas a locais (uma delas ao mercado de Huanan), discutiram, concordaram sobre conclusões até onde uma concordância foi possível e, por fim, redigiram um relatório, que foi divulgado pela OMS em 30 de março.

O relatório analisava, como havia feito a equipe, quatro cenários para o modo como o SARS-CoV-2 poderia ter chegado aos humanos: um salto direto (*spillover*) de um hospedeiro animal não humano; transmissão de um hospedeiro reservatório a humanos através de um animal intermediário; introdução em humanos por meio de comida congelada transportada de outro lugar para Wuhan; um acidente de vazamento de laboratório. A ideia da comida congelada ficou conhecida como a hipótese da cadeia de frio, e refletia a ideia de que o vírus congelado, preso à embalagem no lado externo ou no interior de um pacote de peixe ou carne, poderia permanecer viável e se reativar no fim de uma longa cadeia de fornecedores, contanto que o pacote permanecesse congelado. A equipe não deliberou sobre a hipótese do vírus engenheirado, alegando que outros cientistas já haviam refutado de maneira convincente essa ideia. Sua avaliação consensual da probabilidade para cada cenário foi: *spillover* natural, de possível a provável; transmissão através de um hospedeiro intermediário, de provável a muito provável; o caminho da cadeia de frio (preferido sobretudo pelos membros chineses), possível; vazamento de laboratório, "extremamente improvável".[3] Os críticos protestaram imediatamente. A hipótese do vazamento de laboratório recebera consideração de menos, argumentaram, e a da comida congelada (por exemplo, cabeça de porco, salmão), consideração demais.

A participação de Daszak mais uma vez gerou problema. Seu grupo fora arrastado para os holofotes políticos em 11 de abril de 2020, quando o tabloide londrino *Daily Mail* publicou uma reportagem com a citação de uma fonte anônima do governo dizendo que, embora as evidências, devidamente sopesadas, apontassem para um *spillover* natural do vírus em um mercado de Wunan, "um acidente no laboratório dessa cidade chinesa 'não estava mais sendo descartado'".[4] A reportagem não mencionava a EcoHealth Alliance, mas descrevia algumas pesquisas sobre coronavírus no Instituto de Virologia de Wuhan e sugeria que elas eram "financiadas com uma verba de 3,7 milhões de dólares do governo dos Estados Unidos". Essa afirmação era confusamente baseada na realidade, pois desde 2014 a EcoHealth Alliance recebera incrementos anuais de uma subvenção de 3,7 milhões de dólares do NIH, por intermédio do Niaid, para uma grande variedade de seus estudos sobre doenças infecciosas, e uma fração desse dinheiro ajudaria a financiar o trabalho colaborativo com Zhengli Shi. Seis dias depois, em Washington, um repórter do site de notícias conservador Newsmax amplificou a história e a confusão ao perguntar sobre essa subvenção a Donald Trump em uma entrevista coletiva, sugerindo, de certo modo, que os 3,7 milhões poderiam ter ido para o Instituto de Virologia de Wuhan. "Vamos cortar essa subvenção bem depressa", respondeu Trump.[5] E dentro de uma semana, passando por cima da apreensão de Francis Collins e de Tony Fauci, o NIH cancelou a verba. A essa altura, o cenário do vazamento de laboratório parecia ser um porrete político empunhado principalmente por conservadores sinofóbicos, mas isso começou a mudar no período em que Alina Chan e seus dois coautores postaram seu *preprint*. Ainda assim, no final do verão e no outono, quando a OMS começou a selecionar membros para o estudo das origens da covid-19, é evidente que a escolha de Peter Daszak não foi prevista como uma opção polêmica — ou, pelo menos, não proibitivamente polêmica.

Daszak não se oferecera para esse papel. Ele me disse, durante uma conversa pelo Zoom logo depois de voltar de Wuhan, que fora recrutado por Peter Ben Embarek, o chefe da equipe, e por outro alto funcionário da OMS. Ben Embarek lhe enviou um e-mail, sugerindo que Daszak seria apropriado e provavelmente aceitável para os chineses porque trabalhara lá por muito tempo.

"'Você tem conhecimentos altamente especializados', blá-blá-blá", citou Daszak vagamente, recordando esse e-mail. "Eu não estava a fim de ir." Ele conversou com colegas da EcoHealth, falou com sua mulher sobre ficar fora por um mês. Não estava disposto a ir. Mas sentiu que devia conversar com Ben Embarek. "Então telefonei para ele", contou. "Era um sujeito direto, honesto. Argumentei: 'Se eu me envolver nisso, vou atrair um bocado de politicagem e essa história de conspiração que pode estragar tudo. Por que... Traria um monte de problemas para a OMS'. E ele disse: 'Ora, qual é a novidade? Somos criticados todo santo dia'." Daszak tinha experiência e conhecimento pertinentes e sua participação era desejada, não só por Genebra. "Para ser franco", lembrou de Ben Embarek lhe ter dito, "os chineses mencionaram que seria bom você estar nessa viagem."

Ele viu a lista dos outros membros da equipe e reconheceu a solidez do grupo. Ouviram um "discurso motivador" de Mike Ryan, o franco epidemiologista irlandês que chefiava o Programa de Emergências de Saúde da OMS. A mulher de Daszak lhe disse: "Você tem que fazer isso". Assim, ele decidiu ir. Pareceu uma boa ideia naquele momento. Mas quando ele assomou como um alvo preferencial — de críticas, acusações e ameaças —, suas colaborações científicas com Zhengli Shi e as atividades de pesquisa em geral da EcoHealth Alliance, assim como seu papel na missão da OMS, também foram visados. Essa comoção acabou por perturbar, em vez de esclarecer, a questão das origens do SARS-CoV-2.

Depois das duas semanas de quarentena da equipe estrangeira no Hotel Boutique Jade, durante as quais eles puderam se comunicar pela internet e estudar dados disponíveis, e das duas semanas juntos em palestras informativas, entrevistas e saídas a campo, as duas equipes redigiram seu relatório conjunto. A orquestração dessa tarefa coube aos líderes dos três grupos de trabalho, e cada grupo redigiu sua respectiva seção. Em epidemiologia molecular, os líderes foram Marion Koopmans e Yang Yungui, vice-diretor do Centro Nacional de Bioinformação da China. No grupo especializado em animais e meio ambiente, os líderes foram Daszak e Tong Yigang, microbiologista da Universidade de Tecnologia Química de Beijing. Você já tentou redigir um relatório em grupo? Foi pior. Havia muita coisa em jogo, e o processo envolveu altas barganhas, votações e traduções.

"O relatório sobre animais se estendeu das nove da manhã até as quatro da madrugada", contou Daszak. A discussão foi árdua. Sentaram-se a uma mesa comprida, ladeados por fileiras de pessoas, especialistas e líderes de grupo na primeira fileira, pessoal de apoio atrás. Do lado chinês da mesa, havia quatro fileiras adicionais atrás deles, com mais cientistas e pessoal do Ministério do Exterior, além de outros, para assegurar, disse Daszak, "que o que saísse daquilo tudo não manchasse a reputação da China. Tudo bem". E essas foram apenas as deliberações preliminares.

"Quando chegou a hora de realmente redigir o texto do relatório", contou, "de repente a coisa estava ali, preto no branco. E foi uma *batalha*." Depois de dezenove horas, às quatro da manhã, "o outro lado estava desmoronando, eles estavam caindo de sono, passados, gente saindo para longas pausas, fumando lá fora". Daszak ficou lá, segundo me contou, dizendo aos outros: "Escutem, eu vou ficar aqui até as seis da manhã, até as nove. Precisamos botar isso por escrito".

Algumas questões emperravam a tarefa. "Eles queriam menos sobre a origem em animais e mais sobre a cadeia de frio." Os membros chineses argumentaram até contra a premissa de que animais silvestres vivos estavam à venda no mercado de Huanan. Não, disseram eles, pelo que Daszak se recorda: os únicos mamíferos silvestres no local estavam mortos e congelados. Daszak não acredita nessa afirmação — para os gourmands, o fato de o animal estar vivo no momento da venda é parte do que lhe confere um valor elevado. E as fotos tiradas por Eddie Holmes em 2014 depunham contra a alegação da inexistência de animais vivos no mercado. (Assim como levantamentos do mercado feitos de olhos bem abertos, mas muito discretos, por Xiao Xiao já em novembro de 2019, publicados depois da missão da OMS.) Entre as evidências em contrário apresentadas pelos chineses, recordou Daszak, estava uma lei que restringia a venda de animais silvestres vivos. Se era ilegal, não podia ter ocorrido. "Acabamos fazendo um relatório consensual que menciona as duas coisas" — tanto os mamíferos silvestres como os produtos da cadeia de frio —, "o que é importante e está explícito nos dados, e também explícito nas recomendações adicionais." Entre as recomendações prioritárias: mais dados, um estudo mais aprofundado. O grupo de Daszak prescreveu que fossem feitos levantamentos dos animais silvestres sabidamente suscetíveis a infecção por coronavírus (por exemplo, cães-guaxinins, civetas e visons) e que se rastreasse a cadeia de fornecimento de animais silvestres criados para fins de alimentação, bem como a rede de fornecedores da cadeia de frio. Um grupo global de especialistas deveria se incumbir desse rastreamento. As palavras finais do relatório recomendavam a continuidade das investigações sobre as origens. Essa supostamente devia ser apenas a fase 1, um começo, e a fase 2 precisaria ir mais fundo.

Se é que algum dia haverá a fase 2. Enquanto a aguardamos, enquanto permanece o impasse entre a OMS e o governo chinês com respeito a investigações adicionais, o relato de Daszak sobre essa luta pelos dois cenários — origem em animais silvestres versus origem na cadeia de frio — me dá outra ideia. Críticos no Ocidente sugerem que a China está encobrindo um acidente de laboratório. Talvez não seja isso. Talvez essa não seja a explicação para o fato de as autoridades chinesas terem resistido a um estudo na fase 2 e terem preferido a hipótese da cadeia de frio, que é plausível, mas para a qual não parece haver evidências. Talvez a razão de a China estar encobrindo algo seja o constrangimento não com um vazamento de laboratório e sim com um vazamento animal.

Não sou o único a ter essa ideia. Ela já foi aventada por alguns cientistas — de um modo muito convincente por Gigi Kwik Gronvall, imunologista da Universidade John Hopkins e estudiosa de biossegurança global, em um texto para a *Survival*, uma revista de estudos estratégicos internacionais. O ensaio de Gronvall foi publicado no fim de 2021 com o título "The Contested Origin of SARS-CoV-2" [A origem contestada do SARS-CoV-2].[6] Ela discorreu sobre todas as principais contenções, todas as hipóteses, e se concentrou brevemente no tráfico de animais silvestres para alimentação, que prosseguiu na China até o fim de 2019, apesar de leis promulgadas em decorrência do pânico original com o SARS de 2002 a 2004. Esse comércio movimentava bilhões de dólares — segundo várias estimativas, algo entre 18 bilhões e 75 bilhões anualmente. Era uma dádiva para algumas economias locais. Gronvall citou o mesmo estudo de Xiao Xiao e colegas já mencionado aqui, que fez um levantamento de dezessete lojas em quatro mercados úmidos em Wuhan entre maio de 2017 e novembro de 2019 no contexto do estudo de outra doença associada a animais silvestres. Foi por mero acaso que o estudo de Xiao, feito antes da pandemia, trouxe dados que, da nossa perspectiva atual, são extremamente pertinentes para a pandemia. O grupo encontrou animais silvestres de 38 espécies à venda nos mercados, entre eles cães-guaxinins, texugos *Arctonyx collaris*, civetas, ratos-do-bambu, porcos-espinhos e visons. Os autores explicaram no artigo que, embora alguns animais silvestres pudessem ser criados legalmente, como os cães-guaxinins para o comércio de peles, era ilegal capturá-los na natureza com armadilha e vendê-los como alimento. Os comerciantes de animais silvestres de espécies protegidas eram obrigados por lei a exibir licenças para criar e promover a reprodução desses animais em cativeiro, além de certificados indicando as origens dos animais e o cumprimento de quarentena para evitar doenças. Xiao, que coletou os dados nos mercados, viu que muitos dos mamíferos supostamente criados em cativeiro tinham (como já mencionei) marcas de bala ou ferimento em armadilha, indicadoras de captura ilegal na natureza. Nenhum dos dezessete estabelecimentos visitados por Xiao tinha certificados de origem ou de quarentena afixados nas paredes, "portanto, todo o comércio de animais silvestres era fundamentalmente ilegal".[7] Na China, animais silvestres são considerados propriedade do Estado; as penalidades por capturar e traficar animais de uma espécie protegida (como o cão-guaxinim, o rato-do--bambu e a civeta) incluem três anos de prisão e multas. A lição tirada do estudo de Xiao é que, até novembro de 2019, nenhuma dessas determinações legais parecia estar sendo aplicada.

Gronvall apontou essa negligência como uma possível razão de o mercado de Huanan ter sido rapidamente fechado, esvaziado e esterilizado em 1º de janeiro de 2020, imediatamente após as autoridades municipais ficarem sabendo de sua ligação com o surto de pneumonias. Os comerciantes de animais silvestres desapareceram. "A limpeza acelerada do mercado pode ter sido destinada a proteger esses comerciantes e também os funcionários responsáveis pela aplicação da lei e os políticos locais que faziam vista grossa", escreveu Gronvall.[8] "Quando pareceu que uma doença vinda do mercado estava se alastrando, varrer a atividade ilegal para debaixo do tapete seria prioridade para evitar a culpa e manter os lucros."[9] Já era "embaraçoso" o suficiente que a pandemia tivesse origem na China, escreveu ela. Pior ainda se isso refletisse uma negligência na aplicação da lei e possivelmente também corrupção. "Embora o tráfico de animais silvestres fosse conhecido como um risco de saúde, e embora existissem leis que o restringissem, ele não foi impedido." Mas se o mundo pudesse ser persuadido de que o vírus chegou a Wuhan em um pacote de linguado congelado importado da Groenlândia, ninguém seria culpado. Exceto, talvez, os peixeiros groenlandeses.

73

A divulgação do relatório conjunto OMS-China em 30 de março ocorreu com uma apresentação formal em Genebra, na qual Peter Ben Embarek e seu colega chinês Liang Wannian informaram as principais constatações. Quando eles terminaram, Tedros, o diretor-geral, pediu o microfone e concluiu com algumas observações provocativas. O que virou manchete foi: "Não acredito que essa avaliação tenha sido suficientemente abrangente [...]",[10] "Embora a equipe tenha concluído que um vazamento de laboratório é a hipótese menos provável, isso requer investigação adicional [...]" e "Quero deixar claro que, no que diz respeito à OMS, todas as hipóteses permanecem válidas". O contexto dessas sentenças não virou manchete, de modo que fui um dentre muitos, tenho certeza, que se espantaram com a insatisfação francamente declarada por Tedros com a maneira como a equipe selecionada pela entidade havia executado sua tarefa impossível. Ou, considerando de outro ângulo, porque eu estava ciente dos restritivos termos de referência, pensei: *Que interessante, ele está jogando seu pessoal na fogueira*. Depois li sua declaração completa e vi: "Este relatório é um começo muito importante, mas não é o fim. Ainda não descobrimos a fonte do vírus, e devemos continuar a seguir a ciência e não deixar pedra sobre pedra nesse processo". Quem poderia contradizer o diretor-geral Tedros? Ele estava clamando pela fase 2, como planejado desde o início. Pois é, alguns poderiam argumentar, ele não teve sua fase 2.

"Como cientistas de especialidades pertinentes, concordamos com o diretor-geral da OMS", escreveu um grupo de dezoito cientistas em uma carta à *Science* seis semanas depois.[11] Esses cientistas também observaram que os Estados Unidos, a União Europeia e outros treze países haviam pedido uma investigação adicional das hipóteses do vazamento de laboratório e do *spillover* natural. Entre os signatários (não exatamente em ordem alfabética, como na carta de Calisher, mas quase) estavam Alina Chan, Ralph Baric e Marc Lipsitch. Baric, da Universidade da Carolina do Norte, é conhecido por suas ousadas pesquisas laboratoriais sobre coronavírus e (no contexto da presente controvérsia) por ter colaborado com Zhengli Shi em um estudo seis anos antes. Lipsitch, da Escola de Saúde Pública T. H. Chan, da Universidade Harvard, é um dos principais críticos das pesquisas de ganho de função. O último signatário, em ordem não alfabética, sugerindo portanto que ele foi responsável pela iniciativa, era David Relman, da Universidade Stanford, o crítico das pesquisas de ganho de função que já mencionei. O nome de Michael Worobey vinha em penúltimo lugar, embora tivesse sido dele a proposta de tal carta a alguns dos outros; isso aconteceu seis meses antes de Worobey concluir, com base em seu próprio estudo adicional dos casos de dezembro de 2019 e do mercado de Huanan, que aqueles dados forneciam "fortes indícios de uma origem da pandemia em mercado de animais vivos".[12] O primeiro autor da nova carta era Jesse Bloom, virologista evolucionista do Fred Hutchinson Cancer Research Center, em Seattle. O princípio sobre o qual o grupo concordava com Tedros, da OMS, era que "é necessário e viável obter maior clareza sobre as origens dessa pandemia".[13] Os órgãos de saúde pública e os laboratórios deviam franquear seus registros ao público. A investigação devia ser transparente, objetiva, baseada em dados e o mais livre possível de conflitos de interesse.

Algumas semanas antes, conversei com Jesse Bloom. Até então eu desconhecia sua opinião, mas ele me deu uma espécie de prévia da carta à *Science*. "Continuamos sem entender as origens do coronavírus 2 SARS", começou. Alguns cenários, segundo ele, claramente podiam ser descartados — entre os quais, deduzi, poderia estar a ideia do vírus engenheirado para fins de bioterrorismo.

> Mas acho que, a essa altura, não podemos excluir a possibilidade de ter acontecido algum tipo de escape acidental de um laboratório. Não podemos excluir que ele tenha passado diretamente de um morcego para um humano. Não podemos excluir que ele tenha passado de um morcego para um hospedeiro intermediário e então para um humano. Todas essas possibilidades permanecem.

E acrescentou: "Não sabemos muita coisa sobre quaisquer vírus que possam ser parentes próximos do SARS-CoV-2". Isso aconteceu pouco depois dos anúncios sobre mais coronavírus de morcego do tipo SARS na Tailândia e no Laos, mas eu ainda não tinha ouvido falar deles, e desconfio que, para Bloom, esses coronavírus não pareciam, ainda, aparentados o suficiente para fazê-lo mudar de opinião.

"Não há muitas evidências detalhadas sobre o que realmente aconteceu", disse Bloom.

"De que tipo de evidência precisamos?"

Ele respondeu fazendo uma comparação com os outros dois coronavírus que se mostraram letais em humanos, ambos sabidamente com origens em animais. O vírus MERS, ou algo quase idêntico, foi encontrado em animais, como camelos, observou Bloom. Quanto ao vírus SARS original, foi mais complicado, levou mais tempo, mas por fim ele foi encontrado em civetas como intermediárias e depois, com todas as suas partes, em morcegos. "A esta altura, não temos esse tipo de informação para o SARS-CoV-2."

Havia franqueza e reflexão nessa resposta, mas ela só respondia à minha pergunta pela metade: de que tipo de evidências precisamos para a *outra* alternativa — para provar ou refutar a hipótese do vazamento de laboratório? É *possível* refutá-la? Mesmo se pesquisadores de campo achassem um coronavírus de morcego 99,5% similar ao SARS-CoV-2 em vez de apenas 96,2% (como o RATG13) ou 96,8% (como um dos vírus encontrados em morcegos no Laos), isso decidiria a questão na opinião de todos?

"Talvez nunca seja encontrado", disse Bloom. Ele parecia estar falando agora sobre um coronavírus na natureza que tivesse uma correspondência irrefutável. "Só temos conhecimento de uma fração minúscula de todos os vírus que existem no mundo, certo?" "Até que seja encontrado um similar muito próximo", disse ele, "acho que o que temos é um monte de gente pressupondo, por falta de coisa melhor, a validade de suas crenças prévias." Ele riu. "A crença prévia de alguns é acentuadamente voltada para o trabalho em laboratório. A de outros privilegia uma zoonose natural." Não discordei. Bloom me fazia lembrar ali de uma realidade importantíssima: a ciência é um processo racional conducente a uma compreensão cada vez mais clara do mundo material, mas também é uma atividade executada por seres humanos.

Em 26 de maio de 2021, quase como se tivesse lido a carta de Bloom-Relman e refletido sobre ela por duas semanas, o presidente Joe Biden anunciou que havia pedido que a Comunidade de Inteligência (CI) dos Estados Unidos investigasse a questão das origens da pandemia e entregasse sua avaliação em noventa dias. Sim, a CI é uma entidade estabelecida em 1981 como um grupo formal de agências, hoje dezessete, que inclui, obviamente, a CIA e o Escritório de Inteligência Naval (Office of Naval Intelligence, ONI), a Agência de Inteligência de Defesa (Defense Intelligence Agency, DIA), a Agência de Segurança Nacional (National Security Agency, NSA) e a Divisão de Inteligência (Intelligence Branch, IB) do FBI, e também a Inteligência do Corpo de Fuzileiros Navais (Marine Corps Intelligence, MCI), a Space Delta 7 (pertencente à Força Espacial dos Estados Unidos, seja lá o que for isso), além de ramos da Guarda Costeira, do Departamento do Tesouro, do Departamento de Estado, do Departamento de Segurança Interna e da Agência de Combate ao Narcotráfico, entre outros. Uma impressionante agregação de inteligências. Os membros da CI franziram o cenho, provavelmente leram alguns artigos científicos, provavelmente entrevistaram alguns cientistas, provavelmente analisaram todas as suas informações secretas de humanos e de sinais da China durante fins de 2019 e início de 2020, talvez tenham torturado algumas pessoas (isso já aconteceu antes), fizeram sabe-se lá o quê e, por fim, entregaram as conclusões à sua chefe, a diretora de Inteligência Nacional (Director of National Intelligence, DNI) ou a um de seus subordinados, que foi obrigado a entender aquilo tudo. O escritório da DNI produziu, então, um relatório confidencial para o presidente dentro de noventa dias, como ordenado, e uma versão não sigilosa foi franqueada ao público em outubro, compartilhando os ponderadíssimos conhecimentos da CI sobre as origens do SARS-CoV-2. O documento declarava: na verdade, não temos certeza e não concordamos uns com os outros.

74

A pandemia adentrou seu terceiro ano e, junto com ela, o questionamento sobre suas origens. A certeza não veio — talvez nunca venha —, mas a confiança quanto a um aspecto crucial pareceu aumentar ainda mais em 26 de fevereiro de 2022, quando Michael Worobey e uma longa lista de coautores postaram um novo *preprint* com um título que declarava sem rodeios: "The Huanan Market Was the Epicenter of SARS-CoV-2 Emergence" [O mercado de Huanan foi o epicentro da emergência do SARS-CoV-2].[14] Entre os signatários estavam Kristian Andersen, Eddie Holmes, Andrew Rambaut, Marion Koopmans, David Robertson, Angela Rasmussen, Robert Garry e outros — um respeitabilíssimo grupo de especialistas, facilmente equiparável em respeitabilidade ao grupo que assinara a carta Bloom-Relman-Chan. Mas não se tratava de um *argumentum ab auctoritate*, argumento da autoridade, justificadamente desprezado pelos lógicos. Era um novo trabalho primário de especialistas. Worobey, agora com esses muitos coautores, investigou mais a fundo as questões de *exatamente quando*, em dezembro de 2019, e *exatamente onde*, na cidade de Wuhan, apareceram os primeiros casos confirmados de covid-19. Descobriram que todos os casos de dezembro haviam surgido dentro ou nas imediações do Mercado Atacadista de Frutos do Mar de Huanan, e que, entre os pacientes que tinham estado nesse lugar ou trabalhavam lá, "a maioria esmagadora estava ligada especificamente à seção oeste do mercado de Huanan, onde se localizava a maioria dos vendedores de mamíferos vivos".[15] Os dois supostos primeiros casos, que pareciam não ter essa ligação na época em que Daniel Lucey chamou a atenção para o artigo de Huang e colegas, não passaram em um exame mais minucioso dos dados.

Entre os mamíferos vivos vendidos como alimento naquela parte oeste do mercado estavam cães-guaxinins, que sabidamente são suscetíveis ao SARS--CoV-2. Um dos estabelecimentos desse setor, que vendia animais vivos, se mostrou especialmente fértil em sinais do vírus. Dele vieram cinco amostras ambientais positivas para SARS-CoV-2. Essas amostras foram extraídas de objetos associados a vendas de animais: uma gaiola de metal, carretas para transportar animais, um tosador de pelos. E esse era o mesmo box onde Eddie Holmes, quando esteve no mercado em 2014, fotografara cães-guaxinins vivos mantidos em gaiolas para venda.

Outra revelação notável nesse *preprint* se relacionava ao cenário das duas origens, baseada no fato de que duas linhagens distintas do vírus, rotuladas como linhagem A e linhagem B, foram detectadas entre os primeiros pacientes. B foi a linhagem encontrada em quase todos os casos humanos em dezembro de 2019, entre os quais todos os ligados diretamente ao mercado de Huanan. A linhagem A apareceu pela primeira vez em uma amostra extraída em 30 de dezembro de 2019, e depois em outra coletada em 5 de janeiro de 2020. Nenhum desses casos da linhagem A tinha ligação direta com o mercado. Por essa razão, pareceu natural supor que ela tivera início entre humanos em algum outro lugar. Mas no novo *preprint*, com sua análise geográfica minuciosa, Worobey e seus colegas informaram que, para sua surpresa, os dois primeiros casos da linhagem A, embora não localizados dentro do mercado, situavam-se nas imediações desse lugar de um modo nada aleatório. Wuhan é uma cidade grande. A densidade populacional fora levada em consideração. Mesmo assim, viam-se dois pontos no mapa de dados, representando a linhagem A, marcados a um raio de menos de 1,6 quilômetro do mercado. Por quê? "Esses achados sugerem que as duas linhagens podem ter saltado para os humanos no mercado de Huanan durante os primeiros estágios da pandemia de covid-19 em Wuhan", escreveu a equipe de Worobey.[16]

No mesmo dia em que esse *preprint* foi postado, outro elenco de cientistas (também incluindo Worobey, Holmes, Andersen, Jonathan Pekar como primeiro autor e outros do paper "Epicenter", além de mais autores) postou um texto complementar (ainda sem revisão por pares) contendo novos dados e análise e corroborando adicionalmente a hipótese das duas origens. Esses autores apresentaram uma forma diferente de evidência de que ambos os saltos do vírus para humanos ocorreram no mercado de Huanan. Essa evidência era genômica, e não geográfica, e incluía o fato de que, nas amostras, não tinham sido vistos genomas intermediários verificados entre as linhagens A e B. Não havia evidências de que as duas tivessem se ramificado de uma linha comum durante a evolução em humanos. Elas pareciam ter se ramificado *antes* de chegar às pessoas. Isso implicava dois *spillovers*. Outra inferência permitida por essas evidências, salientaram os autores, era que o SARS-CoV-2 não precisou de adaptações adicionais nem de manipulação laboratorial que o tornassem capaz de infectar humanos. Ele estava pronto para atacar, e atacou — duas vezes.

Os dois *preprints* receberam reforço de um terceiro, escrito por uma equipe diferente de autores, que foi postado apenas um dia depois. Esse paper veio de um grupo de cientistas, a maioria chineses, chefiados por George Gao, diretor-geral do CCDC. Trazia uma profusão de novos detalhes sobre a amostragem ambiental feita no mercado e seus arredores — a coleta de material em paredes e maçanetas, em carcaças de animais deixadas para trás, em gatos de rua, lixeiras e sarjetas — por pesquisadores de campo do CCDC e duas outras repartições de saúde entre 1º de janeiro e começo de março de 2020. O paper de Gao informava, em meio a outros dados, sobre 828 amostras ambientais coletadas no mercado. Destas, 64 testaram positivo para o vírus, na maioria dos casos pela detecção de fragmentos genômicos. Genomas completos do SARS-CoV-2 só foram recuperados de três amostras. Um dos genomas pertencia à linhagem A. Vinha de uma amostra coletada no dia em que o mercado foi fechado, 1º de janeiro. Isso corroborava a probabilidade de que nesse mercado tivessem ocorrido dois *spillovers* distintos intermediados por animais.

É irônico: ali estava uma sinergia de evidências entre o grupo de Gao e o de Zhang-Holmes, alguma coincidência positiva para dissipar a competição implícita por prioridade com a qual essa história começou. Embora a discussão ainda vá prosseguir, ao menos por parte dos recalcitrantes, até que surjam mais evidências esses novos achados embasam mais a proposição de que o SARS-CoV-2 chegou aos humanos por meio de alguma interação direta e catastroficamente nefasta com animais silvestres.

75

Ninguém sabe tudo sobre esse vírus, e nossas iniciativas para compreendê-lo estão apenas no começo. Por mais demorados que possam ter parecido para nós os sombrios meses e anos da pandemia de covid-19 — a pandemia *até agora* —, ainda é cedo. Mal iniciamos o trabalho para nos adaptar, e para adaptar nossas sociedades, aos próximos desafios e às fases seguintes. Esse vírus permanecerá entre nós para sempre. Ele estará em humanos — sempre em algum lugar — e estará em alguns dos animais à nossa volta. A regra "Nunca diga nunca" é sensata, mas neste momento nenhum especialista é capaz de nos dizer como o SARS-CoV-2 poderá um dia ser erradicado. Não erradicamos a pólio, apesar de décadas de empenho. Não erradicamos o sarampo. E esses vírus não têm onde se esconder, exceto em humanos. Esse vírus tem muitas outras opções. Podemos eliminá-lo em todos os humanos do planeta (improvável), mas ele continuará por aqui nos veados-galheiros de Iowa, nos visons soltos na paisagem dinamarquesa.

Ele continuará a mudar. Vai se adaptar às nossas adaptações. A mais recente variante no momento em que escrevo, ômicron, parece ser um exemplo gritante disso.

A ômicron assomou na percepção mundial em fins de novembro de 2021, quando cientistas da África do Sul informaram sua existência à OMS em Genebra. O chefe da equipe sul-africana era Tulio de Oliveira, hoje diretor do Centro de Resposta a Epidemias e Inovações da Universidade de Stellenbosch; ele também dirige a Rede de Vigilância Genômica da África do Sul e ainda leciona na Universidade de KwaZulu-Natal. Em meados de novembro, Oliveira e seus colegas estranharam ao detectar um ligeiro aumento no número de casos em Gauteng, a província pequena mas densamente povoada que inclui Johannesburgo e Pretória. Os cientistas da rede aumentaram sua vigilância genômica e, de um laboratório, o grupo de Oliveira recebeu seis genomas, todos com alta incidência de mutações em comum. Era 23 de novembro, terça-feira. Preocupada, a equipe examinou outros dados e encontrou evidências dessa mesma cepa, cada vez mais prevalente entre os casos de Gauteng. Na manhã seguinte, 24 de novembro, como Oliveira contou mais tarde à revista *New Yorker*, "começamos a ver que poderia ser uma variante emergindo muito subitamente".[17] Ele alertou a OMS. Um dia depois, a equipe de Oliveira recebeu resultados resumidos de mais cem amostras, escolhidas aleatoriamente nos arredores de Gauteng, indicando que as infecções eram todas pela mesma variante. Naquela manhã ele informou o ministro da Saúde e depois o presidente da África do Sul, Cyril Ramaphosa, sobre a situação. Na sexta-feira, com uma rapidez incomum, a OMS declarou a nova cepa como variante preocupante. Era mais uma variante da linhagem B, mas muito diferente de todas as outras, e pelo sistema Pangolin foi classificada como B.1.1.529. A OMS deu um salto no alfabeto grego e a chamou de ômicron.

A ômicron assustava pela presença de 53 mutações, 53 diferenças em relação ao genoma de referência encontrado em Wuhan, a maioria delas na proteína de espícula, causando mais de trinta mudanças em aminoácidos na espícula, metade das quais no domínio de ligação ao receptor. Também havia mutações perto do sítio de clivagem de furina. Ninguém conseguiu discernir num relance o que essas mutações poderiam estar fazendo quando a variante se propagou por Gauteng, nem prever o que elas poderiam fazer em outros lugares, mas a notícia se espalhou depressa — mais depressa do que a própria ômicron. Na manhã de 24 de novembro em La Jolla, tarde do mesmo dia em Edimburgo, Kristian Andersen recebeu uma mensagem de Andrew Rambaut via Slack: "Essa variante é completamente doida".[18] Andersen respondeu dali a alguns minutos: "Acabei de dar uma olhada na lista de mutações — que loucura".

Duas questões principais surgiram imediatamente com respeito à ômicron, e são as mesmas duas que todos ainda querem ver respondidas, em uma escala maior, com respeito ao próprio SARS-CoV-2: De onde ela veio e o que ela fará?

A notável gama de mutações da ômicron reflete um período de evolução ativa e extensa — porque as mutações não apenas ocorreram, mas foram preservadas na linhagem, um indício de que trouxeram valor adaptativo (ou talvez algumas delas, mas nem todas, simplesmente tiveram sorte). Isso acontecera em algum contexto até então não identificado. De repente, as mudanças estavam lá, empacotadas em uma única cepa viral que estava prosperando, como se refletia nos genomas vistos pelo grupo de Oliveira. Não havia vestígios de formas intermediárias nos dados disponíveis, formas que contivessem, digamos, apenas metade dessas mutações. O que poderia explicar a ausência de intermediários? Um grande grupo de cientistas, entre eles o próprio Tulio de

Oliveira, logo tratou desse mistério e de outros em uma longa postagem em duas partes no site Virological. O primeiro autor desse grupo era Darren P. Martin, biólogo computacional da Universidade da Cidade do Cabo.

Martin e seus coautores aventaram três explicações possíveis para os intermediários não encontrados na rota da ômicron. Talvez a amostragem e o sequenciamento na África do Sul tivessem sido esparsos demais para detectar o que estava ocorrendo na população de pacientes. Por esse cenário, os estágios intermediários teriam estado lá, espalhados no meio da multidão, mas a ciência não os enxergou. Ou talvez a variante ômicron tivesse evoluído em um paciente cronicamente infectado, com os estágios intermediários ocorrendo todos nesse mesmo paciente, em vez de se sucederem em vários. Por esse cenário, os intermediários haviam surgido e existido como um enxame em um único doente (ou talvez em vários), mas a ciência não os viu porque não coletou amostras repetidamente desse paciente (ou desses vários pacientes), e com isso a variante emergiu já completa. Pacientes imunocomprometidos têm maior probabilidade de sofrer infecções prolongadas com o SARS-CoV-2 e, como Penny Moore me lembrou, a África do Sul tem um número elevado de pessoas imunocomprometidas, por estarem vivendo com o HIV.

A terceira possibilidade remonta ao ciclo silvestre e aos animais. Talvez a ômicron derivasse de um evento zoonótico reverso — transmissão humana para um animal não humano —, seguido por um período de evolução na população de animais, e então por um novo salto para humanos. Um paradigma para esse cenário era a variante Cluster 5, que saltara de visons para pessoas na Dinamarca um ano antes. A diferença seria que a ômicron, mas não a Cluster 5, por acaso combinava mutações que a tornavam extremamente transmissível entre os humanos. Os estágios intermediários podiam estar lá, na mata, mas a ciência não os via porque não estava coletando amostras em animais selvagens (leões, leopardos, doninhas-do-cabo?) na África do Sul. "Não existem no momento evidências diretas para sustentar ou rejeitar essas hipóteses sobre a origem da ômicron", escreveu o grupo de Martin, "mas quando forem coletados novos dados, sua origem talvez venha a ser definida com mais precisão."[19] Ou não.

As muitas inovações incorporadas na ômicron — em especial treze mudanças em aminoácidos na proteína de espícula que não aparecem em outras variantes do SARS-CoV-2 — sugeriram a Martin e seus coautores que a seleção natural darwiniana favoreceu as mutações individual ou coletivamente, pois elas aumentaram a capacidade do vírus de se replicar, ou de se transmitir, ou de escapar de defesas imunitárias. (É importante lembrar: algumas mutações, com efeitos neutros ou mesmo negativos em termos individuais, podem ser transmitidas por puro acaso — mas provavelmente não 53 delas em uma linhagem.) Em que grau a variante se transmitia melhor? Em que grau ela escapava com eficácia das defesas imunitárias, entre as quais as promovidas pelas vacinas e doses de reforço? Essas perguntas também serão respondidas "quando forem coletados novos dados". A situação é incerta. Quando você estiver lendo isto, poderá ver a ômicron mais claramente do que Darren Martin e Tulio de Oliveira (e muito mais do que eu) veem agora.

Os coautores discorreram sobre outra incerteza intrigante, à qual aludi há pouco: será que a seleção natural favoreceu todas as mudanças importantes na ômicron individualmente, aminoácido por aminoácido, ou as favoreceu em conjunto — por seu efeito combinado, sua interação complexa, seu resultado final coletivo? A segunda dessas proposições, como observaram Martin e seus coautores, tem um nome pomposo em genética: epistasia positiva. O conceito é simples (só os detalhes são complexos). Epistasia são efeitos interativos de genes em diferentes partes do genoma, suprimindo uns aos outros ou se harmonizando, como instrumentos em diferentes partes de uma orquestra. Uma mutação propensa a ter impacto neutro ou mesmo negativo individualmente pode ter uma função benéfica quando esse gene interage com outros. Além disso, o efeito de um gene mutado pode depender da presença ou ausência de mutações em outros genes. No contexto da ômicron, epistasia *positiva* significa que múltiplas mutações intensificam o valor adaptativo umas das outras. Essa variante, com suas muitas mutações, pode ser uma criatura em que grandes complexidades da epistasia fazem dela algo mais temível.

Kristian Andersen tem em seu laboratório uma colega que faz pós-doutorado, Edyth Parker, que expressou isso mais vividamente: "A epistasia desse desgraçado desse vírus *cirque du soleil* está fazendo a gente de besta".[20]

76

Enquanto isso, a pandemia já tem dois anos, e pessoas continuam morrendo. No dia em que Darren Martin e seus coautores postaram sua análise da epistasia positiva entre as mutações da ômicron, 5 de dezembro de 2021, a África do Sul registrou "apenas" algumas dezenas de mortes, mas o total de óbitos por covid no país chegava a 90 446. O Reino Unido teve um total de 146 622 óbitos desde o início da pandemia. A Itália estava em meio à sua quinta onda, de novo com número elevado de casos, mas, sem dúvida graças em parte à vacinação, as mortes não subiam tão acentuadamente quanto durante as ondas anteriores: "só" 48 italianos mortos naquele dia. A Alemanha tinha agora sua vez, com drástico aumento em novos casos, total de óbitos e óbitos diários. Na Coreia do Sul, os números de casos e óbitos também subiam de maneira vertiginosa, após os longos meses durante os quais esse país parecera exemplar no controle do vírus. Singapura, outro exemplo, também fora atingida por sua pior onda no outono de 2021, quando os números de casos e óbitos mal haviam entrado em uma tendência declinante.

O que explicava esses padrões geográficos irregulares no decorrer de toda a pandemia? Qual era a razão de um país ser castigado enquanto outro se safava quase ileso, só para ser castigado mais tarde — as ondas de sofrimento e morte num sobe-desce de mar revolto varrido pelo vento? Pode ser que haja muitas respostas parciais, mas não uma única que abranja tudo. Em séculos e milênios passados, profetas e pregadores atribuíam as tribulações alocadas desigualmente às venetas e aos julgamentos de um Deus caprichoso e punitivo. Hoje temos a ciência, mas a ciência também não nos deu a resposta única. Ainda não.

Entre as últimas palavras que precisam ser ditas aqui, estas são as mais óbvias: a covid-19 é um sofrimento horroroso para a humanidade, em especial para os que, por desvantagem, infortúnio, idade ou por suas próprias escolhas corajosas estão expostos à doença com maior vulnerabilidade. Nossas sociedades deviam ter protegido melhor essas pessoas. Este livro não traz alívio para o grande sofrimento, obviamente; é apenas uma tentativa de entender a biologia e a história do vírus responsável por ele, visto por cima do ombro de cientistas. É só um livro.

Os cientistas podem nos dizer muito sobre de onde o vírus veio e para onde ele talvez esteja indo, mas não podem nos dizer tudo. E sabem disso. A virologia molecular evolutiva, nas linhas de trabalho de Eddie Holmes, Kristian Andersen, Susan Weiss, Michael Worobey, Áine O'Toole, Edyth Parker e outros, é um conjunto extraordinariamente robusto de métodos, princípios fundamentais e ferramentas, mas tem seus limites e restrições. Ela nos dá pedaços do todo. Esses pedaços muitas vezes são detalhados de maneira notável, mas continuam sendo pedaços. Os virologistas evolucionistas só podem trabalhar com o que têm ou com o que chega até eles do mundo lá fora: amostras de guano de morcego, amostras de saliva humana, vírus vivos que podem ser cultivados em uma cultura de células, imagens de partículas virais tornadas visíveis por microscopia eletrônica e sequências moleculares de RNA ou DNA genômico — principalmente essas sequências moleculares. Elas são o Código de Hamurabi revelado em um monólito de dois metros e meio, as três versões de um decreto na Pedra de Roseta, os Evangelhos Gnósticos no original copta. As sequências genômicas de vírus encontrados na natureza são com muita frequência montadas a partir de fragmentos reunidos usando as pistas de seções coincidentes. Se você tentar montar um quebra-cabeça da *Mona Lisa* pegando pecinhas de cinco caixas diferentes, cada uma contendo o mesmo quebra-cabeça, começará a ter uma ideia do desafio. A sequência viral RMYN02, por exemplo, que tem 29 671 letras, foi montada a partir de milhares de fragmentos genômicos lidos em um conjunto de onze amostras fecais de onze morcegos-de-ferradura malaios capturados em uma caverna no sul de Yunnan. O paper anunciando essa descoberta tem treze autores, entre eles Holmes. Ninguém sabe tudo, nem mesmo ele. Eis uma variante humilde do princípio da incerteza: até um cientista que obteve uma grande certeza quanto a alguns aspectos de uma questão permanecerá ignorante, ou pelo menos muito em dúvida, quanto a outros aspectos.

    Uma última observação pessoal: admiro imensamente o trabalho dos virologistas moleculares evolucionistas, porém o faço através de um longo, nebuloso e invertido telescópio de ignorância. Não tive educação acadêmica em ciência, e sim basicamente em literatura, e esse princípio da incerteza chegou até mim não por meio do físico Werner Heinsenberg, mas do escritor William Faulkner. Mais de cinquenta anos atrás, quando li Faulkner pela primeira vez e fiquei fascinado, a impressão que mais me marcou, a lição que percebi como alicerce de seus contos e do modo como ele os narrava, foi que a verdade de qualquer acontecimento ou pessoa é fragmentada, e esses fragmentos só são disponíveis por meio de diversos pontos de vista. Quem já leu suas melhores obras, os magníficos livros de sua meia-idade — *O som e a fúria*, *Enquanto agonizo*, *Luz em agosto*, *Palmeiras selvagens* e *Desça, Moisés*, além do mais formidável, *Absalão, Absalão!* —, saberá o que quero dizer. Outros não precisarão de romances que lhes ensinem a mesma coisa: que a realidade como um todo só pode ser compreendida quando somamos perspectivas díspares. O discernimento da verdade — ou melhor, da "verdade", pois essa é uma palavra muito imperiosa e suspeita — vem para quem ouve muitas vozes. Um exemplo: nossa pandemia. Precisamos ouvir muitas vozes e precisamos ajudar uns aos outros a compreender. Talvez essa seja nossa versão humana da epistasia positiva.

Uma coisa é certa, na minha opinião, em meio a esse turbilhão de incertezas. A covid-19 não será nossa última pandemia no século XXI. Provavelmente não será a pior. Há muitos outros leopardos nos arredores de Mumbai. Há muitos outros vírus temíveis lá de onde veio o SARS-CoV-2, seja onde for.

Créditos

Muitos cientistas brilhantes e algumas autoridades de saúde pública destemidas doaram seu tempo, confiança e paciência para me ajudar a me educar nesse assunto. Desde 7 de janeiro de 2021 entrevistei 95 dessas pessoas pelo Zoom, na maioria dos casos por no mínimo uma hora e meia. Algumas das perguntas que fiz foram exclusivas e apropriadas a cada entrevistado, relacionadas ao seu trabalho e às suas ideias científicas; outras foram mais pessoais e feitas a todos como parte de um protocolo uniforme. Eu queria ouvir sobre a vida e a experiência deles durante a covid-19 além de suas avaliações e descobertas profissionais. Generosas, essas 95 pessoas permitiram que eu gravasse as conversas, e suas vozes, quando citadas, vêm de transcrições feitas pela notável Gloria Thiede, minha fiel e confiável transcritora há trinta anos. Uma exclamação abafada, uma risadinha, uma hesitação, um erro gramatical, um recomeço de frase — tudo entra nas transcrições de Gloria. Não há "diálogos reconstruídos" neste livro. Um enunciado não aparece entre aspas se eu não tiver uma fonte direta, literal.

Algumas dessas 95 pessoas — mas apenas um subconjunto imposto pela estrutura narrativa — aparecem no texto principal. A 96ª fonte, Ali Khan, também aparece; eu o entrevistei várias vezes entre 2009 e 2020. (Em 2020, antes de começar o trabalho neste livro, também me beneficiei de entrevistas com outros especialistas em temas relacionados ao SARS-CoV-2 e à pandemia — por exemplo, evolução viral em geral, criação de vacinas, morcegos e pangolins —, no contexto de matérias jornalísticas que eu estava escrevendo para a *New Yorker*, a *National Geographic* e artigos de opinião do *New York Times*. Deixo meus agradecimentos a essas pessoas na parte final deste apêndice; e as citações dessas entrevistas são registradas por data nas notas do livro.) Outras dentre as 95 me deram esclarecimentos e relatos de experiências pessoais sobre a pandemia que contribuíram para meu texto em um grau imenso, mas invisível. Com o tempo, passei a pensar nelas coletivamente como o meu Coro Grego, ainda que, ao contrário do coro das tragédias gregas, essas pessoas não falem em uníssono e cada uma diga algo diferente das demais. Sou imensamente grato a todas. As citações delas não constam como fontes nas notas do livro, mas fique entendido que provêm das entrevistas pelo Zoom, que ocorreram nas datas mencionadas nesses pequenos esboços biográficos. Minhas 95 e mais Ali Khan, em ordem alfabética pelo sobrenome:

JESSIE ABBATE
Entrevistada em 18 de fevereiro de 2021

Jessie Abbate é ecologista especializada em doenças infecciosas, com foco em padrões geoespaciais de surtos de patógenos. Residente em Montpellier, França, ela trabalha com dados epidemiológicos e translacionais para a Geomatys, uma empresa de computação que presta serviços em processamento e análise de informações geoespaciais. Também é consultora da OMS-Afro em eventos de doenças, entre as quais a covid-19, na África francófona. Nas primeiras semanas de janeiro de 2020, Abbate foi procurada por uma empresa internacional com sede nos Estados Unidos que fornece serviços de ensino à distância na China e em outros lugares. Queriam que escrevesse um relatório sobre como as escolas naquele país poderiam ser afetadas por esse novo vírus. "Seria bom vocês pensarem nessa questão globalmente", aconselhou. "Porque isso não vai ficar só na China."

KRISTIAN G. ANDERSEN
Entrevistado em 7 de janeiro de 2021

Kristian Andersen é pesquisador de doenças infecciosas especializado em imunologia e hoje atua nas fronteiras da biologia evolutiva, genômica e virologia. É professor do Departamento de Imunologia e Microbiologia no Scripps Research Institute, em La Jolla, Califórnia. Ele e seus colegas pesquisam desde 2009 os vírus Ebola e Lassa na África Ocidental e deram uma grande contribuição para o desenvolvimento da epidemiologia genômica. Andersen acredita que vacinas poderão nos levar a uma fase em que a covid-19, em anos futuros, seja apenas um problema recorrente da magnitude da tuberculose e do sarampo (que ainda matam dezenas de milhares de pessoas todos os anos), mas que provavelmente nunca se abrandará a ponto de vir a ser, como alguns afirmam, nada mais grave do que um resfriado comum. Quase no fim da nossa conversa de duas horas, perguntei se ele achava que a pandemia de covid-19 terá sido danosa o suficiente para mudar a compreensão e o comportamento das pessoas, de modo que estejamos muito mais bem preparados da próxima vez. "Nessa pergunta eu vou de 'não'", respondeu ele.

DANIELLE ANDERSON
Entrevistada em 6 de julho de 2021

A virologista Danielle Anderson é pesquisadora bolsista sênior do Peter Doherty Institute for Infection and Immunity, na Universidade de Melbourne. Antes disso, foi professora adjunta e diretora científica do laboratório ABSL-3 da Escola de Medicina da Duke-Universidade Nacional de Singapura. Também é cientista visitante do Instituto de Virologia de Wuhan e está se especializando no laboratório BSL-4. Esteve nesse instituto em outubro e novembro de 2019 e foi a última de todos os estrangeiros a trabalhar lá antes de eclodir a pandemia. Alguns proponentes da hipótese do vazamento de laboratório citaram um "relatório de inteligência" secreto segundo o qual três empregados da instituição procuraram atendimento hospitalar com sintomas respiratórios em novembro de 2019. "Eu não percebi que estava acontecendo algum problema", contou Anderson. Teve o cuidado de salientar que não era *impossível* ela deixar de ter notado um acontecimento desse tipo. "Se alguém tivesse adoecido, talvez eu não ficasse sabendo", comentou. "Mas três pessoas hospitalizadas? Isso teria sido comentado, eu acho." E acrescentou: "Não ouvi nada sobre isso".

SIMON ANTHONY
Entrevistado em 9 de junho de 2021

Simon Anthony é professor associado do Departamento de Patologia, Microbiologia e Imunologia da Universidade da Califórnia em Davis. Trabalha com genética e ecologia de coronavírus, entre outros vírus emergentes, e fez estudos de campo e laboratoriais detalhados sobre as relações desses vírus com morcegos.

RALPH S. BARIC
Entrevistado em 23 de março de 2021

Ralph Baric é professor emérito da cátedra William R. Kenan Jr. do Departamento de Epidemiologia da Universidade da Carolina do Norte em Chapel Hill e professor do Departamento de Microbiologia e Imunologia da mesma instituição. É considerado um dos principais especialistas mundiais em genética de coronavírus. Formou-se na Universidade Estadual da Carolina do Norte com bolsa de estudos para nadadores em meados dos anos 1970 e permaneceu nessa universidade para fazer doutorado em microbiologia. Em 2015, foi autor sênior do paper "A SARS-like Cluster of Circulating Bat Coronaviruses Shows Potential for Human Emergence" [Cluster de coronavírus de morcego do tipo SARS em circulação mostra potencial para emergência humana], escrito em coautoria com outros treze cientistas, entre eles Zhengli Shi. Esse trabalho, considerado e criticado por alguns como pesquisa de ganho de função e valorizado por outros como bastante revelador, foi feito em Chapel Hill, na Carolina do Norte, e não em Wuhan.

JESSE BLOOM
Entrevistado em 16 de fevereiro de 2021

Jesse Bloom é biólogo evolucionista do Fred Hutchinson Cancer Research Center, em Seattle. Há muito tempo ele investiga como propriedades moleculares de um organismo se relacionam com suas propriedades evolutivas mais abstratas — por exemplo, evolutividade e epistasia. O estudo dessas questões é especialmente alicerçado em vírus, que têm taxas de evolução elevadas.

BRANDON J. BONIN
Entrevistado em 14 de abril de 2021

Brandon Bonin dirige o Laboratório de Saúde Pública do Condado de Santa Clara em San Jose, Califórnia. É mestre em DNA e sorologia forense e está concluindo doutorado em saúde pública. Serviu por quatro anos na Marinha dos Estados Unidos.

DONALD S. BURKE
Entrevistado em 8 de julho de 2021

Donald Burke é professor de epidemiologia e medicina da Universidade de Pittsburgh e diretor emérito da Escola de Saúde Pública da mesma instituição. Serviu por 23 anos na Marinha dos Estados Unidos, incluindo um período como diretor do Programa de Pesquisa sobre HIV/aids, organizado pelas Forças Armadas, e outro como diretor associado de Ameaças Emergentes e Biotecnologia no Instituto Walter Reed de Pesquisas do Exército.

CHARLES H. CALISHER
Entrevistado em 9 de abril de 2021

Charlie Calisher é professor emérito de microbiologia na Faculdade de Medicina Veterinária e Ciências Biomédicas da Universidade Estadual do Colorado. Chefiou a Divisão de Referência de Arbovírus no CDC por dezesseis anos. Também é especialista em taxonomia de vírus — a tarefa crucial de delinear, classificar e nomear que permite aos cientistas organizar e comunicar seus conhecimentos sobre identidades, características e diversidade dos vírus. Calisher tem olho aguçado e crítico para infortúnios gramaticais e erros taxonômicos (e para bobagens), e foi editor de muitos livros. Seu próprio livro, *Lifting the Impenetrable Veil: From Yellow Fever to Ebola Hemorrhagic Fever and SARS* [Erguendo o véu impenetrável: Da febre amarela à febre hemorrágica Ebola e à SARS], foi publicado em 2013.

ILARIA CAPUA
Entrevistada em 17 de março de 2021

Ilaria Capua é professora da Universidade da Flórida e diretora do Centro de Excelência em Pesquisa e Treinamento em Saúde Única na mesma instituição. Foi membro do Parlamento italiano. Apresenta-se como veterinária por formação e virologista por paixão, o que reflete seu fascínio pelas capacidades dos vírus. "Demora um bocado para a gente começar a se dar conta do que eles estão fazendo e como estão fazendo", disse. Parte do trabalho inicial de Capua abordou o tema da bronquite infecciosa em galináceos, uma doença causada por coronavírus. Ela é ardorosa defensora da perspectiva da saúde única, que vê a saúde animal e a saúde humana como duas áreas de interesse inseparáveis e interativas.

COLIN J. CARLSON
Entrevistado em 21 de junho de 2021

Colin Carlson é professor adjunto de pesquisa do Centro para a Ciência e Segurança da Saúde Global da Universidade Georgetown. Ele estuda as inter-relações entre mudança climática global, perda de diversidade biológica e doenças infecciosas emergentes. Investiga doenças infecciosas com as ferramentas e a perspectiva de um modelador matemático, usando dados quantitativos para fazer predições provisórias de ocorrências presentes e futuras. Parte de seu trabalho, juntamente com colegas, nos deu a estimativa de que mais de duzentas espécies de morcego podem alojar betacoronavírus — vírus do gênero em que se incluem o SARS original, o SARS-CoV-2 e o MERS.

DENNIS CARROLL
Entrevistado em 9 de fevereiro de 2021

Dennis Carroll se especializou em bioquímica molecular e trabalhou por quinze anos como diretor da Divisão de Ameaças Emergentes da Agência dos Estados Unidos para o Desenvolvimento Internacional. Ele concebeu e supervisionou o Programa de Ameaças Pandêmicas Emergentes, que inclui o projeto Predict, concedendo financiamentos no total de 200 milhões de dólares por cinco anos para pesquisas de identificação de patógenos, em especial vírus, que pareciam prontos para saltar de seus hospedeiros animais para humanos. Hoje Carroll é consultor sênior de saúde global na University Research Co. (URC). Mora em um barco em Washington, D.C.

ALINA CHAN
Entrevistada em 7 de junho de 2021

Alina Chan, ex-pesquisadora de pós-doutorado do Broad Institute, afiliado à Universidade Harvard e ao Instituto de Tecnologia de Massachusetts, é hoje consultora científica dessa instituição. Suas pesquisas, no laboratório de Ben Deverman, envolvem o estudo e a engenharia de vetores virais não patogênicos para uso em terapia genética humana. Chan é coautora, com Matt Ridley, de *Viral: The Search for the Origin of COVID-19*.

SARA H. CODY
Entrevistada em 7 de abril de 2021

Sara Cody é médica e epidemiologista e trabalha como administradora de saúde e diretora de saúde pública do condado de Santa Clara, na Califórnia. Depois da faculdade de medicina e da residência, ela foi bolsista por dois anos no famoso Serviço de Inteligência em Epidemias do CDC, investigando surtos de doenças. No começo da pandemia de covid-19, foi a primeira autoridade na parte continental dos Estados Unidos a promulgar e implementar uma ordem de confinamento em domicílio. Ela me contou que pôde tomar essa medida ousada porque o condado de Santa Clara possuía não apenas uma equipe forte de profissionais de saúde pública, mas também um grupo de procuradores no Conselho do Condado que "entende muito, muito mesmo de lei de saúde pública e do que podemos e não podemos fazer".

PETER DASZAK
Entrevistado em 15 de fevereiro de 2021

Peter Daszak é presidente da EcoHealth Alliance. Formou-se no Reino Unido em ecologia parasitária, e um de seus primeiros trabalhos foi identificar a doença fúngica quitridiomicose como a causa de declínios catastróficos nas populações de anfíbios do planeta. Isso aumentou seu interesse por doenças de animais silvestres e pela dinâmica entre elas e infecções emergentes em humanos. Daszak se tornou diretor-executivo do Consortium for Conservation Medicine e depois chefe da organização em que essa entidade se transformou, a EcoHealth Alliance. Eu o conheci em 2006, quando a *National Geographic* me encomendou uma reportagem sobre doenças zoonóticas.

JESSICA DAVIS
Entrevistada em 22 de março de 2021

Jessica Davis é pesquisadora de pós-doutorado no Instituto Ciência em Rede, da Universidade Northeastern, em Boston, trabalhando com Alessandro Vespignani (ver adiante), médico que estuda fenômenos de redes e propagação, entre os quais redes de propagação de doenças. Quando entrevistei Vespignani, ele me contou como as primeiras notícias de um novo vírus que se propagava a partir de Wuhan afetou seus jovens alunos da pós-graduação. Logo seus modelos mostraram que a doença poderia se tornar pandêmica. "Sempre me lembrarei do olhar daqueles jovens", disse ele. "Porque era como se dissessem:

o.k., então isso é real… e agora, o que a gente vai fazer? Acho que naquela noite voltei para casa com um fardo enorme." Davis estava entre esses pós-graduandos. Vespignani voltou para o laboratório e lhe perguntou se já tinha assistido ao filme *Contágio*. Ela respondeu que não, e ele então a aconselhou a que assistisse, para se preparar. "Acho que esse foi o momento em que pensei: Caramba, isso vai ser um problema", Davis me disse.

ANDREW DOBSON
Entrevistado em 11 de maio de 2021

Andy Dobson é ecologista de doenças e professor do Departamento de Ecologia e Biologia Evolutiva na Universidade Princeton. É autor de muitos textos influentes sobre a dinâmica ecológica de doenças de animais e plantas silvestres, sobre ações humanas que resultam na perda de diversidade biológica e sobre pontos de interseção entre essas duas áreas. Um dos assuntos que Dobson entende a fundo é evolução da virulência. Perguntei se o SARS-CoV-2 evoluiria até se tornar inócuo, como um dos coronavírus causadores do resfriado comum. Não, não necessariamente, ele respondeu. Por quê? "A transmissão está ocorrendo antes de a virulência se expressar." Em outras palavras, o vírus está sendo bem-sucedido, independentemente do número de mortes que causa. Ele não "se importa" se mata muitas pessoas ou poucas, contanto que possa aproveitar todas as chances de aumentar sua proliferação.

PAUL DUPREX
Entrevistado em 17 de fevereiro, 4 de março e 12 de março de 2021

Paul Duprex é virologista molecular, professor do Departamento de Microbiologia e Genética Molecular da Universidade de Pittsburgh e diretor do Centro de Pesquisas de Vacinas da mesma instituição. Declara-se orgulhosamente *Ulsterman*, nascido no condado de Armagh e educado na Universidade Queen's de Belfast. Sua simpatia exuberante prolongou nossa entrevista por três sessões. Ele estuda a base molecular da patogênese e atenuação de vírus de RNA. Duprex e um grupo de colegas detectaram um mecanismo pelo qual o sars-CoV-2 transcende sua taxa de mutação relativamente baixa (para um vírus de rna) para adquirir variância em sua proteína de espícula que dá resistência a anticorpos neutralizantes: por deleções diretas, ou melhor, mudanças em certos aminoácidos.

ISABELLA ECKERLE
Entrevistada em 12 de março de 2021

Isabella Eckerle é uma virologista e médica alemã, professora associada e chefe do Centro para Doenças Virais Emergentes da Universidade de Genebra. Em uma fase anterior de sua carreira, quando fazia trabalho de campo na África, ela concebeu um modo de congelar rapidamente amostras de morcegos para cultivar em laboratório linhagens celulares nascidas nesses animais. Seu trabalho recente inclui o estudo de respostas imunes humanas ao sars-CoV-2 em adultos e crianças.

JONATHAN H. EPSTEIN
Entrevistado em 17 de maio e 23 de junho de 2021

Jon Epstein, veterinário e ecologista de doenças, é vice-presidente de ciência e divulgação da EcoHealth Alliance. Fez trabalhos de campo abrangentes com colegas da China, Austrália, Arábia Saudita e outros países sobre a ecologia de vírus alojados em morcegos, entre os quais o Nipah, o Hendra, o Ebola, o mers-CoV e o sars-CoV. Participou, juntamente com Zhengli Shi, Linfa Wang e outros, da equipe que em 2005 mostrou que certos morcegos são hospedeiros reservatórios de coronavírus similares ao vírus sars original. Eu o acompanhei na subida de uma escada precária e pelo telhado de um armazém decrépito em Bangladesh, no meio da noite, para ver como ele e sua equipe capturavam morcegos e extraíam amostras. Quando segurar um enorme morcego frugívoro que pode conter um vírus letal, Epstein me ensinou, levante o braço acima da cabeça, pois o morcego quer subir e, se o seu braço estiver abaixado, o morcego subirá com as garras pela sua manga até o seu rosto — um conselho valioso que ainda não tive necessidade de seguir.

ANTHONY S. FAUCI
Entrevistado em 1º de fevereiro de 2021

Tony Fauci é diretor do Niaid desde 1984. Nasceu no Brooklyn e estudou em um colégio jesuíta em Manhattan, onde foi capitão do time de basquete jogando como armador e bom arremessador do alto do seu 1,70 metro. Não foi a última vez que ele superou sua estatura. Formou-se em medicina, trabalhou em laboratório com imunologia e chefiou o Niaid como cientista pesquisador e autoridade de saúde pública durante os tormentosos anos iniciais da pandemia de aids. No final da entrevista pelo Zoom, toda ela muito séria, mudei o tom por um momento e lhe perguntei quem fez melhor o papel de Tony Fauci — Brad Pitt ou Kate McKinnon. "Achei os dois incríveis", disse ele. Ver Pitt ser indicado para o Emmy por representá-lo em *Saturday Night Live* foi sensacional, acrescentou Fauci, mas Kate McKinnon é a atriz mais histericamente hilária que ele já viu. "Ela é *muito* talentosa."

HUME FIELD
Entrevistado em 21 de junho de 2021

Hume Field é veterinário, cientista ambiental e epidemiologista de doenças emergentes. Reside em Brisbane, Austrália. Ele teve um papel essencial na identificação dos tipos de morcego que são reservatórios naturais dos vírus Hendra (na Austrália), Nipah (Malásia), SARS-CoV (China) e Reston (Filipinas). Field é professor substituto da Escola de Ciência Veterinária da Universidade de Queensland, consultor de ciência e políticas da EcoHealth Alliance na China e Sudeste Asiático e chefe de uma consultoria privada sobre doenças emergentes associadas à vida selvagem.

ROGER FRUTOS
Entrevistado em 25 de março de 2021

Roger Frutos é um biólogo molecular que estuda a dinâmica de doenças infecciosas emergentes. É professor e diretor de pesquisa no Centro de Pesquisas Agrícolas para o Desenvolvimento Internacional, em Montpellier, França. Ele formulou seu modelo de circulação para a origem do SARS-CoV-2 porque viu a inadequação de outras explicações, entre elas o modelo de *spillover* mais simples, aos dados disponíveis. "Tem algo errado", disse. "Não condiz. Para mim, havia algo errado. As peças do quebra-cabeça não se encaixavam direito." Uma das implicações dessa falta de correspondência, segundo ele, seria não estarmos preparados para a próxima pandemia causada por um vírus de origem animal.

> Se fizermos o que fazemos hoje, será tarde demais. Percebe? E se continuarmos a usar o software, o software médico, na próxima doença que vier ainda estaremos na mesma situação. Iremos reagir em vez de prevenir. E minha pergunta é: o que vai acontecer? E se a próxima que vier — porque vai ter uma próxima, certo? —, o que acontece se a próxima for ao mesmo tempo altamente virulenta e altamente transmissível? Algo como a gripe espanhola. Caramba! Vai ser um sufoco terrível.

Mais adiante na nossa conversa, abordei esse assunto de novo perguntando se essa pandemia terá sido suficientemente horrível para que nós, humanos, aprendamos o que é preciso para evitar outras. "Infelizmente, não", respondeu ele. "Acho que as pessoas não vão mudar o modo como fazem as coisas. Por isso, não estaremos prontos para a próxima." Depois de uma pausa, ele repetiu: "E vai haver uma próxima".

GEORGE FU GAO
Entrevistado em 7 de junho de 2021

George Gao é diretor-geral do CCDC. Cresceu em Yingxian, um condado nos confins da porção noroeste da província de Shanxi. É um de seis filhos de um carpinteiro e de uma dona de casa analfabeta. Foi aceito na universidade e alocado para um programa veterinário na Universidade Agrícola de Shanxi. "Mas eu não queria ser veterinário", contou. Ele passava metade do tempo estudando inglês, e então percebeu que poderia associar a ciência veterinária à ciência da medicina humana. "Por isso, decidi gastar mais tempo com a microbiologia." Gao foi para Beijing para fazer mestrado, estudando vírus da hepatite em patos, depois para a Universidade de Oxford, onde fez doutorado trabalhando com outro vírus. Permaneceu mais quatro anos em Oxford como bolsista de pós-doutorado, seguidos por três anos na Escola de Medicina da Universidade Harvard. Voltou então para Oxford a fim de lecionar e, por fim, assumiu uma cátedra na China em 2004. É uma longa jornada para um filho de carpinteiro de Yingxian. Suas pesquisas antes da pandemia incluíram um estudo sobre como o MERS-CoV se liga a células humanas e entra nelas usando uma proteína receptora diferente da usada pelo SARS-CoV (e, mais tarde, pelo SARS-CoV-2). Esse paper sugeriu, indiretamente, que a variação no domínio de ligação ao receptor poderia tornar os betacoronavírus versáteis em seu uso de hospedeiros. O grupo de Gao desenvolveu, junto com a Eli Lilly e a Junshi, o primeiro anticorpo monoclonal (etesevimab) para uso em pacientes de covid-19 com menos de doze anos e, com a Anhui Zhifei Longcom, a vacina de subunidade de proteína ZF2001, para uso contra o vírus.

ROBERT F. GARRY
Entrevistado em 13 de janeiro de 2021

Robert Garry é professor de microbiologia e imunologia da Escola de Medicina da Universidade Tulane, em New Orleans. Grande parte de sua carreira tem sido dedicada a mecanismos de patogênese em retrovírus, em especial o HIV. Ele também trabalhou com o Ebola, o Marburg e outros vírus de RNA ameaçadores, e montou um laboratório em Serra Leoa para um estudo de longo prazo do vírus Lassa. Junto com William Gallaher, hoje professor emérito da Escola de Medicina da Universidade Estadual da Louisiana, ele esclareceu primeiro a função das proteínas de espícula de coronavírus como o SARS-CoV na ligação e entrada em células. O SARS-CoV-2 apresentou similaridades, mas também diferenças importantes. "Você pode examinar a proteína de espícula e ver, na sequência, como provavelmente será essa coisa", disse Garry. Pelo menos *ele* pode ver isso. "Não restam muitos de nós", prosseguiu, modesto, mas confiante, "capazes de dar uma olhada em uma sequência de proteína e começar a identificar o que essa proteína talvez esteja fazendo."

MARINO GATTO
Entrevistado em 22 de fevereiro de 2021

Marino Gatto se formou em engenharia, mas migrou para a ecologia. É professor emérito de ecologia na Universidade Politécnica de Milão. Gatto e colegas mapearam a dispersão geográfica da covid-19 na Itália e modelaram os efeitos potenciais de várias medidas de contenção e controle para achatar a curva.

THOMAS R. GILLESPIE
Entrevistado em 22 de fevereiro de 2021

Tom Gillespie é professor do Departamento de Ciências Ambientais da Universidade Emory, em Atlanta. Especializou-se em ecologia de doenças e fez pós-doutorado em epidemiologia molecular. Suas pesquisas incluem o estudo de patógenos zoonóticos que saltam entre humanos e outros primatas e como a perturbação ecológica de áreas naturais por humanos afeta esse processo. Entre suas preocupações durante a pandemia está a possibilidade de o SARS-CoV-2 infectar chimpanzés silvestres, talvez em um grau que leve a um ciclo silvestre.

BARNEY S. GRAHAM
Entrevistado em 1º de junho de 2021

Barney Graham se aposentou recentemente como vice-diretor do Centro de Pesquisas de Vírus do Niaid e chefe do Laboratório de Patogênese Viral desse instituto. Seu trabalho com o vírus sincicial respiratório (VSR), que levou às suas ideias para uma vacina de mRNA, começou há trinta anos. Depois da aposentadoria, Graham e sua mulher se mudaram para Atlanta, para estar próximos dos filhos e netos.

LISA GRALINSKI
Entrevistada em 29 de junho de 2021

Lisa Gralinski é professora adjunta do Departamento de Epidemiologia da Universidade da Carolina do Norte. Ela passou cinco anos fazendo pós-doutorado no laboratório de Ralph Baric. Gralinski estuda as interações entre coronavírus e o sistema imune humano.

BARBARA A. HAN
Entrevistada em 9 de março de 2021

Barbara Han é ecologista de doenças no Cary Institute of Ecosystem Studies em Millbrook, estado de Nova York. Ela usa algoritmos de computador e aprendizagem de máquina (com a qual os algoritmos podem se aperfeiçoar) para analisar padrões e processos envolvidos em *spillovers* de patógenos zoonóticos e tentar prever surtos futuros. Suas primeiras informações sobre um novo vírus em Wuhan chegaram, como para outros, em fins de 2019. "Assim que ouvi a notícia, pensei: Lá vamos nós", contou.

VERITY HILL
Entrevistada em 2 de fevereiro de 2021

Verity Hill faz pós-doutorado no laboratório de Nathan Grubaugh, na Escola de Saúde Pública da Universidade Yale. Durante sua pós-graduação em evolução molecular, filogenética e epidemiologia na Universidade de Edimburgo, ela trabalhou no laboratório de Andrew Rambaut. Estava na metade de seu terceiro ano de estudos do doutorado, usando a genômica para investigar como o Ebola se propagou pela África Ocidental durante a epidemia de 2014, quando a notícia sobre Wuhan ganhou o mundo. Rambaut a alertara, ao aprovar sua ideia sobre o Ebola, que "se houver uma epidemia, talvez você tenha que mudar". E ela realmente mudou seu enfoque para o SARS-CoV-2, como fizeram os demais no laboratório de Rambaut. Para ela não foi surpresa, pois percebera que, nos quatro anos que ela talvez levasse para concluir sua tese, provavelmente surgiria um novo vírus.

EMMA HODCROFT
Entrevistada em 9 de fevereiro de 2021

Emma Hodcroft é filogeneticista molecular, atualmente fazendo pós-doutorado no laboratório de Christian Althaus, na Universidade de Berna. É membro da equipe do Nextstrain, um grupo internacional de colaboradores que acompanha a evolução e o parentesco de linhagens de patógenos, entre eles o SARS-CoV-2, com uso dos dados genômicos disponíveis mais recentes. Em meados de janeiro de 2020, em uma fase na qual apenas dez sequências obtidas de amostras do SARS-CoV-2 tinham sido disponibilizadas na internet, Hodcroft participou de uma reunião virtual com colegas do Nextstrain na qual decidiram montar uma árvore filogenética das sequências do vírus. "Porque achamos que isso será útil para que se possa ver como as sequências são aparentadas entre si, quais são as mutações", disse. "Obviamente, com o Nexstrain podemos representar isso em um mapinha e traçar as pequenas linhas, e pensamos que isso ajudará as pessoas a entender as informações que são divulgadas."

EDWARD C. HOLMES
Entrevistado em 8 de fevereiro de 2021

Eddie Holmes é bolsista laureado do Conselho de Pesquisas da Austrália e professor da Universidade de Sydney, além de bolsista da Royal Society, em Londres. É autor do livro sobre a evolução de vírus de RNA.

PETER J. HOTEZ
Entrevistado em 18 de março de 2021

Peter Hotez é médico-cientista, professor de dois departamentos no Baylor College of Medicine, em Houston, diretor da Escola Nacional de Medicina Tropical na mesma instituição, codiretor do Centro de Desenvolvimento de Vacinas do Hospital Infantil do Texas, autor de *Forgotten People, Forgotten Diseases* e outros livros, coautor de aproximadamente seiscentos artigos e comentarista assíduo na televisão nacional. Dorme menos horas do que você e eu. Uma busca de texto em seu curriculum vitae de trezentas páginas não traz a palavra "hobbies", algo impossível de encaixar em seu ritmo de vida. Apesar disso, ele é um homem simpático e afável, generoso em seu empenho de divulgar a ciência tanto quanto em fazê-la. Sua equipe ajudou a criar vacinas de baixo custo contra a covid-19, usando a metodologia de proteína recombinante, em parceria com fabricantes de vacinas em países em desenvolvimento; uma dessas vacinas, desenvolvida com a empresa Biological E, foi liberada para autorização de uso emergencial na Índia e talvez logo esteja disponível no mundo todo. O objetivo é criar vacinas estáveis do ponto de vista térmico, baratas e amplamente acessíveis, que possam ser administradas por via oral ou borrifadas nas vias nasais. "Acho que é viável", disse. "É questão de tempo e mais dinheiro." Hotez também é um ardoroso defensor das vacinas contra um hostil movimento anticiência que está aumentando de volume no país, e sua familiaridade com o tema se reflete em seu livro sobre sua filha mais nova, *Vaccines Did Not Cause Rachel's Autism* [Vacinas não causaram o autismo de Rachel], de 2018.

PETER J. HUDSON
Entrevistado em 12 de abril e 3 de maio de 2021

Pete Hudson, ecologista de doenças de animais silvestres, é titular da cátedra Willaman de Biologia e ex-diretor dos Institutos Huck, da Universidade Estadual da Pensilvânia. Seus estudos são voltados, porém não exclusivamente, para doenças de animais silvestres que se tornam também doenças humanas. No dia de seu aniversário, um grupo que tem com ele uma afinidade de opiniões, pequeno de início, mas por fim composto de centenas de pessoas, se reuniu para criar o encontro anual sobre Ecologia e Evolução de Doenças Infecciosas. Hudson e sua mulher são moradores e administradores de uma reserva natural de 35 hectares. Ele fotografa animais silvestres e faz móveis.

WILLIAM B. KARESH
Entrevistado em 23 de abril de 2021

Billy Karesh é veterinário de animais silvestres. Chefiou o Programa de Campo Veterinário Internacional, que faz parte da Sociedade de Conservação da Vida Selvagem, da qual foi vice-presidente, e hoje é vice-presidente executivo de saúde e política da EcoHealth Alliance. Até onde consegui rastrear, foi ele quem cunhou o termo "saúde única" para definir a iniciativa que vê a saúde dos animais, a dos humanos e a do ecossistema como inseparáveis. Karesh viaja pelo mundo para estudar animais silvestres e tratar deles — como relata em seu livro *Appointment at the Ends of the World* [Encontro nos confins do mundo], de 1999 — e para investigar doenças zoonóticas, e com isso encontra muitos vírus em animais silvestres. Quando o novo coronavírus emergiu entre humanos em Wuhan, antes que sua capacidade de transmissão assintomática fosse reconhecida, Karesh pensou que ele podia ser controlado, como o SARS-CoV. Mas no começo de fevereiro de 2020, contou, "eu estava do lado dos que pensavam que vamos ter de conviver com isso para sempre. E acho que vamos mesmo".

MATT KELLEY
Entrevistado em 22 de abril de 2021

Matt Kelley foi chefe do setor de saúde do condado de Gallatin, em Montana, por onze anos, incluindo o primeiro ano e meio da pandemia. Isso me permitiu (porque moro no condado) ver de perto como ele trabalhava, o quanto seu empenho foi irritantemente tolhido e o quanto ele foi maltratado por certos elementos da população a quem tentava servir durante a covid-19. (Pessoas coléricas e ameaçadoras espreitavam do lado de fora da casa dele. Para apoiá-lo, fazíamos piquete nas ruas do centro da cidade.) Kelley cresceu no Wisconsin, fã do time de futebol americano Green Bay Packers, e, depois de se formar na faculdade, foi trabalhar como repórter de negócios do jornal *Omaha World-Herald*. O jornal o mandou para Washington, D.C., e ele trabalhou como repórter de política por alguns anos. Depois, desejando uma grande chance, serviu por um breve período no Peace Corps junto com sua mulher: dois anos em um vilarejo no Mali, na África Ocidental, na função de agente de extensão dos serviços de água e esgoto. De volta aos Estados Unidos, fez mestrado em saúde pública e trabalhou em sistemas de saúde pública e saúde mental no gabinete do prefeito em Washington, D.C., até que lhe ofereceram um emprego em Bozeman, Montana. Quando, após ser entrevistado, lhe telefonaram de Bozeman para comunicar que tinha sido aceito para a vaga, informaram-no francamente de que ele fora o segundo na ordem de escolha, mas que o primeiro candidato havia recusado o emprego. "Sempre ressalto que Vince Lombardi [treinador do Packers] também foi uma segunda escolha", disse Kelley. "Por isso, senti que podia racionalizar a situação." Ele deixou o emprego no condado, mas continua a trabalhar com saúde pública em Montana.

GERALD T. KEUSCH
Entrevistado em 19 de março de 2021

Jerry Keusch é professor de medicina e saúde internacional e diretor associado dos Laboratórios Nacionais de Doenças Infecciosas Emergentes, da Universidade de Boston. É também ex-diretor do Centro Internacional Fogarty, do NIH, que apoia a pesquisa médica e a especialização de pesquisadores internacionalmente. Ele analisou em profundidade e com atenção a questão da preparação contra ameaças pandêmicas, um trabalho que se reflete num relatório de 2020 para o Conselho de Monitoramento de Preparação Global (uma agência da OMS e do Banco Mundial), escrito em coautoria com Nicole Lurie, intitulado "The R&D Preparedness Ecosystem: Preparedness for Health Emergencies" [O ecossistema R&D de preparação: Preparação para emergências de saúde]. A lição "favorita" de Keusch, aprendida com uma vida inteira de trabalho em saúde pública, contou ele com um leve sarcasmo, é que,

> quando a saúde pública funciona, nada acontece. Quando nada acontece, os políticos dizem: "O quê? Estamos pagando para nada? Vamos alocar o dinheiro em outra coisa". E então eles subtraem o dinheiro da saúde pública, até que acontece alguma coisa e eles dizem: "Onde estava a saúde pública quando precisamos dela?". Ora, vocês não financiaram. E esse ciclo prossegue sem fim. Isso é algo que precisa ser revertido a todo custo.

ALI S. KHAN
Entrevistado em 11 de agosto de 2009, 17 de março, 19 de março e 23 de março de 2020

Ali Khan é diretor da Faculdade de Saúde Pública do Centro Médico da Universidade de Nebraska e professor de epidemiologia na mesma instituição. Quando o conheci, em 2006, ele era vice-diretor do Centro Nacional de Doenças Zoonóticas, Transmitidas por Vetores e Entéricas do CDC, em Atlanta. Em 2010, tornou-se diretor do Escritório de Preparação e Resposta da Saúde Pública do CDC. Em 2014, mudou-se para Nebraska. Em 2015, participou de uma equipe de resposta da OMS em Serra Leoa durante a epidemia de Ebola na África Ocidental — um vírus com o qual ele já tinha uma aflitiva familiaridade. Em 2016, publicou seu livro *The Next Pandemic*. Em fins de 2021, foi voluntário durante um período, trabalhando contra a covid-19 nas Ilhas Marianas do Norte. Nos últimos trinta anos, fez trabalho de campo em mais de duas dezenas de períodos na área de resposta a doenças infeciosas — por exemplo, combatendo a febre hemorrágica da Crimeia-Congo no sultanato de Omã, a síndrome pulmonar do hantavírus no Brasil e a varíola dos macacos em Indiana. Bendito seja o homem que ama tanto assim seu trabalho, doa tão generosamente suas habilidades para ajudar os que sofrem e conserva com tamanha calma o senso de humor em meio a tudo isso.

EMER KINIRY
Entrevistado em 13 de junho de 2021

Emer Kiniry é assistente administrativa sênior do Asilo Infantil Canuck Place em Vancouver, Colúmbia Britânica, a primeira instituição autônoma na América do Norte que fornece abrigo e serviços abrangentes a crianças com problemas de saúde complexos. O prenome de Kiniry é irlandês, assim como suas origens; ela nasceu e foi criada em Dublin. No Canuck Place, contou, as crianças geralmente não podem ser vacinadas contra a covid-19 em razão do comprometimento de seu sistema imune. Por isso, a instituição tomou medidas drásticas para possibilitar a continuidade da prestação de serviços: redução da equipe, funcionários em trabalho remoto sempre que possível, suspensão de trabalho voluntário, exames médicos frequentes, distanciamento físico, uso obrigatório de máscara, proibição a visitas de parentes não próximos e de amigos, aconselhamento virtual e reuniões virtuais sobre cuidados de saúde sempre que possível. Há uma compensação, disse Kiniry: "Sinto que é quase o lugar mais seguro onde alguém pode estar durante a covid". A vigilância extrema protege as crianças e os pais, que já têm preocupações suficientes.

MARION KOOPMANS
Entrevistada em 8 de março de 2021

Marion Koopmans, formada em veterinária e especialista em medicina interna veterinária, é titular de uma cátedra mantida por dotação e chefe do Departamento de Virociência do Centro Médico Erasmus, em Rotterdam. Chefiou as pesquisas sobre resposta a um surto de gripe aviária na Holanda em 2003, teve papel essencial na identificação de dromedários como hospedeiros intermediários do MERS-CoV na península Arábica e na África em 2014, e foi responsável pela instalação de laboratórios diagnósticos móveis levados da Holanda para Serra Leoa e Libéria durante a epidemia de Ebola em 2013-6. Ela também chefia o centro de colaboração da OMS e o VEO, um consórcio internacional de pesquisa voltado para doenças emergentes.

JEFFREY P. KOPLAN
Entrevistado em 18 de fevereiro de 2021

Jeff Koplan é médico e profissional de saúde pública. Foi diretor do CDC, depois diretor do Instituto Emory de Saúde Global, da Universidade Emory, e mais tarde vice-presidente de saúde global na mesma instituição. Quando lhe perguntei sobre a atuação de Robert Redfield como diretor do CDC durante o governo Trump, ele disse: "O diretor tem um papel complicado, uma tarefa complicada". O chefe imediato do diretor é o político nomeado que ocupa o cargo de secretário de Saúde e Serviços Humanos. O chefe dessa pessoa está na Casa Branca. "É menos difícil quando aqueles que estão acima acreditam na ciência." Perguntei-lhe se tinha alguma ideia de como podemos reverter o negacionismo da ciência que se tornou parte do éthos americano. "Cara, isso é deprimente", disse ele.

BETTE KORBER
Entrevistada em 18 de junho de 2021

Bette Korber é bióloga computacional e bolsista do Laboratório Nacional de Los Alamos, onde faz pesquisa nas áreas de biologia e biofísica teóricas. Supervisiona o Banco de Dados e Projeto de Análise do HIV do laboratório e dedicou grande parte de sua carreira a estudar esse vírus. Seu trabalho principal é estudar a evolução viral sob pressão imunitária; ela usa essas informações para formular estratégias vacinais contra vírus altamente variáveis. Em 2000, publicou com colegas os resultados de um estudo para determinar quando a cepa de HIV pandêmica (HIV-1 grupo M) começou a divergir de seu vírus progenitor alojado em chimpanzés; isto é, quando ocorreu o *spillover* fatídico que marcou o início daquela pandemia. Segundo a estimativa da equipe, foi em 1930. Alguns anos depois, Michael Worobey e colegas, ao analisar algumas amostras mais antigas, ajustaram a estimativa para aproximadamente 1908. Korber e seus colaboradores, em seu trabalho com a covid-19, se baseiam em grande parte, e com gratidão, no banco de dados de genomas do SARS-CoV-2 publicado pelo Gisaid, tão abundante e tão rapidamente disponível à medida que o vírus continua a mutar e evoluir. No campo dos estudos do HIV, contou ela, os dados genômicos "novos" costumam datar de um a dois anos antes quando vêm a ser publicados e divulgados. "Já os novos dados sobre o SARS-CoV-2 provêm de amostras da semana anterior; devemos essa mudança ao Gisaid." Korber e seus colegas recebem um *feed* diário com dados que possibilitam seu trabalho, e o Gisaid fornece o mesmo serviço a grupos de bioinformática no mundo todo.

JENS H. KUHN
Entrevistado em 15 de abril e 3 de maio de 2021

Jens Kuhn é virologista, historiador da virologia e especialista em biodefesa. É cientista principal e diretor de virologia no Centro de Pesquisa Integrada em Fort Detrick, Maryland. Em 2011, tornou-se o primeiro cientista ocidental admitido para trabalhar em esquema de rodízio no laboratório Vektor, em Novosibirsk, uma antiga instalação soviética de armas biológicas. Também é autor de *Filoviruses*, um compêndio de quarenta anos de estudo dos vírus Ebola, Marburg e seus parentes. Conheci Jens durante uma conferência sobre filovírus em Libreville, Gabão, onde, graças ao acaso de estarmos hospedados em um hotel menor e menos refinado e irmos no mesmo ônibus para a conferência toda manhã, ficamos amigos. Ele é doutor em medicina e tem dois outros doutorados, mas é um sujeito divertido.

MARCUS V. G. DE LACERDA
Entrevistado em 10 de fevereiro de 2022

Marcus Lacerda é médico da Fundação de Medicina Tropical Dr. Heitor Vieira Dourado, coordenador do Instituto de Pesquisa Clínica Carlos Borborema, ambos em Manaus, pesquisador da Fundação Oswaldo Cruz (Fiocruz) e professor de medicina tropical da Universidade do Amazonas. Ele estudou a malária e prescreveu cloroquina para tratar essa doença por mais de duas décadas. O patógeno da malária não é um vírus. As pesquisas recentes de Lacerda e colegas forneceram dados eloquentes contra o uso de cloroquina em altas doses contra a covid-19. Perguntei a ele se alguém de sua família teve covid. "Ah, sim, todo mundo!", respondeu. "Todo mundo." Mas tiveram sorte.

HEIDI J. LARSON
Entrevistada em 11 de junho de 2021

Heidi Larson é antropóloga e fundadora do Vaccine Confidence Project. Em 2020, publicou o livro *Stuck: How Vaccines Rumors Start — And Why They Don't Go Away* [Preso: Como boatos sobre vacina começam — e por que eles não desaparecem]. Antes de falarmos sobre boatos antivacina, perguntei a ela sobre os rumores de que o SARS-CoV-2 teve origem em um vazamento de laboratório. "Com os rumores", disse ela, "a menos que tenhamos uma resposta clara, eles continuam a ressurgir." Sobretudo em um contexto de incerteza. "E é o que está acontecendo, esse é o terreno fértil perfeito para boatos, porque temos informações incompletas."

RAMANAN LAXMINARAYAN
Entrevistado em 23 de abril de 2021

Ramanan Laxminarayan é fundador e diretor do Centro para Dinâmica, Economia e Política de Doenças em Washington, D.C., e pesquisador acadêmico sênior na Universidade Princeton. Trabalhou intensamente no problema das bactérias resistentes a antibióticos e a eficácia destes — da perspectiva de diretrizes e justiça — como um recurso global compartilhado. Alguns de seus textos recentes examinam a epidemiologia e transmissão da covid-19 na Índia e fornecem estimativas de mortalidade por covid.

PHILIPPE LEMEY
Entrevistado em 18 de junho de 2021

Philippe Lemey é professor associado do Laboratório de Virologia Clínica e Epidemiológica do Departamento de Microbiologia, Imunologia e Transplante da Universidade Católica de Leuven, na Bélgica. Ele estuda a evolução de vírus e a epidemiologia molecular, e é coautor de artigos sobre a evolução e propagação do SARS-CoV-2 na Europa, Brasil, Estados Unidos e outros lugares. Perguntei a ele se desde o início o vírus pareceu suspeito por ser muito bem-adaptado para infectar humanos, como afirmam proponentes da hipótese de vazamento de laboratório. Não, respondeu ele. "Estamos vendo que isso evoluiu até se tornar um patógeno generalista dotado de capacidade razoável de se transmitir para humanos já na população de morcegos." Lemey fez uma pausa. Esperei, deixando que essas quatro últimas palavras fossem bem digeridas; ele quis dizer em morcegos antes do *spillover*. "Não é preciso invocar a teoria do laboratório para isso", acrescentou. Eu queria deixar clara a pergunta, por isso pressionei: "Ele se tornou um vírus amplamente adequado para usar receptores ACE2 em um conjunto de mamíferos?". "Isso mesmo", foi a resposta.

YIZE (HENRY) LI
Entrevistado em 10 de fevereiro de 2021

Yize Li é professor adjunto do Biodesign Institute, da Universidade Estadual do Arizona. Seus colegas e amigos do Ocidente o chamam de Henry. Ele estudou bioengenharia em Chongqing, virologia em Shanghai e fez pós-doutorado em virologia e imunologia no laboratório de Susan Weiss, na Universidade da Pensilvânia. Como sua mentora Weiss, e não muitos outros, ele já estudava coronavírus antes de ser um assunto da moda, com foco em interações vírus-hospedeiro e respostas imunes inatas. De um encontro em uma conferência em Shanghai em 2018 e algumas comunicações subsequentes pelo WeChat, Li conhecia Yong-Zhen Zhang, colaborador de Eddie Holmes na primeira divulgação ao público de uma sequência genômica completa do SARS-CoV-2. "Ele não buscou a permissão do governo chinês. Isso os deixou bravos, muito bravos", Li me contou. "Então fecharam o laboratório dele." Disseram a Zhang, segundo Li: "Você não pode mais trabalhar com o SARS-CoV-2".

POH LIAN LIM
Entrevistado em 16 de junho de 2021

Poh Lian Lim, médica e funcionária de saúde pública, é diretora da Unidade de Isolamento de Alto Nível do Centro Nacional de Doenças Infecciosas em Singapura e consultora sênior do Ministério da Saúde. Em 2004, ela chefiou um estudo sobre um aparente acidente de laboratório no Hospital Geral de Singapura ocorrido em agosto de 2003, quando um aluno de pós-graduação foi infectado com o vírus SARS original, três meses depois que o surto de SARS em Singapura tinha sido encerrado. O pós-graduando trabalhava com o vírus do Nilo Ocidental e possivelmente fora exposto ao SARS porque ambos os vírus estavam crescendo ao mesmo tempo nas células renais de macaco nas quais o estudante cultivava o Nilo Ocidental. Perguntei a Lim se ela cogitara na possibilidade de um vazamento de laboratório relacionado de algum modo ao SARS-CoV-2 no Instituto de Virologia de Wuhan. "Eu normalmente tento não comentar essas coisas", respondeu ela. E acrescentou: "Existe uma diferença entre o que pode acontecer e o que de fato aconteceu, certo?".

W. IAN LIPKIN
Entrevistado em 9 de janeiro de 2021

Ian Lipkin, médico e virologista pesquisador, é professor da cátedra John Snow de Epidemiologia da Universidade Columbia e diretor do Centro de Infecção e Imunidade da Escola de Saúde Pública Mailman, na mesma instituição. É especialista em uso e desenvolvimento de métodos moleculares para identificar novos patógenos, como o vírus Nipah. Foi consultor científico do filme *Contágio*, de 2011, dirigido por Steven Soderbergh, no qual o patógeno causador da pandemia é baseado vagamente no Nipah. Lipkin foi coautor do paper "The Proximal Origin of SARS-CoV-2", do começo de 2020, escrito por Anderson e colegas, embora me dissesse um ano depois que não se sentia tão à vontade como alguns de seus coautores em descartar a possibilidade de um acidente de laboratório. Talvez algum pós-graduando ou estagiário no laboratório de Zhengli Shi estivesse tentando cultivar um novo vírus a partir de amostras de morcego e tivesse sido bem-sucedido, mas desleixado. Zhengli Shi nunca teria ocultado um vírus como esse, afirmou ele. Ela é consciensiosa, além de profissionalmente motivada pela publicação de descobertas. "Se descobrissem um vírus com essas características", disse Lipkin, "e ela soubesse disso, ela o teria sequenciado e publicado o resultado." Portanto, pode-se descartar a possibilidade de que ela soubesse. "Mas isso não equivale a dizer que um escape desse laboratório não pode ter ocorrido de jeito nenhum." Ele não tinha motivos para acreditar que alguma pessoa tivesse sido desleixada, acrescentou, "mas não posso excluir essa possibilidade".

MARC LIPSITCH
Entrevistado em 30 de junho de 2021

Marc Lipsitch é professor do Departamento de Epidemiologia e diretor do Centro de Dinâmica de Doenças Transmissíveis da Escola de Saúde Pública T. H. Chan, da Universidade Harvard. Ele é um crítico declarado das pesquisas de ganho de função com patógenos de potencial pandêmico. Mas quando conversamos se recusou discretamente a se pronunciar sobre esse assunto na gravação, devido a uma mudança ainda não confirmada em seu papel na comunidade científica. Agora já foi anunciado que ele será diretor de ciência em um novo órgão do CDC, o Centro de Previsão e Estudo Analítico de Surtos. Em maio de 2020, Lipsitch e coautores de um artigo publicado na *Science* projetaram que "o distanciamento social prolongado ou intermitente pode ser necessário até 2022" para prevenir uma superlotação das unidades de tratamento intensivo por casos de covid-19. "Mesmo que haja uma aparente eliminação" do vírus, acrescentaram, "a vigilância do SARS-CoV-2 deve ser mantida, pois um ressurgimento do contágio pode ser possível até 2024."

DANIEL R. LUCEY
Entrevistado em 11 de janeiro e 14 de janeiro de 2021

Daniel Lucey é médico, especialista em saúde pública e professor da Escola de Medicina Geisel, no Dartmouth College. A partir de janeiro de 2020 ele publicou uma longa série de textos influentes sobre a covid-19 e o SARS-CoV-2 (a doença e o vírus) no blog Science Speaks, mantido pela Sociedade de Doenças Infecciosas da América, com informes e refutações de vários fatos e ideias sobre a pandemia. Seu primeiro texto, em forma de perguntas e respostas sobre a possível origem e natureza do surto, foi escrito em 6 de janeiro de 2020. Exatamente um ano depois, no dia em que a multidão invadiu o Capitólio nos Estados Unidos, Lucey saiu de seu apartamento, próximo da Pennsylvania Avenue, e abriu caminho entre as pessoas, algumas com cartazes, bandeiras e bonés vermelhos com a inscrição MAGA, outras fantasiadas e armadas, que tinham acabado de ouvir o discurso incendiário de Donald Trump no Ellipse e marchavam agora para o prédio do Congresso. Lucey passou por essa torrente "como um salmão", conforme me contou. "Subi contra essa correnteza porque queria ver como eram aquelas pessoas. E fui com este boné." Ele me mostrou o boné pelo Zoom: amarelo, feito sob medida para ele, com os dizeres: "MANE, TECEL Daniel 5,25". Trata-se de uma referência à história sobre o Festim de Baltazar no Livro de Daniel, na qual o rei da Babilônia é alertado pelo escrito de uma mão misteriosa: "Deus mediu o teu reino e deu-lhe fim; [...] tu foste pesado na balança e foste julgado deficiente [...]". Lucey é um homem de consciência aguçada e ideias intensas. Sua contramanifestação de um homem só provavelmente foi captada em algum vídeo do FBI, disse ele.

Contou que sentiu algum receio de que alguém no meio dos manifestantes irados reconhecesse a alusão. "Mas ninguém reconheceu."

NICOLE LURIE
Entrevistada em 25 de março de 2021

Nicole Lurie, médica e especialista em saúde pública, foi secretária assistente de preparação e resposta do Departamento de Saúde e Serviços Humanos durante o governo Obama. É coautora, com Gerald Keusch, do relatório de 2020 para o Conselho de Monitoramento de Preparação Global (uma agência da OMS e do Banco Mundial), intitulado "The R&D Preparedness Ecosystem: Preparedness for Health Emergencies". É a primeira autora do "World Bank International Vaccines Task Force Report" [Relatório sobre Vacinas da Força-Tarefa Internacional do Banco Mundial]. Lurie leciona na Escola de Medicina da Universidade Harvard e, entre outros trabalhos de consultoria estratégica, assessora o diretor-executivo da fundação Coalition for Epidemic Preparedness Innovations.

HOLLY L. LUTZ
Entrevistada em 10 de maio de 2021

Holly Lutz é uma bióloga evolucionista que estuda, entre outras coisas, os microbiomas de morcegos. Faz pós-doutorado afiliada ao Scripss Research Institute, em LaJolla, Califórnia, e é pesquisadora associada ao Centro de Pesquisa Integrada Negaunee, do Museu Field de História Natural, em Chicago. Ela fez pesquisa de campo sobre mamíferos e seus patógenos no Quênia, em Moçambique e outras partes da África. Em 2013, quando capturavam morcegos em uma enorme árvore oca em Uganda, ela e vários colegas contraíram uma infecção pulmonar, diagnosticada mais tarde como histoplasmose, causada por esporos de um fungo contido em guano de morcego. Dois anos antes, essa mesma árvore estivera envolvida em outro surto de histoplasmose entre estudantes de biologia visitantes. Os sintomas de Lutz incluíram febre, dor de cabeça, fraqueza, perda de peso e tosse seca. Ao contrário dos três trabalhadores da mina de Mojiang, cujas infecções talvez tenham sido causadas por um vírus e não por um fungo, Lutz e seus colegas sobreviveram.

SPYROS LYTRAS
Entrevistado em 24 de junho de 2021

Spyros Lytras faz doutorado em virologia na Universidade de Glasgow, trabalhando com David L. Robertson e outros orientadores. Ele estuda a evolução molecular de vírus, o que engloba o SARS-CoV-2 e seus parentes entre os coronavírus do tipo SARS. É coautor principal, com Oscar A. MacLean, do paper "Natural Selection in the Evolution of SARS-CoV-2 in Bats Created a Generalist Virus and Highly Capable Human Pathogen" [A seleção natural na evolução do SARS-CoV-2 em morcegos criou um vírus generalista e um patógeno humano altamente capaz], publicado no *PLOS Biology*.

LAWRENCE C. MADOFF
Entrevistado em 4 de março de 2021

Larry Madoff é professor de medicina da Escola de Medicina Chan, da Universidade de Massachusetts. É doutor em doenças infecciosas, especializado em epidemiologia de patógenos emergentes e saúde pública internacional. Desde 2018 é diretor médico de doenças infecciosas do Departamento de Saúde Pública de Massachusetts; mais recentemente, aposentou-se como editor do ProMED-mail.

JONNA A. K. MAZET
Entrevistada em 11 de maio de 2021

Jonna Mazet, especializada em veterinária de animais silvestres e epidemiologista, é vice-reitora da Universidade da Califórnia em Davis e professora de Epidemiologia e Ecologia de Doenças do One Health Institute, da Escola de Medicina Veterinária da mesma instituição. Por mais de uma década foi diretora global do projeto Predict, da Agência dos Estados Unidos para o Desenvolvimento Internacional, chefiando um consórcio multinacional para coletar amostras de animais silvestres e detectar novos vírus com potencial para se tornarem patógenos humanos. Equipes do projeto identificaram 1200 vírus animais com evidente potencial para causar doença em humanos, entre eles mais de 160 coronavírus. O projeto Predict representa o lado da descoberta em uma complicada dicotomia de opinião científica — descoberta versus vigilância — na questão da preparação e resposta a pandemias: "descoberta" significa encontrar vírus perigosos antes que eles saltem para humanos, "vigilância" significa estar atento para detectar surtos e controlá-los antes que se tornem epidêmicos. O projeto estava destinado a ser extinto em 2020 durante o governo Trump, assim que terminassem os dois ciclos quinquenais de financiamento. Depois foi prorrogado parcialmente, com uma subvenção modesta, logo que o SARS-CoV-2 chegou aos Estados Unidos, quando até autoridades (algumas) do governo Trump se viram incapazes de negar a gravidade das ameaças da pandemia emergente. A frase anterior representa minha linguagem e minha posição, pela qual Jonna Mazet não deve ser responsabilizada.

PLACIDE MBALA-KINGEBENI
Entrevistado em 18 de abril de 2021

Placide Mbala-Kingebeni, médico e microbiologista, chefia o Departamento de Epidemiologia e o laboratório de sequenciamento de patógenos do Instituto Nacional de Pesquisa Biomédica, em Kinshasa, na República Democrática do Congo (RDC). Trabalhou com o projeto Predict (ver acima, sob a chefia de Dennis Carroll e Jonna Mazet), estudou a prevalência do HIV nas Forças Armadas da RDC e chefiou a Unidade de Febre Hemorrágica Viral do instituto durante surtos de febre do vírus Ebola. Mbala-Kingebeni me contou que a RDC atravessa tempos difíceis. Houve no país um surto de Ebola na província de Bas Uele em 2017 e outro em 2018, dessa vez na província de Equateur. Debelado este último, foi detectado outro, na província de Nord-Kivu, a partir de agosto de 2018, finalmente encerrado em junho de 2020. "Ao mesmo tempo, durante o mesmo período, também enfrentamos a pandemia de covid-19." E o sarampo?, perguntei. "Um novo surto", respondeu ele. "Sarampo, um novo surto, com Ebola de novo em Equateur em 2020, depois um novo surto de Ebola em Nord-Kivu em 2021." Os profissionais da área médica e os cientistas de doenças na RDC, como Mbala-Kingebeni e Jean-Jacques Muyembe Tamfum, atuam em níveis heroicos contra vírus perigosos, apesar de uma aterradora escassez de recursos. Eles têm experiência.

JASON S. MCLELLAN
Entrevistado em 12 de agosto de 2021

Jason McLellan é professor de biociências moleculares da Universidade do Texas em Austin. Durante seu pós-doutorado, orientado por Peter D. Kwong no Centro de Pesquisa de Vacinas do Niaid, e depois, quando exerceu cargos acadêmicos no Dartmouth College e na Universidade do Texas, trabalhou com Kwong, Barney Graham e outros colegas para determinar as estruturas tridimensionais e as consequentes propriedades de proteínas de fusão usadas para ligação e entrada em células por vários vírus, incluindo o vírus sincicial respiratório e o SARS-CoV-2. Com isso, contribuiu, com seu grupo do laboratório e outros, para criar uma forma estabilizada da proteína de espícula do SARS-CoV-2, um elemento crucial para o desenvolvimento das vacinas de mRNA da Pfizer e da Moderna.

VINEET DAVID MENACHERY
Entrevistado em 16 de abril de 2021

Vineet Menachery estuda a dinâmica de interações vírus-hospedeiro que geram doença nos hospedeiros, e os fatores que sugerem que determinado vírus animal poderia ser capaz de saltar para humanos. Ele usa sistemas de genética reversa (vírus criados a partir de genomas), experimentos com animais e outros métodos. É professor adjunto do Departamento de Microbiologia e Imunologia da Divisão de Medicina da Universidade do Texas, em Galveston. Menachery trabalhou em pós-doutorado por quase sete anos no laboratório de Ralph Baric, em Chapel Hill. Um estudo publicado nesse período, do qual ele foi o pesquisador principal e Baric o autor sênior, usou engenharia reversa para produzir um vírus quimera composto da proteína de espícula de um coronavírus silvestre coletado em um morcego-de-ferradura na China, montada sobre uma estrutura do vírus SARS original que fora adaptado em laboratório para cultura em camundongos. A questão principal era se o coronavírus de morcego, SHC014, poderia emergir em humanos. O vírus quimera vingou em células humanas, portanto a resposta foi sim. Esse trabalho, feito em Chapel Hill, foi controverso — elogiado por alguns cientistas pelo alerta que representou, criticado por outros como um perigoso trabalho de ganho de função. "Há algum risco nisso, eu não vou discordar", Menachery me disse. "Mas não sei se seria melhor para nós desconhecer que esses vírus existiam" — isto é, permanecer na ignorância sobre o SHC014 ou estar ciente da ameaça que ele poderia representar. "E infelizmente esse era o único modo de mostrar isso."

PENNY L. MOORE
Entrevistada em 15 de junho de 2021

Penny Moore é titular da Cátedra de Pesquisa Sul-Africana de Dinâmica Vírus-Hospedeiro da Universidade do Witwatersrand e do Instituto Nacional de Doenças Transmissíveis da África do Sul. Ela estuda o HIV e sua capacidade de evoluir, escapando das defesas imunitárias por meio de mudança em sua suscetibilidade a anticorpos. Esse assunto é importante para as iniciativas de criar uma vacina contra o HIV. Também tem paralelos, em certa medida, com a evolução do SARS-CoV-2 e suas variantes. A variante beta havia surgido recentemente na África do Sul quando conversei com Moore, e depois disso emergiu a ômicron. Como alguns outros cientistas, ela receava que as variantes pudessem emergir mais provavelmente de pacientes imunocomprometidos, nos quais é possível uma infecção prolongada e, portanto, a mutação e evolução contínua do vírus. A África do Sul tem 7,5 milhões de pessoas com HIV, mas elas não são as únicas que correm risco de infecções prolongadas. "Essas variantes claramente não estão aparecendo apenas em HIV positivos", disse Moore. "Acho que agora há muitos estudos nos Estados Unidos mostrando que outras pessoas imunossuprimidas estão com dificuldade para se livrar do vírus, por alguma razão."

CARLOS MEDICIS MOREL
Entrevistado em 26 de março e 28 de abril de 2021

Carlos Morel é diretor do Centro de Desenvolvimento Tecnológico em Saúde da Fundação Oswaldo Cruz (Fiocruz), no Rio de Janeiro, da qual é diretor emérito. É também ex-diretor do Programa de Pesquisa e Treinamento em Doenças Tropicais da OMS. Além de responder às minhas perguntas e falar sobre sua luta pessoal com a covid-19 ao longo de duas longas e agradáveis horas de conversa pelo Zoom, ele fez a gentileza de me pôr em contato com seu amigo George Fu Gao.

DAVID M. MORENS
Entrevistado em 26 de fevereiro de 2021

David Morens, médico e epidemiologista, é consultor sênior do diretor do Niaid, Anthony Fauci. Isso significa, entre outras coisas, que ele escreve artigos científicos em coautoria com Fauci. "Emerging Pandemic Diseases: How We Got to Covid-19" [Doenças pandêmicas emergentes: Como chegamos à covid-19], publicado na revista *Cell*, é um deles. E às vezes Morens publica papers um pouco polêmicos demais para levarem o nome de Fauci — por exemplo, "The Origin of Covid-19 and Why It Matters" [A origem da covid-19 e por que isso importa], em coautoria com Charlie Calisher, Jerry Keusch e outros sete cientistas ilustres. No fim desse texto, os autores salientam ser

> muito improvável que o SARS-CoV-2 tenha escapado acidentalmente de um laboratório, pois nenhum laboratório tinha o vírus, e sua sequência genética não existia em nenhum banco de dados de sequências antes do depósito inicial no GenBank (começo de janeiro de 2020).

Quanto à ideia de que o vírus foi engenheirado com intenções sinistras, "a Mãe Natureza 'sabe' fazer vírus perversos e os seres humanos sabem que esses vírus são perversos assim que a Mãe Natureza os faz", disse Morens. "Mas os seres humanos não têm conhecimento para manipular vírus de modo a transformar algo que é seu material inicial em algo novo que seja realmente perverso." Se você tentar isso em 1 milhão de experimentos, irá fracassar 999 999 vezes, acrescentou ele. E na milionésima vez você nem mesmo vai saber que conseguiu — a menos que faça o experimento em pessoas.

JOHAN NEYTS
Entrevistado em 10 de junho de 2021

Johan Neyts é professor de virologia da Faculdade de Medicina da Universidade Católica de Leuven, na Bélgica, e ex-presidente da Sociedade Internacional de Pesquisas Antivirais. Ele trabalha com vacinas e candidatos a fármacos antivirais contra diversos vírus, entre os quais coronavírus, paramixovírus (como o RSV) e flavivírus (como o vírus da dengue). Neyts estava de férias na França em 20 de janeiro de 2020, esquiando com o filho, quando eles pararam para um café e checaram as notícias. Soube então que tinham acabado de descobrir que o novo coronavírus da China era capaz de transmissão humano-humano. Na mesma hora ele telefonou para seu laboratório e avisou: "Agora vamos começar a trabalhar na vacina".

KEVIN J. OLIVAL
Entrevistado em 25 de fevereiro de 2021

Kevin Olival é um ecologista e biólogo evolucionista que estuda morcegos e os vírus de que eles são portadores. É vice-presidente de pesquisa da EcoHealth Alliance. Como primeiro autor de um paper de 2020 com uma longa lista de coautores, ele alertou sobre a possibilidade de o SARS-CoV-2 saltar de humanos para animais silvestres livres na natureza, incluindo não só visons e outros mamíferos terrestres, mas também, talvez, morcegos em todo o planeta. Assim que chegasse aos morcegos, que se abrigam juntos em grande número e com mistura de espécies, o vírus poderia se propagar depressa e por grandes distâncias. Poderia até haver ciclos silvestres do SARS-CoV-2, disse Olival, passando intermitentemente entre populações de morcegos e de humanos no mundo todo. O perigo de tais ciclos, comentou, estaria não apenas nas circunstâncias que eles ensejam para a reinfecção de pessoas, mas também na possibilidade de novas variantes ou vírus recombinantes emergirem dos morcegos.

MICHAEL T. OSTERHOLM
Entrevistado em 28 de abril de 2021

Michael Osterholm é epidemiologista, professor da Universidade de Minnesota e diretor fundador do Centro de Pesquisa e Políticas de Doenças Infecciosas, o qual tem várias funções, entre elas a publicação diária na internet de informações atualizadas sobre doenças infecciosas. Osterholm trabalhou para várias instituições como consultor de saúde pública e ocupacional — em contextos diversos, como o Fórum Econômico Mundial, o Conselho de Relações Exteriores, o Grupo Consultivo para a Covid-19 de Biden-Harris e a Liga Nacional de Futebol Americano. "Quando vemos um vírus que passa a infectar humanos e de repente se transmite rápido para gatos, cães, gorilas, leões e tigres", disse, "significa que a coisa está muito bem-adaptada." Ele acredita, acrescentou, que "isso é mesmo algo da natureza que chegou aos humanos, como o SARS e o MERS".

ÁINE O'TOOLE
Entrevistada em 3 de fevereiro de 2021

Áine O'Toole é pesquisadora de pós-doutorado no laboratório de Andrew Rambaut, na Universidade de Edimburgo. Ela trabalha com evolução molecular, filogenética e epidemiologia. É a principal criadora da ferramenta Pangolin, um software que classifica sequências genômicas do SARS-CoV-2 e atribui suas posições de parentesco apropriadas na árvore genealógica do vírus e dá um rótulo a cada linhagem (por exemplo, B.1.1.7). O Pangolin está sendo usado no mundo todo para situar amostras do SARS-CoV-2 no contexto evolutivo. O'Toole varou uma noite trabalhando, e na manhã seguinte o programa estava pronto.

GABRIELE PAGANI
Entrevistado em 16 de abril de 2021

Gabriele Pagani é um infectologista que trabalha no Hospital Legnano, a noroeste de Milão. Fez residência em infectologia durante os primeiros meses de 2020 no Hospital Luigi Sacco. Quando trabalhava doze, catorze, dezesseis horas por dia no hospital e no estudo de Castiglione d'Adda (descrito no meu texto), ficou distanciado dos pais, septuagenários, mas a mãe fez questão de que se mantivesse bem alimentado. "Mãe italiana é assim", disse Pagani. Ela fazia uma porção a mais de comida toda noite e deixava uma bandeja para ele. "Essa foi uma das coisas que me permitiram sobreviver." Do contrário, teria comido pizza seis dias por semana e provavelmente nada no sétimo, confessou.

SHARON J. PEACOCK
Entrevistada em 31 de março de 2021

Sharon Peacock, médica e microbiologista, é professora de saúde pública e microbiologia da Universidade de Cambridge. É diretora-executiva do Consórcio de Genômica da Covid-19 do Reino Unido (COG-UK), criado em abril de 2020 (por sua iniciativa) para coletar, sequenciar e analisar genomas do SARS-CoV-2. Sua vida e carreira — a fome intelectual e a coragem que a levaram a abrir portas e passar de balconista de loja a enfermeira odontológica e por fim galgar os degraus mais elevados do campo da saúde pública no Reino Unido — têm uma grandiosidade dickensiana, mas ela fala sobre tudo isso com simplicidade e sem sentimentalismo. Helen Mirren deveria representá-la em um filme.

JOSEPH F. PETROSINO
Entrevistado em 26 de agosto de 2021

Joseph Petrosino é professor de virologia e microbiologia e diretor fundador do Centro de Pesquisa em Metagenômica e Microbioma do Baylor College of Medicine, em Houston. Começou sua carreira de pesquisador com enfoque em biodefesa, procurando alvos de vacina em patógenos potencialmente usados como armas, como as bactérias causadoras de antraz e tularemia. Depois que o NIH lançou seu Projeto Microbioma Humano em 2007, Petrosino voltou sua atenção "dos bandidos para os mocinhos", conforme contou, e começou a estudar os micróbios comensais do microbioma humano com base na genética e na genômica. Matt Wong veio para seu laboratório como especialista em computação, a fim de ajudar a criar ferramentas para minerar dados genômicos virais nas misturas microbiômicas.

PETER PIOT
Entrevistado em 1º de abril e 6 de abril de 2021

Peter Piot se aposentou recentemente do cargo de diretor da Escola de Higiene e Medicina Tropical de Londres (London School of Hygiene and Tropical Medicine, LSHTM), e continua nessa instituição como titular da cátedra Handa de Saúde Global. É autor de *No Time to Lose: A Life in Pursuit of Deadly Viruses* [Sem tempo a perder: Uma vida em busca de vírus mortais]. Piot se formou médico em Ghent e foi pesquisador associado em microbiologia em Antuérpia; fazia doutorado em 1976 quando as circunstâncias o levaram para o Zaire (hoje República Democrática do Congo), onde participou da equipe chefiada por Karl Johnson, a qual respondeu a um surto de doença com centro em um remoto hospital missionário, isolou o vírus causador da doença e o chamou de Ebola. Nos anos seguintes, Piot trabalhou na África com frequência, e também como professor catedrático na sua Bélgica natal, em Singapura e depois em Londres. Ele foi diretor-executivo fundador do Programa Conjunto das Nações Unidas sobre HIV/aids e foi subsecretário-geral das Nações Unidas. Em meados de março de 2020, quando a LSHTM adotou o ensino à distância e o trabalho remoto, Piot foi infectado com o SARS-CoV-2. "E veio muito de repente", contou. "Uma dor de cabeça fortíssima e súbita. Eu não tossia. Quero dizer, no começo." Sentiu dores musculares, dor de garganta, teve diarreia e prostração, mas como não tinha tosse não se encaixava na definição da doença, por isso não pôde fazer o teste em um hospital público. Procurou uma clínica privada, testou positivo e voltou para casa até que sua febre subiu para quarenta graus. Sua esposa (a antropóloga Heidi Larson, ver acima) o acompanhou de táxi até um hospital, e radiografias do pulmão revelaram pneumonia bacteriana secundária. Ele ficou hospitalizado por sete dias. "Uma das coisas que aprendi pessoalmente, mas que também sabemos por experiência clínica", disse Piot, é que a covid-19, embora seja transmitida pelas vias respiratórias, é "na verdade uma infecção sistêmica que afeta o todo." Não foi uma virose típica. Foi muito pior do que ele esperava.

RAINA K. PLOWRIGHT
Entrevistada em 10 de março de 2021

Raina Plowright, formada em veterinária e ecologista, é professora associada de epidemiologia da Universidade Estadual de Montana. Há muito tempo estuda a ecologia de vírus zoonóticos, em especial o vírus Hendra, que tem como reservatório as raposas-voadoras (um grupo de morcegos frugívoros) em sua Austrália natal e que saltou para humanos por meio de cavalos, seus hospedeiros intermediários. Plowright e colegas esclareceram como aumenta a probabilidade de esses morcegos serem infectados com o vírus Hendra durante a gravidez, o aleitamento e o estresse nutricional. Ela também escreveu sobre como a mudança no uso da terra — por exemplo, com destruição do habitat florestal — impele o ciclo de propagação viral entre populações de morcegos, a carga viral e o salto para humanos.

MARJORIE P. POLLACK
Entrevistada em 3 de fevereiro de 2021

Marjorie Pollack, médica e epidemiologista, é editora adjunta do ProMED-mail. Ela passou dois anos no Serviço de Inteligência em Epidemias do CDC após concluir a residência médica, mais um ano completando residência em medicina preventiva, e há mais de quatro décadas é epidemiologista clínica. Estava trabalhando no ProMED-mail na noite de 30 de dezembro de 2019, quando os primeiros alarmes em Wuhan começaram a ser ouvidos em outros lugares.

VINCENT RACANIELLO
Entrevistado em 29 de março de 2021

Vincent Racaniello é titular da cátedra Higgins de Microbiologia e Imunologia da Universidade Columbia. Sua especialidade em pesquisa são os picornavírus, uma família que inclui poliovírus, vírus da hepatite A e alguns vírus causadores do resfriado comum. Seu laboratório identificou o receptor, CD155, que o poliovírus usa para aderir às células humanas e infectá-las. Racaniello também é apresentador de um podcast inquisitivo, mas animado, *This Week in Virology*. Perguntei quais eram suas ideias sobre as origens do vírus e se a hipótese de ele ter escapado de um laboratório merecia um exame adicional. "Nós *estamos* tentando descobrir. Estamos tentando fazer amostragem de animais silvestres. É assim que se faz. Não precisamos vasculhar registros de laboratório e ver com o que eles estão trabalhando. Isso não nos ajudará." O vírus mais próximo conhecido na época em que conversamos, o RATG13, era apenas 96% similar ao SARS-CoV-2. Essa não poderia ter sido a origem, disse ele, nem por engenharia, nem por escape acidental. "*Ninguém* tem nada parecido no laboratório. E se tivessem, teriam publicado, porque é assim que a ciência funciona! A gente publica coisas *interessantes*, certo? E o Instituto de Virologia de Wuhan não tinha."

ANDREW RAMBAUT
Entrevistado em 8 de março de 2021

Andrew Rambaut é professor de evolução molecular da Universidade de Edimburgo. É cocriador da Análise Evolutiva Bayesiana por Amostragem de Árvores (Bayesian Evolutionary Analysis Sampling Trees, Beast), uma ferramenta influente para classificar sequências moleculares em suas posições em árvores genealógicas. "Bayesiana" alude a uma forma de inferência na qual a probabilidade de uma hipótese é atualizada conforme mais dados vão sendo disponibilizados. A plataforma é útil em ciência e seria útil também no discurso público. Rambaut é o criador do site Virological, onde foram publicadas algumas das mais interessantes e importantes ponderações de cientistas sobre o SARS-CoV-2.

ANGELA L. RASMUSSEN
Entrevistada em 2 de fevereiro de 2021

Angela Rasmussen é virologista e professora associada da Organização para Vacinas e Doenças Infecciosas da Universidade de Saskatchewan, no Canadá. Também é afiliada ao Centro para a Ciência e Segurança da Saúde Global da Universidade Georgetown. "Uma das críticas a algo como o programa Predict", disse ela, "é que, em essência, isso é colecionar selos. Porque como vamos saber, de todos esses milhares, potencialmente milhões, de vírus que circulam na natureza, qual deles realmente é um risco?" Qual pode infectar um humano? Qual pode se transmitir entre humanos? Qual pode causar danos graves? "Acho que é aí que as pesquisas de ganho de função são úteis", acrescentou, referindo-se a estudos muito específicos de ganho de função — por exemplo, criar quimeras para investigar a função de um elemento viral específico (um domínio de ligação ao receptor ou um sítio de clivagem de furina, digamos) no contexto de um patógeno viral conhecido. Essas pesquisas podem ser valiosas, na opinião dela, para compreender o potencial de um determinado vírus como um patógeno humano ou para esclarecer seus mecanismos de virulência.

DAVID A. RELMAN
Entrevistado em 23 de março de 2021

David Relman é titular da cátedra Thomas C. e Joan M. Merigan de Medicina e professor de microbiologia e imunologia, além de bolsista sênior do Centro de Segurança e Cooperação Internacional da Universidade Stanford. Também é chefe de doenças infecciosas do Sistema de Serviços de Saúde dos Veteranos, em Palo Alto. Ele foi pioneiro no estudo do microbioma humano e participou de vários conselhos consultivos e comissões relacionados à biossegurança. Vê com ceticismo as pesquisas de ganho de função envolvendo patógenos com potencial pandêmico e é crítico do Estudo Global das Origens do SARS-CoV-2 promovido pela OMS.

ANNE W. RIMOIN
Entrevistada em 24 de março de 2021

Anne Rimoin é titular da cátedra Gordon-Levin de Doenças Infecciosas e Saúde Pública da Escola Fielding de Saúde Pública da Universidade da Califórnia em Los Angeles (UCLA), além de diretora do Centro de Saúde Global e de Imigrantes dessa universidade. Trabalhou por duas décadas na República Democrática do Congo, na área de doenças infecciosas como varíola dos macacos, Ebola e Marburg, e surtos dessas doenças nos contextos em que humanos e animais não humanos interagem. Na UCLA, ela fundou o programa de Pesquisa e Treinamento em Saúde do Consórcio de Pesquisa Digital, a fim de treinar epidemiologistas americanos e congoleses para o trabalho em circunstâncias difíceis. "Uma infecção em qualquer lugar é potencialmente uma infecção em todos os lugares", disse Rimoin. "E se essa pandemia não ensinou isso, não sei o que ensinará."

DAVID L. ROBERTSON
Entrevistado em 22 de fevereiro de 2021

David Robertson é professor de pesquisa e chefe de bioinformática do Centro de Pesquisas de Vírus do Conselho de Pesquisa Médica da Universidade de Glasgow. Ele usa ferramentas computacionais para estudar a evolução de vírus, a dinâmica de infecção em hospedeiros e entre hospedeiros e a especificidade de espécies hospedeiras. Todos do seu grupo — Spyros Lytras entre eles, com seu cossupervisor Joseph Hughes — são da área de computação e têm papel ativo no Consórcio COG-UK, que reúne e analisa sequências genômicas em uma escala sem precedentes para discernir tendências evolutivas e a emergência de variantes preocupantes. Foi como nos primeiros tempos das pesquisas sobre o HIV/aids, disse Robertson. "Por isso eu quis trabalhar em ciência. Era a sensação de estar tentando fazer alguma coisa a respeito de alguma coisa." De alguma coisa *importante*, acrescentou. Não havia necessidade de se preocupar com verbas, e publicar artigos não era prioridade. Estavam tentando entender algo letal e desconhecido. "Esse sentimento de urgência era muito arrebatador e interessante", disse ele. "Especialmente para quem passou uns bons 25 anos estudando vírus e como eles evoluem." E de repente a urgência volta, com a covid-19, e a importância da virologia evolutiva é novamente grave e global. Robertson fez uma pausa, procurando as palavras adequadas. "E agora nós estamos assoberbados", disse. Informação demais, *preprints* e papers demais, dados demais.

DAVID RODRÍGUEZ-LÁZARO
Entrevistado em 13 de abril de 2021

David Rodríguez-Lázaro é professor associado de microbiologia e chefe da Divisão de Microbiologia da Universidade de Burgos, na Espanha. Formado em medicina veterinária e em microbiologia, especializou-se em ciência dos alimentos. Ele e um grupo de colegas brasileiros e espanhóis fizeram o estudo de PCR de esgotos humanos na cidade de Florianópolis, no litoral brasileiro, e informaram ter detectado evidências do SARS-CoV-2 já em novembro de 2019, 91 dias antes do primeiro caso de covid-19 confirmado no Brasil. Perguntei se ele achava que essa pandemia é grave o suficiente para termos aprendido com ela e se estaríamos mais bem preparados da próxima vez. Com um sorriso sereno, ele respondeu: "Não". E lembrou um provérbio espanhol que pode ser assim traduzido: "Os humanos são os únicos animais que tocam na fornalha duas vezes".

FOREST ROHWER
Entrevistado em 4 de maio de 2021

Forest Rohwer é um virologista com interesses profundos e abrangentes. Simplesmente pelo prazer de conhecer, ele estuda vírus marinhos e o papel global dos vírus como fatores evolutivos e repositórios de informação. Também pesquisa sobre a fibrose cística, uma doença genética que permite que algumas infecções bacterianas escapem do sistema imune humano e fiquem fora de controle, especialmente nos pulmões. Confio na opinião bem embasada, na antevisão e na humanidade de Forest porque uma ocasião passei seis semanas com ele em uma viagem de pesquisa no Ártico russo; ele levara uma máquina de café expresso e pó de café, e toda manhã, antes de os outros acordarem, tomávamos café juntos. Forest veio do College de Idaho e hoje é professor da Universidade Estadual de San Diego. Ele recebeu suas primeiras noções substanciais sobre o novo coronavírus em um encontro de virologistas em Lake Tahoe, em março de 2020, no qual Eddie Holmes fez uma apresentação. Depois disso, contou, ele varou a noite lendo tudo o que havia disponível sobre o assunto, e pensou: "'É melhor descobrirmos o que fazer'. Porque estava claro que o pessoal do CDC não tinha ideia do que estava fazendo". Forest queria entender por que os testes diagnósticos não estavam funcionando. Queria entender a patologia do vírus. "Porque, antes de tudo, eu estava preocupado com a população que tem FC." "População que tem o quê?", perguntei. "Que tem fibrose cística", disse ele.

PARDIS C. SABETI
Entrevistada em 29 de abril de 2021

Pardis Sabeti é professora do Centro de Biologia de Sistemas e da Escola de Saúde Pública T. H. Chan, ambos da Universidade Harvard. Seu laboratório se dedica a desenvolver ferramentas genômicas e computacionais para ajudar a detectar, conter e tratar doenças virais letais. Ela participou da iniciativa de sequenciar genomas do vírus Ebola em 2014, durante o surto em Serra Leoa, que esclareceu padrões de transmissão nas primeiras semanas dessa epidemia. Sabeti é coautora (com Lara Salahi) do livro *Outbreak Culture: The Ebola Crisis and the Next Epidemic* [Cultura de surto: A crise do Ebola e a próxima pandemia], de 2018.

PEI-YONG SHI
Entrevistado em 13 de fevereiro de 2021

Pei-Yong Shi é o titular da cátedra emérita John Sealy de Inovações em Biologia Molecular da Divisão Médica da Universidade do Texas, em Galveston. Ele trabalhou no setor privado (Novartis, BristolMyers Squibb) e no setor público (Departamento de Saúde do Estado de Nova York), e também em laboratórios universitários. Suas pesquisas se concentram em vírus de RNA, sobretudo nos mecanismos de replicação viral, com os objetivos de desenvolver fármacos, vacinas e ferramentas diagnósticas antivirais. Shi e seus colegas (entre os quais Vineet Menachery, ver acima) criaram um sistema de engenharia reversa para engenheirar rapidamente variantes virais do SARS-CoV-2, visando à avaliação de vacinas e à seleção de candidatos a medicamentos antivirais. É um sistema de seis etapas, que parece quase simples quando eles o mencionam, mas tem 108 subetapas.

ZHENGLI SHI
Entrevistada em 30 de julho de 2021

Zhengli Shi é cientista sênior do Instituto de Virologia de Wuhan. Fez graduação e mestrado em Wuhan e doutorado em virologia na Universidade de Montpellier, na França. É coautora de mais de setenta artigos científicos sobre coronavírus, o primeiro dos quais, "Bats Are Natural Reservoirs of SARS-like Coronaviruses", publicado em 2005 na *Science*, é uma obra de referência com pistas sobre a origem do SARS-CoV-2.

EMMA C. THOMSON
Entrevistada em 5 de março de 2021

Emma Thomson, médica e virologista, é professora de doenças infeciosas no Centro de Pesquisas de Vírus do Conselho de Pesquisa Médica da Universidade de Glasgow e na Escola de Higiene e Medicina Tropical de Londres. Ela atende pacientes no Hospital Universitário Queen Elizabeth enquanto chefia pesquisas de laboratório e de campo para detectar infecções virais em Uganda e outros países da África subsaariana, e também no Reino Unido. No início de 2020, seu laboratório começou a sequenciar genomas do SARS-CoV-2. "Tomamos uma decisão estratégica em março", contou. Houve uma reunião da comissão diretora do Centro de Pesquisas de Vírus, "e decidimos que era preciso parar tudo que não dissesse respeito ao SARS-CoV-2, pois esse passaria a ser um problema muito significativo e não podíamos ficar de braços cruzados assistindo a um surto em nosso país sem dar uma resposta". Quando conversei com Thomson, fazia um ano que ela não viajava. "Isso me aborrece, pois eu gostaria de estar em Uganda neste momento", disse ela.

NATALIE J. THORNBURG
Entrevistada em 6 de maio de 2021

Natalie Thornburg é pesquisadora-chefe de microbiologia do CDC em Atlanta. É imunologista viral e pesquisadora de vacinas e trabalha com o vírus sincicial respiratório, o Epstein-Barr, o vírus da varíola bovina, o MERS e outros vírus, entre os quais a maioria dos coronavírus humanos. Ela coliderou o grupo que isolou e caracterizou o SARS-CoV-2 do primeiro paciente de covid-19 confirmado nos Estados Unidos. De volta para casa depois de uma visita em 31 de dezembro de 2019, estava guardando a louça quando seu marido, navegando no Twitter, disse: "Sabia que há um surto de pneumonia na China?". Ela respondeu: "Ai, caramba… Não, não sabia". Três semanas depois uma amostra enviada com urgência de Snohomish, Washington, chegou ao CDC e testou positivo para o novo vírus — o primeiro caso conhecido nos Estados Unidos. "E esse foi o segundo momento 'Ai, caramba'", contou Thornburg.

ALESSANDRO VESPIGNANI
Entrevistado em 12 de março de 2021

Alessandro Vespignani é professor emérito da cátedra Sternberg e diretor do Instituto Ciência em Rede, da Universidade Northeastern, em Boston. Formado em medicina em Roma, ele foi atraído pelas ciências computacionais e pelo estudo de como evoluem redes sociais e tecnológicas complexas. Esses temas têm pontos de contato com a epidemiologia, e as pesquisas recentes de Vespignani incluem estudos sobre como as restrições a viagens afetaram a propagação inicial do SARS-CoV-2 de Wuhan para o mundo, e como era previsto (a partir de fevereiro de 2021) que a variante alfa se disseminaria pela Europa. Perguntei a ele, assim como a outros: "Qual foi a decisão mais importante que você tomou em 2020?". "Para mim, acho que foi no dia em que decidi avisar as pessoas: 'Escutem, isso vai ser muito ruim. Vai haver uma pandemia, e vamos viver como em um filme de ficção científica'. Essa foi uma decisão importante", disse ele. "Em fevereiro era tangível a sensação de que os outros me olhavam como um doido varrido." Uma pessoa a quem ele deu esse aviso foi sua aluna de pós-graduação Jessica Davis (ver acima), coautora de estudos sobre o SARS-CoV-2. "Me lembro da cara que ela fez." Talvez seja bom você assistir ao filme *Contágio*, recomendou-lhe Vespignani.

SUPAPORN WACHARAPLUESADEE
Entrevistada em 25 de julho de 2021

Supaporn Wacharapluesadee é bióloga molecular e trabalha no Centro Clínico de Doenças Infecciosas Emergentes da Cruz Vermelha Tailandesa, no Hospital Memorial Rei Chulalongkorn, em Bangcoc. Ela estuda patógenos infecciosos emergentes, especialmente vírus hospedados em morcegos. Chefiou a equipe que detectou o primeiro caso de MERS na Tailândia, e seu grupo foi o primeiro a identificar um caso de covid-19 fora da China, em janeiro de 2020. Cinco meses depois, ela e colegas coletaram amostras de morcegos-de-ferradura alojados em um santuário de vida selvagem no leste de Bangcoc e encontraram fragmentos de RNA, a partir dos quais montaram uma sequência genômica integral designada como RacCS203, que é 91,5% similar ao SARS-CoV-2. Esse trabalho foi financiado em parte pelo Hospital Memorial Rei Chulalongkorn e em parte pelo Programa de Redução de Ameaça Biológica do Departamento de Defesa dos Estados Unidos.

LINFA WANG
Entrevistada em 9 de março de 2021

Linfa Wang é um biólogo molecular que estuda vírus de morcego. É coautor de muitos dos mais interessantes artigos sobre vírus de morcego nas últimas décadas, entre eles o que pela primeira vez revelou (em 2005) que morcegos são reservatórios de coronavírus do tipo SARS e o que estabeleceu de modo convincente (em 2017) que os morcegos-de-ferradura são reservatórios do SARS-CoV-1. Nascido em Shanghai, ele esperava estudar engenharia na Universidade Normal do Leste da China, uma instituição de elite; qualificou-se para a matrícula, mas suas habilidades matemáticas não lhe permitiram entrar para o programa de física e engenharia, e ele foi alocado para a biologia. Transferiu-se para a bioquímica porque assim trabalharia com moléculas, e não com animais vivos. "Não sou bom em lidar com animais", disse. Ele aprecia os morcegos por seu mistério, sua biologia única, seu comportamento, mas não gostaria de ter um como animal de estimação. Poucos de nós gostariam. (Admito que, quando menino, eu tentei.) Wang fez doutorado em bioquímica na Universidade de California em

Davis, depois montou seu laboratório em Geelong, Victoria, no Laboratório de Saúde Animal da Austrália, onde numa ocasião o visitei e fui levado para conhecer uma instalação BSL-4. Wang é cidadão australiano, mas agora trabalha em Singapura, como professor do Programa de Doenças Infecciosas Emergentes na Escola de Medicina da Duke-Universidade Nacional de Singapura. Pesquisador de laboratório brilhante, deixa de muito bom grado para outros o trabalho de rastejar em cavernas coletando amostras de guano.

ROBERT G. WEBSTER
Entrevistado em 3 de junho de 2021

Robert Webster pode ser considerado o decano dos virologistas do influenza. Ele foi titular da Cátedra Rose Marie Thomas do Departamento de Doenças Infecciosas no Hospital Infantil de Pesquisas St. Jude, em Memphis, onde trabalha desde 1968. Junto com seu amigo e colega cientista Graeme Laver, foi Webster quem descobriu, quando andava por uma praia na costa sudeste da Austrália em 1967, uma pista que levaria à compreensão moderna das origens dos vírus influenza. A pista foi um grupo de pardelas mortas que o mar tinha empurrado para a areia. Webster e Laver refletiram que aquelas aves deviam ter sido mortas por um vírus influenza, e isso os direcionou para uma cadeia de investigações até que, por fim, descortinaram um fato fundamental na esfera das doenças zoonóticas: novos vírus da influenza humana têm origens em aves aquáticas silvestres. Os influenzas são vírus de RNA com grande capacidade de variação e de evolução veloz, o que lhes dá um potencial pandêmico. É isso que os torna, como alguns coronavírus, não só perigosos, mas também muito imprevisíveis. O próprio Webster, assim como especialistas em influenza da OMS, previram que a próxima pandemia humana provavelmente seria causada por um vírus da gripe aviária muito patogênico, por exemplo, o H5N1, porém de uma cepa evoluída, de modo a se transmitir entre humanos. Quando ouviu falar pela primeira vez do novo coronavírus de Wuhan, Webster pensou que talvez ele não fosse muito preocupante, pois humanos são expostos a muitos coronavírus relativamente brandos. "Para ser franco, não levei muito a sério", disse. Moral da história: se um vírus de RNA pode surpreender Robert Webster, pode surpreender qualquer um.

SUSAN R. WEISS
Entrevistada em 2 de fevereiro de 2021

Susan Weiss estuda coronavírus há mais de quarenta anos, e há trinta é professora do Departamento de Microbiologia da Universidade da Pensilvânia. Ela se lembra da primeira conferência internacional sobre coronavírus, realizada em Würzburg, Alemanha, no outono de 1980, que reuniu praticamente todos os pesquisadores de coronavírus do mundo: cerca de sessenta pessoas. Seu trabalho recente inclui um artigo em coautoria com Yize (Henry) Li, que trabalhou com ela durante um pós-doutorado, e com outros pesquisadores, descrevendo interações na resposta imune ao SARS-CoV-2. Suas descobertas indicam que esse vírus é menos capaz de antagonizar o sistema imune inato do que o MERS-CoV, o que pode explicar em parte por que o SARS-CoV-2 é com frequência menos patogênico em um hospedeiro humano.

HEATHER L. WELLS
Entrevistada em 1º de junho de 2021

Heather Wells é doutoranda no Departamento de Ecologia, Evolução e Biologia Ambiental da Universidade Columbia e, orientada por Simon Anthony e Maria Diuk-Wasser, estuda os mecanismos genéticos e ecológicos que impelem a recombinação em coronavírus. Wells é a primeira autora de um estudo interessante sobre a história evolutiva da ligação ao receptor ACE2 por coronavírus na linhagem de vírus do tipo SARS. Ela e outros membros da equipe analisaram amostras de morcegos em Uganda e Ruanda e encontraram fragmentos de um coronavírus do tipo SARS intermediário entre o SARS-CoV e o SARS-CoV-2, porém com um domínio de ligação ao receptor incapaz (como os de muitos vírus conhecidos do ramo da família do SARS-CoV) de usar receptores ACE2. Wells e seus colegas construíram uma árvore genealógica mais provável, situando esses três vírus no contexto entre muitos outros coronavírus de morcego e indicando a possibilidade de que o SARS-CoV tenha obtido seu domínio de ligação ao receptor por meio de um evento de recombinação e o SARS-CoV-2, a forma ancestral, o tenha possuído por longo tempo.

MATTHEW WONG
Entrevistado em 9 de setembro de 2021

Matt Wong é especialista em bioinformática do Programa de Pesquisa Inovadora Microbiômica e Translacional, encabeçado por Jennifer Wargo e Nadim Adjami, no MD Anderson Cancer Center, em Houston. Antes disso, atuou na mesma função no laboratório de Joseph Petrosino (ver acima) no Baylor College of Medicine. Suas observações, esparsas, mas provocadoras, podem ser vistas on-line em @torptube.

MICHAEL WOROBEY
Entrevistado em 14 de junho de 2021

Michael Worobey é titular da cátedra Louise Foucar Marshall de Pesquisa Científica na Universidade do Arizona. É virologista molecular e estuda a evolução de doenças infecciosas. Entre os artigos mais esclarecedores escritos por Worobey em coautoria, nos anos que precederam a pandemia, estão o que situou por volta de 1908 o salto para humanos da cepa pandêmica do HIV (Worobey et al., 2008); e aquele que esclareceu tanto a origem quanto a patogenicidade do vírus da gripe de 1918 (Worobey, Han e Rambaut, 2014). Este último sugeriu que o vírus de 1918, uma cepa H1N1, havia causado mortalidade especialmente alta em jovens de vinte a quarenta anos (um mistério que perdurava havia muito tempo) porque esses indivíduos, ao contrário de pessoas mais velhas ou mais jovens, haviam experimentado sua primeira exposição infantil à gripe na forma de um vírus muito diferente, a cepa H3N8, que circulara aproximadamente de 1889 a 1900 e preparara seus sistemas imunológicos para o tipo errado de desafio. Esse artigo de 2014 talvez represente a contribuição mais importante de Worobey — pelo menos até que o *preprint* de "Epicenter" seja publicado. Eu o entrevisto sempre que tenho um pretexto.

KWOK-YUNG YUEN
Entrevistado em 25 de maio de 2021

K. Y. Yuen é médico, cirurgião e microbiologista. É titular da cátedra Henry Fok de Doenças Infecciosas e chefe do Departamento de Microbiologia da Universidade de Hong Kong. Ele estuda influenzas aviários em humanos desde 1997 e coronavírus em humanos desde 2003. Em 2005, chefiou um grupo que encontrou morcegos-de-ferradura na Região Administrativa Especial de Hong Kong servindo como hospedeiros de coronavírus do tipo SARS, na mesma época em que outros cientistas (entre os quais Linfa Wang, Zhengli Shi, Wendong Li, Peter Daszak e Jon Epstein) informaram que morcegos de outra parte da China tinham esse mesmo papel. Yuen também participou do grupo que identificou a civeta-da-palmeira, vendida como alimento em mercados úmidos, como o provável hospedeiro intermediário a partir do qual o SARS-CoV-1 saltou para humanos. Ele descobriu o coronavírus humano HKU1 (ainda circulando globalmente como um coronavírus de resfriado comum) e também o coronavírus de morcego HKU2 (associado a surtos de diarreia epidêmica suína), além de vários outros coronavírus de possível relevância zoonótica. Yuen alerta com veemência para o perigo de que novos vírus saltem — de aves e mamíferos — para humanos em mercados que vendem animais vivos em geral. Mas os povos têm seus costumes culinários, seus gostos persistentes. Um frango congelado em um mercado de Hong Kong custa metade do que é cobrado por um frango vivo abatido na hora, disse ele. Há diferença na carne, na textura. "Para mim, não vale a pena", diz, referindo-se, acho, tanto ao risco de doenças como ao preço. Perguntei se ele come frango. "Sim. Como frango, sim", respondeu ele. Mas não importa que seja congelado? "Não importa que seja congelado." Ele fez muitas outras observações interessantes sobre vírus zoonóticos e comportamento humano, mas concordamos em não publicá-las. Perguntei-lhe, como a outros entrevistados, se ele acha essa pandemia grave o suficiente para que pessoas e governos aprendam com ela. "Sinto dizer, mas é improvável", respondeu Yuen. A não ser por um curto período, enquanto tudo ainda estiver fresco na memória, acrescentou.

Também me beneficiei de conversas com outros cientistas e conservacionistas durante a pandemia, por telefone, Skype ou e-mail, sobre vários temas, entre eles evolução dos vírus, patógenos virais emergentes, tráfico internacional de pangolins e morcegos. Ronald Swanstrom, da Universidade da Carolina do Norte em Chapel Hill, foi muito generoso, durante a última etapa do meu trabalho, ajudando-me a compreender algumas das complexidades e das histórias intricadas de certos medicamentos antivirais. Stephen Goldstein, do laboratório Elde, do Instituto Eccles de Genética Humana da Universidade de Utah, doou seu tempo para ler com atenção algumas seções cruciais sobre a questão das origens. Também sou imensamente grato a: Chantal Abergel, Brenda Ang, Steve Blake, Gustavo Caetano-Anollés, Beth Cameron, Dan Challender, Jean-Michel Claverie, Luc Evouna Embolo, Mike Fay, Amanda Fine, Patrick Forterre, Winifred Frick, Sarah Heinrich, Alice Hughes, Lisa Hywood, Zhou Jinfeng, Karl Johnson, Vivek Kapur, Thomas Ksiazek, Ade Kurniawan, Fabian Leendertz, David Lehman, Sonja Luz, Olajumoke Morenikeji, Paul Offit, Jonathan Pekar, C. J. Peters, Jane Qiu, Pierre Rollin, Chris Shepherd, Jason Shepherd, Brent Stirton, Bob Swanepoel, Eric Kaba Tah, Paul Thomson, Johanna Wysocka, Zhaomin Zhou e outros, cujos nomes peço desculpas por inadvertidamente omitir.

Obrigado também a meus parceiros editoriais por alguns dos projetos relacionados à covid: David Remnick e Willing Davidson, da *New Yorker* (na qual foram publicados pela primeira vez pequenos trechos deste livro), John Hoeffell e Susan Goldberg, da *National Geographic* (na qual foram publicados outros pequenos trechos), e Stephanie Giry, do *New York Times* (que deu a partida no meu trabalho sobre esse vírus quando me encomendou um artigo de opinião em janeiro de 2020). Christian Frei generosamente compartilhou recursos e ideias em conversas relacionadas a um filme sobre esse assunto.

Devo agradecer em particular a Charlie Calisher, Larry Gold, Jens Kuhn, Kristian Andersen, David Luce e Mike Gilpin, que leram todo o livro tendo em vista o rigor científico e fizeram correções e outros comentários valiosos; a Sheli Radoshitzky, que fez o mesmo para boa parte do texto, e à maioria dos membros do Coro Grego (acima), que revisaram trechos para garantir a precisão e os devolveram com anotações. Gloria Thiede e Emily Krieger me deram assistência em aspectos essenciais, como em livros anteriores. Há trinta e tantos anos, Gloria transcreve minhas entrevistas gravadas, com ouvido ainda melhor a cada vez e ainda mais perspicácia para nuances vocais. Emily cuida habilmente do esteio necessário a todo autor de não ficção: ela checa os fatos. Wudan Yan também dedicou atenção minuciosa a partes da checagem de fatos, contribuindo conosco quando o tempo escasseou. Wufei Yu me deu ajuda especial e essencial com seu próprio trabalho jornalístico e sua interpretação e tradução do mandarim.

Os outros parceiros fundamentais nesta empreitada a quem devo agradecer profusamente são meu editor, Bob Bender, o diretor-executivo Jonathan Karp, Johanna Li e toda a equipe da Simon & Schuster, Fred Chase, pela excelente e arguta revisão do texto, e minha agente, a incomparável Amanda Urban, juntamente com sua equipe da ICM.

Minha mulher, Betsy Gaines Quammen, também escreve livros, e nós dois trabalhamos de casa, de modo que a necessidade de permanecer isolados imposta pela covid-19 não nos causou estranheza e sofrimento como a tanta gente. Ainda bem, e graças a Betsy, que operamos dentro deste lar de madeira torreado em um espaço com muita risada, amor, conversa animada, apoio mútuo e cachorros. Até o gato e a jiboia parecem gostar.

Notas

I. OS CIDADÃOS NÃO PRECISAM ENTRAR EM PÂNICO [pp. 11-33]

1. Citado no ProMED-mail, em tradução automática de relatório da Sina Finance, 30 dez. 2019. Disponível em: <scholar.harvard.edu/files/kleelerner/files/20191230_promed_-_undiagnosed_pneumonia_-_china_hu-_rfi_archive_number-_20191230.6864153.pdf>.
2. Post no ProMED-mail, 30 dez. 2019.
3. Post no ProMED-mail, 31 dez. 2019.
4. "In Depth: How Early Signs of a SARS-like Virus Were Spotted, Spread, and Throttled". Caixin Global, 29 fev. 2020. Disponível em: <www.caixinglobal.com/2020-02-29/in-depth-how-early-signs-of-a-sars-like-virus-were-spotted-spread-and-throttled-101521745.html>.
5. Ibid.
6. Jianxing Tan, 30 jan. 2020. Caixin (em chinês). Arquivado do original em 31 jan. 2020. Recuperado na Wikipédia em 6 fev. 2020.
7. "A Timeline of China's Response in the First Days of Covid-19". BBC/Frontline, 2 fev. 2021. Disponível em: <www.pbs.org/wgbh/frontline/article/a-timeline-of-chinas-response-in-the-first-days-of-COVID-19/>.
8. "Chinese Officials Investigate Cause of Pneumonia Outbreak in Wuhan". Reuters, 31 dez. 2019. Disponível em: <www.reuters.com/article/us-china-health-pneumonia/chinese-officials-investigate-cause-of-pneumonia-outbreak-in-wuhan-idUSKBN1YZ0GP>.
9. "In Depth: How Early Signs of a SARS-like Virus Were Spotted, Spread, and Throttled". Caixin Global, 29 fev. 2020. Disponível em: <www.caixinglobal.com/2020-02-29/in-depth-how-early-signs-of-a-sars-like-virus-were-spotted-spread-and-throttled-101521745.html>.
10. "Hong Kong Takes Emergency Measures as Mystery 'Pneumonia' Infects Dozens in China's Wuhan City". *South China Morning Post*, 31 dez. 2019. Disponível em: <www.scmp.com/news/china/politics/article/3044050/mystery-illness-hits-chinas-wuhan-city-nearly-30-hospitalised>.

11. "World Health Organisation in Touch with Beijing after Mystery Viral Pneumonia Outbreak". *South China Morning Post*, 1 jan. 2020. Disponível em: <www.scmp.com/news/china/politics/article/3044207/china-shuts-seafood-market-linked-mystery-viral-pneumonia>.

12. Charlie Campbell, "Exclusive: The Chinese Scientist Who Sequenced the First Covid-19 Genome Speaks Our about the Controversies Surrounding His Work". *Time*, 24 ago. 2020. Disponível em: <time.com/5882918/zhang-yongzhen-interview-china-coronavirus-genome/>.

13. Ibid.

14. Post em Virological, 10 jan. 2020. Disponível em: <virological.org/t/novel-2019-coronavirus-genome/319>.

15. Jasper F. W. Chan et al., "A Familial Cluster of Pneumonia Associate with the 2019 Novel Coronavirus Indicating Person-to-Person Transmission: A Study of a Family Cluster". *The Lancet*, v. 395, n. 10223, 2020.

16. "Notes from the Field: An Outbreak of NCIP (2019-nCoV) Infection in China — Wuhan, Hubei Province, 2019-2020". *China CDC Weekly*, v. 2, n. 5, 21 jan. 2020. Disponível em: <weekly.chinacdc.cn/en/article/id/e3c63ca9-dedb-4fb6-9c1c-d057adb77b57>.

II. OS AVISOS [pp. 34-80]

1. Donald S. Burke, "Evolvability of Emerging Viruses". In: Ann Marie Nelson e C. Robert Horsburgh Jr (Orgs.), *Pathology of Emerging Infections 2*. Washington, D.C.: American Society for Microbiology, 1998.

2. Ibid.

3. Ibid.

4. Primeira entrevista com Don Burke, 30 nov. 2011.

5. Ali S. Khan e William Patrick, *The Next Pandemic: On the Front Lines against Humankind's Gravest Dangers*. Nova York: PublicAffairs, 2016, p. 4.

6. Thomas Abraham, *Twenty-First Century Plague: The Story of SARS*. Baltimore: Johns Hopkins University Press, 2004, p. 111.

7. Jim Yardley, "The SARS Scare in China: Slaughter of the Animals". *The New York Times*, 7 jan. 2004. Disponível em: <www.nytimes.com/2004/01/07/world/the-sars-scare-in-china-slaughter-of-the-animals.html>.

8. Entrevista com Brenda Ang, Singapura, 30 jan. 2019.

9. Ali S. Khan et al., "The Reemergence of Ebola Hemorrhagic Fever, Democratic Republic of the Congo, 1995". *The Journal of Infectious Diseases*, v. 179, Suplemento 1, pp. S76-S84, 1999.

10. Marjorie Pollack et al., "Latest Outbreak News from ProMED-mail Novel Coronavirus — Middle East". *International Journal of Infectious Diseases*, v. 17, n. 2, pp. 143-4, 2012.

11. Richard Lloyd Parry, "Travel Alert After Eight Camel Flu Death". Disponível em: <www.thetimes.co.uk/article/travel-alert-after-eighth-camel-flu-death-2k8j83mzgq2>.

12. The Bulwark, 1 abr. 2020. Disponível em: <www.youtube.com/watch?v=AE8G4cVj038>; Tim Miller, "A Timeline of Trump's Press Briefing Lies". The Bulwark, 2 abr. 2020. Disponível em: <www.thebulwark.com/a-timeline-of-trumps-press-briefing-lies/>; Stephen Proctor, "Trump Claims 'Nobody Had Any Idea' Coronavirus Was So Deadly Despite Saying Otherwise in Wood-

ward Recording". Yahoo! Entertainment, 10 set. 2020. Disponível em: <www.yahoo.com/entertainment/trump-claims-nobody-had-any-idea-coronavirus-deadly-despite-saying-otherwise-recording-055843938.html>.

13. Wendong Li et al., "Bats Are Natural Reservoirs of SARS-like Coronaviruses". *Science*, v. 310, n. 5748, 2005.

14. Wuze Ren et al., "Difference in Receptor Usage Between Severe Acute Respiratory Syndrome (SARS) Coronavirus and SARS-like Coronavirus of Bat Origin". *Journal of Virology*, v. 82, n. 4, p. 1900, 2008.

15. Xing-Yi Ge et al., "Isolation and Characterization of a Bat SARS-like Coronavirus That Uses the ACE2 Receptor". *Nature*, v. 503, n. 7477, p. 535, 2013.

16. Li Xu, *The Analysis of Six Patients with Severe Pneumonia Caused by Unknown Viruses*. Kunming: Kunming Medical University, 2013, p. 2.

17. Xing-Yi Ge et al., "Coexistence of Multiple Coronaviruses in Several Bat Colonies in an Abandoned Mineshaft". *Virologica Sinica*, v. 31, n. 1, p. 31, 2016.

18. David Cyranoski, "Bat Cave Solves Mystery of Deadly SARS Virus — and Suggests New Outbreak Could Occur". *Nature*, v. 552, n. 7683, p. 15, 2017.

19. Ben Hu et al., "Discovery of a Rich Gene Pool of Bat SARS-Related Coronaviruses Provides New Insights into the Origin of SARS Coronavirus". *PLOS Pathogens*, v. 13, n. 11, p. 1, 2017.

III. MENSAGEM NUMA GARRAFA [pp. 81-130]

1. Wei Ji et al., "Cross-Species Transmission of the Newly Identified Coronavirus 2019--nCoV". *Journal of Medical Virology*, v. 92, n. 4, p. 436, 2020.

2. Ibid., p. 438.

3. Prashant Pradhan et al., "Uncanny Similarity of Unique Inserts in the 2019-nCoV Spike Protein to HIV-1 gp120 and Gag". *Preprint*, bioRxiv, 31 jan. 2020, p. 1. Posteriormente removido.

4. Isso foi publicado, ao menos temporariamente, na página de comentários do bioRxiv; cópia impressa em arquivo de David Quammen. Ver também: <www.biorxiv.org/content/10.1101/2020.01.30.927871v2>.

5. Jon Cohen, "Mining Coronavirus Genomes for Clues to the Outbreak's Origins". *Science*, 31 jan. 2020. Disponível em: <www.science.org/content/article/mining-coronavirus-genome-clues-outbreak-s-origins>.

6. Ibid.

7. E-mail de Fauci para Andersen, e resposta de Andersen, 31 jan. 2020. Amplamente publicado na internet depois da liberação de um pedido via Freedom of Informaction Act (Foia). Cópias impressas em arquivo de David Quammen.

8. Tweet de Andersen, 1 jun. 2021, cópia impressa em arquivo de David Quammen.

9. Entrevista com Sarah Heinrich, 6 jul. 2020.

10. Daniel W. S. Challender et al. (Orgs.), *Pangolins: Science, Society and Conservation*. Londres: Academic Press, 2020, p. 265.

11. Entrevista com Daniel Challender, 29 maio 2020.

12. Entrevista com Olajumoke Morenikeji, 28 maio 2020.

13. Wufei Yu, "Coronavirus: Revenge of the Pangolins". *The New York Times*, 5 mar. 2020. Disponível em: <www.nytimes.com/2020/03/05/opinion/coronavirus-china-pangolins.html>.

14. Entrevista com Zhou Jinfeng, 4 jun. 2020.

15. Torptube em Virological. Disponível em: <virological.org/t/ncov-2019-spike-protein-receptor-binding-domain-shares-high-amino-acid-identity-with-a-coronavirus-recovered-from-a-pangolin-viral-metagenomic-dataset/362>.

16. Kristian G. Andersen et al., "The Proximal Origin of SARS-CoV-2". *Nature Medicine*, v. 26, n. 4, 2020.

17. Ibid., p. 450.

18. Ibid., p. 452.

19. Ibid.

20. Ibid.

21. Chi-Mai Chen et al., "Containing COVID-19 among 627,386 Persons in Contact with the *Diamond Princess* Cruise Ship Passengers Who Disembarked in Taiwan: Big Data Analytics". *Journal of Medical Internet Research*, v. 22, n. 5, p. 2, 2020.

22. Jasper F. W. Chan et al., op. cit., p. 523.

23. Ivan Fan-Ngai Hung et al., "SARS-CoV-2 Shedding and Seroconversion among Passengers Quarantined After Disembarking a Cruise Ship: A Case Series". *The Lancet Infectious Diseases*, v. 20, n. 9, p. 1058, 2020.

24. Andre Lwoff, "The Concept of Virus". *Journal of General Microbiology*, v. 17, n. 1, p. 240, 1957.

25. Peter B. Medawar e Jean S. Medawar, *Aristotle to Zoos: A Philosophical Dictionary of Biology*. Cambridge: Harvard University Press, 1983, p. 275.

26. Nadège Philippe et al., "Pandoraviruses: Amoeba Viruses with Genomes Up to 2.5 Mb Reaching That of Parasitic Eukaryotes". *Science*, v. 341, n. 6143, p. 281, 2013.

27. Chantal Abergel et al., "The Rapidly Expanding Universe of Giant Viruses: Mimivirus, Pandoravirus, Pithovirus and Mollivirus". *FEMS Microbiology Reviews*, v. 39, n. 6, p. 793, 2015.

28. Kristian G. Andersen et al., op. cit., p. 450.

29. Kangpeng Xiao et al., "Isolation of SARS-CoV-2-Related Coronavirus from Malayan Pangolins". *Nature*, v. 583, n. 7815, p. 287, 2020.

30. Ibid., p. 286.

31. Ibid., p. 7 (na versão prévia; "chorando", p. 290, na versão publicada).

32. Tommy Tsan-Yuk Lam et al., "Identifying SARS-CoV-2 Related Coronaviruses in Malayan Pangolins". *Nature*, v. 583, n. 7815, p. 282, 2020.

33. Ibid.

IV. DINÂMICA DO MERCADO [pp. 131-63]

1. Chaolin Huang et al., "Clinical Features of Patients Infected with 2019 Novel Coronavirus in Wuhan, China". *The Lancet*, v. 395, n. 10223, p. 498, 2020.

2. Sarah Boseley, "Calls for Global Ban on Wild Animal Markets amid Coronavirus Outbreak". *The Guardian*, 24 jan. 2020. Disponível em: <www.theguardian.com/science/2020/jan/24/calls-for-global-ban-wild-animal-markets-amid-coronavirus-outbreak>.

3. Daniel Lucey, "UPDATE Wuhan Coronavirus — 2019-nCoV Q&A #6: An Evidence-Based Hypothesis". Science Speaks, 25 jan. 2020. Disponível em: <www.idsociety.org/science-speaks-blog/2020/update-wuhan-coronavirus---2019-ncov-qa-6-an-evidence-based-hypothesis/>.

4. Cao é citado em Jon Cohen, "Wuhan Seafood Market May Not Be Source of Novel Virus Spreading Globally" (*Science*, 26 jan. 2020). Disponível em: <www.science.org/content/article/wuhan-seafood-market-may-not-be-source-novel-virus-spreading-globally>.

5. Chaolin Huang et al., op. cit., p. 501.

6. Disponível em: <www.mundopositivo.com.br/noticias/turismo/20181033-veja_o_que_fazer_em_florianopolis_e_se_encante.html>.

7. Elaine Okanyene Nsoesie et al., "Analysis of Hospital Traffic and Search Engine Data in Wuhan China Indicates Early Disease Activity in the Fall of 2019". *Preprint* publicado em Digital Access to Scholarship at Harvard (DASH), 8 jun. 2020, p. 4. Disponível em: <dash.harvard.edu/bitstream/handle/1/42669767/Satellite_Images_Baidu_COVID19_manuscript_DASH.pdf?isAllowed=y&sequence=3>.

8. Michael Worobey et al., "The Emergence of SARS-CoV-2 in Europe and North America". *Science*, v. 370, n. 6516, p. 564, 2020.

9. Ibid., p. 569.

10. Ibid.

11. Yasmeen Abutaleb e Damian Paletta, *Nightmare Scenario: Inside the Trump Administration's Response to the Pandemic That Changed History*. Nova York: HarperCollins, 2021, p. 231.

12. "Peter Navarro on How US Is Fighting the Spread of Coronavirus". Fox News, 23 fev. 2020. Disponível em: <www.foxnews.com/transcript/peter-navarro-on-how-us-is-fighting-the-spread-of-coronavirus>.

13. Yasmeen Abutaleb e Damian Paletta, op. cit., p. 97.

14. "Transcript for the CDC Telebriefing Update on COVID-19". CDC Newsroom, 26 fev. 2020. Disponível em: <www.cdc.gov/media/releases/2020/t0225-cdc-telebriefing-covid-19.html>.

15. Yasmeen Abutaleb e Damian Paletta, op. cit., p. 101.

16. Andrew Rambaut et al., "A Dynamic Nomenclature Proposal for SARS-CoV-2 Lineages to Assist Genomic Epidemiology". *Nature Microbiology*, v. 5, n. 11, 2020.

17. E-mail de Zhaomin Zhou, 27 set. 2021.

18. Xiao Xiao et al., "Animal Sales from Wuhan Wet Markets Immediately Prior to the COVID-19 Pandemic". *Scientific Reports*, v. 11, n. 1, p. 2, 2021.

19. Ibid., p. 3.

20. Ibid. p. 5.

21. "Rising African Swine Fever Losses to Lift All Protein Boats". RaboResearch, abr. 2019. Disponível em: <research.rabobank.com/far/en/sectors/animal-protein/rising-african-swine-fever-losses-to-lift-all-protein.html>.

22. Ibid.

23. Wei Xia et al., "How One Pandemic Led to Another: ASFV, the Disruption Contributing to SARS-CoV-2 Emergence in Wuhan". *Preprint*, Preprints, 25 fev. 2021, p. 1. Disponível em: <www.preprints.org/manuscript/202102.0590/v1>.

24. Jonathan Pekar et al., "Timing the SARS-CoV-2 Index Case in Hubei Province". *Science*, v. 372, n. 6540, p. 414, 2021.

25. Ibid., p. 416.
26. Ibid., p. 415.

V. VARIÁVEIS E CONSTANTES [pp. 164-95]

1. Jason W. Rausch et al., "Low Genetic Diversity May Be an Achilles Heel of SARS-CoV-2". *Proceedings of the National Academy of Sciences*, v. 117, n. 40, p. 24614, 2020.
2. Bethany Dearlove et al., "A SARS-CoV-2 Vaccine Candidate Would Likely Match All Currently Circulating Variants". *Proceedings of the National Academy of Sciences*, v. 117, n. 38, p. 23652, 2020.
3. Ibid.
4. Bette Korber et al., "Tracking Changes in SARS-CoV-2 Spike: Evidence that D614G Increases Infectivity of the COVID-19 Virus". *Cell*, v. 182, n. 4, p. 819, 2020.
5. Ibid., p. 823.
6. Ibid.
7. Luciana Grosso, "In Italy's Coronavirus Epicenter, Life Is on Hold". *Politico*, 25 fev. 2020. Disponível em: <www.politico.eu/article/italy-coronavirus-covid19-lombardy-lodi/>.
8. "A 'Biological Bomb': Atalanta vs. Valencia in Milan Linked to Accelerating Coronavirus Outbreak". Associated Press, 25 mar. 2020. Disponível em: <www.si.com/soccer/2020/03/25/atalanta-valencia-coronavirus-champions-league-san-siro-milan-italy>.
9. Gabriele Pagani et al., "Seroprevalence of SARS-CoV-2 Significantly Varies with Age: Preliminary Results from a Mass Population Screening". *Journal of Infection*, v. 81, n. 6, p. 9, 2020.
10. Ibid., p. 1.
11. Sharon Peacock, "History of COG-UK: A Short History of the COG-UK Consortium". COVID-19 Genomics UK Consortium, 17 dez. 2020.
12. "Scotland's Papers: Scotland on 'High Alert' over 'Snake Flu'" (*The Scottish Sun*, 24 jan. 2020), como reportado pela BBC. Disponível em: <www.bbc.com/news/uk-scotland-51233161>.
13. "Timeline of UK Coronavirus Lockdowns, March 2020 to March 2021". IfG, [s.d.]. Disponível em: <www.instituteforgovernment.org.uk/sites/default/files/timeline-lockdown-web.pdf>.
14. "Preliminary Genomic Characterisation of an Emergent SARS-CoV-2 Lineage in the UK Defined by a Novel Set of Spike Mutations". Virological, dez. 2020. Disponível em: <virological.org/t/preliminary-genomic-characterisation-of-an-emergent-sars-cov-2-lineage-in-the-uk-defined-by-a-novel-set-of-spike-mutations/563>.
15. Ibid.
16. Amy Maxmen, "Why US Coronavirus Tracking Can't Keep Up with Concerning Variants". *Nature*, 7 abr. 2021. Disponível em: <www.nature.com/articles/d41586-021-00908-0>.
17. Nicole L. Washington et al., "Emergence and Rapid Transmission of SARS-CoV-2 B.1.1.7 in the United States". *Cell*, v. 184, n. 10, 2021. Preprint publicado em medRxiv, p. 3, 7 fev. 2021.
18. Tom Phillips, "'So What?': Bolsonaro Shrugs Off Brazil's Rising Coronavirus Death Toll". *The Guardian*, 29 abr. 2020. Disponível em: <www.theguardian.com/world/2020/apr/29/so-what-bolsonaro-shrugs-off-brazil-rising-coronavirus-death-toll>.
19. Lewis F. Buss et al., "Three-Quarters Attack Rate of SARS-CoV-2 in the Brazilian Amazon during a Largely Unmitigated Epidemic". *Science*, v. 371, n. 6526, p. 288, 2021.

20. Ibid.

21. Ibid.

22. Sarah Cherian et al., "SARS-CoV-2 Spike Mutations, L452R, E478K, E484Q and P681R, in the Second Wave of COVID-19 in Maharashtra, India". *Microorganisms*, v. 9, n. 7, p. 4, 2021.

23. Stephanie Nebehay e Emma Farge, "WHO Classifies India Variant as Being of Global Concern". *Reuters*, 10 maio 2021. Disponível em: <www.reuters.com/business/healthcare-pharmaceuticals/who-designates-india-variant-being-global-concern-2021-05-10/>.

24. Veronika Tchesnokova, "Acquisition of the L452R Mutation in the ACE2-Binding Interface of Spike Protein Triggers Recent Massive Expansion of SARS-CoV-2 Variants". *Journal of Clinical Microbiology*, v. 59, n. 11, p. 15, 2021.

25. Yan Li et al., "Viral Infection and Transmission in a Large Well-Traced Outbreak Caused by the Delta SARS-CoV-2 Variant". *Virological*, 7 jul. 2021. Disponível em: <virological.org/t/viral-infection-and-transmission-in-a-large-well-traced-outbreak-caused-by-the-delta-sars-cov-2-variant/724/1>.

VI. QUATRO TIPOS DE MAGIA [pp. 196-235]

1. Daniel Wolfe e Daniel Dale, "'It's Going to Disappear': A Timeline of Trump's Claims That Covid-19 Will Vanish". CNN, 31 out. 2020. Disponível em: <www.cnn.com/interactive/2020/10/politics/covid-disappearing-trump-comment-tracker/>; "President Trump Hosts African American History Month Reception". C-Spam, 27 fev. 2020. Disponível em: <www.c-span.org/video/?469786-1/president-trump-hosts-african-american-history-month-reception>.

2. Daniel Wolfe e Daniel Dale, "'It's Going to Disappear': A Timeline of Trump's Claims That Covid-19 Will Vanish". CNN, 31 out. 2020. Disponível em: <www.cnn.com/interactive/2020/10/politics/covid-disappearing-trump-comment-tracker>.

3. David Robertson, "Of Mice and Schoolchildren: A Conceptual History of Herd Immunity". *American Journal of Public Health*, v. 111, n. 8, p. 1474, 2021.

4. Ibid.

5. Adolph Eichhorn e George M. Potter, "Contagious Abortion of Cattle". *United States Department of Agriculture Farmers' Bulletin*, v. 790, p. 3, jan. 1917.

6. Ibid., p. 9.

7. Secunder Kermani, "Coronavirus: Whitty and Vallance Faced 'Herd Immunity' Backlash, Emails Show". BBC News, 23 set. 2020. Disponível em: <www.bbc.com/news/uk-politics-54252272>.

8. "Prime Minister's Statement on Coronavirus (Covid-19): 12 March 2020". GOV.UK, 12 mar. 2020. Disponível em: <www.gov.uk/government/speeches/pm-statement-on-coronavirus-12-march-2020>.

9. "UK Needs to Get Covid-19 for 'Herd Immunity'". Sky News, 13 mar. 2020. Disponível em: <www.youtube.com/watch?v=2XRc389TvG8>.

10. William O. Kermack e Anderson G. McKendrick, "A Contribution to the Mathematical Theory of Epidemics". *Proceedings of the Royal Society*, v. 115, n. 772, 1927.

11. Adolph Eichhorn e George M. Potter, op. cit., p. 9.

12. James E. Bowes, "Rhode Island's End Measles Campaign". *Public Health Report*, v. 82, n. 5, p. 413, 1967.

13. Martin J. Vincent et al., "Chloroquine Is a Potent Inhibitor of SARS Coronavirus Infection and Spread". *Virology Journal*, v. 2, n. 69, p. 9, 2005.

14. "President Trump with Coronavirus Task Force Briefing". C-Span, 19 mar. 2020. Disponível em: <www.c-span.org/video/?470503-1/president-trump-coronavirus-task-force-hold-briefing-white-house>.

15. Yasmeen Abutaleb e Damian Paletta, op. cit., pp. 223-4.

16. Anne Flaherty e Jordyn Phelps, "Fauci Throws Cold Water on Trump's Declaration That Malaria Drug Chloroquine Is a 'Game Changer'". ABC News, 20 mar. 2020. Disponível em: <abcnews.go.com/Politics/fauci-throws-cold-water-trumps-declaration-malaria-drug/story?id=69716324>.

17. Scott Sayare, "He Was a Science Star. Then He Promoted a Questionable Cure for Covid-19". *The New York Times Magazine*, 12 maio 2020. Disponível em: <www.nytimes.com/2020/05/12/magazine/didier-raoult-hydroxychloroquine.html>.

18. Yasmeen Abutaleb e Damian Paletta, op. cit., p. 224.

19. "Coronavirus (Covid-19) Update: FDA Revokes Emergency Use Authorization for Chloroquine and Hydroxychloroquine". FDA News, 15 jun. 2020. Disponível em: <www.fda.gov/news-events/press-announcements/coronavirus-COVID-19-update-fda-revokes-emergency-use-authorization-chloroquine-and>.

20. Timothy P. Sheahan et al., "Broad-Spectrum Antiviral GS-5734 Inhibits Both Epidemic and Zoonotic Coronavirus". *Science Translational Medicine*, v. 9, n. 396, p. 5, 2017.

21. Manli Wang et al., "Remdesivir and Chloroquine Effectively Inhibit the Recently Emerged Novel Coronavirus (2019-nCoV) *in vitro*". *Cell Research*, v. 30, n. 3, p. 271, 2020.

22. Yeming Wang et al., "Remdesivir in Adults with Severe COVID-19: A Randomised, Double-Blind, Placebo-Controlled, Multicentre Trial". *The Lancet*, v. 395, n. 10236, p. 1575, 2020.

23. "Rapid Increase in Ivermectin Prescriptions and Reports of Severe Illness Associated with Use of Products Containing Ivermectin to Prevent or Treat Covid-19". CDC Health Alert Network, 26 ago. 2021. Disponível em: <emergency.cdc.gov/han/2021/han00449.asp>.

24. "Ivermectin for Preventing and Treating Covid-19 (Review)". *Cochrane Database of Systematic Reviews*, n. 7, art. CD015017, 2021. Disponível em: <www.cochranelibrary.com/cdsr/doi/10.1002/14651858.CD015017.pub2/epdf/full>.

25. Shuntai Zhou et al., "β-D-N^4-Hydroxycytidine Inhibits SARS-CoV-2 Through Lethal Mutagenesis but Is Also Mutagenic to Mammalian Cells". *The Journal of Infectious Diseases*, v. 224, n. 3, p. 415, 2021.

26. E-mail de Ronald Swanstrom para o autor, 26 out. 2021.

27. Ibid.

28. "Merck and Ridgeback's Investigational Oral Antiviral Molnupiravir Reduced the Risk of Hospitalization or Death by Approximately 50 Percent Compared to Placebo for Patients with Mild or Moderate Covid-19 in Positive Interim Analysis of Phase 3 Study". Merck News Release, 1 out. 2021. Disponível em: <www.merck.com/news/merck-and-ridgebacks-investigational-oral-antiviral-molnupiravir-reduced-the-risk-of-hospitalization-or-death-by-approximately-50-percent-compared-to-placebo-for-patients-with-mild-or-moderat/>.

29. Outro relato desse encontro aparece em Gina Kolata e Benjamin Mueller, "Halting Progress and Happy Accidents: How mRNA Vaccines Were Made" (*The New York Times*, 15 jan. 2022). Disponível em: <www.nytimes.com/2022/01/15/health/mrna-vaccine.html?searchResultPosition=6>.

30. Ibid., p. 149.

31. David Heath e Gus Garcia-Roberts, *USA Today*, 26 jan. 2021.

32. Jesper Pallesen et al., "Immunogenicity and Structures of a Rationally Designed Prefusion MERS-CoV Spike Antigen". *Proceedings of the National Academy of Sciences*, v. 114, n. 35, p. E7345, 2017.

33. "Vaccine Inequity Undermining Global Economic Recovery". WHO, 22 jul. 2021. Disponível em: <www.who.int/news/item/22-07-2021-vaccine-inequity-undermining-global-economic-recovery>.

34. Olivia Goldhill, Rosa Furneaux e Madlen Davies, "'Naively Ambitious': How COVAX Failed on Its Promise to Vaccinate the World". Stat, 8 out. 2021. Disponível em: <www.statnews.com/2021/10/08/how-covax-failed-on-its-promise-to-vaccinate-the-world/>.

35. Jamey Keaten, "WHO Chief Urges Halt to Booster Shots for Rest of the Year". AP News, 8 set. 2021. Disponível em: <apnews.com/article/business-health-coronavirus-pandemic-united-nations-world-health-organization-6384ff91c399679824311ac26e3c768a>.

VII. OS LEOPARDOS DE MUMBAI [pp. 236-96]

1. Entrevista com Jonathan Towner, 11 ago. 2009.

2. Entrevista com Brian Amman, 11 ago. 2009.

3. Botao Xiao e Lei Xiao, "The Possible Origins of 2019-nCoV Coronavirus". *Preprint*, Research Gate, 6 fev. 2020. Posteriormente removido.

4. Ibid., p. 2.

5. James T. Areddy, "Coronavirus Epidemic Draws Scrutiny to Labs Handling Deadly Pathogens". *The Wall Street Journal*, 5 mar. 2020. Disponível em: <www.wsj.com/articles/coronavirus-epidemic-draws-scrutiny-to-labs-handling-deadly-pathogens-11583349777>.

6. Prashant Pradhan et al., op. cit.

7. Ibid.

8. Ibid., p. 9.

9. Nota de Prashant Pradhan na página de comentários do bioRxiv; cópia impressa em arquivo de David Quammen. Ver também Jessica McDonald, "Baseless Conspiracy Theories Claim New Coronavirus Was Bioengineered" (FactCheck, 7 fev. 2020). Disponível em: <www.factcheck.org/2020/02/baseless-conspiracy-theories-claim-new-coronavirus-was-bioengineered/>.

10. Abhinandan Mishra e DibyenduMondal, "Fauci Described Indian Research on Man-Made Covid as Outlandish". *The Sunday Guardian*, 5 jun. 2021. Disponível em: <www.sundayguardianlive.com/news/fauci-described-indian-research-man-made-covid-outlandish>.

11. Ibid.

12. William R. Gallaher (escrevendo como profbillg1901), Virological, 6 fev. 2020. Disponível em: <virological.org/t/tackling-rumors-of-a-suspicious-origin-of-ncov2019/384>.

13. Ibid.

14. Ibid.

15. Andrew Rambaut (postando como arambaut), Virological, 3 maio 2020. Disponível em: <virological.org/t/tackling-rumors-of-a-suspicious-origin-of-ncov2019/384/5>.

16. Steve Barger (postando como swbarg), Virological, 3 maio 2020. Disponível em: <virological.org/t/tackling-rumors-of-a-suspicious-origin-of-ncov2019/384/5>.

17. William R. Gallaher (postando como profbillg1901), Virological, 7 maio 2020. Disponível em: <virological.org/t/tackling-rumors-of-a-suspicious-origin-of-ncov2019/384/5>.

18. Spyros Lytras (postando como spyroslytras), Virological, 8 ago. 2020. Disponível em: <virological.org/t/the-sarbecovirus-origin-of-sars-cov-2-s-furin-cleavage-site/536>.

19. Ibid.

20. Oscar A. MacLean et al., "Natural Selection in the Evolution of SARS-CoV-2 in Bats Created a Generalist Virus and Highly Capable Human Pathogen". *PLOS Biology*, v. 19, n. 3, p. 1, 2021.

21. Shing Hei Zhan, Benjamin E. Deverman e Yujia Alina Chan, "SARS-CoV-2 Is Well Adapted for Humans: What Does This Mean for Re-Emergence?". *Preprint*, bioRxiv, p. 1, 2 maio 2020.

22. Rowan Jacobsen, "Could COVID-19 Have Escaped from a Lab?". *Boston Magazine*, 9 set. 2020. Disponível em: <www.bostonmagazine.com/news/2020/09/09/alina-chan-broad-institute-coronavirus/>.

23. Ibid.

24. Shing Hei Zhan, Benjamin E. e Yujia Alina Chan, op. cit.

25. Rowan Jacobsen, op. cit.

26. Alina Chan e Matt Ridley, *VIRAL: The Search for the Origin of COVID-19*. Nova York: HarperCollins, 2021, p. 96.

27. Thomas H. C. Sit et al., "Infection of Dogs with SARS-CoV-2". *Nature*, v. 586, n. 7831, p. 776, 2020.

28. Qiang Zhang et al., "A Serological Survey of SARS-CoV-2 in Cat in Wuhan". *Emerging Microbes & Infections*, v. 9, n. 1, p. 2013, 2020.

29. Post no PROMED-mail, 26 abr. 2020.

30. Post no PROMED-mail, 17 jun. 2021.

31. Reuters, 16 jul. 2020.

32. Post no PROMED-mail, 24 out. 2020.

33. Disponível em: <www.lincolnzoo.org>.

34. Li Xu, op. cit., p. 19, tradução anônima, corrigido por Wufei Yu.

35. Ibid., p. 20.

36. Xing-Yi Ge et al., op. cit., p. 31.

37. Amber Dance, *Nature*, 27 out. 2021.

38. Jan van Aken, "Ethics of Reconstructing Spanish Flu: Is It Wise to Resurrect a Deadly Virus?". *Heredity*, v. 98, n. 1, p. 1, 2007.

39. "NIH Lifts Funding Pause on Gain-of-Function Research". NIH, 19 dez. 2017. Disponível em: <www.nih.gov/about-nih/who-we-are/nih-director/statements/nih-lifts-funding-pause-gain-function-research>.

40. Rich Mendez, "'If Anybody Is Lying Here, Senator, It Is You', Fauci Tells Sen. Paul in Heated Exchange at Senate Hearing". CNBC, 20 jul. 2021. Disponível em: <www.cnbc.com/2021/07/20/if-anybody-is-lying-here-senator-it-is-you-fauci-tells-sen-paul-in-heated-exchange-at-senate-hearing.html>. Declaração também disponível em vídeo no YouTube (com transcrição): <www.youtube.com/watch?v=pFoaBV_cTek>; e em "Fauci to Rand Paul: 'You Do Not Know What You Are Talking About'" (*The Guardian*, 21 jul. 2021). Disponível em: <www.theguardian.com/us-news/video/2021/jul/20/fauci-to-rand-paul-you-do-not-know-what-you-are-talking-about-video>.

41. Ben Hu et al., op. cit.
42. Ibid., p. 19.
43. Ibid., p. 1.
44. Roger Frutos, Laurent Gavotte e Christian A. Devaux, "Understanding the Origin of COVID-19 Requires to Change the Paradigm on Zoonotic Emergence from the Spillover to the Circulation Model". *Infection, Genetics, and Evolution*, v. 95, p. 3, 2021.
45. Ibid., p. 5.
46. Roger Frutos et al., "There Is No 'Origin' to SARS-CoV-2". *Environmental Research*, v. 30, n. 40, 2021.
47. Ibid., p. 7.
48. Ibid.
49. Ibid.
50. Jonathan Pekar et al., op. cit., p. 415.
51. Nathan Wolfe et al., "Bushmeat Hunting, Deforestation, and Prediction of Zoonoses Emergence". *Emerging Infectious Diseases*, v. 11, n. 12, p. 1824, 2005.
52. Edward C. Holmes et al., "The Origins of SARS-CoV-2: A Critical Review". *Cell*, v. 184, n. 19, 2021.
53. Ibid., p. 1.
54. Ibid., p. 3.
55. Ibid., p. 4.
56. Ibid., p. 5.
57. Ibid., p. 6.
58. Ibid.
59. David Robertson, citado em Jane Qiu, "This Scientist Now Believes Covid Started in Wuhan's Wet Market. Here's Why". *MIT Technology Review*, 19 nov. 2021. Disponível em: <www.technologyreview.com/2021/11/19/1040390/covid-wuhan-natural-spillover-wuhan-wet-market-huanan>.
60. Michael Worobey, "Dissecting the Early COVID-19 Cases in Wuhan". *Science*, v. 374, n. 6572, 2021.
61. Joel Achenbach, "Prominent Scientist Who Said Lab-Leak Theory of Covid-19 Origin Should Be Probed Now Believes Evidence Points to Wuhan Market". *The Washington Post*, 18 nov. 2021. Disponível em: <www.washingtonpost.com/health/2021/11/18/coronavirus-origins-wuhan-market-animals-science-journal/>.

VIII. NINGUÉM SABE TUDO [pp. 297-319]

1. Charles H. Calisher et al., "Statement in Support of the Scientists, Public Health Professionals, and Medical Professionals of China Combatting COVID-19". *The Lancet*, v. 395, n. 10226, p. e42, 2020.
2. Estudo global encomendado pela OMS sobre as origens do SARS-CoV-2: Termos de referência para a China, 5 nov. 2020, p. 2. Disponível em: <www.who.int/publications/m/item/who-convened-global-study-of-the-origins-of-sars-cov-2>.

3. Estudo global encomendado pela OMS sobre as origens do SARS-CoV-2: China, 2021.

4. Glen Owen, "Wuhan Lab Was Performing Coronavirus Experiments on Bats from the Caves Where the Disease Is Believed To Have Originated — with a £3m Grant from the US". *Daily Mail*, 11 abr. 2020. Disponível em: <www.dailymail.co.uk/news/article-8211257/Wuhan-lab-performing-experiments-bats-coronavirus-caves.html>.

5. Sarah Owermohle, "Trump Cuts U.S. Research on Bat-Human Virus Transmission over China Ties". *Politico*, 27 abr. 2020. Disponível em: <www.politico.com/news/2020/04/27/trump-cuts-research-bat-human-virus-china-213076>.

6. Gigi Kwik Gronvall, "The Contested Origin of SARS-CoV-2". *Survival*, v. 63, n. 6, 2021.

7. Xiao Xiao et al., op. cit., p. 3.

8. Gigi Kwik Gronvall, op. cit., p. 12.

9. Ibid., pp. 21-2.

10. "WHO Director-General's Remarks at the Member State Briefing on the Report of the International Team Studying the Origins of SARS-CoV-2". WHO, 30 mar. 2021. Disponível em: <www.who.int/director-general/speeches/detail/who-director-general-s-remarks-at-the-member-state-briefing-on-the-report-of-the-international-team-studying-the-origins-of-sars-cov-2>.

11. Jesse D. Bloom et al., "Recovery of Deleted Deep Sequencing Data Sheds More Light on the Early Wuhan SARS-CoV-2 Epidemic". *Molecular Biology and Evolution*, v. 38, n. 12, p. 694, 2021.

12. Michael Worobey, op. cit., p. 1204.

13. Jesse D. Bloom et al., op. cit., p. 694.

14. Michael Worobey et al., "The Huanan Market Was the Epicenter of SARS-CoV-2 Emergence". *Preprint*, Zenodo, p. 1, 26 fev. 2022.

15. Ibid., p. 4.

16. Ibid., p. 11.

17. Isaac Chotiner, "How South Africa Researches Identified the Omicron Variant of Covid". *The New Yorker*, 30 nov. 2021. Disponível em: <www.newyorker.com/news/q-and-a/how-south-african-researchers-identified-the-omicron-variant-of-covid>.

18. Kai Kupferschmidt, "'Patience is Crucial': Why We Won't Know for Weeks How Dangerous Omicron Is". *Science*, 27 nov. 2021. Disponível em: <www.science.org/content/article/patience-crucial-why-we-won-t-know-weeks-how-dangerous-omicron>.

19. Darren P. Martin et al., "Selection Analysis Identifies Significant Mutational Changes in Omicron that Are Likely to Influence Both Antibody Neutralization and Spike Function (part 1 of 2)". *Virological*, 5 dez. 2021. Disponível em: <https://virological.org/t/selection-analysis-identifies-significant-mutational-changes-in-omicron-that-are-likely-to-influence-both-antibody-neutralization-and-spike-function-part-1-of-2/771>.

20. Citado no Twitter por Kristian Andersen, 5 dez. 2021, usado aqui com permissão de Edyth Parker.

Referências bibliográficas

ABBATE, Jessie L. et al. "Pathogen Community Composition and Co-Infection Patterns in a Wild Community of Rodents". *Preprint*, bioRxiv, 2 set. 2020.
ABDELNABI, Rana et al. "Comparing Infectivity and Virulence of Emerging SARS-CoV-2 Variants in Syrian Hamsters". *EBioMedicine*, v. 68, art. 103403, 2021.
ABERGEL, Chantal; LEGENDRE, Matthiew; CLAVERIE, Jean-Michel. "The Rapidly Expanding Universe of Giant Viruses: Mimivirus, Pandoravirus, Pithovirus and Mollivirus". *FEMS Microbiology Reviews*, v. 39, n. 6, 2015.
ABRAHAM, Thomas. *Twenty-First Century Plague: The Story of SARS*. Baltimore: Johns Hopkins University Press, 2004.
ABUTALEB, Yasmeen; PALETTA, Damian. *Nightmare Scenario: Inside the Trump Administration's Response to the Pandemic That Changed History*. Nova York: HarperCollins, 2021.
AFELT, Aneta; FRUTOS, Roger; DEVAUX, Christian. "Bats, Coronaviruses, and Deforestation: Toward the Emergence of Novel Infectious Diseases?". *Frontiers in Microbiology*, v. 9, n. 702, 2018.
ALBERY, Gregory F. et al. "Predicting the Global Mammalian Viral Sharing Network Using Phylogeography". *Nature Communications*, v. 11, n. 1, 2020.
ALLEN, Arthur. "Government-Funded Scientists Laid the Groundwork for Billion-Dollar Vaccines". *Kaiser Health News*, 18 nov. 2020.
AL-TAWFIQ, Jaffar A. "Middle East Respiratory Syndrome-Coronavirus Infection: An Overview". *Journal of Infection and Public Health*, v. 6, n. 5, 2013.
ALWAN, Nisreen A. et al. "Scientific Consensus on the COVID-19 Pandemic: We Need to Act Now". *The Lancet*, v. 396, n. 10260, 2020.
ALY, Mahmoud et al. "Occurrence of the Middle East Respiratory Syndrome Coronavirus (MERS-CoV) across the Gulf Corporation Council Countries: Four Years Update". *PLOS ONE*, v. 12, n. 10, 2017.

AMENDOLA, Antonella et al. "Evidence of SARS-CoV-2 RNA in an Oropharyngeal Swab Specimen, Milan, Italy, Early December 2019". *Emerging Infectious Diseases*, v. 27, n. 2, 2021.

_____. "Molecular Evidence for SARS-CoV-2 in Samples Collected from Patients with Morbilliform Eruptions Since Late Summer 2019 in Lombardy, Northern Italy". Preprint em *The Lancet*, 6 ago. 2021.

AMMAN, Brian R. et al. "Marburgvirus Resurgence in Kitaka Mine Bat Population After Extermination Attempts, Uganda". *Emerging Infectious Diseases*, v. 20, n. 10, 2014.

ANDERSEN, Kristian G. et al. "Clinical Sequencing Uncovers Origins and Evolution of Lassa Virus". *Cell*, v. 162, n. 4, 2015.

_____. "The Proximal Origin of SARS-CoV-2". *Nature Medicine*, v. 26, n. 4, 2020.

ANDERSON, Danielle E. et al. "Lack of Cross-Neutralization by SARS Patient Sera towards SARS-CoV-2". *Emerging Microbes & Infections*, v. 9, n. 1, 2020.

ANDERSON, Roy et al. "Challenges in Creating Herd Immunity to SARS-CoV-2 Infection by Mass Vaccination". *The Lancet*, v. 396, n. 10263, 2020.

ANTHONY, Simon J. et al. "Global Patterns in Coronavirus Diversity". *Virus Evolution*, v. 3, n. 1, 2017.

APOLONE, Giovanni et al. "Unexpected Detection of SARS-CoV-2 Antibodies in the Prepandemic Period in Italy". *Tumori Journal*, v. 107, n. 5, 2020.

ASCHWANDEN, Christie. "The False Promise of Herd Immunity for COVID-19". *Nature*, v. 587, n. 7832, 2020.

ASSIRI, Abdullah et al. "Hospital Outbreak of Middle East Respiratory Syndrome Coronavirus". *The New England Journal of Medicine*, v. 369, n. 5, 2013.

AVANZATO, Victoria A. et al. "Case Study: Prolonged Infectious SARS-CoV-2 Shedding from an Asymptomatic Immunocompromised Individual with Cancer". *Cell*, v. 183, n. 7, 2020.

BARBERIA, Lorena G.; GÓMEZ, Eduardo J. "Political and Institutional Perils of Brazil's COVID-19 Crisis". *The Lancet*, v. 396, n. 10248, 2020.

BARIC, Ralph S. "Emergence of a Highly Fit SARS-CoV-2 Variant". *The New England Journal of Medicine*, v. 383, n. 27, 2020.

BARIC, Ralph S. et al. "Characterization of Leader-Related Small RNAs in Coronavirus-Infected Cells: Further Evidence for Leader-Primed Mechanism of Transcription". *Virus Research*, v. 3, n. 1, 1985.

BARRY, John M. *The Great Influenza: The Epic Story of the Deadliest Plague in History*. Londres: Penguin, 2004.

BARTSCH, Yannic C. et al. "Discrete SARS-CoV-2 Antibody Titers Track with Functional Humoral Stability". *Nature Communications*, v. 12, n. 1018, 2021.

BEDFORD, Trevor et al. "Cryptic Transmission of SARS-CoV-2 in Washington State". *Science*, v. 370, n. 6516, 2020.

BERMINGHAM, A. et al. "Severe Respiratory Illness Caused by a Novel Coronavirus, in a Patient Transferred to the United Kingdom from the Middle East, September 2012". *Euro Surveillance*, v. 17, n. 40, 2012.

BERTUZZO, Enrico et al. "The Geography of COVID-19 Spread in Italy and Implications for the Relaxation of Confinement Measures". *Nature Communications*, v. 11, n. 4264, 2020.

BIEK, Roman et al. "Measurably Evolving Pathogens in the Genomic Era". *Trends in Ecology & Evolution*, v. 30, n. 6, 2015.

BLANCO-MELO, Daniel et al. "Imbalanced Host Response to SARS-CoV-2 Drives Development of COVID-19". *Cell*, v. 181, n. 5, 2020.

BLOOM, Jesse D. "Recovery of Deleted Deep Sequencing Data Sheds More Light on the Early Wuhan SARS-CoV-2 Epidemic". *Molecular Biology and Evolution*, v. 38, n. 12, 2021.

BLOOM, Jesse D. et al. "Investigate the Origins of COVID-19". *Science*, v. 372, n. 6543, 2021.

BÖHMER, Merle M. et al. "Investigation of a COVID-19 Outbreak in Germany Resulting from a Single Travel-Associated Primary Case: A Case Series". *The Lancet Infectious Diseases*, v. 20, n. 8, 2020.

BONI, Maciej F. et al. "Evolutionary Origins of the SARS-CoV-2 Sarbecovirus Lineage Responsible for the COVID-19 Pandemic". *Nature Microbiology*, v. 5, n. 11, 2020.

BORRELL, Brendan. *The First Shots: The Epic Rivalries and Heroic Science Behind the Race to the Coronavirus Vaccine*. Nova York: Mariner, 2021.

BOWES, James E. "Rhode Island's End Measles Campaign". *Public Health Report*, v. 82, n. 5, 1967.

BRIAN, D. A.; BARIC, R. S. "Coronavirus Genome Structure and Replication". *Current Topics in Microbiology and Immunology*, v. 287, 2005.

BRILLIANT, Larry et al. "The Forever Virus: A Strategy for the Long Fight against COVID-19". *Foreign Affairs*, v. 100, n. 4, 2021.

BROOK, Cara E. et al. "Accelerated Viral Dynamics in Bat Cell Lines, with Implications for Zoonotic Emergence". *eLife*, v. 9, art. e48401, 2020.

BROOK, Cara E.; DOBSON, Andrew P. "Bats as 'Special' Reservoirs for Emerging Zoonotic Pathogens". *Trends in Microbiology*, v. 23, n. 3, 2015.

BRYANT, Andrew et al. "Ivermectin for Prevention and Treatment of COVID-19 Infection: A Systematic Review, Meta-analysis, and Trial Sequential Analysis to Inform Clinical Guidelines". *American Journal of Therapeutics*, v. 28, n. 4, 2021.

BURKE, Donald S. "Evolvability of Emerging Viruses". In: NELSON, Ann Marie; HORSBURGH JR., C. Robert (Orgs.). *Pathology of Emerging Infections 2*. Washington, D.C.: American Society for Microbiology, 1998.

BUSS, Lewis F. et al. "Three-Quarters Attack Rate of SARS-CoV-2 in the Brazilian Amazon during a Largely Unmitigated Epidemic". *Science*, v. 371, n. 6526, 2021.

BUTLER, Colin D. et al. "Call for a Full and Unrestricted International Forensic Investigation into the Origins of COVID-19". Carta aberta publicada on-line em 4 mar. 2021.

BUTLER, Delcan. "Engineered Bat Virus Stirs Debate Over Risky Research". *Nature News & Comment*, 12 nov. 2015.

CALISHER, Charles H. *Lifting the Impenetrable Veil: From Yellow Fever to Ebola Hemorrhagic Fever and SARS*. Red Feather Lakes: Rockpile, 2013.

CALISHER, Charles H. et al. "Bats: Important Reservoir Hosts of Emerging Viruses". *Clinical Microbiology Reviews*, v. 19, n. 3, 2006.

_____. "Statement in Support of the Scientists, Public Health Professionals, and Medical Professionals of China Combatting COVID-19". *The Lancet*, v. 395, n. 10226, 2020.

CALLAWAY, Ewen. "Rare Reactions Might Hold Key to Variant-Proof COVID Vaccines". *Nature*, v. 592, n. 7852, 2021.

CANDIDO, Darlan S. et al. "Evolution and Epidemic Spread of SARS-CoV-2 in Brazil". *Science*, v. 369, n. 6508, 2020.

CAPUA, Ilaria. "Discovering Invisible Truths". *Journal of Virology*, v. 92, n. 20, 2018.

CAPUA, Ilaria; GIAQUINTO, Carlo. "The Unsung Virtue of Thermostability". *The Lancet*, v. 397, n. 10282, 2021.

CAPUA, Ilaria; RASETTI, Mario. "Here, the Huge Rainbow Within the COVID-19 Storm". EClinicalMedicine, v. 29/30, 2020.

CARLSON, Colin J. et al. "Global Estimates of Mammalian Viral Diversity Accounting for Host Sharing". *Nature Ecology & Evolution*, v. 3, n. 7, 2019.

CARRION, Malwina; MADOFF, Lawrence C. "Pro-MED-mail: 22 Years of Digital Surveillance of Emerging Infectious Diseases". *International Health*, v. 9, n. 3, 2017.

CARROLL, Dennis et al. "Building a Global Atlas of Zoonotic Diseases". *Bulletin of the World Health Organization*, v. 96, n. 4, 2018.

_____. "The Global Virome Project: Expanded Viral Discovery Can Improve Mitigation". *Science*, v. 359, n. 6378, 2019.

CASTRO, Marcia C. et al. "Spatiotemporal Pattern of COVID-19 Spread in Brazil". *Science*, v. 372, n. 6544, 2021.

CELUM, Connie et al. "COVID-19, Ebola, and HIV: Leveraging Lessons to Maximize Impact". *The New England Journal of Medicine*, v. 383, n. 19, 2020.

CHALLENDER, Daniel W. S.; HARROP, Stuart R.; MACMILLAN, Douglas C. "Understanding Markets to Conserve Trade-Threatened Species in CITES". *Biological Conservation*, v. 187, 2015.

CHALLENDER, Daniel W. S.; NASH, Helen C., WATERMAN, Carly (Orgs.). *Pangolins: Science, Society and Conservation*. Londres: Academic Press, 2020.

CHAN, Alina; RIDLEY, Matt. *VIRAL: The Search for the Origin of COVID-19*. Nova York: HarperCollins, 2021.

CHAN, Jasper F. W. et al. "Is the Discovery of the Novel Human Betacoronavirus 2c EMC/2012 (HCoV-EMC) the Beginning of Another SARS-like Pandemic?". *Journal of Infection*, v. 65, n. 6, 2012.

_____. "A Familial Cluster of Pneumonia Associate with the 2019 Novel Coronavirus Indicating Person-to-Person Transmission: A Study of a Family Cluster". *The Lancet*, v. 395, n. 10223, 2020.

CHAN, Yujia Alina; ZHAN, Shing Hei. "Single Source of Pangolin CoVs with a Near Identical Spike RBD to SARS-CoV-2". *Preprint*, bioRxiv, 23 out. 2020.

CHAVARRIA-MIRÓ, Gemma et al. "Time Evolution of Severe Acute Respiratory Syndrome Coronavirus (SARS-CoV-2) in Wastewater during the First Pandemic Wave of COVID-19 in the Metropolitan Area of Barcelona, Spain". *Applied and Environmental Microbiology*, v. 87, n. 7, 2021.

CHEN, Albert Tian et al. "COVID-19 CG Enables SARS-CoV-2 Mutation and Lineage Tracking by Locations and Dates of Interest". *eLife*, v. 10, art. e63409, 2021.

CHEN, Chi-Mai et al. "Containing COVID-19 among 627,386 Persons in Contact with the *Diamond Princess* Cruise Ship Passengers Who Disembarked in Taiwan: Big Data Analytics". *Journal of Medical Internet Research*, v. 22, n. 5, 2020.

CHEN, Dongsheng et al. "Single-Cell Screening of SARS-CoV-2 Target Cells in Pets, Livestock, Poultry and Wildlife". *Preprint*, bioRxiv, 14 jun. 2020.

CHEN, Yu et al. "Human Infections with the Emerging Avian Influenza A H7N9 Virus from Wet Market Poultry: Clinical Analysis and Characterisation of Viral Genome". *The Lancet*, v. 381, n. 9881, 2013.

CHENG, Vincent C. C. et al. "Severe Acute Respiratory Syndrome Coronavirus as an Agent of Emerging and Reemerging Infection". *Clinical Microbiology Reviews*, v. 20, n. 4, 2007.

CHENG, Wenda; XING, Shuang; BONEBRAKE, Timothy C. "Recent Pangolin Seizures in China Reveal Priority Areas for Intervention". *Conservation Letters*, v. 10, n. 6, 2017.

CHERIAN, Sarah et al. "SARS-CoV-2 Spike Mutations, L452R, E478K, E484Q and P681R, in the Second Wave of COVID-19 in Maharashtra, India". *Microorganisms*, v. 9, n. 7, 2021.

CHIK, Holly. "China CDC Chief Defends Early Outbreak Action: 'I Never Said There Was No Human-to-Human Transmission'". *South China Morning Post*, 20 abr. 2020.

CHINAZZI, Matteo et al. "The Effect of Travel Restrictions on the Spread of the 2019 Novel Coronavirus (COVID-19) Outbreak". *Science*, v. 368, n. 6489, 2020.

CHRISTAKIS, Nicholas A. *Apollo's Arrow: The Profound and Enduring Impact of Coronavirus on the Way We Live*. Nova York: Little, Brown Spark, 2020.

CHU, Daniel K. W. et al. "MERS Coronaviruses in Dromedary Camels, Egypt". *Emerging Infectious Diseases*, v. 20, n. 6, 2014.

CHU, Hin et al. "Comparative Replication and Immune Activation Profiles of SARS-CoV-2 and SARS-CoV in Human Lungs: An *ex vivo* Study with Implications for the Pathogenesis of COVID-19". *Clinical Infectious Diseases*, v. 71, n. 6, 2020.

CLAUSEN, Thomas Mandel et al. "SARS-CoV-2 Infection Depends on Cellular Heparan Sulfate and ACE2". *Cell*, v. 183, n. 4, 2020.

CLAVERIE, Jean-Michel. "Viruses Take Center Stage in Cellular Evolution". *Genome Biology*, v. 7, n. 6, 2006.

_____. "All Viruses Are Unconventional". *Preprint*, Preprints, 19 set. 2020.

CLAVERIE, Jean-Michel et al. "Mimivirus and the Emerging Concept of 'Giant' Viruses". *Virus Research*, v. 117, n. 1, 2006.

CLAVERIE, Jean-Michel; ABERGEL, Chantal. "Giant Viruses: The Difficult Breaking of Multiple Epistemological Barriers". *Studies in History and Philosophy of Biological and Biomedical Sciences*, v. 59, 2016.

CLAVERIE, Jean-Michel; OGATA, Hiroyuki. "Ten Good Reasons Not to Exclude Viruses from the Evolutionary Picture". *Nature Reviews Microbiology*, v. 7, n. 8, 2009.

COHEN, Jon. "Structural Biology Triumph Offers Hope against a Childhood Killer". *Science*, v. 342, n. 6158, 2013.

_____. "Mining Coronavirus Genomes for Clues to the Outbreak's Origins". *Science*, v. 367, n. 6477, 2020.

_____. "Wuhan Coronavirus Hunter Shi Zhengli Speaks Out. China's 'Bat Woman' Denies Responsibility for the Pandemic, Demands Apology from Trump". *Science*, v. 369, n. 6503, 2020.

_____. "Vaccines That Can Protect against Many Coronaviruses Could Prevent Another Pandemic". Disponível em: <www.sciencemag.org>. Acesso em: 15 abr. 2021.

CONCEIÇÃO, Carina et al. "The SARS-CoV-2 Spike Protein Has a Broad Tropism for Mammalian ACE2 Proteins". *PLOS Biology*, v. 18, n. 12, 2020.

CORBETT, Kizzmekia S. et al. "Evaluation of the mRNA-1273 Vaccine against SARS-CoV-2 in Nonhuman Primates". *The New England Journal of Medicine*, v. 383, n. 16, 2020.

CORBETT, Kizzmekia S. "SARS-CoV-2 mRNA Vaccine Design Enabled by Prototype Pathogen Preparedness". *Nature*, v. 586, n. 7830, 2020.

COTTLE, Lucy E. et al. "A Multinational Outbreak of Histoplasmosis Following a Biology Field Trip in the Ugandan Rainforest". *Journal of Travel Medicine*, v. 20, n. 2, 2013.

COWLING, Benjamin J. et al. "Preliminary Epidemiological Assessment of MERSCoV Outbreak in South Korea, May to June 2015". *Euro Surveillance*, v. 20, n. 25, 2015.

CUI, Jie; LI, Fang; SHI, Zheng-Li. "Origin and Evolution of Pathogenic Coronaviruses". *Nature Reviews Microbiology*, v. 17, n. 3, 2019.

CYRANOSKI, David. "Bat Cave Solves Mystery of Deadly SARS Virus — and Suggests New Outbreak Could Occur". *Nature*, v. 552, n. 7683, 2017.

DAI, Wenhao et al. "Design, Synthesis, and Biological Evaluation of Peptidomimetic Aldehydes as Broad-Spectrum Inhibitors against Enterovirus and SARS-CoV-2". *Journal of Medicinal Chemistry*, v. 65, n. 4, 2020.

DALLMEIER, Kai; MEYFROIDT, Geert; NEYTS, Johan. "COVID-19 and the Intensive Care Unit: Vaccines to the Rescue". *Intensive Care Medicine*, v. 47, n. 7, 2021.

DANCE, Amber. "The Shifting Sands of Gain-of-Function Research". *Nature*, v. 598, n. 7882, 2021.

DASZAK, Peter et al. "Infectious Disease Threats: A Rebound to Resilience". *Health Affairs*, v. 40, n. 2, 2021.

DAVIES, Nicholas G. et al. "Estimated Transmissibility and Impact of SARS-CoV-2 Lineage B.1.1.7 in England". *Science*, v. 372, n. 6538, 2021.

_____. "Increased Mortality in Community-Tested Cases of SARS-CoV-2 Lineage B.1.1.7". *Nature*, v. 593, n. 7858, 2021.

DAVIS, Jessica T. et al. "Cryptic Transmission of SARS-CoV-2 and the First COVID-19 Wave". *Nature*, v. 600, n. 7887, 2021.

DEARLOVE, Bethany et al. "A SARS-CoV-2 Vaccine Candidate Would Likely Match All Currently Circulating Variants". *Proceedings of the National Academy of Sciences*, v. 117, n. 38, 2020.

DECARO, Nicola; LORUSSO, Alessio; CAPUA, Ilaria. "Erasing the Invisible Line to Empower the Pandemic Response". *Viruses*, v. 13, n. 348, 2021.

DELAUNE, Deborah et al. "A Novel SARS-CoV-2 Related Coronavirus in Bats from Cambodia". *Nature Communications*, v. 12, n. 1, 2021.

DESLANDES, Antoine et al. "SARS-CoV-2 Was Already Spreading in France in Late December 2019". *International Journal of Antimicrobial Agents*, v. 55, n. 6, 2020.

DEVAUX, Christian A. et al. "Spread of Mink SARS-CoV-2 Variants in Humans: A Model of Sarbecovirus Interspecies Evolution". *Frontiers in Microbiology*, v. 12, 2021.

DI GIALLONARDO, Francesca et al. "Emergence and Spread of SARS-CoV-2 Lineages B.1.1.7 and P.1 in Italy". *Viruses*, v. 13, n. 5, 2021.

DINNON III, Kenneth H. et al. "A Mouse-Adapted Model of SARS-CoV-2 to Test Covid-19 Countermeasures". *Nature*, v. 586, n. 7830, 2020.

DOBSON, Andrew P. et al. "Ecology and Economics for Pandemic Prevention". *Science*, v. 369, n. 6502, 2020.

DUCHENE, Sebastian et al. "Temporal Signal and the Phylodynamic Threshold of SARS-CoV-2". *Virus Evolution*, v. 6, n. 2, 2020.

DUFFY, Siobain; SHACKELTON, Laura A.; HOLMES, Edward C. "Rates of Evolutionary Change in Viruses: Patterns and Determinants". *Nature Reviews Genetics*, v. 9, n. 4, 2008.

DU PLESSIS, Louis et al. "Establishment and Lineage Dynamics of the SARS-CoV-2 Epidemic in the UK". *Science*, v. 371, n. 6530, 2021.

DÜX, Ariane et al. "Measles Virus and Rinderpest Virus Divergence Dated to the Sixth Century BCE". *Science*, v. 368, n. 6497, 2020.

EBAN, Katherine. "The Lab-Leak Theory: Inside the Fight to Uncover COVID-19's Origins". *Vanity Fair*, 3 jun. 2021.

ECKERLE, Isabella; MEYER, Benjamin. "SARS-CoV-2 Seroprevalence in COVID-19 Hotspots". *The Lancet*, v. 396, n. 10250, 2020.

ECKERLE, Lance D. et al. "Infidelity of SARS-CoV Nsp 14-Exonuclease Mutant Virus Replication Is Revealed by Complete Genome Sequencing". *PLOS Pathogens*, v. 6, n. 5, 2010.

EICHHORN, Adolph; POTTER, George M. "Contagious Abortion of Cattle". *United States Department of Agriculture Farmers' Bulletin*, v. 790, jan. 1917.

EPSTEIN, Jonathan H. et al. "Nipah Virus Dynamics in Bats and Implications for Spillover to Humans". *Proceedings of the National Academy of Sciences*, v. 117, n. 46, 2020.

ERKENS, K. et al. "Histoplasmosis Group Disease in Bat Researchers Returning from Cuba". *Deutsche Medizinische Wochenschrift*, v. 127, n. 1/2, 2002.

FANG, Fang. *Wuhan Diary: Dispatches from a Quarantined City*. Trad. de Michael Berry. Nova York: HarperCollins, 2020.

FARIA, Nuno R. et al. "Genomics and Epidemiology of the P.1 SARS-CoV-2 Lineage in Manaus, Brazil". *Science*, v. 372, n. 6544, 2021.

FARRAR, Jeremy; AHUJA, Anjana. *Spike: The Virus vs the People, The Inside Story*. Londres: Profile, 2021.

FERREIRA, Isabella A. T. M. et al. "SARS-CoV-2 B.1.617 Mutations L452R and E484Q Are Not Synergistic for Antibody Evasion". *Journal of Infectious Diseases*, v. 224, n. 6, 2021.

FINCH, Courtney L. et al. "Characteristic and Quantifiable COVID-19-like Abnormalities in CT-and PET/CT-imaged Lungs of SARS-CoV-2-infected Crab-Eating Macaques". Preprint, bioRxiv, 14 maio 2020.

FINE, Paul E. M. "Herd Immunity: History, Theory, Practice". *Epidemiologic Reviews*, v. 15, n. 2, 1993.

FIORENTINI, Simona et al. "First Detection of SARS-CoV-2 Spike Protein N501 Mutation in Italy in August, 2020". *The Lancet Infectious Diseases*, v. 21, n. 6, jun. 2021.

FONGARO, Gislaine et al. "The Presence of SARS-CoV-2 RNA in Human Sewage in Santa Catarina, Brazil, November 2019". *Science of the Total Environment*, v. 778, 2021.

FORTERRE, Patrick. "The Origin of Viruses and Their Possible Roles in Major Evolutionary Transitions". *Virus Research*, v. 117, n. 1, 2006.

_____. "Manipulation of Cellular Synthesis and the Nature of Viruses: The Virocell Concept". *Comptes Rendus Chimie*, v. 14, n. 4, 2011.

_____. "The Virocell Concept and Environmental Microbiology". *International Society for Microbial Ecology Journal*, v. 7, n. 2, 2013.

_____. "To Be or Not to Be Alive: How Recent Discoveries Challenge the Traditional Definitions of Viruses and Life". *Studies in History and Philosophy of Biological and Biomedical Sciences*, v. 59, pp. 100-8, 2016.

FORTERRE, Patrick; PRANGISHVILI, David. "The Major Role of Viruses in Cellular Evolution: Facts and Hypotheses". *Current Opinion in Virology*, v. 3, n. 5, 2013.

FOX, John P. "Herd Immunity and Measles". *Reviews of Infectious Diseases*, v. 5, n. 3, 1983.

FOX, John P. et al. "Herd Immunity: Basic Concept and Relevance to Public Health Immunization Practices". *American Journal of Epidemiology*, v. 94, n. 3, 1971.

FRENCH, Rebecca K.; HOLMES, Edward C. "An Ecosystems Perspective on Virus Evolution and Emergence". *Trends in Microbiology*, v. 28, n. 3, 2020.

FRUTOS, Roger et al. "COVID-19: The Conjunction of Events Leading to the Coronavirus Pandemic and Lessons to Learn for Future Threats". *Frontiers in Medicine*, v. 7, n. 223, 2020.

_____. "COVID-19: Time to Exonerate the Pangolin from the Transmission of SARS-CoV-2 to Humans". *Infection, Genetics, and Evolution*, v. 84, 2020.

_____. "There Is No 'Origin' to SARS-CoV-2". *Environmental Research*, v. 30, n. 40, 2021.

FRUTOS, Roger; GAVOTTE, Laurent; DEVAUX, Christian A. "Understanding the Origin of COVID-19 Requires to Change the Paradigm on Zoonotic Emergence from the Spillover to the Circulation Model". *Infection, Genetics, and Evolution*, v. 95, 2021.

FULLER, Thomas et al. "A Coronavirus Death in Early February Was 'Probably the Tip of an Iceberg'". *The New York Times*, 22 abr. 2020.

GALLAHER, William R. "A Palindromic RNA Sequence as a Common Breakpoint Contributor to Copy-Choice Recombination in SARS-CoV-2". *Archives of Virology*, v. 165, n. 10, 2020.

GARDE, Damian; SALTZMAN, Jonathan. "The Story of mRNA: How a Once-Dismissed Idea Became a Leading Technology in the Covid Vaccine Race". *Boston Globe*, 10 nov. 2020.

GARRY, Robert F. "Ebola Mysteries and Conundrums". *The Journal of Infectious Diseases*, v. 219, n. 4, 2019.

GAUTRET, Philippe et al. "Hydroxychloroquine and Azithromycin as a Treatment of COVID-19: Results of an Open-Label Non-Randomized Clinical Trial". *International Journal of Antimicrobial Agents*, v. 56, n. 1, 2020.

GE, Xing-Yi et al. "Isolation and Characterization of a Bat SARS-like Coronavirus That Uses the ACE2 Receptor". *Nature*, v. 503, n. 7477, 2013.

_____. "Coexistence of Multiple Coronaviruses in Several Bat Colonies in an Abandoned Mineshaft". *Virologica Sinica*, v. 31, n. 1, 2016.

GHEBREYESUS, Tedros Adhanom. "Five Steps to Solving the Vaccine Inequity Crisis". *PLOS Global Public Health*, 13 out. 2021.

GIOVANETTI, Marta et al. "A Doubt of Multiple Introduction of SARS-CoV-2 in Italy: A Preliminary Overview". *Journal of Medical Virology*, v. 92, n. 9, 2020.

GIRE, Stephen K. et al. "Genomic Surveillance Elucidates Ebola Virus Origin and Transmission during the 2014 Outbreak". *Science*, v. 345, n. 6202, 2014.

GOES DE JESUS, Jaqueline et al. "Importation and Early Local Transmission of COVID-19 in Brazil, 2020". *Revista do Instituto de Medicina Tropical de São Paulo*, v. 62, 2020.

GOLDSTEIN, Tracey et al. "The Discovery of Bombali Virus Adds Further Support for Bats as Hosts of Ebolaviruses". *Nature Microbiology*, v. 3, n. 10, 2018.

GOLLAKNER, Rania; CAPUA, Ilaria. "Is COVID-19 the First Pandemic That Evolves into a Panzootic?". *Veterinaria Italiana*, v. 56, n. 1, 2020.

GONZALEZ-REICHE, Ana S. et al. "Introductions and Early Spread of SARS-CoV-2 in the New York City Area". *Science*, v. 369, n. 6501, 2020.

GOZZI, Nicolò et al. "Estimating the Spreading and Dominance of SARS-CoV-2 VOC 202012/01 (Lineage B.1.1.7) across Europe". *Preprint*, medRxiv, 23 fev. 2021.
GRAHAM, Barney S. "Biological Challenges and Technological Opportunities for Respiratory Syncytial Virus Vaccine Development". *Immunological Review*, v. 239, n. 1, 2011.
_____. "Rapid COVID-19 Vaccine Development". *Science*, v. 368, n. 6494, 2020.
GRAHAM, Barney S.; GILMAN, Morgan S.; MCLELLAN, Jason S. "Structure-Based Vaccine Antigen Design". *Annual Review of Medicine*, v. 70, n. 1, 2019.
GRAHAM, Barney S.; SULLIVAN, Nancy J. "Emerging Viral Diseases from a Vaccinology Perspective: Preparing for the Next Pandemic". *Nature Immunology*, v. 19, n. 1, 2017.
GRAHAM, Rachel L.; BARIC, Ralph S. "Recombination, Reservoirs, and the Modular Spike: Mechanisms of Coronavirus Cross-Species Transmission". *Journal of Virology*, v. 84, n. 7, 2010.
_____. "SARS-CoV-2: Combating Coronavirus Emergence". *Immunity*, v. 52, n. 5, 2020.
GRAHAM, Rachel L.; DONALDSON, Eric F.; BARIC, Ralph S. "A Decade After SARS: Strategies for Controlling Emerging Coronavirus". *Nature Reviews Microbiology*, v. 11, n. 12, 2013.
GRAHAM, Rachel L. et al. "Evaluation of a Recombination-Resistant Coronavirus as a Broadly Applicable, Rapidly Implementable Vaccine Platform". *Communications Biology*, v. 1, n. 1, art. 179, 2018.
GRANGE, Zoë I. et al. "Ranking the Risk of Animal-to-Human Spillover for Newly Discovered Viruses". *Proceedings of the National Academy of Sciences*, v. 118, n. 15, 2021.
GREANEY, Allison J. et al. "Comprehensive Mapping of Mutations in the SARS-CoV-2 Receptor-Binding Domain that Affect Recognition by Polyclonal Human Plasma Antibodies". *Cell Host & Microbe*, v. 29, n. 3, 2021.
GRONVALL, Gigi Kwik. "The Contested Origin of SARS-CoV-2". *Survival*, v. 63, n. 6, 2021.
GRUBAUGH, Nathan D. et al. "Tracking Virus Outbreaks in the Twenty-First Century". *Nature Microbiology*, v. 4, n. 1, 2019.
GRUBAUGH, Nathan D.; PETRONE, Mary E.; HOLMES, Edward C. "We Shouldn't Worry When a Virus Mutates during Disease Outbreaks". *Nature Microbiology*, v. 5, n. 4, 2020.
GRÜTZMACHER, Kim S. et al. "Human Respiratory Syncytial Virus and *Streptococcus pneumoniae* Infection in Wild Bonobos". *EcoHealth*, v. 15, n. 2, 2018.
GRYSEELS, Sophie et al. "Risk of Human-to-Wildlife Transmission of SARS-CoV-2". *Mammal Review*, 6 out. 2020.
GUAN, Yi et al. "Isolation and Characterization of Viruses Related to the SARS Coronavirus from Animals in Southern China". *Science*, v. 302, n. 5643, 2003.
GUO, Hua et al. "Evolutionary Arms Race Between Virus and Host Drives Genetic Diversity in Bat Severe Acute Respiratory Syndrome-Related Coronavirus Spike Genes". *Journal of Virology*, v. 94, n. 20, 2020.
HAN, Guan-Zhu. "Pangolins Harbor SARS-CoV-2 Related Coronaviruses". *Trends in Microbiology*, v. 28, n. 7, 2020.
HARCOURT, Jennifer et al. "Severe Acute Respiratory Syndrome Coronavirus 2 from Patient with Coronavirus Disease, United States". *Emerging Infectious Diseases*, v. 26, n. 6, 2020.
HASAN, Anwarul et al. "A Review on the Cleavage Priming of the Spike Protein on Coronavirus by Angiotensin-Converting Enzyme-2 and Furin". *Journal of Biomolecular Structure and Dynamics*, v. 39, n. 8, 2020.

HE, Wan-Ting et al. "Total Virome Characterization of Game Animals in China Reveals a Spectrum of Emerging Viral Pathogens". *Preprint*, bioRxiv, 12 nov. 2021.

HEINRICH, Sarah et al. "Where Did All the Pangolins Go? International CITES Trade in Pangolin Species". *Global Ecology and Conservation*, v. 8, 2016.

HENSLEY, Matthew K. et al. "Intractable Coronavirus Disease 2019 (COVID-19) and Prolonged Severe Acute Respiratory Syndrome Coronavirus 2 (SARS-CoV-2) Replication in a Chimeric Antigen Receptor-Modified T-Cell Therapy Recipient: A Case Study". *Clinical Infectious Diseases*, v. 73, n. 3, 2021.

HESSLER, Peter. "Nine Days in Wuhan, The Ground Zero of The Coronavirus Pandemic". *The New Yorker*, 5 out. 2020.

HODCROFT, Emma B. et al. "Emergence in Late 2020 of Multiple Lineages of SARS-CoV-2 Spike Protein Variants Affecting Amino Acid Position 677". *Preprint*, medRxiv, 14 fev. 2021.

_____. "Spread of a SARS-CoV-2 Variant Through Europe in the Summer of 2020". *Nature*, v. 595, n. 7869, 2021.

HOLMES, Edward C. "Evolutionary History and Phylogeography of Human Viruses". *The Annual Review of Microbiology*, v. 62, n. 307, 2008.

_____. *The Evolution and Emergence of RNA Viruses*. Oxford: Oxford University Press, 2009.

HOLMES, Edward C. et al. "The Evolution of Ebola Virus: Insights from the 2013-2016 Epidemic". *Nature*, v. 538, n. 7624, 2016.

_____. "The Origins of SARS-CoV-2: A Critical Review". *Cell*, v. 184, n. 19, 2021.

HOLMES, Edward C.; RAMBAUT, Andrew. "Viral Evolution and the Emergence of SARS Coronavirus". *Philosophical Transactions of the Royal Society*, v. 359, n. 1447, 2004.

HOLMES, Edward C.; RAMBAUT, Andrew; ANDERSEN, Kristian G. "Pandemics: Spend on Surveillance, Not Prediction". *Nature*, v. 558, n. 7709, 2018.

HOLMES, Kathryn V. "Adaptation of SARS Coronavirus to Humans". *Science*, v. 309, n. 5742, 2005.

HOLSHUE, Michelle L. et al. "First Case of 2019 Novel Coronavirus in the United States". *The New England Journal of Medicine*, v. 382, n. 10, 2020.

HONIGSBAUM, Mark. *The Pandemic Century: One Hundred Years of Panic, Hysteria, and Hubris*. Nova York: W. W. Norton, 2019.

HOONG, Chua Mui. *A Defining Moment: How Singapore Beat SARS*. Singapura: Institute of Policy Studies, 2004.

HOTEZ, Peter J. *Vaccines Did Not Cause Rachel's Autism: My Journey as a Vaccine Scientist, Pediatrician, and Autism Dad*. Pref. de Arthur L. Caplan. Baltimore: Johns Hopkins University Press, 2018.

_____. "COVID19 in America: An October Plan". *Microbes and Infection*, v. 22, n. 9, 2020.

_____. "Anti-Science Kills: From Soviet Embrace of Pseudoscience to Accelerated Attacks on US Biomedicine". *PLOS Biology*, v. 19, n. 1, 2021.

_____. *Preventing the Next Pandemic: Vaccine Diplomacy in a Time of Anti- Science*. Baltimore: Johns Hopkins University Press, 2021.

HOTEZ, Peter J.; FENWICK, Alan; MOLYNEUX, David. "The New COVID-19 Poor and the Neglected Tropical Diseases Resurgence". *Infectious Diseases of Poverty*, v. 10, n. 1, 2021.

HOTEZ, Peter J.; HUETE-PEREZ, Jorge A.; BOTTAZZI, Maria Elena. "COVID-19 in the Americas and the Erosion of Human Rights for the Poor". *PLOS Neglected Tropical Diseases*, v. 14, n. 12, 2020.

HOU, Yixuan J. et al. "SARS-CoV-2 D614G Variant Exhibits Efficient Replication *ex vivo* and Transmission *in vivo*". *Science*, v. 370, n. 6523, 2020.

HSIEH, Ching-Lin et al. "Structure-Based Design of Prefusion-Stabilized SARS-CoV-2 Spikes". *Science*, v. 369, n. 6510, 2020.

HU, Ben et al. "Discovery of a Rich Gene Pool of Bat SARS-Related Coronaviruses Provides New Insights into the Origin of SARS Coronavirus". *PLOS Pathogens*, v. 13, n. 11, 2017.

HUANG, Canping. *Novel Virus Discovery in Bat and the Exploration of Receptor of Bat Coronavirus HKU9*. Beijing: CCDC, 2016. Tese (Doutorado em Filosofia).

HUANG, Chaolin et al. "Clinical Features of Patients Infected with 2019 Novel Coronavirus in Wuhan, China". *The Lancet*, v. 395, n. 10223, 2020.

HUONG, Nguyen Quynh et al. "Coronavirus Testing Indicates Transmission Risk Increases Along Wildlife Supply Chains for Human Consumption in Viet Nam, 2013-2014". *PLOS ONE*, v. 15, n. 8, 2020.

HUNG, Ivan Fan-Ngai et al. "SARS-CoV-2 Shedding and Seroconversion among Passengers Quarantined After Disembarking a Cruise Ship: A Case Series". *The Lancet Infectious Diseases*, v. 20, n. 9, 2020.

INGRAM, Daniel J. et al. "Assessing Africa-Wide Pangolin Exploitation by Scaling Local Data". *Conservation Letters*, v. 11, n. 2, 2018.

_____. "Characterising Trafficking and Trade of Pangolins in the Gulf of Guinea". *Global Ecology and Conservation*, v. 17, 2019.

IRVING, Aaron T. et al. "Lessons from the Host Defences of Bats, a Unique Viral Reservoir". *Nature*, v. 589, n. 7842, 2021.

JACKSON, L. A. et al. "An mRNA Vaccine against SARS-CoV-2 — Preliminary Report". *The New England Journal of Medicine*, v. 383, n. 20, 2020.

JACOBSEN, Rowan. "Could COVID-19 Have Escaped from a Lab?". *Boston Magazine*, 9 set. 2020.

JALAL, Hawre; LEE, Kyueun; BURKE, Donald S. "Prominent Spatiotemporal Waves of COVID-19 Incidence in the United States: Implications for Causality, Forecasting, and Control". Preprint, medRxiv, 3 jul. 2021.

JI, Wei et al. "Cross-Species Transmission of the Newly Identified Coronavirus 2019-nCoV". *Journal of Medical Virology*, v. 92, n. 4, 2020.

JIMI, Hanako; HASHIMOTO, Gaku. "Challenges of COVID-19 Outbreak on the Cruise Ship *Diamond Princess* Docked at Yokohama, Japan: A Real-World Story". *Global Health & Medicine*, v. 2, n. 2, 2021.

JOHNSON, Bryan A. et al. "Furin Cleavage Site Is Key to SARS-CoV-2 Pathogenesis". Preprint, bioRxiv, 26 ago. 2020.

_____. "Loss of Furin Cleavage Site Attenuates SARS-CoV-2 Pathogenesis". *Nature*, v. 591, n. 7849, 2021.

JOHNSON, Bryan A.; GRAHAM, Rachel L.; MENACHERY, Vineet D. "Viral Metagenomics, Protein Structure, and Reverse Genetics: Key Strategies for Investigating Coronaviruses". *Virology*, v. 517, pp. 30-7, 2018.

JOHNSON, Christine Kreuder et al. "Spillover and Pandemic Properties of Zoonotic Viruses with High Host Plasticity". *Scientific Reports*, v. 5, n. 1, 2015.

JOHNSON, Karl M. et al. "Chronic Infection of Rodents by Machupo Virus". *Science*, v. 150, n. 3703, 1965.

JONAS, Olga; SEIFMAN, Richard. "Do We Need a Global Virome Project?". *The Lancet Global Health*, v. 7, n. 10, 2019.

JUMA, Carl Agisha et al. "COVID-19: The Current Situation in the Democratic Republic of Congo". *American Journal of Tropical Medicine and Hygiene*, v. 103, n. 6, 2019.

KARIKÓ, Katalin. "*In vitro*-Transcribed mRNA Therapeutics: Out of the Shadows and into the Spotlight". *Molecular Therapy*, v. 27, n. 4, 2019.

KARIKÓ, Katalin et al. "Suppression of RNA Recognition by Toll-Like Receptors: The Impact of Nucleoside Modification and the Evolutionary Origin of RNA". *Immunity*, v. 23, n. 2, 2005.

_____. "Incorporation of Pseudouridine into mRNA Yields Superior Nonimmunogenic Vector with Increased Translational Capacity and Biological Stability". *Molecular Therapy*, v. 16, n. 11, 2008.

KAUR, Taranjit et al. "Descriptive Epidemiology of Fatal Respiratory Outbreaks and Detection of a Human-Related Metapneumovirus in Wild Chimpanzees (*Pan troglodytes*) at Mahale Mountains National Park, Western Tanzania". *American Journal of Primatology*, v. 70, n. 8, 2008.

KEMP, Steven A. et al. "SARS-CoV-2 Evolution during Treatment of Chronic Infection". *Nature*, v. 592, n. 7853, 2021.

KENNEDY, David A.; READ, Andrew F. "Monitor for COVID-19 Vaccine Resistance Evolution during Clinical Trials". *PLOS Biology*, v. 18, n. 11, 2020.

KERMACK, William O.; MCKENDRICK, Anderson G. "A Contribution to the Mathematical Theory of Epidemics". *Proceedings of the Royal Society*, v. 115, n. 772, 1927.

KHAN, Ali S. et al. "The Reemergence of Ebola Hemorrhagic Fever, Democratic Republic of the Congo, 1995". *The Journal of Infectious Diseases*, v. 179, Suplemento 1, 1999.

KHAN, Ali S.; PATRICK, William. *The Next Pandemic: On the Front Lines against Humankind's Gravest Dangers*. Nova York: PublicAffairs, 2016.

KI, Moran. "2015 MERS Outbreak in Korea: Hospital-to-Hospital Transmission". *Epidemiology and Health*, v. 37, 2015.

KIM, Kyunghee H. et al. "Middle East Respiratory Syndrome Coronavirus (MERS-CoV) Outbreak in South Korea, 2015: Epidemiology, Characteristics and Public Health Implications". *Journal of Hospital Infection*, v. 95, n. 2, 2017.

KIRCHDOERFER, Robert N. et al. "Pre-Fusion Structure of a Human Coronavirus Spike Protein". *Nature*, v. 531, n. 7592, 2016.

KISSLER, Stephen M. et al. "Projecting the Transmission Dynamics of SARS-CoV-2 Through the Postpandemic Period". *Science*, v. 368, n. 6493, 2020.

KOGAN, Nicole E. et al. "An Early Warning Approach to Monitor COVID-19 Activity with Multiple Digital Traces in Near Real Time". *Sciences Advances*, v. 7, n. 10, 2021.

KÖNDGEN, Sophie et al. "Pandemic Human Viruses Cause Decline of Endangered Great Apes". *Current Biology*, v. 18, n. 4, 2008.

KOONIN, Eugene V. et al. "Global Organization and Proposed Megataxonomy of the Virus World". *Microbiology and Molecular Biology Reviews*, v. 84, n. 2, 2020.

KOOPMANS, Marion. "SARS-CoV-2 and the Human-Animal Interface: Outbreaks on Mink Farms". *The Lancet Infectious Diseases*, v. 21, n. 1, 2021.

KORBER, Bette et al. "Tracking Changes in SARS-CoV-2 Spike: Evidence that D614G Increases Infectivity of the COVID-19 Virus". *Cell*, v. 182, n. 4, 2020.

KRESS, W. John; MAZET, Jonna A. K.; HEBERT, Paul D. N. "Intercepting Pandemics Through Genomics". *Proceedings of the National Academy of Sciences*, v. 17, n. 25, 2020.

KUCHARSKI, Adam. *The Rules of Contagion: Why Things Spread — And Why They Stop*. Nova York: Hachette, 2020.

KUCHIPUDI, Suresh V. et al. "Multiple Spillovers and Onward Transmission of SARS-CoV-2 in Free-Living and Captive White-Tailed Deer (*Odocoileus virginianus*)". *Preprint*, bioRxiv, 1 nov. 2021.

KUHN, Jens H. *Filoviruses: A Compendium of Forty Years of Epidemiological, Clinical, and Laboratory Studies*. Org. de Charles H. Calisher. Nova York: Springer, 2008.

KUHN, Jens H. et al. "Classify Viruses — The Gain Is Worth the Pain". *Nature*, v. 566, n. 7744, 2019.

KUPFERSCHMIDT, Kai. "Patience Is Crucial: Why We Won't Know for Weeks How Dangerous Omicron Is". *Science*, v. 374, n. 6572, 27 nov. 2021, atual. em 1 dez. 2021.

_____. "Viral Evolution May Herald New Pandemic Phase". *Science*, v. 371, n. 6525, 8 jan. 2021.

KUPPALLI, Krutika; RASMUSSEN, Angela L. "A Glimpse into the Eye of the COVID-19 Cytokine Storm". *EBioMedicine*, v. 55, art. 102789, 2020.

LAI, Alessia et al. "Early Phylogenetic Estimate of the Effective Reproduction Number of SARS-CoV-2". *Journal of Medical Virology*, v. 92, n. 6, 2020.

LAM, Tommy Tsan-Yuk et al. "Identifying SARS-CoV-2 Related Coronaviruses in Malayan Pangolins". *Nature*, v. 583, n. 7815, 2020.

LA ROSA, Giuseppina et al. "SARS-CoV-2 Has Been Circulating in Northern Italy Since December 2019: Evidence from Environmental Monitoring". *Science of the Total Environment*, v. 750, 2020.

LARSON, Heidi J. *Stuck: How Vaccine Rumors Start — And Why They Don't Go Away*. Nova York: Oxford University Press, 2020.

LARSON, Heidi; BRONIATOWSKI, David A. "Why Debunking Misinformation Is Not Enough to Change People's Minds About Vaccines". *American Journal of Public Health*, v. 111, n. 6, 2021.

LA SCOLA, Bernard et al. "A Giant Virus in Amoebae". *Science*, v. 299, n. 5615, 2003.

LATINNE, Alice et al. "Origin and Cross-Species Transmission of Bat Coronaviruses in China". *Nature Communications*, v. 11, n. 4235, 2020.

LAU, Susanna K. P. et al. "Severe Acute Respiratory Syndrome Coronavirus-like Virus in Chinese Horseshoe Bats". *Proceedings of the National Academy of Sciences*, v. 102, n. 39, 2005.

LAXMINARAYAN, Ramanan et al. "Epidemiology and Transmission Dynamics of COVID-19 in Two Indian States". *Science*, v. 370, n. 6517, 2020.

LAXMINARAYAN, Ramanan; JAMEEL, Shahid; SARKAR, Swarup. "India's Battle against COVID-19: Progress and Challenges". *American Journal of Tropical Medicine and Hygiene*, v. 103, n. 4, 2020.

LAXMINARAYAN, Ramanan; JOHN, T. Jacob. "Is Gradual and Controlled Approach to Herd Protection a Valid Strategy to Curb the COVID-19 Pandemic?". *Indian Pediatrics*, v. 57, n. 6, 2020.

LEE, Jimmy et al. "No Evidence of Coronaviruses or Other Potentially Zoonotic Viruses in Sunda Pangolins (*Manis javanica*) Entering the Wildlife Trade via Malaysia". *EcoHealth*, v. 17, n. 3, 2020.

LEE, Juhye M. et al. "Mapping Person-to-Person Variation in Viral Mutations that Escape Polyclonal Serum Targeting Influenza Hemagglutinin". *eLife*, v. 8, 2021.

LEHMAN, David et al. "Pangolins and Bats Living Together in Underground Burrows in Lopé National Park, Gabon". *African Journal of Ecology*, v. 10, n. 1111. Disponível on-line antes do impresso, 2020.

LEMIEUX, Jacob E. et al. "Phylogenetic Analysis of SARS-CoV-2 in Boston Highlights the Impact of Superspreading Events". *Science*, v. 371, n. 6529, 2020.

LENTZOS, Filippa. "Natural Spillover or Research Lab Leak? Why a Credible Investigation Is Needed to Determine the Origin of the Coronavirus Pandemic". *Bulletin of the Atomic Scientists*, 1 maio 2020.

LESCURE, Francois-Xavier et al. "Clinical and Virological Data of the First Cases of COVID-19 in Europe: A Case Series". *The Lancet Infectious Disease*, v. 20, n. 6, 2020.

LETKO, Michael; MARZI, Andrea; MUNSTER, Vincent. "Functional Assessment of Cell Entry and Receptor Usage for SARS-CoV-2 and Other Lineage B Betacoronaviruses". *Nature Microbiology*, v. 5, n. 4, 2020.

LEWIS, Gregory et al. "The Biosecurity Benefits of Genetic Engineering Attribution". *Nature Communications*, v. 11, n. 1, 2020.

LEWIS, Michael. *The Premonition: A Pandemic Story*. Nova York: W. W. Norton, 2021.

LI, Fang et al. "Structure of SARS Coronavirus Spike Receptor-Binding Domain Complexed with Receptor". *Science*, v. 309, n. 5742, 2005.

LI, Qun. "An Outbreak of NCIP (2019-nCoV) Infection in China — Wuhan, Hubei Province, 2019-2020". *China Center for Disease Control and Prevention Weekly*, v. 2, n. 5, 2020.

LI, Qun et al. "Early Transmission Dynamics in Wuhan, China, of Novel Coronavirus-Infected Pneumonia". *The New England Journal of Medicine*, v. 382, n. 13, 2020.

LI, Wendong et al. "Bats Are Natural Reservoirs of SARS-like Coronaviruses". *Science*, v. 310, n. 5748, 2005.

LI, Yize et al. "SARS-CoV-2 Induces Double-Stranded RNA-Mediated Innate Immune Responses in Respiratory Epithelial-Derived Cells and Cardiomyocytes". *Proceedings of the National Academy of Sciences*, v. 118, n. 16, 2021.

LI, Zhencui et al. "Notes from the Field: Genome Characterization of the First Outbreak of COVID-19 Delta Variant B.1.617.2 — Guangzhou City, Guangdong Province, China, May 2021". *China Center for Disease Control and Prevention Weekly*, v. 3, n. 27, 2021.

LIM, Poh Lian. "Middle East Respiratory Syndrome (MERS) in Asia: Lessons Gleaned from the South Korean Outbreak". *Transactions of the Royal Society of Tropical Medicine and Hygiene*, v. 109, n. 9, 2015.

LIM, Poh Lian et al. "Laboratory-Acquired Severe Acute Respiratory Syndrome". *The New England Journal of Medicine*, v. 350, n. 17, 2004.

LIN, Xian-Dan et al. "Extensive Diversity of Coronaviruses in Bats from China". *Virology*, v. 507, pp. 1-10, 2017.

LIPKIN, W. Ian. "The Changing Face of Pathogen Discovery and Surveillance". *Nature Reviews Microbiology*, v. 11, n. 2, 2013.

_____. "The Known Knowns, Known Unknowns, and Unknown Unknowns of COVID-19". *Bulletin of the Atomic Scientists*, 21 jul. 2021.

LIPSITCH, Marc. "Why Do Exceptionally Dangerous Gain-of-Function Experiments in Influenza?". In: YAMAUCHI, Yohei (Org.). *Influenza Virus: Methods and Protocols. Methods in Molecular Biology.* Berlim: Springer, 2018.

LIPSITCH, Marc; GALVANI, Alison P. "Ethical Alternatives to Experiments with Novel Potential Pandemic Pathogens". *PLOS Medicine*, v. 11, n. 5, 2014.

LIU, Ping et al. "Are Pangolins the Intermediate Host of the 2019 Novel Coronavirus (SARS-CoV-2)?". *PLOS Pathogens*, v. 16, n. 5, 2020.

LIU, Ping; CHEN, Wu; CHEN, Jin-Ping. "Viral Metagenomics Revealed Sendai Virus and Coronavirus Infection of Malayan Pangolins (*Manis javanica*)". *Viruses*, v. 11, n. 11, 2019.

LIU, Shan-Lu et al. "No Credible Evidence Supporting Claims of the Laboratory Engineering of SARS-CoV-2". *Emerging Microbes & Infections*, v. 9, n. 1, 2020.

LIU, Yinghui et al. "Functional and Genetic Analysis of Viral Receptor ACE2 Orthologs Reveals a Broad Potential Host Range of SARS-CoV-2". *Proceedings of the National Academy of Sciences*, v. 118, n. 12, 2021.

LLOYD-SMITH, James O. et al. "Superspreading and the Effect of Individual Variation on Disease Emergence". *Nature*, v. 438, n. 7066, 2005.

LOOMBA, Sahil et al. "Measuring the Impact of COVID-19 Vaccine Misinformation on Vaccination Intent in the UK and USA". *Nature Human Behaviour*, v. 5, n. 3, 2021.

LU, Guangwen; WANG, Qihui; GAO, George F. "Bat-to-Human: Spike Features Determining 'Host Jump' of Coronaviruses SARS-CoV, MERS-CoV, and Beyond". *Trends in Microbiology*, v. 23, n. 8, 2015.

LU, Hongzhou; STRATTON, Charles W.; TANG, Yi-Wei. "Outbreak of Pneumonia of Unknown Etiology in Wuhan, China: The Mystery and the Miracle". *Journal of Medical Virology*, v. 92, n. 4, 2020.

LUCEY, Daniel; KENT, Kristen. "Coronavirus — Unknown Source, Unrecognized Spread, and Pandemic Potential". *Think Global Health*, 6 fev. 2020.

LUCEY, Daniel; SPARROW, Annie. "China Deserves Some Credit for Its Handling of the Wuhan Pneumonia". *Foreign Policy*, 14 jan. 2020.

LURIE, Nicole; KEUSCH, Gerald T. "The R&D Preparedness Ecosystem: Preparedness for Health Emergencies". *Report to the US National Academy of Medicine*, 9 ago. 2020.

LURIE, Nicole; KEUSCH, Gerald T.; DZAU, Victor J. "Urgent Lessons from COVID 19: Why the World Needs a Standing, Coordinated System and Sustainable Financing for Global Research and Development". *The Lancet*, v. 397, n. 10280, 2021.

LWOFF, Andre. "The Concept of Virus". *Journal of General Microbiology*, v. 17, n. 1, 1957.

LYTRAS, Spyros et al. "Exploring the Natural Origins of SARS-CoV-2 in the Light of Recombination". *Preprint*, bioRxiv, 27 maio 2021.

MACLEAN, Oscar A. et al. "Natural Selection in the Evolution of SARS-CoV-2 in Bats Created a Generalist Virus and Highly Capable Human Pathogen". *PLOS Biology*, v. 19, n. 3, 2021.

MAGANGA, Gael Darren et al. "Genetic Diversity and Ecology of Coronaviruses Hosted by Cave-Dwelling Bats in Gabon". *Scientific Reports*, v. 10, n. 1, 2020.

MAI, Jun. "Paper on Human Transmission of Coronavirus Sets Off Social Media Storm in China". *South China Morning Post*, 31 jan. 2020.

MANES, Costanza; GOLLAKNER, Rania; CAPUA, Ilaria. "Could Mustelids Spur COVID-19 into a Panzootic?". *Veterinaria Italiana*, v. 56, n. 2, 2020.

MARI, Lorenzo et al. "The Epidemicity Index of Recurrent SARS-CoV-2 Infections". *Nature Communications*, v. 12, n. 1, 2021.

MBALA-KINGEBENI, Placide et al. "Ebola Virus Transmission Initiated by Relapse of Systemic Ebola Virus Disease". *The New England Journal of Medicine*, v. 384, n. 13, 2021.

MCCARTHY, Kevin R. et al. "Recurrent Deletions in the SARS-CoV-2 Spike Glycoprotein Drive Antibody Escape". *Science*, v. 371, n. 6534, 2021.

MCKEE, Clifton D. et al. "The Ecology of Nipah Virus in Bangladesh: A Nexus of Land-Use Change and Opportunistic Feeding Behavior in Bats". *Viruses*, v. 13, n. 2, 2021.

MCLELLAN, Jason S. et al. "Structure of RSV Fusion Glycoprotein Trimer Bound to a Prefusion-Specific Neutralizing Antibody". *Science*, v. 340, n. 6136, 2013.

_____. "Structure-Based Design of a Fusion Glycoprotein Vaccine for Respiratory Syncytial Virus". *Science*, v. 342, n. 6158, 2013.

MCNEIL JR., Donald G. "How I Learned to Stop Worrying and Love the Lab-Leak Theory". *Medium*, 17 maio 2021.

MEDAWAR, Peter B.; MEDAWAR, Jean S. *Aristotle to Zoos: A Philosophical Dictionary of Biology*. Cambridge: Harvard University Press, 1983.

MEMISH, Ziad A. et al. "Middle East Respiratory Syndrome Coronavirus in Bats, Saudi Arabia". *Emerging Infectious Diseases*, v. 19, n. 11, 2013.

MENACHERY, Vineet D. et al. "A SARS-like Cluster of Circulating Bat Coronaviruses Shows Potential for Human Emergence". *Nature Medicine*, v. 21, n. 12, 2015.

_____. "SARS-like WIV1-CoV Poised for Human Emergence". *Proceedings of the National Academy of Sciences*, v. 113, n. 11, 2016.

_____. "Trypsin Treatment Unlocks Barrier for Zoonotic Bat Coronavirus Infection". *Journal of Virology*, v. 94, n. 5, 2020.

MENACHERY, Vineet D.; GRAHAM, Rachel L.; BARIC, Ralph S. "Jumping Species — A Mechanism for Coronavirus Persistence and Survival". *ScienceDirect*, v. 23, pp. 1-7, 2017.

MEREDITH, Luke W. et al. "Rapid Implementation of SARS-CoV-2 Sequencing to Investigate Cases of Health-Care Associated COVID-19: A Prospective Genomic Surveillance Study". *The Lancet Infectious Diseases*, v. 20, n. 11, 2020.

MISTRY, Dina et al. "Inferring High-Resolution Human Mixing Patterns for Disease Modeling". *Nature Communications*, v. 12, n. 1, 2021.

MITJÀ, Oriol et al. "A Cluster-Randomized Trial of Hydroxychloroquine for Prevention of Covid-19". *The New England Journal of Medicine*, v. 384, n. 5, 2021.

MOORE, Kristine A. "COVID-19: The CIDRAP Viewpoint, Part 1: The Future of the COVID-19 Pandemic: Lessons Learned from Pandemic Influenza". *Center for Infectious Disease Research and Policy, University of Minnesota*, 30 abr. 2020.

MORENS, David M. et al. "The Origin of COVID-19 and Why It Matters". *American Journal of Tropical Medicine and Hygiene*, v. 103, n. 3, 2020.

MORENS, David M.; DASZAK, Peter; TAUBENBERGER, Jeffery K. "Escaping Pandora's Box — Another Novel Coronavirus". *The New England Journal of Medicine*, v. 382, n. 14, 2020.

MORENS, David M.; FAUCI, Anthony S. "Emerging Pandemic Diseases: How We Got to COVID-19". *Cell*, v. 182, n. 5, 2020.

MORSE, Stephen S. (Org.). *Emerging Viruses*. Nova York: Oxford University Press, 1993.

MUGHAL, Fizza; NASIR, Arshan; CAETANO-ANOLLÉS, Gustavo. "The Origin and Evolution of Viruses Inferred from Fold Family Structure". *Archives of Virology*, v. 165, n. 10, 2020.

MUNNINK, Bas B. Oude et al. "Transmission of SARS-CoV-2 on Mink Farms between Humans and Mink and Back to Humans". *Science*, v. 371, n. 6525, 2021.

MURRAY, Christopher J. L.; PIOT, Peter. "The Potential Future of the COVID-19 Pandemic: Will SARS-CoV-2 Become a Recurrent Seasonal Infection?". *Journal of the American Medical Association*, v. 325, n. 13, 2021.

NACHEGA, Jean B. et al. "Responding to the Challenge of the Dual COVID-19 and Ebola Epidemics in the Democratic Republic of Congo — Priorities for Achieving Control". *American Journal of Tropical Medicine and Hygiene*, v. 103, n. 2, 2020.

NAKAZAWA, Eisuke; INO, Hiroyasu; AKABAYASHI, Akira. "Chronology of COVID-19 Cases on the *Diamond Princess* Cruise Ship and Ethical Considerations: A Report from Japan". *Disaster Medicine and Public Health Preparedness*, v. 14, n. 4, 2020.

NASIR, Arshan; CAETANO-ANOLLÉS, Gustavo. "A Phylogenetic Data-Driven Exploration of Viral Origins and Evolution". *Sciences Advances*, v. 1, n. 8, 2015.

NASIR, Arshan; KIM, Kyung Mo; CAETANO-ANOLLÉS, Gustavo. "Long-Term Evolution of Viruses: A Janus-Faced Balance". *BioEssays*, v. 39, n. 8, 2017.

NASIR, Arshan; ROMERO-SEVERSON, Ethan; CLAVERIE, Jean-Michel. "Investigating the Concept and Origin of Viruses". *Trends in Microbiology*, v. 28, n. 12, 2020.

NATIONAL INTELLIGENCE COUNCIL. "Updated Assessment on COVID-19 Origins", 29 out. 2021.

NEHER, Richard A. et al. "Potential Impact of Seasonal Forcing on a SARS-CoV-2 Pandemic". *Swiss Medical Weekly*, v. 150, 2020.

NORTON, Alice et al. "The Remaining Unknowns: A Mixed Methods Study of the Current and Global Health Research Priorities for COVID-19". *BMJ Global Health*, v. 5, n. 7, 2020.

NSOESIE, Elaine Okanyene et al. "Analysis of Hospital Traffic and Search Engine Data in Wuhan China Indicates Early Disease Activity in the Fall of 2019". *Digital Access to Scholarship at Harvard* (DASH), 8 jun. 2020.

OFFIT, Paul A. *Vaccinated: One Man's Quest to Defeat the World's Deadliest Diseases*. Nova York: HarperCollins, 2007.

OKADA, Pilailuk et al. "Early Transmission Patterns of Coronavirus Disease 2019 (COVID-19) in Travellers from Wuhan to Thailand, January 2020". *Euro Surveillance*, v. 25, n. 8, 2020.

OKBA, Nisreen M. A. et al. "Severe Acute Respiratory Syndrome Coronavirus 2 — Specific Antibody Responses in Coronavirus Disease Patients". *Emerging Infectious Diseases*, v. 26, n. 7, 2020.

OLIVAL, Kevin J. et al. "Possibility for Reverse Zoonotic Transmission of SARS-CoV-2 to Free-Ranging Wildlife: A Case Study of Bats". *PLOS Pathogens*, v. 16, n. 9, 2020.

OMRANI, Ali S.; AL-TAWFIQ, Jaffar A.; MEMISH, Ziad A. "Middle East Respiratory Syndrome Coronavirus (MERS-CoV): Animal to Human Interaction". *Pathogens and Global Health*, v. 109, n. 8, 2015.

ORTIZ, Nancy et al. "Epidemiologic Findings from Case Investigations and Contact Tracing for First 200 Cases of Coronavirus Disease, Santa Clara County, California, USA". *Emerging Infectious Diseases*, v. 27, n. 5, 2021.

OSNAS, Erik E.; HURTADO, Paul J.; DOBSON, Andrew P. "Evolution of Pathogen Virulence across Space during an Epidemic". *The American Naturalist*, v. 185, n. 3, 2015.

OSTERHOLM, Michael T.; OLSHAKER, Mark. *Deadliest Enemy: Our War against Killer Germs*. Nova York: Little, Brown Spark, 2017.

_____. "Chronicle of a Pandemic Foretold: Learning from the COVID-19 Failure —Before the Next Outbreak Arrives". *Foreign Affairs*, jul./ago. 2020.

_____. "The Pandemic That Won't End: COVID-19 Variants and the Peril of Vaccine Inequity". *Foreign Affairs*, 8 mar. 2021.

PAGANI, Gabriele et al. "Seroprevalence of SARS-CoV-2 Significantly Varies with Age: Preliminary Results from a Mass Population Screening". *Journal of Infection*, v. 81, n. 6, 2020.

_____. "Human-to-Cat SARS-CoV-2 Transmission: Case Report and Full-Genome Sequencing from an Infected Pet and Its Owner in Northern Italy". *Pathogens*, v. 10, n. 2, 2021.

_____. "Prevalence of SARS-CoV-2 in an Area of Unrestricted Viral Circulation: Mass Seroepidemiological Screening in Castiglione d'Adda, Italy". *PLOS ONE*, v. 16, n. 2, 2021.

PALACIOS, Gustavo et al. "Human Metapneumovirus Infection in Wild Mountain Gorillas, Rwanda". *Emerging Infectious Diseases*, v. 17, n. 4, 2011.

PALLESEN, Jesper et al. "Immunogenicity and Structures of a Rationally Designed Prefusion MERS-CoV Spike Antigen". *Proceedings of the National Academy of Sciences*, v. 114, n. 35, 2017.

PARDI, Norbert et al. "mRNA Vaccines — A New Era in Vaccinology". *Nature Reviews Drug Discovery*, v. 17, n. 4, 2018.

PATRONO, Livia V. et al. "Human Coronavirus OC43 Outbreak in Wild Chimpanzees, Côte d'Ivoire, 2016". *Emerging Microbes & Infections*, v. 7, n. 1, 2018.

_____. "Archival Influenza Virus Genomes from Europe Reveal Genomic and Phenotypic Variability during the 1918 Pandemic". *Preprint*, bioRxiv, 14 maio 2021.

PEACOCK, Sharon. "History of COG-UK: A Short History of the COG-UK Consortium". COVID-19 Genomics UK Consortium, 17 dez. 2020.

PEACOCK, Thomas P. et al. "The SARS-CoV-2 Variants Associated with Infections in India, B.1.617, Show Enhanced Spike Cleavage by Furin". *Preprint*, bioRxiv, 28 maio 2021.

PEKAR, Jonathan et al. "Timing the SARS-CoV-2 Index Case in Hubei Province". *Science*, v. 372, n. 6540, 2021.

PEREIRA, Helio G.; TUMOVÁ, Bela; WEBSTER, R. G. "Antigenic Relationship Between Influenza A Viruses of Human and Avian Origins". *Nature*, v. 215, n. 5104, 1967.

PETERS, C. J.; OLSHAKER, Mark. *Virus Hunter: Thirty Years of Battling Hot Viruses Around the World*. Nova York: Doubleday, 1997.

PHILIPPE, Nadège et al. "Pandoraviruses: Amoeba Viruses with Genomes Up to 2.5 Mb Reaching That of Parasitic Eukaryotes". *Science*, v. 341, n. 6143, 2013.

PIOT, Peter; MARSHALL, Ruth. *No Time to Lose: A Life in Pursuit of Deadly Viruses*. Nova York: W. W. Norton, 2012.

PIOT, Peter; SOKA, Moses J.; SPENCER, Julia. "Emergent Threats: Lessons Learnt from Ebola". *International Health*, v. 11, n. 5, 2019.

PLANTE, Jessica A. et al. "Spike Mutation D614G Alters SARS-CoV-2 Fitness". *Nature*, v. 592, n. 7852, 2020.

PLOWRIGHT, Raina K. et al. "Reproduction and Nutritional Stress Are Risk Factors for Hendra Virus Infection in Little Red Flying Foxes (*Pteropus scapulatus*)". *Proceedings of the Royal Society B: Biological Sciences*, v. 275, n. 1636, 2008.

PLOWRIGHT, Raina K. et al. "Land Use-Induced Spillover: A Call to Action to Safeguard Environmental, Animal, and Human Health". *The Lancet Planet Health*, v. 5, n. 4, 2021.

POLLACK, Marjorie P. et al. "Latest Outbreak News from ProMED-mail Novel Coronavirus — Middle East". *International Journal of Infectious Diseases*, v. 17, n. 2, 2012.

PRADHAN, Prashant et al. "Uncanny Similarity of Unique Inserts in the 2019-nCoV Spike Protein to HIV-1 gp120 and Gag". *Preprint*, bioRxiv, 31 jan. 2020. Posteriormente removido.

PUTCHAROEN, Opass et al. "Early Detection of Neutralizing Antibodies against SARS-CoV-2 in COVID-19 Patients in Thailand". *PLOS ONE*, v. 16, n. 2, 2021.

QIU, Jane. "How China's 'Bat Woman' Hunted Down Viruses from SARS to the New Coronavirus". *Scientific American*, 27 abr. 2020.

_____. "This Scientist Now Believes COVID Started in Wuhan's Wet Market. Here's Why". *MIT Technology Review*, 19 nov. 2021.

RAHALKAR, Monali C.; BAHULIKAR, Rahul A. "Lethal Pneumonia Cases in Mojiang Miners (2012) and the Mineshaft Could Provide Important Clues to the Origin of SARS-CoV-2". *Frontiers in Public Health*, v. 8, 2020.

RAMBAUT, Andrew et al. "A Dynamic Nomenclature Proposal for SARS-CoV-2 Lineages to Assist Genomic Epidemiology". *Nature Microbiology*, v. 5, n. 11, 2020.

RAOULT, Didier et al. "The 1.2-Megabase Genome Sequence of Mimivirus". *Science*, v. 306, n. 5700, 2004.

RAOULT, Didier; FORTERRE, Patrick. "Redefining Viruses: Lessons from Mimivirus". *Nature Reviews Microbiology*, v. 6, n. 4, 2008.

RASMUSSEN, Angela L. "Vaccination Is the Only Acceptable Path to Herd Immunity". *Med*, v. 1, n. 1, 2020.

_____. "On the Origins of SARS-CoV-2". *Nature Medicine*, v. 27, n. 1, 2021.

RAUSCH, Jason W. et al. "Low Genetic Diversity May Be an Achilles Heel of SARS-CoV-2". *Proceedings of the National Academy of Sciences*, v. 117, n. 40, 2020.

RELMAN, David A. "To Stop the Next Pandemic, We Need to Unravel the Origins of COVID-19". *Proceedings of the National Academy of Sciences*, v. 117, n. 47, 2020.

REN, Wuze et al. "Full-Length Genome Sequences of Two SARS-like Coronaviruses in Horseshoe Bats and Genetic Variation Analysis". *Journal of General Virology*, v. 87, parte 11, 2006.

_____. "Difference in Receptor Usage Between Severe Acute Respiratory Syndrome (SARS) Coronavirus and SARS-like Coronavirus of Bat Origin". *Journal of Virology*, v. 82, n. 4, 2008.

REUSKEN, Chantal B. E. M. et al. "Middle East Respiratory Syndrome Coronavirus Neutralising Serum Antibodies in Dromedary Camels: A Comparative Serological Study". *The Lancet Infectious Diseases*, v. 13, n. 10, 2013.

RICHARD, Mathilde et al. "SARS-CoV-2 Is Transmitted Via Contact and Via the Air Between Ferrets". *Nature Communications*, v. 11, n. 1, 2020.

RIMOIN, Anne W. et al. "Ebola Virus Neutralizing Antibodies Detectable in Survivors of the Yambuku, Zaire Outbreak 40 Years After Infection". *The Journal of Infectious Diseases*, v. 217, n. 2, 2018.

ROBERTSON, David. "Of Mice and Schoolchildren: A Conceptual History of Herd Immunity". *American Journal of Public Health*, v. 111, n. 8, 2021.

ROCHA, Rudi et al. "Effect of Socioeconomic Inequalities and Vulnerabilities on Health-System

Preparedness and Response to COVID-19 in Brazil: A Comprehensive Analysis". *The Lancet Global Health*, v. 9, n. 6, 2021.

ROCKLÖV, Joacim; SJÖDIN, Henrik; WILDER-SMITH, Annelies. "COVID-19 Outbreak on the *Diamond Princess* Cruise Ship: Estimating the Epidemic Potential and Effectiveness of Public Health Countermeasures". *Journal of Travel Medicine*, v. 27, n. 3, 2020.

ROHWER, Forest; BAROTT, Katie. "Viral Information". *Biology and Philosophy*, v. 28, n. 2, 2013.

ROJAS, Maria et al. "Swabbing the Urban Environment — A Pipeline for Sampling and Detection of SARS-CoV-2 from Environmental Reservoirs". *Journal of Visualized Experiments*, v. 170, 2021.

ROTHE, Camilla et al. "Transmission of 2019-nCoV Infection from an Asymptomatic Contact in Germany". *The New England Journal of Medicine*, v. 382, n. 10, 2020.

SABETI, Pardis; SALAHI, Lara. *Outbreak Culture: The Ebola Crisis and the Next Epidemic*. Cambridge: Harvard University Press, 2021.

SABINO, Ester C. et al. "Resurgence of COVID-19 in Manaus, Brazil, Despite High Seroprevalence". *The Lancet*, v. 397, n. 10273, 2021.

SAHIN, Ugur; KARIKÓ, Katalin; TÜRECI, Özlem. "mRNA-Based Therapeutics —Developing a New Class of Drugs". *Nature Reviews Drug Discovery*, v. 13, n. 10, 2014.

SALVATORE, Maxwell et al. "Resurgence of SARS-CoV-2 in India: Potential Role of the B.1.617.2 (Delta) Variant and Delayed Interventions". *Preprint*, medRxiv, 30 jun. 2021.

SANTINI, Joanne M.; EDWARDS, Sarah J. L. "Host Range of SARS-CoV-2 and Implications for Public Health". *The Lancet Microbe*, v. 1, n. 4, 2020.

SCOTT, H. Denman. "The Elusiveness of Measles Eradication: Insights Gained from Three Years of Intensive Surveillance in Rhode Island". *American Journal of Epidemiology*, v. 94, n. 1, 1971.

SHAIRP, Rachel et al. "Understanding Urban Demand for Wild Meat in Vietnam: Implications for Conservation Actions". *PLOS ONE*, v. 11, n. 1, 2016.

SHEAHAN, Timothy P. et al. "Broad-Spectrum Antiviral GS-5734 Inhibits Both Epidemic and Zoonotic Coronavirus". *Science Translational Medicine*, v. 9, n. 396, 2017.

_____. "An Orally Bioavailable Broad-Spectrum Antiviral Inhibits SARS-CoV-2 in Human Airway Epithelial Cell Cultures and Multiple Coronaviruses in Mice". *Science Translational Medicine*, v. 12, n. 541, 2020.

SHI, Jianzhong et al. "Susceptibility of Ferrets, Cats, Dogs, and Other Domesticated Animals to SARS-coronavirus 2". *Science*, v. 368, n. 6494, 2020.

SHI, Zhengli. "Origins of SARS-CoV-2: Focusing on Science". *Infectious Diseases & Immunity*, v. 1, n. 1, 2021.

SHI, Zhengli; HU, Zhihong. "A Review of Studies on Animal Reservoirs of the SARS Coronavirus". *Virus Research*, v. 133, n. 1, 2008.

SICILIANO, Bruno et al. "The Impact of COVID-19 Partial Lockdown on Primary Pollutant Concentrations in the Atmosphere of Rio de Janeiro and São Paulo Megacities (Brazil)". *Bulletin of Environmental Contamination and Toxicology*, v. 105, n. 1, 2020.

SIEGEL, Dustin et al. "Discovery and Synthesis of a Phosphoramidate Prodrug of a Pyrrolo[2,1-*f*][triazin-4-amino] Adenine C-Nucleoside (GS-5734) for the Treatment of Ebola and Emerging Viruses". *Journal of Medicinal Chemistry*, v. 60, n. 5, 2017.

SIROTKIN, Karl; SIROTKIN, Dan. "Might SARS-CoV-2 Have Arisen Via Serial Passage Through an Animal Host or Cell Culture?". *BioEssays*, v. 42, n. 10, 2020.

SIT, Thomas H. C. et al. "Infection of Dogs with SARS-CoV-2". *Nature*, v. 586, n. 7831, 2020.

SLAVITT, Andy. *Preventable: The Inside Story of How Leadership Failures, Politics, and Selfishness Doomed the U.S. Coronavirus Response*. Nova York: St. Martin's, 2021.

SOUZA, Thiago Moreno L.; MOREL, Carlos Medicis. "The COVID-19 Pandemics and the Relevance of Biosafety Facilities for Metagenomics Surveillance, Structured Disease Prevention and Control". *Biosafety and Health*, v. 3, n. 1, 2021.

SPECTER, Michael. "The Good Doctor: How Anthony Fauci Became the Face of a Nation's Crisis Response". *The New Yorker*, 20 abr. 2020.

STARR, Tyler N. et al. "Deep Mutational Scanning of SARS-CoV-2 Receptor Binding Domain Reveals Constraints on Folding and ACE2 Binding". *Cell*, v. 182, n. 5, 2020.

STEIN, Richard A. "Super-Spreaders in Infectious Diseases". *International Journal of Infectious Diseases*, v. 15, n. 8, 2011.

SUGERMAN, David E. et al. "Measles Outbreak in a Highly Vaccinated Population, San Diego, 2008: Role of the Intentionally Undervaccinated". *Pediatrics*, v. 125, n. 4, 2010.

SWANEPOEL, Robert et al. "Studies of Reservoir Hosts for Marburg Virus". *Emerging Infectious Diseases*, v. 13, n. 12, 2007.

TAN, Chee Wah et al. "A SARS-CoV-2 Surrogate Virus Neutralization Test Based on Antibody-Mediated Blockage of ACE2-Spike Protein-Protein Interaction". *Nature Biotechnology*, v. 38, n. 9, 2021.

TANG, Xiaolu et al. "On the Origin and Continuing Evolution of SARS-CoV-2". *National Science Review*, v. 7, n. 6, 2020.

TAUBENBERGER, Jeffery K.; MORENS, David M. "1918 Influenza: The Mother of All Pandemics". *Emerging Infectious Diseases*, v. 12, n. 1, 2006.

TCHESNOKOVA, Veronika et al. "Acquisition of the L452R Mutation in the ACE2-Binding Interface of Spike Protein Triggers Recent Massive Expansion of SARS-CoV-2 Variants". *Journal of Clinical Microbiology*, v. 59, n. 11, 2021.

TEGALLY, Houriiyah et al. "Emergence and Rapid Spread of a New Severe Acute Respiratory Syndrome-Related Coronavirus 2 (SARS-CoV-2) Lineage with Multiple Spike Mutations in South Africa". *Preprint*, medRxiv, 22 dez. 2020.

TEMMAM, Sarah et al. "Coronaviruses with a SARS-CoV-2-like Receptor-Binding Domain Allowing ACE2-Mediated Entry into Human Cells Isolated from Bats of Indochinese Peninsula". *Preprint*, Research Square, 17 set. 2021.

THOMSON, Emma C. et al. "Circulating SARS-CoV-2 Spike N439K Variants Maintain Fitness While Evading Antibody-Mediated Immunity". *Cell*, v. 184, n. 5, 2021.

TOPLEY, William W. C.; WILSON, Graham S. "The Spread of Bacterial Infection: The Problem of Herd-Immunity". *Journal of Hygiene*, v. 21, n. 3, 1923.

TOWNER, Jonathan S. et al. "Isolation of Genetically Diverse Marburg Viruses from Egyptian Fruit Bats". *PLOS Pathogens*, v. 5, n. 7, 2009.

TRAYNOR, Bryan J. "The Era of Genomic Epidemiology". *Neuroepidemiology*, v. 33, n. 3, 2009.

TUMPEY, Terrence M. et al. "Characterization of the Reconstructed 1918 Spanish Influenza Pandemic Virus". *Science*, v. 310, n. 5745, 2005.

URAKOVA, Nadya et al. "β-D-N^4-Hydroxycytidine Is a Potent Anti-Alphavirus Compound That Induces a High Level of Mutations in the Viral Genome". *Journal of Virology*, v. 92, n. 3, 2018.

VAN AKEN, Jan. "Ethics of Reconstructing Spanish Flu: Is It Wise to Resurrect a Deadly Virus?". *Heredity*, v. 98, n. 1, 2007.

VAN DORP, Lucy et al. "Emergence of Genomic Diversity and Recurrent Mutations in SARS-CoV-2". *Infection, Genetics and Evolution*, v. 83, 2020.

VANDYCK, Koen et al. "ALG-09711, a Potent and Selective SARS-CoV-2 3-Chymotrypsin-like Cysteine Protease Inhibitor Exhibits *in vivo* Efficacy in a Syrian Hamster Model". *Biochemical and Biophysical Research Communications*, v. 555, 2021.

VETTER, Pauline et al. "Daily Viral Kinetics and Innate and Adaptive Immune Response Assessment in COVID-19: A Case Series". *mSphere*, v. 5, n. 6, 2020.

VIJGEN, Leen et al. "Complete Genomic Sequence of Human Coronavirus OC43: Molecular Clock Analysis Suggests a Relatively Recent Zoonotic Coronavirus Transmission Event". *Journal of Virology*, v. 79, n. 3, 2005.

VINCENT, Martin J. et al. "Chloroquine Is a Potent Inhibitor of SARS Coronavirus Infection and Spread". *Virology Journal*, v. 2, n. 69, 2005.

VLASOVA, Anastasia N. et al. "Novel Canine Coronavirus Isolated from a Hospitalized Pneumonia Patient, East Malaysia". *Clinical Infectious Diseases*, 20 maio 2021.

VOIGHT, Christian C.; KINGSTON, Tigga (Orgs.). *Bats in the Anthropocene: Conservation of Bats in a Changing World*. Nova York: Springer, 2016.

VOLZ, Erik et al. "Evaluating the Effects of SARS-CoV-2 Spike Mutation D614G on Transmissibility and Pathogenicity". *Cell*, v. 184, n. 1, 2021.

WACHARAPLUESADEE, Supaporn et al. "Group C Betacoronavirus in Bat Guano Fertilizer, Thailand". *Emerging Infectious Diseases*, v. 19, n. 8, 2013.

_____. "Diversity of Coronavirus in Bats from Eastern Thailand". *Virology Journal*, v. 12, n. 57, 2015.

_____. "Identification of a Novel Pathogen Using Family-Wide PCR: Initial Confirmation of COVID-19 in Thailand". *Frontiers in Public Health*, v. 8, 2020.

_____. "Evidence for SARS-CoV-2 Related Coronaviruses Circulating in Bats and Pangolins in Southeast Asia". *Nature Communications*, v. 12, n. 1, 2021.

WADE, Nicholas. "The Origin of COVID: Did People or Nature Open Pandora's Box at Wuhan?". *Bulletin of the Atomic Scientists*, 5 maio 2021.

WAHL, Angela et al. "SARS-CoV-2 Infection Is Effectively Treated and Prevented by EIDD-2801". *Nature*, v. 591, n. 7850, 2021.

WAN, Yushun et al. "Receptor Recognition by the Novel Coronavirus from Wuhan: An Analysis Based on Decade-Long Structural Studies of SARS Coronavirus". *Journal of Virology*, v. 94, n. 7, 2020.

WANG, Lin-Fa et al. "From Hendra to Wuhan: What Has Been Learned in Responding to Emerging Zoonotic Viruses". *The Lancet*, v. 395, n. 10224, 2020.

WANG, Lin-Fa; COWLED, Christopher (Orgs.). *Bats and Viruses: A New Frontier of Emerging Infectious Diseases*. Hoboken, N.J.: Wiley Blackwell, 2015.

WANG, Manli et al. "Remdesivir and Chloroquine Effectively Inhibit the Recently Emerged Novel Coronavirus (2019-nCoV) *in vitro*". *Cell Research*, v. 30, n. 3, 2020.

WANG, Ning et al. "Serological Evidence of Bat SARS-Related Coronavirus Infection in Humans, China". *Virologica Sinica*, v. 33, n. 1, 2018.

WANG, Weier; TANG, Jianming; WEI, Fangqiang. "Updated Understanding of the Outbreak of 2019 Novel Coronavirus (2019-nCoV) in Wuhan, China". *Journal of Medical Virology*, v. 92, n. 4, 2020.

WANG, Yeming et al. "Remdesivir in Adults with Severe COVID-19: A Randomised, Double--Blind, Placebo-Controlled, Multicentre Trial". *The Lancet*, v. 395, n. 10236, 2020.
WASHINGTON, Nicole L. et al. "Emergence and Rapid Transmission of SARS-CoV-2 B.1.1.7 in the United States". *Cell*, v. 184, n. 10, 2021.
WEBB, P. A. et al. "Some Characteristics of Machupo Virus, Causative Agent of Bolivian Hemorrhagic Fever". *The American Journal of Tropical Medicine and Hygiene*, v. 16, n. 4, 1967.
WEBSTER, Robert G. *Flu Hunter: Unlocking the Secrets of a Virus*. Dunedin, Nova Zelândia: Otago University Press, 2018.
WEISBLUM, Yiska et al. "Escape from Neutralizing Antibodies by SARS-CoV-2 Spike Protein Variants". *eLife*, v. 9, 2020.
WEISS, Susan R. "Forty Years with Coronaviruses". *Journal of Experimental Medicine*, v. 217, n. 5, 2020.
WELKERS, Matthijs R. A. et al. "Possible Host-Adaptation of SARS-CoV-2 Due to Improved ACE2 Receptor Binding in Mink". *Virus Evolution*, v. 7, n. 1, 2021.
WELLS, Heather L. et al. "The Evolutionary History of ACE2 Usage Within the Coronavirus Subgenus Sarbecovirus". *Virus Evolution*, v. 7, n. 1, 2021.
WERTHEIM, Joel O. et al. "A Case for the Ancient Origin of Coronaviruses". *Journal of Virology*, v. 87, n. 12, 2013.
WERTHEIM, Joel O.; WOROBEY, Michael. "Dating the Age of the SIV Lineages That Gave Rise to HIV-1 and HIV-2". *PLOS Computational Biology*, v. 5, n. 5, 2009.
WHITE, Tracie. "The Virus Hunter Becomes Prey: Renowned Microbiologist's Battle against the Coronavirus Gets Personal". *Stanford Medicine*, n. 2, 2020.
WHO-CHINA STUDY. "WHO-Convened Global Study of Origins of SARS-CoV-2: China Part", 30 mar. 2021.
WOLFE, Nathan D. et al. "Bushmeat Hunting, Deforestation, and Prediction of Zoonoses Emergence". *Emerging Infectious Diseases*, v. 11, n. 12, 2005.
WOLFF, Jon A. et al. "Direct Gene Transfer into Mouse Muscle *in vivo*". *Science*, v. 247, n. 4949, parte 1, 1990.
WONG, Gary et al. "MERS, SARS, and Ebola: The Role of Super-Spreaders in Infectious Disease". *Cell Host & Microbe*, v. 18, n. 4, 2015.
WONG, Matthew C. et al. "Evidence of Recombination in Coronaviruses Implicating Pangolin Origins of nCoV-2019". *Preprint*, bioRxiv, 13 fev. 2020.
WOO, Patrick C. Y. et al. "Molecular Diversity of Coronaviruses in Bats". *Virology*, v. 351, n. 1, 2006.
WOO, Patrick C. Y.; LAU, Susanna K. P.; YUEN, Kwok-yung. "Infectious Diseases Emerging from Chinese Wet-Markets: Zoonotic Origins of Severe Respiratory Viral Infections". *Current Opinion in Infectious Diseases*, v. 19, n. 5, 2006.
WOROBEY, Michael. "Dissecting the Early COVID-19 Cases in Wuhan". *Science*, v. 374, n. 6572, 2021.
WOROBEY, Michael et al. "Origin of AIDS: Contaminated Polio Vaccine Theory Refuted". *Nature*, v. 428, n. 6985, 2004.
_____. "Direct Evidence of Extensive Diversity of HIV-1 in Kinshasa by 1960". *Nature*, v. 455, n. 7213, 2008.
_____. "The Emergence of SARS-CoV-2 in Europe and North America". *Science*, v. 370, n. 6516, 2020.

WOROBEY, Michael et al. "The Huanan Market Was the Epicenter of SARS-CoV-2 Emergence". *Preprint*, Zenodo, 26 fev. 2022.

WOROBEY, Michael; COX, Jim; GILL, Douglas. "The Origins of the Great Pandemic". *Evolution, Medicine, & Public Health*, v. 2019, n. 1, 2019.

WRAPP, Daniel et al. "Cryo-EM Structure of the 2019-nCoV Spike in the Prefusion Conformation". *Science*, v. 367, n. 6483, 2020.

WRIGHT, Lawrence. *The Plague Year: America in the Time of COVID*. Nova York: Alfred A. Knopf, 2021.

WROBEL, Antoni G. et al. "SARS-CoV-2 and Bat RATG13 Spike Glycoprotein Structures Inform on Virus Evolution and Furin-Cleavage Effects". *Nature Structural & Molecular Biology*, v. 27, n. 8, 2020.

WU, Fan et al. "A New Coronavirus Associated with Human Respiratory Disease in China". *Nature*, v. 579, n. 7798, 2020.

WU, Kai et al. "Serum Neutralizing Activity Elicited by mRNA-1273 Vaccine". *The New England Journal of Medicine*, v. 384, n. 15, 2021.

WU, Zhiqiang et al. "Novel Henipa-like Virus, Mojiang Paramyxovirus, in Rats, China, 2012". *Emerging Infectious Diseases*, v. 20, n. 6, 2014.

XIA, Hongjie et al. "Evasion of Type 1 Interferon by SARS-CoV-2". *Cell Reports*, v. 33, n. 1, 2020.

XIA, Wei et al. "How One Pandemic Led to Another: ASFV, the Disruption Contributing to SARS-CoV-2 Emergence in Wuhan". *Preprint*, Preprints, 25 fev. 2021.

XIA, Yuanqing et al. "How to Understand 'Herd Immunity' in COVID-19 Pandemic". *Frontiers in Cell and Developmental Biology*, v. 8, 2020.

XIAO, Botao; XIAO, Lei. "The Possible Origins of 2019-nCoV Coronavirus". *Preprint*, Research Gate, 6 fev. 2020. Posteriormente removido.

XIAO, Chuan et al. "HIV-1 Did Not Contribute to the 2019-nCoV Genome". *Emerging Microbes & Infections*, v. 9, n. 1, 2020.

XIAO, Kangpeng et al. "Isolation of SARS-CoV-2-Related Coronavirus from Malayan Pangolins". *Nature*, v. 583, n. 7815, 2020.

XIAO, Xiao et al. "Animal Sales from Wuhan Wet Markets Immediately Prior to the COVID-19 Pandemic". *Scientific Reports*, v. 11, n. 1, 2021.

XIE, Xuping et al. "Engineering SARS-CoV-2 Using a Reverse Genetic System". *Nature Protocols*, v. 16, n. 3, 2021.

XU, Li. *The Analysis of Six Patients with Severe Pneumonia Caused by Unknown Viruses*. Kunming: Kunming Medical University, 2013. Dissertação (Mestrado em Medicina Clínica e Emergencial).

YAN, Li-Meng et al. "Unusual Features of the SARS-CoV-2 Genome Suggesting Sophisticated Laboratory Modification Rather Than Natural Evolution and Delineation of Its Probable Synthetic Route". *Preprint*, Zenodo, 14 set. 2020.

YANG, Xing-Lou et al. "Isolation and Characterization of a Novel Bat Coronavirus Closely Related to the Direct Progenitor of Severe Acute Respiratory Syndrome Coronavirus". *Journal of Virology*, v. 90, n. 6, 2015.

YOUNT, Boyd et al. "Reverse Genetics with a Full-Length Infectious cDNA of Severe Acute Respiratory Syndrome Coronavirus". *Proceedings of the National Academy of Sciences*, v. 100, n. 22, 2003.

YUEN, Kwok-Yung. "Reflections from a Clinician-Scientist during COVID-19 Pandemic: Facing Unknowns, Breaking Dogmas". *Synapse*, out. 2020.

YURKOVETSKIY, Leonid et al. "Structural and Functional Analysis of the D614G SARS-CoV-2 Spike Protein Variant". *Cell*, v. 183, n. 3.

ZAKI, Ali Moh et al. "Isolation of Novel Coronavirus from a Man with Pneumonia in Saudi Arabia". *The New England Journal of Medicine*, v. 367, n. 19, 2012.

ZEHENDER, Gianguglielmo et al. "Genomic Characterization and Phylogenetic Analysis of SARS--CoV-2 in Italy". *Journal of Medical Virology*, v. 92, n. 9, 2020.

ZENG, Lei-Ping et al. "Bat Severe Acute Respiratory Syndrome-like Coronavirus WIV1 Encodes an Extra Accessory Protein, ORFX, Involved in Modulation of the Host Immune Response". *Journal of Virology*, v. 90, n. 14, 2016.

ZHAN, Shing Hei; DEVERMAN, Benjamin E.; CHAN, Yujia Alina. "SARS-CoV-2 Is Well Adapted for Humans: What Does This Mean for Re-Emergence?". *Preprint*, bioRxiv, 2 maio 2020.

ZHANG, Meng et al. "Transmission Dynamics of an Outbreak of the COVID-19 Delta Variant B.1.617.2 — Guangdong Province, China, May-June 2021". *China Center for Disease Control and Prevention Weekly*, v. 3, n. 27, 2021.

ZHANG, Qiang et al. "A Serological Survey of SARS-CoV-2 in Cat in Wuhan". *Emerging Microbes & Infections*, v. 9, n. 1, 2020.

ZHANG, Tao; WU, Qunfu; ZHANG, Zhigang. "Probable Pangolin Origin of SARS-CoV-2 Associated with the COVID-19 Outbreak". *Current Biology*, v. 30, n. 7, 2020.

ZHANG, Yong-Zhen; HOLMES, Edward C. "A Genomic Perspective on the Origin and Emergence of SARS-CoV-2". *Cell*, v. 181, n. 2, 2020.

ZHAO, Guo-ping. "SARS Molecular Epidemiology: A Chinese Fairy Tale of Controlling an Emerging Zoonotic Disease in the Genomics Era". *Philosophical Transactions of the Royal Society*, v. 362, n. 1482, 2007.

ZHOU, Hong et al. "A Novel Bat Coronavirus Closely Related to SARS-CoV-2 Contains Natural Insertions at the S1/S2 Cleavage Site of the Spike Protein". *Current Biology*, v. 30, n. 11, 2020.

_____. "Identification of Novel Bat Coronaviruses Sheds Light on the Evolutionary Origins of SARS-CoV-2 and Related Viruses". *Cell*, v. 184, n. 17, 2021.

ZHOU, Peng et al. "A Pneumonia Outbreak Associated with a New Coronavirus of Probable Bat Origin". *Nature*, v. 579, n. 7798, 2020.

_____. "Addendum: A Pneumonia Outbreak Associated with a New Coronavirus of Probable Bat Origin". *Nature*, v. 588, n. 7836, 2020.

ZHOU, Shuntai et al. "β-D-N4-Hydroxycytidine Inhibits SARS-CoV-2 Through Lethal Mutagenesis but Is Also Mutagenic to Mammalian Cells". *The Journal of Infectious Diseases*, v. 224, n. 3, 2021.

ZHU, Na et al. "A Novel Coronavirus from Patients with Pneumonia in China, 2019". *The New England Journal of Medicine*, v. 382, n. 8, 2020.

ZUCKERMAN, Gregory. *A Shot to Save the World: The Inside Story of the Life-or-Death Race for a COVID-19 Vaccine*. Londres: Penguin, 2021.

Índice remissivo

Abbate, Jessie, 322
Abergel, Chantal, 123, 371
Abutaleb, Yasmeen, 154-6
ACE2 (receptores celulares), 75-6, 84, 89, 91, 94, 247, 276-7, 344, 368
adaptação de vírus, 35, 162, 255, 285, 291
África, 61, 71, 95, 159, 282, 330, 341, 348; Central, 237; Norte da, 207; Ocidental, 42, 67, 87, 148, 180, 211, 283, 335, 338, 340; Oriental, 283; peste suína africana, 159, 160; subsaariana, 97, 159, 213, 232, 364
África do Sul, 176, 184-6, 195, 259, 280-1, 288, 313-5, 317, 352
aids, 12, 39, 86, 117, 120, 143-4, 147, 166, 185, 221, 244, 325, 331, 357, 361; *ver também* HIV
alelos, 167; *ver também* genética
Alemanha, 48, 176, 207, 219, 222, 232, 239, 368; casos de covid-19 na, 150, 166, 170, 172, 258, 317
alfacoronavírus, 78, 267
Amazônia, 187
América Central, 238
América do Norte, 96, 148, 166, 259, 340

América do Sul, 283
aminoácidos *ver* proteínas
Amman, Brian, 241-2
amostra 4991 (coronavírus diversos), 78-9, 268-70; *ver também* RaTG13 (genoma do coronavírus)
Andersen, Kristian G., 87-95, 108-9, 111, 123-4, 186, 247, 250, 253, 270, 287, 310-1, 314, 316-7, 323, 371; acusado de encobrir vazamento de laboratório, 94; em busca da origem do SARS-CoV-2, 87-95, 107, 108; histórico e carreira, 323
Anderson, Danielle, 323
Ang, Brenda, 50, 52-4, 371
animais silvestres, 11, 18, 26, 48, 85, 98-9, 127, 129-30, 132-4, 136, 158-60, 237, 262, 264-5, 279, 282, 287-9, 292, 294, 304-6, 312, 328, 337-8, 349-50, 354, 359
Anthony, Simon, 324, 368
antraz, 102, 274, 356
Antuérpia (Bélgica), 357; Zoológico de, 265
Arábia Saudita, 45, 57-9, 62-4, 66, 330; Ministério da Saúde da, 56, 58-9, 61-2; vírus da

MERS na península Arábica, 13, 56, 62-4, 226, 341; ver também MERS-CoV (*Middle East respiratory syndrome* — síndrome respiratória do Oriente Médio)
Archaea (arqueas), 102, 119, 121, 123
Argentina, 42
ASFV (*African swine fever virus*) ver peste suína africana
assintomática, infecção e transmissão (de covid-19), 33, 113-6, 134, 152, 172, 174, 195, 202, 288, 293, 338
AstraZeneca (vacina) ver Oxford-AstraZeneca
Austrália, 24, 42, 48, 58, 70, 90, 122, 166, 185, 219, 234, 330-1, 336, 358, 367
Avaroma, Augusto, 237-8
aves, 18, 37, 47, 67, 86, 123, 126, 130, 158, 198, 237, 273, 367, 370; gripes aviárias, 20, 37, 47, 50, 67, 234, 273, 341, 367
Azar, Alex, 156, 210

bactérias, 11-3, 34, 54, 56, 92, 102-3, 118-9, 122-3, 141-2, 177, 197, 203, 208, 246, 259, 269, 274, 344, 356
Baishazhou, mercado de (Wuhan), 158
Bancel, Stéphane, 219, 228, 230
Barclay, Wendy, 287
Barda (Biomedical Advanced Research and Development Authority — Autoridade de Pesquisa e Desenvolvimento em Biomedicina Avançada), 40, 216-7, 220
Baric, Ralph S., 307, 324, 335, 351
Bartiromo, Maria, 154
"Bats Are Natural Reservoirs of SARS-like Coronaviruses" [Morcegos são reservatórios naturais de coronavírus do tipo SARS] (Wang et al.), 73, 364
Bayer (laboratório alemão), 207
Bedford, Trevor, 91
Beijerinck, Martinus, 119
Bélgica, 159, 208, 258, 260, 264-5, 344, 354, 357
Ben Embarek, Peter, 300, 302-3, 306
Bérgamo (Itália), casos de covid-19 em, 172-3

Berkley, Seth, 234
betacoronavírus, 78, 268-9, 327, 333
Beth Israel Deaconess Medical Center (Boston), 220
Biden, Joe, 309, 355
bioinformática, 103, 179, 250, 342, 361, 369
biologia sintética, 254
BioNTech (empresa alemã de biotecnologia), 222-3, 232
bioRxiv ("bio-archive"), 84, 86, 107
bioterrorismo, 216, 272, 308
Birx, Deborah, 208
Bisha (Arábia Saudita), 59-62, 64
Bloom, Jesse, 307-10, 325
Bolívia, 237; febre hemorrágica boliviana (FHB), 39, 42, 54, 237-8
Bolsonaro, Jair, 188
Boni, Maciej F., 287
Bonin, Brandon J., 151, 325
Botsuana, sequenciamento de casos de covid-19 em, 182, 185
Brasil, 184, 237; chikungunya no, 283; epidemia de covid-19 no, 140-1, 186-9, 344, 362; Fundação Oswaldo Cruz (Fiocruz), 189, 343, 353; ocorrência de SARS-CoV-2 em novembro de 2019 em Florianópolis, 140-1, 362; ondas de covid-19 em Manaus, 187-9, 191-2; síndrome pulmonar do hantavírus no, 340; Sistema Único de Saúde (SUS), 189; vírus Zika no, 67
Bright, Rick, 216-7, 220
Bronx (Nova York): infecções de SARS-CoV-2 no Zoológico do, 259; vírus Sin Nombre, 42
brucelose, 63, 197, 203
Bryant, Kobe, 104-6, 128
Bundibugyo (vírus), 117
Burke, Donald S., 34-42, 55, 66-7, 165, 210, 285, 325
Bush, George W., 40

cães, SARS-CoV-2 encontrado em, 260-1, 355
cães-guaxinins, 26, 48-9, 134, 158, 287-8, 295, 304-6, 311

Calisher, Charles H., 298-9, 307, 325-6, 353, 371
camarões, 68-9, 130, 295
camelos-árabes, MERS-CoV em, 64, 132, 227, 308
Canadá, 66, 193, 359
Cao, Bin, 136
CapitalBio MedLab (laboratório chinês), 18
capsídeos de proteínas, 119-21, 151
Capua, Ilaria, 234, 326
Carlson, Colin J., 326
carne de porco, consumo chinês de, 159-60
Carroll, Dennis, 298, 327, 350
Casa Branca: Força-Tarefa da Casa Branca para o Coronavírus, 29, 209
Castiglione d'Adda (Itália), 171, 174-5, 356
catapora, 117
"catástrofe de erros" (em reprodução genômica), 166
caxumba, 56, 117
CCDC (Chinese Center for Disease Control and Prevention — Centro Chinês de Controle e Prevenção de Doenças), 21-3, 26, 133, 194, 312, 332
CDC (Centers for Disease Control and Prevention — Centro de Controle e Prevenção de Doenças, EUA), 42, 44-6, 51, 55, 65, 66, 150-1, 155, 208, 210, 213, 216, 237, 241-2, 272, 281, 298, 326, 328, 340-1, 347, 358, 363-5; kits de testes de covid-19 defeituosos emitidos pelo, 151-2, 155
CDC (Centro de Controle e Prevenção de Doenças) de Wuhan (China), 26, 32, 243
Cell (revista), 169, 287, 353
Centro de Resgate da Vida Selvagem de Guangdong (China), 100-1, 105
Cepi (Coalition for Epidemic Preparedness Innovations — Coalizão para Inovações em Preparação para Epidemias), 30, 232-4
Chagas, doença de, 189
Challender, Daniel, 97, 99, 371
Chan, Alina, 143, 252-7, 267, 293, 298, 302, 307, 310, 327, 346, 349, 363; acidentes laboratoriais como origem de SARS-CoV-2, proposta de, 256
Chen, Jinping, 100, 102, 105, 125-8, 138, 294
Chew, Suok Kai, 51
chikungunya, vírus da, 21, 282-3
Chile, 45, 122, 220
chimpanzés, 143-6, 334, 342; SIV*cpz* (vírus da imunodeficiência símia dos chimpanzés), 143-6
China: Comissão Nacional de Saúde da, 21, 23, 26, 33; disseminação da variante Delta na, 194-5; epidemia de SARS (*severe acute respiratory syndrome* — síndrome respiratória aguda grave, epidemia de 2003), 13, 17, 19-20, 32, 34, 38, 43, 45-6, 49-50, 52, 55, 66, 69, 79, 83, 137, 147, 208, 252-3, 255, 267, 276, 287, 295, 341, 345, 370; Estudo Global das Origens do SARS-CoV-2 (OMS), 131, 257, 360; falha do governo chinês em cooperar plenamente na busca pelas origens do SARS-CoV-2 (vírus da covid-19), 299-300, 304, 345; medicina tradicional chinesa (MTC), 96-7, 99; moda de *ye wei* ("gostos selvagens" — carnes da vida selvagem), 99; pangolins-chineses (*Manis pentadactyla*), 125; principal consumidor mundial de carne de porco, 159-60; Universidade Agrícola do Sul da China, 101, 125; Universidade Normal do Leste da China, 366; Universidade Normal do Oeste da China, 158; *ver também* Wuhan (China)
Chinona (árvores), 207
ciclos silvestres de vírus, 262-3, 265, 315, 334, 354
cinomose canina, 37-8
Cites (Convention on International Trade in Endangered Species of Wild Fauna and Flora — Convenção sobre Comércio Internacional das Espécies da Flora e Fauna Selvagens em Perigo de Extinção), 96-7, 99, 101
Civet (*cluster investigation and virus epidemiology tool* — ferramenta de investigação de

cluster e epidemiologia de vírus, pipeline genômica), 181-2
civetas (mamíferos), 48-9, 59, 69, 76, 127, 134, 158, 287-8, 304-5, 308; civeta-da-palmeira do Himalaia, 48-9, 158, 370
Claverie, Jean-Michel, 122-3, 209, 371
Clinton, Bill, 221
cloroquina, 207, 208-11, 216, 343; *ver também* hidroxicloroquina
cobras, 85-6, 99, 181, 207
Cochrane Library (serviço on-line de análise crítica de textos médicos), 213
Codogno (Itália), 170-2
Cody, Sara H., 150-3, 155, 327
COG-UK (consórcio britânico para sequenciamento do SARS-Cov-2), 177, 179, 181-2, 185-6, 192, 356, 361
Cohen, Jon, 91-2, 136
Collins, Francis, 91, 93, 246, 274, 299, 302
Colwell, Ria, 298
Comissão Nacional de Saúde da China, 21, 23, 26, 33
Comunidade de Inteligência (CI) dos Estados Unidos, 309
"Concept of Virus, The" [O conceito de vírus] (Lwoff), 119
confirmação, viés de, 293-4
Congo, República Democrática do (RDC, antigo Zaire), 204, 213, 232, 292, 361; surto de Marburg (1998-2000), 240-2, 281; surtos de Ebola, 15, 43, 45, 53, 55, 236, 350, 357
Conte, Giuseppe, 171
"Contested Origin of SARS-CoV-2, The" [A origem contestada do SARS-CoV-2] (Gronvall), 305
"Contribution to the Mathematical Theory of Epidemics, A" [Uma contribuição para a teoria matemática das epidemias] (Kermack e McKendrick), 199
convergente, evolução, 95, 193
"*copy-choice error*" (erro por escolha de cópia, na replicação de genomas virais), 249

Corbett, Kizzmekia, 227, 230
Coreia do Sul, 33, 64, 85, 172; mortes por covid-19 na, 317; resposta rápida à pandemia, 65-6; surto de MERS na, 64-6
CoronaVac, 220
coronavírus, 13, 19, 22-3, 26-7, 30, 38, 43, 48, 56-7, 63, 65, 81-2, 92, 95, 100-1, 105-6, 110, 122, 125-6, 129, 158, 208, 218, 226, 228-9, 251, 268, 270, 273, 277, 295, 309, 352, 368, 370; do tipo SARS, 19, 22, 26, 73-7, 125, 267, 349, 366, 368, 370; espículas de proteína dos vírus, 21, 23, 74-5, 244-5, 276, 330; novo, 14, 18, 26, 61, 81, 85-6, 89-90, 101-2, 104, 107, 136, 151, 155, 211, 230, 247, 338, 354, 362, 367; NSP14 (proteína), 166; RBD (*receptor-binding domain* — domínio de ligação ao receptor) em, 75, 247; recombinação nos, 76; risco pandêmico dos, 287; taxa de mutação do, 37, 100, 161, 330; *ver também* MERS-CoV (*Middle East respiratory syndrome* — síndrome respiratória do Oriente Médio); SARS (*severe acute respiratory syndrome* — síndrome respiratória aguda grave, epidemia de 2003); SARS--CoV-2 (vírus da covid-19)
Covax (vacina indiana), 233-4
covid-19, pandemia de, 9, 29, 46-7, 57, 65-6, 68, 107, 112, 120, 123-4, 133, 138-41, 147-8, 150, 152-3, 155-6, 166, 168, 170, 173-5, 177, 179-81, 185-7, 189-91, 198, 205, 208, 210, 212-4, 218, 220, 223-4, 231, 233, 256, 259, 262, 282-3, 288, 293, 297-8, 302, 310-1, 313, 317, 319, 321-3, 328, 333-4, 337-8, 340, 342-4, 347, 350, 353, 357, 361-2, 365-6, 372; conselhos errôneos de Trump sobre, 29, 154, 196, 208; dimensão política da, 287; disseminação internacional e rápida, 38, 112-3, 148, 155, 166, 176, 181, 192; distanciamento social no combate à, 155, 188, 201, 347; epidemiologia molecular, 132-3, 160, 166, 185, 301, 303, 334, 344; especulações desordenadas sobre a origem

da, 85, 244, 257, 297; falta de preparação para, 20, 40, 46, 80, 339, 350; fator de incerteza na, 155-6; filogenética molecular e, 147-8, 167, 170; INFs (intervenções não farmacológicas), 155, 164, 188, 212; mercado de ações e, 153-4, 156-7; mortes por, 66, 124, 138, 156, 171, 173-5, 184, 188-9, 191, 204, 232, 264, 317, 329; oficialmente declarada como como pandemia pela OMS (2020), 123-4; *ver também* SARS-CoV-2 (vírus da covid-19); vacinas para covid-19

Coxiella burnetii (bactéria da febre Q), 208

criomicroscopia eletrônica (cryo-EM), 226, 229

cromossomos, 36; humanos artificiais, 254

Cuba: Soberana 2 (vacina), 234

Current Biology (periódico), 251

D614G (mutação no SARS-CoV-2), 166, 168-70, 175-6, 179, 184, 193, 255, 291

Darpa (Defense Advanced Reasearch Projects Agency — Agência de Projetos de Pesquisa Avançada de Defesa, EUA), 40

Darwin, Charles, 36, 94, 164, 167, 209; imperativos darwinianos, 117, 157

Daszak, Peter, 17, 70, 73, 92, 275-6, 285, 298, 300-4, 328, 370

Davis, Jessica, 328, 365

dengue, 24, 117, 173, 237, 354

Departamento de Agricultura dos Estados Unidos, 197, 259, 262

dermatite nodular contagiosa (doença viral), 15

Deverman, Benjamin, 252, 254, 257, 327

Diamond Princess (navio americano), casos de covid-19 a bordo do, 111-5

diarreia epidêmica suína, 38, 62, 370

Dinamarca, 87-8, 176, 261, 263, 269, 300; sequenciamento genômico de casos de covid-19 na, 185; surtos de SARS-CoV-2 em visons na, 261, 263-4, 313, 315

"Discovery of a Rich Gene Pool of Bat SARS-Related Coronaviruses Provides New Insights into the Origin of SARS Coronavirus" [Descoberta de um rico reservatório gênico de coronavírus parente do SARS em morcego traz novas ideias sobre a origem do coronavírus SARS] (Hu et al.), 276

"Dissecting the Early Covid-19 Cases in Wuhan" [Dissecando os casos iniciais de covid-19 em Wuhan] (Worobey), 293

distanciamento social (no combate à covid-19), 155, 188, 201, 347

divergência genômica, 30

DiYiCaiJing (site de notícias chinês), 13, 15

DNA, 12-3, 22, 24-5, 28, 72, 103, 117-20, 137, 151, 159, 215-7, 230, 254, 269, 279-80, 318, 325; *ver também* genética; genoma; RNA

Dobson, Andrew, 329

doenças infecciosas, 12, 14, 17, 31-2, 38-40, 51, 53, 55, 102, 135, 150, 152, 173, 175, 189, 218, 236, 302, 322-3, 326, 349, 355, 360-1, 369; emergentes, 40, 326; *ver também* zoonoses/doenças zoonóticas

Dow Jones, índice, 153-4, 156

Dowd, Patricia, 153, 156, 162

Drosten, Christian, 93

Duprex, Paul, 329

Durba (República Democrática do Congo), surto de Marburg em, 240-2, 281

"Dynamic Nomenclature Proposal for SARS-CoV-2 Lineages to Assist Genomic Epidemiology, A" [Uma proposta de nomenclatura dinâmica para linhagens do SARS-CoV-2 a fim de auxiliar a epidemiologia genômica] (Rambaut et al.), 157

Ebola (vírus), 12, 15, 24, 34, 42-3, 45, 48, 53, 55, 58, 67-8, 78, 87-9, 117, 137, 148, 180, 211, 233, 236, 271, 281, 299, 323, 326, 330, 333, 335, 340-1, 343, 350-1, 357, 361, 363; epidemia de 2013-16 na África Ocidental, 67, 87-8, 148, 180, 211, 341; surtos na República Democrática do Congo (antigo Zaire), 34, 43, 45, 53, 55, 236, 252, 357

Ebright, Richard, 92
Eckerle, Isabella, 330
EcoHealth Alliance, 58-9, 70, 74, 92, 275-6, 285, 298, 300-3, 328, 330-1, 338
Eichhorn, Adolph, 197, 203
elefantíase (filariose linfática), 213
Elgon, monte (Quênia), 239, 243
Elisa (teste de anticorpos), 72
Ellison, Larry, 206
Embolo, Luc Evouna, 98, 371
Emerging Infectious Diseases (revista), 237
encefalite, 38; equina do leste, 237; equina venezuelana, 215
engenharia genética (como possível origem do SARS-CoV-2), 244
epidemias: limiar epidêmico, 285; modelo de circulação (de epidemias virais), 281, 284-5, 287, 332; modelo SIR (Suscetível → Infectado → Recuperado) em, 199-200; número básico de reprodução (R_0) em, 200-3, 205
epidemiologia genômica, 88, 323
epidemiologia molecular, 132-3, 160, 166, 185, 301, 303, 334, 344
epistasia positiva, mutações com, 316-7, 319
Epstein, Jonathan H., 58-62, 70, 73, 330, 370
Epstein-Barr (vírus), 365
equipamentos de proteção individual (EPI), 14, 61, 70, 154, 174
erro por escolha de cópia ("*copy-choice error*", na replicação de genomas virais), 249
escarlatina (doença bacteriana), 54
Escócia, 181, 183, 250
esgotos, amostras de SARS-CoV-2 em, 141, 362
Espanha, 141, 362; surto de SARS-CoV-2 em visons na, 262
espículas de proteína dos vírus, 21, 23, 74-5, 244-5, 276, 330
espumavírus símio, 42
Essex, Max, 143, 166
Estados Unidos, 155, 166, 177, 186, 204, 213, 224, 266, 273, 283, 322, 347; casos de covid-19 nos, 65, 148, 153, 186, 193, 210, 365;
mortes por covid-19 nos, 153, 210; surtos de varíola nos, 51; vacinação nos, 233
Estoque Nacional Estratégico (suprimentos médicos de emergência nos EUA), 44
Estudo Global das Origens do SARS-CoV-2 (OMS), 131, 257, 360
Etiópia, 124
evolução, 167; convergente, 95, 193; evolucionabilidade de vírus de RNA, 35, 38; frequência de alelos e, 167; genética evolutiva, 271-2; molecular, 25, 156, 349, 355, 359; seleção natural, 35, 108-10, 121, 124, 164-5, 195, 255, 316; sucesso evolutivo, 115; teoria da, 94, 209; viral, 37, 91, 322, 342; virologia molecular evolutiva, 275, 287, 317, 361; vírus como cruciais nas grandes transições evolutivas, 118
Evolution and Emergence of RNA Viruses, The [A evolução e o surgimento dos vírus de RNA] (Holmes), 25
"Evolvability of Emerging Viruses" [Evolucionabilidade de vírus emergentes] (Burke), 35

Fagbo, Shamsudeen, 59-60
faringite estreptocócica, 54
Farrar, Jeremy, 90-3, 287, 298
Fauci, Anthony, 29, 91-4, 115-7, 120, 208-9, 218-9, 221, 229-30, 246, 275-7, 302, 331, 353; acusado de encobrir vazamento de laboratório, 94
Faulkner, William, 318
Fay, Mike, 213, 371
FDA (Food and Drug Administration — Administração de Alimentos e Drogas, vigilância sanitária dos EUA), 152, 210, 213, 217, 231
febre amarela, 12, 24, 117, 233, 262, 282, 326
febre hemorrágica boliviana (FHB), 39, 42, 54, 237-8
febre hemorrágica da Crimeia-Congo, 45, 340
febre Q, 208-9
febre tifoide, 53-4
febres hemorrágicas virais, 54

Field, Hume, 70, 73, 331
filariose linfática (elefantíase), 213
filogenética molecular, 147-8, 167, 170
Finlândia, 193
Fischer, Thea, 300
Fisher, Ronald Aylmer, 167
Florianópolis (Brasil), ocorrência de SARS--CoV-2 em novembro de 2019 em, 140-1, 362
Forgotten People, Forgotten Diseases [Pessoas esquecidas, doenças esquecidas] (Hotez), 235-6
Fosun Pharma (indústria farmacêutica chinesa), 223
Fouchier, Ron, 273
França, 122, 198, 210, 258, 281, 322, 332, 364; casos de covid-19 na, 100, 139-40, 149, 172, 210, 354
Fred Hutchinson Cancer Research Center (Centro de Pesquisas sobre Câncer Fred Hutchinson, Seattle, EUA), 30, 307, 325
Frutos, Roger, 281-7, 331-2
Fundação Bill & Melinda Gates, 232
Fundação Oswaldo Cruz (Fiocruz, Brasil), 189, 343, 353
Fundação Rockefeller, 217
fungos, 11, 102, 121, 348-9
furina, local de clivagem com, 89-94, 108-10, 124, 126, 193, 247-52, 281, 283, 288-91, 314, 360

Gallaher, William R., 247-51, 291, 333
Galli, Massimo, 173-4
ganho de função, pesquisas de, 266, 270-5, 277, 280, 286, 290, 307, 324, 346, 352, 360
Gao, George Fu, 21, 23-4, 26, 32, 83, 229, 312, 332-3, 353
Garry, Robert F., 89-91, 93, 247, 270, 287, 310, 333
gatos, 238, 252, 279; SARS-CoV-2 encontrado em, 258-9, 261, 312, 355
Gatto, Marino, 171-2, 334

Gauteng, província de (África do Sul), 313-4
Gavi (Global Alliance for Vaccines and Immunization — Aliança Mundial para Vacinas e Imunização), 232-4
GenBank (banco de dados), 23, 102, 353
genética: engenharia genética, 244; evolutiva, 271-2; *ver também* recombinação genética
genoma: divergência genômica, 30; do SARS--CoV-2 (vírus da covid-19), 28, 31, 83, 101, 104, 108-9, 129, 169, 245; epidemiologia genômica, 88, 323; genoma reconstruído do vírus influenza (gripe), 272; redução genômica, 122
Ghebreyesus, Tedros Adhanom *ver* Tedros, dr.
Gilead Sciences (empresa farmacêutica americana), 210
Gillespie, Thomas R., 334
Gisaid (banco de dados), 23, 83, 102, 148, 161, 168, 179, 229, 342
Gore, Al, 221
Goroumbwa, mina de (República Democrática do Congo, antigo Zaire), 240-1
Graham, Barney, 29-30, 218-30, 334, 351
Gralinski, Lisa, 335
gripe (influenza): genoma reconstruído do vírus, 272; gripe espanhola (1918-9), 34, 67, 272, 369; vírus da, 12, 21-2, 47, 67, 140, 148, 177, 197, 215, 272-3, 290, 367
Gronvall, Gigi Kwik, 305-6
Guan, Yi, 127-8
Guandong, província de (China): Centro de Resgate da Vida Selvagem de Guangdong, 100-1, 105
Guangxi, província de (China), 70, 73, 85, 127-8
Guangzhou (China), 18, 46, 48, 54-5, 79, 100-2, 126, 194-5

H1N1 (vírus da gripe), 56, 67, 290; pandemia de 1918-9 (gripe espanhola) causada por, 67, 272, 369
H5N1 (vírus da gripe aviária), 47, 273, 367
Hahn, Beatrice, 143, 147

Hahn, Stephen, 210
Hamilton, William, 144-7, 292
Han, Barbara A., 335
Hansen, Greta, 152
hantavírus, 45, 259, 340
Hatchett, Richard, 234
Heinrich, Sarah, 96, 99, 371
Heinsenberg, Werner, 318
Hendra (vírus), 42, 48, 58, 70, 117, 330-1, 358
hepatite, 117; hepatite A, 358; hepatite C, 24, 210; hepatite crônica secundária, 266
herpes, 117
hidrofobia (raiva), 200
hidroxicloroquina, 29, 188, 206-10, 214, 216; *ver também* cloroquina
Hill, Verity, 179-82, 186, 335
HIV (família de vírus), 35, 89, 143, 220-1, 342, 350, 352, 369
HIV-1, 12, 34, 87, 117, 120, 143-6, 214, 244-5, 292, 342; grupo M (vírus da aids), 12, 34, 86, 117, 143, 185, 244, 342, 369; hipótese da vacina oral contra a pólio (OPV) como possível origem do, 144-5, 147; SARS-CoV-2 comparado com o genoma do, 86, 244-5
HKU1 (coronavírus), 226-7, 230, 288, 370
HKU9 (coronavírus), 248-9
Hodcroft, Emma, 30-1, 336
Holanda, 224, 300, 341; casos de covid-19 na, 175, 185, 261; Janssen Vaccines, 220; surto de SARS-CoV-2 em visons na, 259-60
Holmes, Edward C. ("Eddie"), 24-8, 41, 83, 89-93, 104, 127-9, 157, 165, 185, 219, 229-30, 247, 250-1, 270, 287, 289-93, 304, 310-2, 317-8, 336, 345, 362; artigo na *Cell* sobre as origens do SARS-CoV-2, 287; evolução de vírus de RNA como especialidade de, 24; genoma do SARS-CoV-2 divulgado publicamente por, 28-31
Hong Kong, 20, 32, 47, 54-5, 67, 73, 88, 96, 111, 113-5, 127, 137, 258, 370; animais infectados por SARS-CoV-2 em, 128, 257-8, 260-1; Departamento de Saúde de, 112; surto de SARS em 1997 em, 20, 67; Universidade de, 20, 31, 47-8, 226, 370
hospedeiros: intermediários, 49, 59, 63, 76-7, 101, 105, 181, 244, 256, 300-1, 308, 358, 370; reservatórios (reservatórios naturais de vírus), 68, 73, 77, 79, 159, 237, 239, 242, 262, 330-1
Hospital Central de Wuhan (China), 18-9, 22
Hospital Hong Kong-Shenzhen, 31, 33
Hospital Luigi Sacco (Milão), casos de covid-19 no, 173, 356
Hotez, Peter J., 235-7
Hu, Ben, 276
"Huanan Market Was the Epicenter of SARS-CoV-2 Emergence" [O mercado de Huanan foi o epicentro da emergência do SARS-CoV-2] (Worobey et al.), 310
Huanan, Mercado Atacadista de Frutos do Mar de (Wuhan, China), 18-9, 21-2, 26, 32, 85-6, 131-2, 134-5, 138, 142, 157-8, 161, 163, 243, 248, 255, 284, 288-9, 292-5, 301, 304, 306-7, 310-2
Huang, Chaolin, 134-6, 138, 293, 311
Hubei, província de (China), 19, 21, 73, 86, 139, 160-2, 285, 287
Hudson, Peter, 337
Hughes, Alice C., 251, 361, 371

imperativos darwinianos, 117, 157
"imunidade de rebanho", 174, 191, 196-9, 201-3, 205-7, 231, 263
incerteza, princípio da, 318
Índia, 154, 156, 232, 283; casos de covid-19 na, 192-4, 233, 235, 288, 337, 344
indígenas, 187, 207
Infectious Diseases Society of America (IDSA, Sociedade de Doenças Infecciosas da América), 135-7
INFS (intervenções não farmacológicas) contra a covid-19, 155, 164, 188, 212
Inglaterra, 122, 167-8, 176, 179-80, 183, 220; *ver também* Reino Unido

Ingraham, Laura, 206
Insacog (Indian SARS-CoV-2 Genomics Consortium — Consórcio indiano para sequenciamento do SARS-Cov-2), 192
Instituto de Virologia de Wuhan (WIV, Wuhan Institute of Virology), 68, 76, 81, 211, 243, 257, 268, 286, 289-90, 295-6, 301-2, 323, 345, 359, 364
Instituto Nacional de Virologia da Índia (INV), 192
Instituto Pasteur (Shanghai), 12
Instituto Walter Reed de Pesquisas do Exército (Silver Spring, Maryland, EUA), 165, 325
International SOS (empresa de gestão de saúde e risco), 57
Iowa, epidemia de SARS-CoV-2 em veados-galheiros de, 265, 313
Islândia, sequenciamento de casos de covid-19 na, 185
Itália, 208, 220, 262; casos de covid-19 na, 124, 139, 149, 155-6, 166, 170-6, 187-8, 258, 261, 283, 317, 334, 356
ivermectina, 212-4, 218

Jacobsen, Rowan, 255-6
Janssen Vaccines, 220
Japão, 33, 85, 111-2, 114, 192, 195, 289; Ministério da Saúde, Trabalho e Bem-Estar do, 112
Jinyintan, Hospital (Wuhan, China), 84, 134-5
Johnson & Johnson (Janssen), vacina da, 220
Johnson, Boris, 180-1, 183, 198
Johnson, Karl M., 238
Journal of General Virology (revista), 74
Journal of Medical Virology (revista), 86
Joy, Jeff, 144, 146
Junín (vírus), 42

Kanki, Phyllis, 143
Karesh, William B., 337-8
Karikó, Katalin, 222-3
Keelung (Taiwan), 112
Kelley, Matt, 338-9
Kermack, William Ogilvy, 199-200, 205
Keusch, Gerald T., 271-2, 274-5, 277, 298, 339, 348, 353
Khan, Ali S., 41-6, 49, 51-5, 65-6, 113, 321-2, 340; sobre a resposta da Coreia do Sul versus Estados Unidos, 66
Khan, Gulab Deen, 44
Kikwit (Zaire, atual República Democrática do Congo), surto de Ebola de 1995 em, 43, 45, 53, 55
Kilmarx, Peter, 55
Kiniry, Emer, 340-1
Kitaka, mina (Uganda), 241-2
Koopmans, Marion, 93, 132-3, 157, 185-6, 260-1, 300, 303, 310, 341
Koplan, Jeffrey P., 341
Koprowski, Hilary, 145-6
Korber, Bette, 166-70, 176, 255, 342
krait de listras brancas (serpente chinesa), 86
Ksiazek, Thomas, 208, 371
Kuhn, Jens H., 342, 371
Kundu, Bishwajit, 245-6
Kunming (China), 76-7, 79, 95, 126, 266-7
Kwong, Peter D., 223-4, 226, 351

Lacerda, Marcus V. G. de, 343
Lam, Tommy Tsan-Yuk, 127-9
Lancet, The (periódico britânico de medicina): artigo de Yuen sobre o vírus de Wuhan em, 32-3, 133-4; carta coletiva de março de 2020 na, 298-9; postagem de Huang sobre o surto em Wuhan na, 136
Larson, Heidi J., 343, 357
Lassa (vírus), 12, 39, 42, 54, 87, 89, 323, 333
Laxminarayan, Ramanan, 344
Lemey, Philippe, 344
leopardos, 95, 236, 252, 264-5, 278-80, 315, 319
Li Shizhen (médico), 99
Li, Wenliang, 19, 137
Li, Yize (Henry), 12, 345

Libéria, 136, 341
Lim, Poh Lian, 345
Lincoln (Nebraska), Zoológico Infantil de, 264
Linhagem Microbiana X, 123
Lipkin, W. Ian, 58-9, 61-3, 108, 346
Lipsitch, Marc, 307, 346-7
Liu, Yahong, 100
Lombardia (Itália), 171-2, 175-6, 188
Lucey, Daniel R., 135-8, 140, 157, 292, 294, 310, 347
Lurie, Nicole, 30, 271, 339, 348
Lutz, Holly L., 348-9
Lwoff, André, 119
Lytras, Spyros, 250-1, 349, 361

macacos, 42, 117, 143, 211, 226, 239, 243, 262
Macdonald, George, 200-1
Machupo (vírus), 42, 54, 117, 237-9; *ver também* febre hemorrágica boliviana (FHB)
Madagáscar, 231; confinamento por causa da covid-19, 173-4
Madoff, Lawrence C., 16, 298, 349
Maharashtra, estado de (Índia), casos de covid-19 em, 192-4
malária, 11, 96, 146, 200-8, 343
Malásia, 42, 48, 58, 70, 96, 331
Manaus (Brasil), ondas de covid-19 em, 187-9, 191-2
Marburg (vírus), 12, 42, 48, 58, 239-42, 280, 290, 333, 343, 361
mariposa salpicada (*Biston betularia*), 167
Martin, Darren P., 315-6
Maru (Middle America Research Unit — Unidade de Pesquisa da América Central), 238-9
Mary Tifoide (Mary Mallon, cozinheira irlandesa), 53
Mascola, John, 29, 218
Maxmen, Amy, 186
Mazet, Jonna A. K., 298, 349-50
Mbala-Kingebeni, Placide, 350-1
McKendrick, Anderson G., 199-200, 205

McLellan, Jason S., 223-7, 229-30, 351
Medawar, Peter B., 120
medicamentos antivirais, 20, 23, 201, 363; para covid-19, 23, 55, 206, 208, 216-7, 363
medicina tradicional chinesa (MTC), 96-7, 99
Medigen (vacina taiwanesa), 234
Menachery, Vineet David, 351-2, 363
meningite, 38
mercado de ações, pandemia de covid-19 e, 153-4, 156-7
mercados úmidos, 20, 71, 130, 158, 305, 370; *ver também* Huanan, Mercado Atacadista de Frutos do Mar de (Wuhan, China)
Merck (indústria farmacêutica alemã), 214, 217
MERS-CoV (*Middle East respiratory syndrome* — síndrome respiratória do Oriente Médio), 13-4, 21, 30, 62-6, 78, 117, 132, 137, 211, 214, 218, 226-30, 268, 308, 327, 330, 333, 341, 355, 365-6, 368; camelos e, 64, 132, 227, 308; morcegos e, 64; surto de MERS na Coreia do Sul, 64-6
Messonnier, Nancy, 155-6
México, 67, 149
microbioma humano, 102, 274, 356, 360
Mimivírus (vírus gigante), 122, 209
"Mining Coronavirus Genomes for Clues to the Outbreak's Origins" [Explorando genomas de coronavírus em busca de pistas sobre as origens do surto] (Cohen), 91
Ministério da Saúde da Arábia Saudita, 56, 58-9, 61-2
Ministério da Saúde de Singapura, 50-1, 345
Ministério da Saúde do Vietnã, 220
Ministério da Saúde, Trabalho e Bem-Estar do Japão, 112
modelo de circulação (de epidemias virais), 281, 284-5, 287, 332
Moderna Therapeutics (empresa de biotecnologia americana), 219, 228
Moderna-VRC (vacina), 219-20, 223, 230-1, 233, 351

Mojiang, mina de (Yunnan, China), 77-8, 84, 266-70, 274, 281, 286, 349; casos de pneumonia em trabalhadores da, 77; coronavírus encontrados em morcegos da, 78
Mok, Esther, 54-5
molnupiravir (medicamento oral para covid-19), 214-8
Moore, Penny L., 185, 315, 352
morcegos: eloquentes (*Rhinolopus eloquens*), 240; frugívoros, 12, 70-2, 248, 358; insetívoros, 72, 248; MERS e, 64; morcego-de-ferradura malaio, 250, 289; morcego frugívoro egípcio (*Rousettus aegyptiacus*), 240-1, 243; morcegos-de-ferradura, 72-4, 76-9, 84, 105, 248, 250, 262, 267-8, 276-7, 289, 318, 352, 366, 370; morcego-tumba egípcio, 61-2; na mina de Mojiang (China), 77-8; raposas-voadoras (morcegos gigantes do gênero *Pteropus*), 59, 61, 358
Morel, Carlos Medicis, 189-91, 353
Morenikeji, Olajumoke, 98, 371
Morens, David M., 353
mortalidade, taxa de (em doenças virais), 13, 19, 22, 171
mosaico do tabaco, vírus do, 119
mosquitos, 67, 200-1, 207, 213, 262, 282-3
mRNA (RNA mensageiro) em vacinas, 29-30, 218-9, 222-4, 227-8, 232, 235, 334, 351
Mumbai (Índia), 44, 192-3, 236, 278-80, 319
mutações de vírus *ver* SARS-CoV-2, vírus, linhagens e variantes do

najas (cobras), 241-2, 278; naja chinesa, 86
Nature (revista), 27, 76, 79, 84, 93, 128, 129, 186, 247, 268, 271
Nature Medicine (revista), 123
Navarro, Peter, 153-4, 209
NCBI (National Center for Biotechnology Information — Centro Nacional de Informações sobre Biotecnologia, EUA), 102, 104
NCZVED (National Center for Zoonotic, Vector-Borne and Enteric Diseases — Centro Nacional de Doenças Zoonóticas, Transmitidas por Vetores e Entéricas, EUA), 42
Nebraska (EUA), 11, 43, 113, 264-5, 340; mortes por covid-19 em, 264
Negro, rio (Brasil), 187
Neil, Stuart, 287
nematódeos (vermes), 213
New England Journal of Medicine, The (periódico), 217
New York Times, The (jornal), 49, 99, 209, 293, 322, 371
Newcastle, doença de (enfermidade em galinhas), 37
Next Pandemic, The [A próxima pandemia] (Khan), 45, 340
Nextstrain (projeto sobre divergência genômica de patógenos), 30-1, 336
Neyts, Johan, 354
Niaid (National Institute of Allergy and Infectious Diseases — Instituto Nacional de Alergia e Doenças Infecciosas dos EUA), 29, 91, 115, 218, 220, 228, 276-7, 302, 331, 334, 351, 353
Nichol, Stuart, 208
Nightmare Scenario [Cenário de pesadelo] (Abutaleb e Paletta), 154
NIH (National Insitutes of Health — Institutos Nacionais de Saúde dos EUA), 91, 102, 220-2, 226, 238, 246, 271, 273-4, 276, 302, 339, 356
Nilo Ocidental, vírus do, 42, 237, 345
Nipah (vírus), 12, 42, 48, 58-9, 70, 78, 117, 218-9, 228, 330-1, 346
Noruega, 232
Nova York, 61, 81, 223; casos de covid-19 em, 176, 210, 259; Mary Tifoide em (início do séc. XX), 53
NSP14 (proteína), 166

O'Toole, Áine, 181-2, 186, 192-3, 317, 355
Obama, Barack, 40, 348
Olival, Kevin J., 59, 61, 354

Oliveira, Tulio de, 184, 186, 313-6
OMS (Organização Mundial da Saúde), 21, 23, 47, 50-1, 62, 69, 84, 123, 131-3, 138, 154, 170, 189, 193-5, 201, 213, 231, 233, 243, 256, 271, 274, 290, 293-5, 300-4, 306-8, 313-4, 322, 339-41, 348, 353, 360, 367; alerta de SARS emitido pela, 47, 50; covid-19 oficialmente declarada como pandemia pela, 123-4; e reportagens iniciais sobre o surto de Wuhan, 21; Estudo Global das Origens do SARS-CoV-2, 131, 257, 360; sistema de nomenclatura do SARS-CoV-2 proposta pela, 184
oncocercose (cegueira do rio), 189, 213
OPV (*oral polio vaccine* — vacina oral contra a pólio), hipótese da (como possível origem do HIV-1), 144-5, 147
"Origins of SARS-CoV-2: A Critical Review, The" [As origens do SARS-CoV-2: Uma análise crítica] (Holmes et al.), 287
Osterholm, Michael T., 355
Oxford-AstraZeneca (vacina), 30, 220, 233

Pádua (Itália), 171
Pagani, Gabriele, 173-5, 258, 355-6
País de Gales, 179, 183
Paletta, Damian, 154-6
Pallesen, Jesper, 227
Panamá, 238
Pandoravírus (grupo), 123
Pangolin (pipeline de SARS-CoV-2), 181
pangolins, 94-102, 105-6, 108-10, 117, 124-30, 158, 182, 289, 322, 371; Associação de Conservação do Pangolim da Nigéria, 98; comércio ilegal de, 98-9; escamas de, 97-9; pangolins-chineses (*Manis pentadactyla*), 125; pangolins-malaios (*Manis javanica*), 95, 100, 125, 127-8
paramixovírus, 56, 354
Parker, Edyth, 316-7
Parque Nacional de Sanjay Gandhi (PNSG, Mumbai, Índia), 278-9

Paul, Rand, 275, 277
Paxlovid (medicamento oral contra covid-19), 217
PCR (*polymerase chain reaction* — reação em cadeia da polimerase), método de teste, 72, 82-3, 112, 114, 139-40, 186, 240, 362
Peacock, Sharon J., 177-9, 356
PEDV (*porcine epidemic diarrhea virus*) *ver* diarreia epidêmica suína
Peiris, Malik, 47, 50
Pekar, Jonathan, 161, 285, 311, 371
Perlman, Stanley, 270
Peru, 207
peste bovina, 204
peste bubônica, 11, 34, 68, 174
peste suína africana, 159-60
Petrosino, Joseph F., 102-4, 107-8, 125, 356, 369
Pfizer: tratamento oral contra a covid-19 (Paxlovid), 217; vacina da, 220, 223, 230, 232-3, 351
Piot, Peter, 357
Plowright, Raina K., 358
poliomielite, 38, 45, 117, 144-5, 197, 202, 233, 292, 313
Pollack, Marjorie P., 14-8, 26, 57-8, 81, 137, 140, 358
população humana, 12, 37, 164, 204-5, 285; crescimento da população e risco na disseminação de novos vírus, 285
Portugal, 205
"Possible Origins of 2019-nCov Coronavirus, The" [As possíveis origens do Coronavírus 2019-nCov] (Xiao e Xiao), 243
Potter, George M., 197, 203
Pradhan, Prashant, 246
Predict (projeto para descoberta e identificação de vírus animais), 40-1, 298, 327, 350, 360
princípio da incerteza, 318
princípio da parcimônia (Navalha de Ockham), 291
Proceedings of the National Academy of Sciences (periódico), 73

Profecia (programa americano sobre doenças virais), 40
PROMED (serviço de e-mail sobre casos de doenças), 14-5, 16, 21, 26, 57, 81-2, 258, 298, 349, 358
proteínas: aminoácidos, 24, 75, 86, 106, 122, 183, 245, 248, 251, 263, 273, 314, 315, 330; capsídeos de, 119, 120-1, 151; espículas de proteína dos vírus, 21, 23, 74-5, 244-5, 276, 330; *ver também* ACE2 (receptores celulares); espículas de vírus
protozoários, 11, 103, 200
Providence (Rhode Island), surto de sarampo de 1968 em, 205
"Proximal Origin of SARS-CoV-2, The" [A origem proximal do SARS-CoV-2] (Andersen et al.), 108, 111, 123, 247, 253, 346
pseudovírus, 74-6
Public Health England (PHE, agência do governo britânico), 179-80
Pune (Índia), 192-3, 220
Pybus, Oliver, 186

Q, febre, 208-9
Qatar, 57, 64, 137
Qazcovid-in (vacina), 234
quarentena, 33, 51-2, 56, 64, 65, 112-4, 171, 173, 175, 194, 253, 258, 261, 265, 284, 300, 303, 305-6
quinino natural (casca das árvores *Chinona*), 207; *ver também* cloroquina; hidroxicloroquina

R_0 (número básico de reprodução em epidemias), 200-3, 205
Racaniello, Vincent, 358
raiva, vírus da, 12, 42, 58, 117, 200
Ramaphosa, Cyril, 314
Rambaut, Andrew, 28, 88, 90-1, 93, 106-8, 157, 170, 176-7, 179-85, 287, 310, 314, 335, 355, 359, 369; "Dynamic Nomenclature Proposal for SARS-CoV-2 Lineages to Assist Genomic Epidemiology, A" [Uma proposta de nomenclatura dinâmica para linhagens do SARS-CoV-2 a fim de auxiliar a epidemiologia genômica] (Rambaut et al.), 157
Raoult, Didier, 209-10
raposas-voadoras (morcegos gigantes do gênero *Pteropus*), 59, 61, 358
Rasmussen, Angela L., 287, 310, 359
RATG13 (genoma do coronavírus), 78-9, 84, 86, 90-1, 100, 105-6, 124-6, 129, 247-8, 268-70, 281, 286, 289, 309, 359
ratos-do-bambu, 132, 134, 158, 160, 295, 305-6
ratos-veadeiros, 252, 259, 262
RBD (*receptor-binding domain* — domínio de ligação ao receptor), 75, 91, 94-5, 106-7, 109-10, 124-5, 129, 247
recombinação genética, 36-7, 40-1, 76, 79, 87, 90, 92, 101, 106, 108, 110, 125, 127, 167, 243-4, 248, 250-1, 268, 276, 282, 291, 368; "*copy-choice error*" (erro por escolha de cópia, na replicação de genomas virais), 249
redução genômica, 122
Reino Unido, 93, 166, 177-9, 199, 202, 300, 356, 364; casos de covid-19 no, 149, 175-6, 180-1, 184, 186, 193, 288, 317
Relman, David A., 274-5, 277, 287, 293, 307, 309-10, 360
remdesivir (medicamento antiviral de amplo espectro), 140, 154, 210-2, 214
resfriado comum, 117, 226-7, 323, 329, 358, 370
Reston (vírus), 117, 331
retrovírus, 120, 333
Ridgeback Biotherapeutics (indústria farmacêutica americana), 214, 216
Ridley, Matt, 257, 298, 327
Rimoin, Anne W., 360-1
Rio de Janeiro (Brasil), 188-9, 353
RMYN02 (coronavírus), 250-1, 289, 318
RNA: estrutura e função do, 24, 106; vírus de, 24-5, 35-7, 40, 56, 67, 156, 165, 170, 204, 291, 329-30, 333, 336, 363, 367

Robertson, David L., 250-1, 270, 287, 310, 349, 361
Rodríguez-Lázaro, David, 141-2, 362
Rohwer, Forest, 362
rotavírus, 117
Rs4231 e Rs7327 (genomas de coronavírus silvestres), 277-8
Rússia, 220, 258, 300, 343
Ryan, Mike, 303

Sabeti, Pardis C., 88, 363
Sabin, Albert, 145
Salk, Jonas, 145
Salmon, Daniel Elmer, 197
San Diego (Califórnia), 186; Zoológico de, 193-4, 264
San Joaquín (Bolívia), surto de febre hemorrágica boliviana (FHB) em, 237-9
Sanger, Fred, 177
Santa Clara, condado de (Califórnia): mortes por covid-19 no, 150, 152-3, 156, 162, 328
São Paulo (Brasil), 141, 187-9
sarampo, 24, 56, 117, 139, 197, 200, 202, 204-5, 313, 323, 350
SARS (*severe acute respiratory syndrome* — síndrome respiratória aguda grave, epidemia de 2003), 13, 17, 19-20, 32, 34, 38, 43, 45-6, 49-50, 52, 55, 66, 69, 79, 83, 137, 147, 208, 252-3, 255, 267, 276, 287, 295, 341, 345, 370; vírus SARS-CoV identificado por Peiris e Yuen, 47-8
SARS-CoV-2 (vírus da covid-19): alta transmissibilidade do, 293; bem-adaptado demais para humanos, 247, 252; ciclos silvestres do, 354; erradicação improvável, 202, 313; espículas de proteína do, 21, 23, 74-5, 244-5, 276, 330; genoma do, 28, 31, 83, 101, 104, 108-9, 129, 169, 245; HIV-1 comparado ao, 86, 244-5; NSP14 (proteína) e, 166; Pangolin (pipeline de SARS-CoV-2), 181; taxa de mutação do, 37, 100, 161, 330; transmissão assintomática do, 33, 113-6, 134, 152, 172, 174, 195, 202, 288, 293, 338; *ver também* covid-19, pandemia
SARS-CoV-2 (vírus da covid-19), busca pelas origens do: cenário da engenharia genética na, 244; duas origens, hipótese das, 282, 311-2; falha do governo chinês em cooperar plenamente na, 299-300, 304, 345; ideia da comida congelada (hipótese da cadeia de frio) na, 301, 304-5; modelo de circulação na, 281, 284-5, 287, 332; vazamento de laboratório, hipótese do, 244, 256-7, 270, 272, 287, 290, 299-301, 309, 323; *ver também* hospedeiros; *spillover* (transferência de hospedeiro não humano para humano)
SARS-CoV-2 (vírus da covid-19), linhagens e variantes do: Alfa, variante (B.1.1.7), 176, 178, 183-4, 288, 355, 365; B.1.1, linhagem, 176; BavPat1 ("Bavarian Patient 1", cepa do SARS-CoV-2), 149; Beta, variante (B.1.351), 184-5, 288, 352; Cluster 5, variante, 263-4, 315; D614G (mutação "Doug") no, 166, 168-70, 175-6, 179, 184, 193, 255, 291; Delta, variante (B.1.617.2), 193-5, 288; E484K (mutação "Eek"), 184, 187, 193, 291; Elefantes" (grupo de mutações), 179; Gama, variante (P.1), 187, 191-2; K417N (mutação "Karen"), 184, 187, 291; L452R (mutação "Lazer"), 193-4; linhagem A, 157-8, 289, 311; linhagem B, 170, 175, 288, 311, 314; linhagem B.1, 149, 176, 184; linhagens extintas de, 162; N501Y, (mutação "Nelly"), 179, 184, 291; Ômicron, variante (B.1.1.529), 288, 313-7, 352; rastreamento de, 169, 185; WA1 ("caso 1 de Washington"), 148-50
Sayare, Scott, 209
Science (revista), 73, 91, 136, 225, 260, 268, 292-3, 307, 347, 364; carta coletiva de maio de 2021 na, 292-3; ensaio de Worobey sobre covid-19 na, 293
Science of the Total Environment (revista), 141

Science Speaks (blog da IDSA), 135-37, 347
seleção natural, 35, 108-10, 121, 124, 164-5, 195, 255, 316
Sequence Read Archive (SRA, banco de dados), 104
serpentes, 85-6, 237
Serra Leoa, 87, 180, 232-3, 340-1, 363
Serum Institute of India, 220, 233
Serviço de Inspeção de Saúde Animal e Vegetal (Departamento de Agricultura dos Estados Unidos), 259, 265
Shanghai (China), 12-3, 22, 24-5, 33, 69, 81-2, 148-9, 345, 366
Shen, Yongyi, 125-6
Shenzhen (China), 31-3, 48, 69, 89, 112-3, 115, 134, 288
Shi, Pei-Yong, 363
Shi, Weifeng, 251
Shi, Zhengli, 23, 67-70, 72-3, 77-9, 81, 84, 87, 90-1, 100, 105, 211, 243, 266-7, 269-70, 275, 280, 286, 290, 298, 302-3, 307, 324, 330, 346, 364, 370; controvérsia em torno de, 79, 307; WIV1 (coronavírus da caverna de Shitou) cultivado por, 76, 277-8
shigelose (diarreia bacteriana), 15
Shitou, caverna (China), 76-7, 79, 276-7
Sin Nombre (vírus), 42, 117
"síndrome respiratória aguda grave" *ver* SARS (*severe acute respiratory syndrome* — síndrome respiratória aguda grave)
Singapura, 34, 45, 47, 50-4, 100, 193, 253, 264, 275, 317, 323, 345, 357, 367; Hospital Geral de, 51, 345; Ministério da Saúde de, 50-1, 345
Sinopharm BIBP (vacina), 220
SIR (Suscetível → Infectado → Recuperado), modelo em epidemia, 199-200
sistema imune, 221-2, 230, 335, 340, 362, 368
Sistema Único de Saúde (SUS, Brasil), 189
SIV*cpz* (vírus da imunodeficiência símia dos chimpanzés), 143-6
Smith, Craig, 70, 73

Snohomish, condado de (Washington): primeiro caso confirmado de covid-19 nos Estados, 65, 148-9, 151, 365
Soberana 2 (vacina cubana), 234
Sociedade Internacional de Doenças Infecciosas, 15
Spheres (consórcio americano para sequenciamento do SARS-Cov-2), 186
Spike [Espícula] (Farrar), 93
spillover (transferência de hospedeiro não humano para humano), 12, 35, 41, 48, 75, 92-4, 109, 142, 162, 280-1, 285, 287, 291, 301, 307, 332, 342, 344; *ver também* zoonoses/doenças zoonóticas
spray nasal (no tratamento de covid-19), 220
Sputnik V (vacina russa), 220, 234
Streptococcus (gênero de bactérias), 54
sucesso evolutivo, 115
Sudão (vírus), 117, 236
Suécia, 262-3
supertransmissores/supertransmissão, 53-5, 64, 66, 113
Survival (revista), 305
Swanepoel, Robert, 240-2, 280-1, 284, 371
Swanstrom, Ronald, 214-8, 371

tabaco, vírus do mosaico do, 119
Tai Forest (vírus), 117
Tailândia, 33, 39, 85, 96, 178, 289, 308, 366
Taiwan, 15-6, 111, 234; surto de covid-19 em, 69, 112
Tan Tock Seng, Hospital (Singapura), 50-2, 54
Tanzi, Elisabetta, 139
Tedros, dr. (Tedros Adhanom Ghebreyesus), 23, 231, 233-4, 306-8
Terra sem nenhum vírus (experimento mental), 117-8
"There Is No 'Origin' to SARS-CoV-2" [Não existe "origem" do SARS-CoV-2] (Frutos et al.), 284
Thomson, Emma C., 364
Thornburg, Natalie J., 364-5

Toronto (Canadá), surto de SARS de 2003 em, 34, 43, 47, 49, 55, 66, 73, 137, 147
Towner, Jonathan, 241-2
Troye, Olivia, 156
Trump, Donald, 29, 66, 153-6, 188, 196, 206, 208, 210, 216, 302, 341, 347, 350; conselhos errôneos sobre a covid-19 por parte de, 29, 154, 196, 208; e a resposta inicial dos Estados Unidos à covid-19, 208-10, 350
tuberculose, 53-4, 189, 323
tularemia, 102, 356
Tumedi, Kefentse Arnold, 182

Uganda, 45, 58, 144-5, 239, 241, 348, 364, 368
Universidade Agrícola do Sul da China, 101, 125
Universidade da Carolina do Norte, 211, 214, 307, 324, 335
Universidade da Pensilvânia, 13, 220, 222-3, 345, 368
Universidade de Hong Kong, 20, 31, 47-8, 226, 370
Universidade de Milão, 139, 173
Universidade de Oxford, 30, 158, 214, 333
Universidade do Wisconsin, 222
Universidade Emory (Atlanta), 215-6, 334, 341
Universidade Normal do Leste da China, 366
Universidade Normal do Oeste da China, 158
Urbani, Carlo, 147
Usaid (United States Agency for International Development — Agência dos Estados Unidos para o Desenvolvimento Internacional), 40

vacinas para covid-19: Barda (Biomedical Advanced Research and Development Authority — Autoridade de Pesquisa e Desenvolvimento em Biomedicina Avançada) e, 220; CoronaVac, 220; Covax (vacina indiana), 233-4; desigualdade de acesso a, 231, 233-4; entregas de, 233-4; Johnson & Johnson (Janssen), 220; Medigen, 234; Moderna--VRC, 219-20, 223, 230-1, 233, 351; mRNA (RNA mensageiro) em, 29-30, 218-9, 222-4, 227-8, 232, 235, 334, 351; Oxford-AstraZeneca, 30, 220, 233; Pfizer, 220, 223, 230, 232-3, 351; problemas com, 222, 245; projeto de vacina rápida, 228; Qazcovid-in, 234; Sinopharm BIBP, 220; Soberana 2 (vacina cubana), 234; Sputnik V (vacina russa), 220, 234; vacinação em países ricos versus países pobres, 233-4; Zifivax, 234; ZyCoV--D, 234
Vale do Rift, febre do, 45
Vallance, Patrick, 93, 177, 198-9, 202, 206
varíola, 201-2, 274; erradicação da, 117, 197, 201; surtos de, 51; vírus da, 117, 122
varíola bovina, 365
varíola dos macacos, 12, 42, 45, 340, 361
Varmus, Harold, 221
veados-galheiros, SARS-CoV-2 em, 252, 259, 265-6, 313
Venezuela, 187
venezuelana, encefalite equina, 215
vermes nematódeos, 213
Vespignani, Alessandro, 328-9, 365
vida, origens da, 118
viés de confirmação, 293-4
Vietnã, 39, 97-8, 100-2, 127, 266, 300; Ministério da Saúde do, 220
Viral: The Search for the Origin of Covid-19 [Viral: A busca da origem da covid-19] (Chan e Ridley), 257, 327
virologia molecular evolutiva, 275, 287, 317, 361
Virologica Sinica (revista), 268
Virological (site), 28, 31, 83, 95, 104, 106-8, 183, 185, 229, 248, 250-1, 315, 359; debate sobre a origem SARS-CoV-2 no, 95; genoma do SARS-CoV-2 postado no, 28, 31, 83
vírus: adaptação de, 35, 162, 255, 285, 291; animais, 40, 189, 281, 350; ciclos silvestres de, 262-3, 265, 315, 334, 354; como cruciais nas grandes transições evolutivas, 118; como parasitas genéticos, 118; diversidade de, 92,

326, 354; do mosaico do tabaco, 119; espículas de proteína dos, 21, 23, 74-5, 244, 245, 276, 330; evolução humana e, 118; evolução viral, 37, 91, 322, 342; experimento mental sobre, 117-8; gigantes, 121-2, 209, 246; hospedeiros reservatórios de *ver* hospedeiros reservatórios (reservatórios naturais de vírus); limiar epidêmico e novos vírus, 285; local de clivagem com furina dos *ver* furina, local de clivagem com; medicamentos antivirais, 20, 23, 201, 363; modelagem computacional de, 37; modelo de circulação (de epidemias virais), 281, 284-5, 287, 332; natureza dos, 119, 122; novos, 11, 37, 48, 53, 58, 61, 69, 190, 211, 218, 227, 237, 239, 276, 350, 367, 370; proteína viral, 89, 222; rotavírus, 117; sequências genômicas de, 23, 25, 27, 78-9, 101, 103, 128, 133, 165, 168, 181, 218, 268, 277, 299, 318, 345, 355, 361, 366; sucesso evolutivo como meta dos, 115; taxa de mutação de, 37, 100, 161, 330; transmissão entre seres humanos, 22; variantes de, 36, 48, 170, 263; vetores de, 237, 282, 327; vírus da imunodeficiência símia (*simian immunodeficiency viruses*, SIVs), 143; vírus sincicial respiratório (VSR), 210, 220-6, 334, 351; *ver também* coronavírus; SARS-CoV-2 (vírus da covid-19); *spillover* (transferência de hospedeiro não humano para humano); *vírus específicos*; zoonoses/doenças zoonóticas

Vision Medicals (empresa chinesa de sequenciamento de genoma), 18

visons, SARS-CoV-2 em, 158, 252, 259-64, 291, 304-5, 313, 315, 354

VRC (Vaccine Research Center — Centro de Pesquisa de Vacinas, EUA), 29; *ver também* Moderna-VRC (vacina)

WA1 ("caso 1 de Washington", cepa do SARS-CoV-2), 148

Wacharapluesadee, Supaporn, 289, 366

Wall Street Journal, 293

Wang, Linfa, 69-70, 73-4, 275, 366

Wang, Nianshuang, 227, 229

Wannian, Liang, 306

Ward, Andrew, 226-7

Washington Post (jornal), 154, 293, 295

Webasto (fabricante alemã de tetos solares), 149

Webster, Robert G., 367

WeChat (aplicativo chinês), 13, 19, 25, 41, 82, 137, 345

Wei, Guixian, 295

Weiss, Susan R., 13-4, 82, 270, 287, 317, 345, 368

Weissman, Drew, 222-3

Wellcome Sanger Institute, 177

Wellcome Trust, 90, 177-8, 232, 298

Wells, Heather L., 368

Wertheim, Joel O., 161

WIV1 (coronavírus tipo SARS), 76, 277-8

Wolfe, Nathan D., 285

Wolff, Jon A., 222

Wong, Matthew, 102-8, 124-6, 128, 169, 247, 356, 369

Worobey, Michael, 143-51, 157, 161-3, 167, 170, 285, 287, 292-5, 307, 310-1, 317, 342, 369

Wrapp, Daniel, 229-30

WSSV (*white spot syndrome virus* — síndrome da mancha branca), 68-9

Wuhan (China), 14, 16-8, 20-1, 23, 33, 65, 68, 140-1, 158, 160, 212, 247, 252, 257, 270, 274, 283, 286, 289, 293-4, 300, 305, 311, 314, 324, 335, 338, 358, 364; CDC (Centro de Controle e Prevenção de Doenças) de, 26, 32, 243; Comissão Municipal de Saúde de, 13, 15-6, 19, 82, 85, 137; como centro ferroviário dos trens de alta velocidade de toda a China, 137; empresas de sequenciamento de genomas ordenadas a interromper testes e, 19; Hospital Central de, 18-9, 22; Hospital Jinyintan, 84, 134, 135; Instituto de Virologia de Wuhan (wiv, Wuhan Institute of Virology), 68, 76, 81, 211, 243, 257, 268, 286, 289-90, 295-6, 301-2, 323, 345, 359, 364; reportagens iniciais sobre, 13, 15, 21; surto de pneumonia em 2019 em, 15-21, 26, 29, 31-3; vírus de, 13-4, 18-9, 22, 48-9; vírus ver SARS-CoV-2 (vírus da covid-19); visita do painel de especialistas chineses a, 32

Xiao, Botao, 243-4
Xiao, Lei, 243
Xiao, Xiao, 158, 304-5
Xinhua (agência de notícias oficial chinesa), 101
Xinyuan, mercado de animais (Guangzhou, China), 48
Xu, Li, 267

Yigang, Tong, 303
Yu, Wufei, 99, 267, 372
Yuen, Kwok-Yung, 10, 20, 31-3, 47, 73, 89, 113-5, 133-4, 370; artigo na *Lancet* de, 32-3, 133-4; casos de covid-19 do navio *Diamond Princess* estudados por, 113-5; em visita a Wuhan, 32-3; vírus da SARS identificado por Peiris e, 47-8

Yungui, Yang, 303
Yunnan, província de (China), 76-7, 95, 105, 126, 139, 158, 251, 266-7, 276, 289, 318

Zaire *ver* Congo, República Democrática do
Zaki, Ali Mohamed, 56-7
Zhan, Shing Hei, 252, 255, 257
Zhang, Shuyi, 70, 73-4
Zhang, Yong-Zhen, 10, 24-5, 104, 230, 345; genoma do SARS-CoV-2 publicado na internet, 28, 30-1, 83, 229, 270; genoma do SARS-Cov-2 sequenciado por, 22-4, 28-30, 83, 229
Zhao, Su, 18, 22
Zhong, Nanshan, 32, 267
Zhongshan (China), 48
Zhou, Jinfeng, 99, 371
Zhou, Zhaomin, 158, 371
Zifivax (vacina chinesa), 234
Zika (vírus), 67, 117, 175, 211, 237
zoológicos, casos de SARS-CoV-2 em, 259, 264-5
zoonoses/doenças zoonóticas, 12, 42, 63, 70, 234, 309, 328, 338, 367; *ver também spillover* (transferência de hospedeiro não humano para humano)
ZyCoV-D (vacina indiana), 234

ESTA OBRA FOI COMPOSTA POR OSMANE GARCIA FILHO EM MINION
E IMPRESSA PELA GRÁFICA SANTA MARTA EM OFSETE SOBRE PAPEL PÓLEN SOFT
DA SUZANO S.A. PARA A EDITORA SCHWARCZ EM NOVEMBRO DE 2022

A marca FSC® é a garantia de que a madeira utilizada na fabricação do papel deste livro provém de florestas que foram gerenciadas de maneira ambientalmente correta, socialmente justa e economicamente viável, além de outras fontes de origem controlada.